21世纪高等院校教材

动物学野外实习指导

安建梅　芦荣胜　主编

科学出版社
北京

内 容 简 介

动物学野外实习是《普通动物学》教学的必要环节，通过实习，巩固了动物学课堂教学和实验教学，使学生真正掌握动物标本的采集、观察、处理和鉴定，为进行动物学相关研究奠定基础。本书共5章，从动物学实习的前期准备工作到实习结束的实习总结进行了全面的阐述；针对华北地区动物学野外实习，介绍了动物学野外实习常识；山东海滨动物、淡水动物、陆生节肢动物、土壤动物、华北地区其他陆生动物的采集、观察、处理、鉴定及分布概况；对实习的后续工作，实习总结和实习调查报告的撰写也进行了介绍。

本书可作为中国北方地区相关院校生物科学专业本科生的动物学野外实习教材，也可作为有关科研人员的参考书和中学生物教师课外科技活动的重要参考资料。

图书在版编目（CIP）数据

动物学野外实习指导/安建梅，芦荣胜主编．—北京：科学出版社，2008

21世纪高等院校教材

ISBN 978-7-03-021958-9

Ⅰ. 动…　Ⅱ. ①安…　②芦…　Ⅲ. 动物学-动物实习　Ⅳ. Q95-45

中国版本图书馆CIP数据核字（2008）第068023号

责任编辑：王国栋　周　辉　席　慧/责任校对：赵燕珍

责任印制：赵　博/封面设计：耕者设计工作室

科学出版社出版

北京东黄城根北街16号

邮政编码：100717

http://www.sciencep.com

三河市骏杰印刷有限公司印刷

科学出版社发行　各地新华书店经销

*

2008年8月第　一　版　开本：720×1000 1/16

2024年8月第十六次印刷　印张：23 1/4

字数：439 000

定价：79.80元

（如有印装质量问题，我社负责调换）

山西师范大学教材出版基金资助

谨以本书

献给母校山西师范大学50周年华诞

(1958～2008)

《动物学野外实习指导》编委会名单

主　编　安建梅　芦荣胜

副主编　王　兰　于海燕

编　委：（以姓氏汉语拼音为序）

安建梅　贾俊丽　李　柯　芦荣胜
师玉环　王　兰　杨　纯　阴　环
于海燕　朱明生

序

动物学野外实习是普通动物学教学的一个重要组成部分，野外实习的效果不仅直接影响动物学的整体教学质量，而且还是教师教学质量和学生学习效果的具体体现。通过野外实习学生可以观察到实验室见不到的动物活体的自然形态、特色斑纹、生态环境以及各类动物在不同生境中的自然组合情况与分布特点，从而使实验课和野外实习有机地结合起来，丰富学生课堂所学的知识。野外实习是培养学生综合能力的天然课堂，在实习过程中，学生经过实习前的工具准备，实习中的实地观察、标本采集、制作、鉴定、专题研究及实习结束时的总结报告与专题研究报告的完成等一系列的训练环节，既丰富了动物学专业知识，又培养了他们发现问题、分析问题和解决问题的能力以及吃苦耐劳的精神，为他们今后从事科研和在教学中开展课外活动奠定了良好的基础。

山西师范大学生命科学学院的野外实习已有近30年的历史，经过生命科学学院动物学专业几代教师的探索和实践，目前该院已经累积了丰富的野外实习经验。在此基础上，山西师范大学联合河北师范大学、山西大学、中国科学院海洋研究所的教师共同编写了本教材。本教材详细地介绍了动物标本的采集、鉴定、保存等基本知识；按海滨、淡水和陆地动物为主线，围绕动物的形态特征、分类及其生态分布进行了编写。该书将为生物科学专业师生的动物学野外实习提供参考，也可作为有关科研人员和中学生物教师指导中学生物素质教育的重要资料。该书的出版将有助于高校动物学野外实习内容的丰富和质量与效果的提高。

中国科学院院士

2008年6月2日于青岛

前　言

动物学是高等院校生物类各专业的一门重要专业基础课，也是一门实验性很强的学科，需要通过野外实习来巩固实验知识。动物学野外实习是动物学教学的一个重要组成部分，野外实习的效果不仅直接影响动物学的整体教学质量，而且还是教师教学质量和学生学习效果的具体体现。本教材编写的目标是提高学生在动物学实习中的主动性、积极性，使每一位学生在动物学野外实习之前都能做到提前预习，在实习过程中可以通过查阅教材熟悉和了解采集的标本。

本教材吸纳了最新的资料，为华北地区各类生境中动物的采集、观察和鉴定提供了基础资料。教材共分 5 章，第 1 章为概论；第 2 章为山东海滨动物实习；第 3 章为淡水动物实习；第 4 章为陆生动物实习；第 5 章为实习总结。教材主要为我国华北地区的动物学野外实习和研究提供基础资料。教材中涉及的动物覆盖面广，囊括了从水生到陆生所有生境的动物类群，而且绝大多数动物都配以清晰的手绘图，以利于学生和研究人员对采集到的标本进行快速识别。教材对华北地区的陆生节肢动物如昆虫纲、蛛形纲种类进行了翔实的描记；对土壤动物的调查和研究也进行了较详尽地阐述。

本教材是作者们结合多年的动物学野外实习经验，参考国内外相关文献而编写的。第 1 章、第 2 章的第四节由安建梅编写；第 2 章的第 1、2、3、5 节由李柯编写；第 3 章由师玉环编写；第 4 章的第 1 节由芦荣胜编写，第 2 节由朱明生编写，第 3 节由阴环编写，第 4 节由杨纯编写；第 5 章由贾俊丽编写。教材由王兰、于海燕修改审定，由安建梅、芦荣胜统稿定稿。

本教材在编写过程中，得到了中国科学院海洋研究所刘瑞玉院士、徐凤山研究员、周进博士的大力协助，还得到了山西师范大学生命科学学院韩榕教授、山西师范大学教务处闫桂琴处长的大力支持和帮助，教材第 4 章第 2 节的编写得到了韩广欣、孙栋的大力帮助，在此一并表示感谢。谨以此书向母校山西师范大学五十周年华诞献礼。

由于编者的水平有限，时间仓促，指导中难免有错误和不妥之处，恳请广大师生和读者给予赐教、批评指正。

安建梅　芦荣胜

2008 年 4 月于山西师范大学

目　　录

第2章　山东海滨动物实习

第3章　淡水动物实习

第4章　陆生动物实习

第5章 实习总结

附录及参考文献

第 1 章　概　　论

动物学主要研究动物的形态结构、分类、生命活动与环境的关系以及发生发展的规律，是一门内容十分广博的基础学科，同时又是一门实践性很强的生物专业必修课。动物学的教学全过程，包括课堂讲授、实验教学和野外实习三个基本环节。动物学野外实习是学生从课堂和实验室走向大自然必须经历的一步，是课堂教学的继续和补充。动物学野外实习不仅是理论联系实际的实践机会，也是培养学生严谨求实的科学态度，掌握动物学实践能力，提高观察能力以及发现问题、分析问题和解决问题能力的重要手段，因此动物学野外实习是动物学教学不可分割的重要组成部分。在当前教学改革总趋势下，《普通动物学》作为一门基础专业课，课时数被大量压缩，以让位于新兴学科，这是生命科学发展的必然。然而全社会保护野生动物、保护生物多样性的意识正逐渐增强，这就要求我们的学生能够认识更多的动物，了解更多的动物知识，以适应社会发展的需要。所以通过动物学野外实习，可以使学生认识各类常见动物，了解其生活方式，以及它们与周围环境的关系，掌握动物标本的采集、观察和鉴定方法，加深和补充课堂学习的内容。

1.1　动物学野外实习的意义与任务

1.1.1　正确认识动物学野外实习的重要意义

动物学是生物科学中一门内容十分广博的学科，主要研究各类群的形态结构和有关的生命活动规律。自然界的动物形形色色，千姿百态，种类繁多，目前已知的动物约有 170 万种，它们分布在自然界各种环境之中，与人类生活关系十分密切。动物学野外实习可以使学生巩固课堂基础知识，更真实而全面地了解大自然，可以在种类繁多的动物界中辨认每一种动物，观察它们的生活方式，它们与周围环境之间的关系，它们的分布、数量动态及其在大自然中的地位和作用等，从而进一步了解生态系统的结构和功能。这是比课堂教学更为生动、复杂的教学方式，对提高动物学教学质量有着非常重要的意义。野外实习可以较好地培养学生的观察能力、思维能力和实际工作能力。通过野外实习，还可以让学生了解丰富的野生动物资源，了解野生动物保护方面取得的成绩及面临的严峻现实，增强学生对野生动物的保护意识，增强自己的使命感和责任感。野外实习也可以培养学生爱国主义、集体主义和吃苦耐劳的精神。野外实习既可以锻炼和培养学生勇于克服困难、战胜困难的坚强毅力，又能培养学生团结互助的集体主义精神和吃苦耐劳的高尚品质。

1.1.2 动物学野外实习的任务

我国教育工作在21世纪要实现从传统的应试教育向以素质教育为中心、强调培养学生创新能力的教育转变。动物学野外实习是动物学教学工作不可分割的重要部分，是提高生命学科各专业学生的整体素质、创新意识及创新能力的一个重要环节。目的是引导学生重视动手实践，接触大自然，在观察和实践中，学习钻研科学问题的途径和方法，逐渐成长为有生物科学理论素质、见多识广、思路灵活、有创新能力的生命科学工作者。动物学野外实习是高等院校生命科学专业教学大纲所规定的，是动物学课堂教学与实践的结合，对激发学生学习生物学的积极性、树立辩证唯物主义世界观有特殊重要的意义。同时，教学实习与国家开展的生物多样性调查有机地结合起来，将有助于摸清我国的生物多样性、研究生物资源及其生存环境的动态变化，在培养学生热爱大自然、爱科学、爱祖国和保护自然环境的良好品德，以及培养学生独立工作能力等方面，有不可估量的作用。因此，需要加强指导，启发学生的自觉性，发挥主动性，通过实习达到并完成以下目的要求和教学任务。

1.1.2.1 通过野外实习，巩固已经学过的课堂基础知识，培养学生的实践能力

自然界现存的各类动物，都是在进化过程中经过长期自然选择而生存下来的强者，它们都有特定的生活环境。在动物学教学中，虽然对各类动物的形态结构、生理功能、栖息环境、生活习性等方面的知识都要进行讲授，但就动物的生活状态，学生们缺乏亲身的体会，所以通过野外实习使学生进一步认识动物由低等到高等，由水生到陆生，由简单到复杂的进化概念，可以使学生掌握动物学知识、野外调查和实习总结的方法，从而加深和补充课堂学习内容，应用已经学到的知识指导实习，培养学生理论联系实际、独立进行工作的能力。

1.1.2.2 通过野外实习，加深对动物与环境之间关系的认识

动物是自然界的一个重要组成部分。自然界中的植被、地形、地貌、土壤、气象、水文、雨量等环境因素，对动物的生存都有非常密切的关系。它们彼此作用，互相影响，始终保持一种动态平衡。这些比较抽象的内容在平常的课堂教学中不太容易被接受。然而，如果学生能亲临不同的自然环境，就可以马上意识到这里会有什么动植物，它们是怎样适应这种生活环境的。可以进一步结合生态学知识，分析动物在这种环境中生活，有哪些有利条件，有哪些不利因素，如何在

特有的环境下保护和发展有益动物，消灭和控制有害动物，从而激发学生保护野生动物的热情。

1.1.2.3　通过野外实习，掌握动物学野外工作的基本方法

通过野外实习，观察、了解不同生境类型中动物的主要生态类群和动物的行为，如观察记录动物的繁殖行为、取食行为、同种和不同种间的竞争行为，使学生学会用比较分析、联系发展的思想方法，观察和研究各类动物的生活习性、种内和种间的相互关系、物种的生态分布与数量变化，分析探讨动物在大自然中的地位、功能作用及其与环境间的关系。学会与掌握各类动物的采集、野外标记及标本的制作处理、保存方法。学习、充实动物分类的理论知识，学会各类动物的基本鉴定方法。

1.1.2.4　通过野外实习，可以进一步了解和认识自然与人类的关系

通过实习，使学生学到观察自然、认识自然的方法。将自己与往届同学的调查资料进行横向与纵向比较，探讨动物物种多样性的变化与环境类型变化的关系，提高环境伦理修养，增强热爱大自然、保护动物资源和保护生物多样性的意识，培养对动物科学研究的兴趣。学会分析动物的益害，能识别害虫和益虫、经济动物和有害疫源动物，同时，防止被动物伤害，为将来从事动物学教学和科研工作打下良好的基础，自觉地投身于环保事业，促进自然环境的持续发展。

1.2　动物学野外实习的现状及对策

动物学野外实习对高等师范院校生物专业动物学教学来说是一个非常重要环节。但近年来，环境污染和破坏使实习基地动物越来越少；物价上涨和实习经费的不足使野外实习能够到达的地域范围越来越小；学生人数的增加使专业教师人数不足。适当增加野外实习经费；转变实习观念，采取非捕捉式实习方式，减少实习对野生动物资源的压力；采取分散实习；建立动物学野外实习基地；加强实习指导教师的培训等，采取这些措施可以保证动物学野外实习的效果。

1.2.1　动物学野外实习的现状及存在的问题

（1）环境污染和破坏及乱捕滥猎使实习基地动物急剧减少。由于人口的增加，工业和生活污水的排放量日益增多，有70%的河流受到污染，水生动物种类急剧减少。森林的减少及生态环境的斑块化使能见到的陆生动物种类越来越少。水污染严重，滩涂生物种类大量减少。旅游开发使生态环境改变，也使一些生物

种类消失。拿连云港的东西连岛来说，过去是典型的沙滩和岩石滩，自从连岛大堤修成后，由于切断了陆岛之间的海水流动，大量的淤泥沉积，使沙滩变成了泥滩，过去的沙滩生物种类消失殆尽。

（2）经费不足使实习地域范围严重缩小。目前，多数学校的野外实习经费和10 年前相比都没有增加。然而，实习的各项开销，如车费、住宿费、伙食费等费用却成倍地增长。前些年许多天然的实习场所，在经济大开发的浪潮中多已开发成为旅游景点，高昂的门票对本已捉襟见肘的实习费用来说更是雪上加霜。这些使得动物学野外实习的地域范围大大缩小。另外，野外实习的时间也减少了。过去野外实习时间长，学生兴趣高，实习效果好。现在的野外实习受经费的限制已大大减少了时间和空间。

（3）经费不足使实习装备不能及时更新和补充。经费的不足使动物学野外实习的装备不能及时补充和更新，满足不了学生大量扩招后的使用需求，使动物学实习效果大打折扣。

（4）学生人数增加。高等教育已逐渐大众化，高校的扩招使学生人数逐年增加。每年参加动物学野外实习的学生人数都在增加。学生人数的增加给动物学野外实习的开展带来了极大的困难。一方面，人数增加使实习学生的吃、住、行的安排非常困难。每年都要花费大量的时间和精力来协调学生的吃、住、行等后勤保障问题。另一方面，学生人数增加使现有专业教师的人数不足，专业辅导的难度加大。

（5）专业教师人数不足。为了保证动物学野外实习的效果，一般的做法是将学生分成几个小组进行实习。每组学生人数一般在 10～15 人，由一个专业教师带领。这样的小组行动方便，也便于教师指导和随时回答学生的各种问题。但是，由于专业教师人数不足，不能于实习之前派专业教师进驻实习地点对实习地的交通、地理概况、动物种类等取得第一手新的资料。这使得实习的针对性不高，实习效果受到影响。

1.2.2 解决问题的对策

（1）适当增加实习经费，以保证充足的野外实习时间和有充分选择的实习地点。此外，还需要购买和更新一部分实习装备。

（2）转变观念，减少实习对生物资源的压力，要改变以前野外大量捕捉动物，然后带回来分类、鉴定、制作标本的动物学野外实习做法。转变之一，采取无损伤捕捉，观察后放回的做法。可以借助摄像机和照相机来记录，供学生分类鉴定使用。实验室已有标本的种类不再带回来制作标本，观察后放回。对于实验室原来没有标本的种类和学生学习标本制作必须要采集的做到尽量少采集。转变之二，动物学野外实习也可以安排一部分非野外活动，以此来丰富动物学野外实习的内容。除了传统的野外实习内容，我们还可以参观动物园、博物馆、动物养殖场。参观动物养殖场可以把所学的知识和生产联系起来，学生非常感兴趣。

(3) 建立实习基地。选择并建立一个好的实习基地对于保证野外实习的效果非常重要。好的实习基地一般要满足以下两个条件：第一，要有较好的观察内容。实习地点要具备多样的典型环境，主要包括：森林、草原、湖泊、农田等环境。多样的环境才能有丰富的动物种类。学生还可以感受不同环境中动物种类的不同，从而了解动物与其生存环境之间的关系。第二，要有可靠的后勤保障和生活工作条件。实习基地要具备方便的交通条件，还要能满足学生的吃、住、行等方面的要求。实习基地要有可靠的安全保证，要能够处理紧急的突发事故。

(4) 分散实习。目前，动物学野外实习一般是在一个固定的时间、在一个固定的地点一次进行。这种做法一般是由于经费的限制造成的。不同的地点由于环境的差别，动物种类不同，即使在同一地点，不同季节里动物种类也不相同。因此，在一个地点进行一次实习很难对实习地点的动物种类有一个全面的了解。为此可以采用分散实习的办法。一方面，在时间上分散实习，可以在学校就近的周围地点，在一年中不同的时间进行短期的实习，让学生了解不同季节动物种类的变化。另一方面，在地点上分散实习，在不同地点实习让学生了解不同环境中动物种类的不同。

(5) 加强实习指导教师的培训。在专业教师不足的情况下，应该先选派专业教师到实习地点，详细了解实习地的地理概况、交通、食宿条件、动物的主要种类，然后对其他实习指导教师进行培训。实习指导教师要做到：第一，明确实习目标，实习任务和详细过程。第二，了解实习基地的自然条件、交通、食宿条件。第三，了解实习基地动物种类和分布情况。第四，要强化安全意识，能够处理动物学野外实习过程中突发事故，如跌伤、蛇咬伤等。第五，要具备保护环境和保护生物资源的意识，对于已有标本的动物种类捕捉观察以后要放掉，不再带回制作标本，减少野外实习对当地野生动物资源造成压力。

1.3 实习前的准备工作

做好实习前的准备工作，是顺利完成野外实习的重要保证。实习前的准备工作大致包括业务准备，实习仪器、工具和药品的准备，实习组的组织形式三方面内容。

1.3.1 业务准备

1.3.1.1 实习地点的选择和预察

为保证实习质量，在实习前必须选择适宜的环境作为实习场所。华北地区位于北纬32°～42°，西邻青藏高原，东濒黄、渤二海，北与东北地区、内蒙古地区相接。大致以≥10℃积温3200℃（西北段为3000℃）等值线、1月平均气温−10℃（西北段为−8℃）等值线为界。从丹东、阜新、彰武、围场、张北、右玉、榆林、定边、中宁至乌鞘岭一线，此线以南大部分属暖温带，黄土广泛分布。华北地区的西界，自乌鞘岭以南沿祁连山东麓、洮河以西至白龙江，大致以3000m等高线与青藏高原相接。南界为著名的秦岭淮河线，相当于≥10℃积温4500℃、1月平均气温0℃等值线。具体界线为秦岭北麓，经伏牛山，淮河至苏北灌溉总渠。亚热带作物逾越此线则不能正常生长，各种自然现象在这条线的两侧都有显著差异，是我国自然地理上的一条重要分界线。华北地区包括四个自然地理单元：东部的辽东山东低山丘陵，中部的黄淮海平原和辽河下游平原，西部的黄土高原和北部的冀北山地。辽东、山东半岛以犄角之势环抱渤海。这两个半岛上的山地丘陵海拔大多在500m左右，只有少数山峰超过1000m，山势虽不高，但对海洋季风的运行却有一定的影响，构成华北地区海陆间的第一道地形屏障。中部广阔的黄淮海平原和辽河下游平原，地势低平，海拔一般不超过50m，黄淮海平原北缘的冀北山地和西缘的太行山海拔600～1000m，构成华北地区第二道地形屏障，进一步阻挡海洋湿润气流的向西延伸，加强了华北地区自然景观的东西差异。同时华北地区的动物物种也是非常丰富的，比较适合动物学野外实习。总之，实习地点的选择应遵循以下原则。

第一，注意充分利用本地区的自然环境，只要能满足实习的基本要求，求近不求远，这样既有利于教师利用不同季节进行深入细致地观察研究和积累资料，也有利于不断充实设备，改善实习条件，为建立实习基地打基础。

第二，实习地点应具备典型性和多样性（如森林、河流、水库、农田等）。实习时学生可以观察到不同环境中的代表动物，便于掌握不同环境动物调查和观察的方法。

第三，实习地点应选择在交通方便，人为因素干扰较小的地点。交通方便可以节省实习的时间和费用，保证实习的顺利进行。

第四，预察实习地点，主要收集实习地的自然地理概况，植被类型，气候，雨量，河流分布，潮汐的时间以及动物名录。如为第一次实习的地点，必须实地踏察，对环境作全面的概查。

1.3.1.2 实习时间的安排

华北地区地域辽阔，由于各地温差原因，动物的活动受到一定的影响，因此实习日期的安排应根据不同的地区确定不同的日期。一般动物学野外实习多在暑假前进行，也可安排在暑假结束开学前实习。因为这段时间日照时间长，正是各类动物活动最频繁的时间，能观察和采集到多种动物标本。但实习时间的确定，应避开雨季。

动物学野外实习一般持续 2～4 周。需要说明的是，要了解和掌握动物的活动规律，仅利用这几周的实习时间是远远不够的。因为许多动物，尤其是无脊椎动物，一年四季都在活动，因此我们应结合课堂教学，在不同季节安排一定时间，到学校附近进行短期实习和观察，以便更全面地了解动物的活动规律。

1.3.2 实习仪器、工具和药品的准备

1.3.2.1 用于观察、摄像、定位的仪器设备

显微镜、解剖镜、望远镜、手持放大镜；录像机、照相机、数码摄像机；GPS 定位仪、罗盘、气压表、温度湿度计、量角规、游标卡尺等。

1.3.2.2 实习采集、处理标本用具

1. 采集用具

浮游生物网、采集袋、捕虫网、吸虫管、烤虫器、采虫筛、卧式趋光采虫器、趋光分虫器、诱虫灯、毒瓶、三角纸袋、还软器、昆虫针、三级台、展翅板、幼虫干燥器、标本盒、拖网、挂网、鸟网、蛇叉钳、蛇叉、套索、网兜、蛇钩、捕鼠夹、铁锤、铁锹、铲、高压气枪、猎枪、子弹、布袋、背包、塑料桶、塑料袋、标本箱盒、饲养笼等。

浮游生物网：定性样品采集（浮游植物、原生动物和轮虫等）采用 25 号浮游生物网（网孔 0.064mm）；枝角类和挠足类等浮游动物采用 13 号浮游生物网（网孔 0.112mm），在表层中拖滤 1～3min。

采集袋：用于装载各种小型采集用具和昆虫标本。昆虫采集袋一般有两种，一种是肩背式，一种是腰围式。前者能携带多种采集用具，后者只能携带指管，但适于爬山上树。采集时可同时准备两种采集袋。

捕虫网：捕虫网是采集昆虫最常用的工具，分为捕网、扫网和水网三种类型。

（1）捕网。捕网又名抄网，专门用来采集蝶、蛾、蜂、蜻蜓等空中飞翔的昆虫。网由网柄、网框、网袋三部分组合而成。捕网可以自己制作。网柄用 0.7～1m 长、直径 1.5～2cm 的木棍或竹竿制成。网框直径约 30cm，由粗铅丝弯成，两端折成直角，固定在网柄上。网袋最好用珠罗纱或尼龙纱制作，以便能减少空气阻力、加快挥网速度。网袋的长度应该是网框直径的两倍，其底部要做成圆形，直径应不小于 7cm，以便于取出采到的昆虫。制作网袋时，可将布料剪成 4 块，再进行缝合。

（2）扫网。用于在草地、灌丛中扫捕隐藏在枝叶间的昆虫。网的结构与捕网

相似，但网柄较短，网袋质地为结实的白布或亚麻布，网底开口。用时将网底扎住，也可在网底开口处缝上松紧带，套上一个透明的塑料瓶，这样可以及时看清扫入网中的昆虫种类和数目。

(3) 水网。专门用来采集水生昆虫。网的结构也由网柄、网框和网袋三部分组成，但形式和质地却多种多样，主要根据水域的深浅、河溪的宽窄、水草的疏密以及所要采集的昆虫种类来选择形式和质地。其网袋常用铜纱、尼龙纱、马尾毛、棕榈纤维或亚麻布制成。

吸虫管：用于吸取隐居在树皮、墙缝、石块中的小型昆虫。采集时，将吸管口对准或罩住要采集的昆虫，按动吸气球将昆虫吸入管内。吸管中还可以放入蘸有乙醚等麻醉药剂的小棉球，将能飞善跳的种类熏杀后，再移入其他容器或纸袋中保存。

烤虫器：用于收集隐藏在枯枝落叶和烂草等腐烂物中的昆虫。使用时，将野外采来的腐烂物放入有隔筛的铁皮圆筒中，用电灯或其他热源增高温度，利用热量将腐烂物中的昆虫驱赶到圆筒的下方的漏斗中，再从漏斗落入毒瓶或酒精瓶内，达到采集的目的。烤虫器的形式很多，可根据其原理自行设计制作，但使用时要严防火灾。

采虫筛：用于收集隐藏在土壤中的昆虫，筛的形式和质地多种多样，可以自己动手制作。制作时，用铁丝编制成不同大小眼孔的圆框，几个圆框按一定距离套叠在一起，大眼孔框在上方，小眼孔框在下方，将套框装进在一个上下开口的布口袋中，下口扎上一个收集昆虫的毒瓶，便制成了采虫筛。使用时，将野外采来藏有昆虫的土壤，从袋口装入上层铁丝框中，提起口袋用力抖动，昆虫便被筛出，并按体型大小，分别留在不同层次的铁筛上或落入下面的毒瓶中。

卧式趋光采虫器：用于收集枯草烂叶中的昆虫。采虫器用粗铁丝作支架，四周用黑布作罩，形成一个长口袋，袋的前端连一方盒，盒正面安装玻璃，盒的下方连一收集瓶，收集瓶上口与方盒相通。用时，将野外收集的含虫的枯草烂叶，从袋后端装入袋中，利用昆虫的趋光性，使其向透光的方盒集中，最后落入下面的收集器内。这种采虫器适于收集无翅昆虫。

趋光分虫器：趋光分虫器和扫网配套使用。用于收集和分类扫网采集的各种昆虫。这种分虫器是用薄木板或铁皮做成长方形盒，盒盖是一个能够抽动的门，盒的窄面一端开3个高低不同的圆洞，每个圆洞外装有一个能提起和关闭的铁扣板，铁板上套有一个与洞口相同的橡胶圈，在橡胶圈内放进一个口径适合的玻璃管用时，将扫网采来的含虫碎枝杂叶放入盒中，关闭盒盖。盒内的昆虫在趋光性驱使下以不同的飞翔能力或爬行速度，趋向不同高低的指形管中。这种分虫器适合于体型小，但弹跳、飞翔力较强的昆虫。

诱虫灯：用于采集夜间飞行活动的昆虫，如各种蛾子和甲虫。诱虫灯分为固定式、悬挂式和支柱式三种。中学生野外采集期间，可采用支柱式诱虫灯。支柱式诱虫灯的结构比较简单，它只需3根3m长的木棍或竹竿、6根长度约4m的绳子、一块2.5m^{2}的白色幕布、一定长度的电线、一只普通灯泡或黑光灯泡。将上述物品进行组装，便可在夜间诱捕昆虫。被诱来的昆虫往往绕灯飞舞片刻，便停息在幕布上，此时用指管或毒瓶扣捕，可得到完整的标本。在距离电源较远的地方，也可使用气灯、煤油灯或电石灯作诱捕昆虫的光源，但要特别注意避免发生火灾。

毒瓶：采集昆虫时，对用来作标本的昆虫，采到后要迅速杀死，以防其挣扎逃跑或损伤肢体及鳞片脱落。这就需要用毒瓶及时将昆虫杀死。正规的毒瓶是在瓶内底部放置氰化钾，氰化钾上面依次再放置石膏、药棉和滤纸。这样的毒瓶，杀虫效果最好。但氰化钾是剧毒物质，稍有不慎，人就会中毒，甚至死亡。中学生制作毒瓶时，最好用其他物质代替氰化钾。理想的代替物是桃仁。制作时，先将桃仁加水浸湿以后捣碎，然后放入毒瓶，上面再铺一张吸水纸便可使用。一个500ml的毒瓶，至少应放置30g桃仁。如果没有桃仁，可改用新鲜的山桃叶和山桃嫩茎上的树皮，将二者加水捣碎，放入毒瓶使用；也可改用捣碎的枇杷仁、青核桃皮或月桂树叶，作为毒杀物质。此外也可用乙醚等麻醉药品放入毒瓶毒杀昆虫。其做法是在毒瓶中放置若干棉球，向棉球上滴加乙醚，再用硬纸将棉球压住，在硬纸上放置待毒杀的昆虫。由于乙醚挥发很快，要随时添加才能保持药效。毒瓶中一次放入的昆虫不宜过多。为了防止瓶内昆虫互相碰撞，可在瓶内放些凌乱的纸条。对于鳞翅目昆虫，为了防止翅上鳞片脱落，可以先将这类昆虫放入三角纸包里，再将纸包放入毒瓶内毒杀。

三角纸袋：用于采集途中临时存放鳞翅目和蜻蜓目的昆虫。其制作方法是用1张长宽3∶2的长方形纸片。纸片面积随虫大小而定。

还软器：用于使虫体还软。还软器应盖严密闭，以便使还软过程迅速进行。

昆虫针：用来固定昆虫，以便于标本制作和手持研究。昆虫针是一种不锈钢特制的针，根据针的粗、细、长、短不同，分成00、0、1、2、3、4、5号7种。其中0～5号针的长度为38～45mm，0号针的直径为0.3mm，每增加1号，直径增加0.1mm。00号昆虫针是将0号针自尖端向上1/3处剪断而成。

三级台：用来矫正昆虫针上的昆虫和标签的位置。三级台用木材或有机透明玻璃制作，长65mm，宽24mm，高度分为三级，第一级高8mm，第二级高16mm，第三级高24mm。在每一级的中央有一个和5号昆虫针粗细相等、上下贯通的孔穴。三级台结构简单，完全可以自制。

展翅板：用来伸展和固定昆虫的翅。展翅板用轻而软的木材制成，长30cm，下面有一个呈“工”字形、中间及两端均有槽的木架。木架上的两边各有一块厚0.3～0.8cm、宽7cm的木板，每块木板都是内低外高、有一定倾斜度。在两块

7）硼酸

为白色片状结晶，稍溶于水，无毒，可配制无毒防腐剂。

8）三氧化二砷

又名亚砷酸，俗称砒霜，为白色无味粉末，剧毒，有杀菌、防蛀作用。一般用于剥制标本的制作过程。

2. 实习用防护药品

主要指一般治疗药品、消毒药品、驱虫药、蛇伤药等。

1.3.3　野外实习注意事项

(1) 在海洋动物中有些是有毒的，当发现不熟悉的动物时，切勿触碰以免受害，应用镊子或其他工具采取。

(2) 采集处理标本时应重质不重量，采集的标本要分别装放，以免标本损伤。

(3) 采集时要注意保护生态环境，把翻转后的石块恢复原样，以保护其他生物的生存。

1.4　标本的处理保存方法

采用科学的方法对标本进行处理、保存是动物学野外实习中关键的一环。采集到的标本首先要附以标签。采集的标本多不清洁，需要进行初步的清洗后才能制作标本。海滨动物在麻醉前必须先用新鲜海水冲洗，洗净泥沙杂质后培养。放置在不受振动、光线稍暗处使动物完全达到生活状态。麻醉时，逐渐少量增添麻醉剂，如果麻醉剂放得多使动物身体收缩时，应停止增添麻醉剂，换成海水待动物恢复生活状态后再小心麻醉。血污的各种标本要用凉水擦洗干净，然后进行处理。

1.4.1　海绵动物标本的处理方法

海绵标本首先用清洁海水洗净后，立即放入80%乙醇中固定，然后换成70%的乙醇保存。海绵不宜用甲醛液保存，否则海绵骨针被侵蚀，影响种类鉴别。

1.4.2　腔肠动物标本的处理方法

腔肠动物标本需要麻醉后才能制作标本。

1.4.2.1　薮枝螅类

待虫体在盛有海水的玻璃容器内全部伸展后，缓慢加入硫酸镁麻醉。检查虫体及触手不再收缩时，倒入甲醛液将其杀死，然后用5%的甲醛液保存。

1.4.2.2　水母类

将水母放在盛有新鲜海水的烧杯中，滴加1%的氯化锰麻醉。也可把少量薄荷脑撒在水面麻醉，1～2min后，用浓甲醛液固定12h，然后移入4%～5%甲醛液中固定保存。值得注意的是，水母死后马上就会解体。麻醉时要不断地观察，应在水母未完全死去前处理。

1.4.2.3　海葵

将海葵放在盛有新鲜海水烧杯内，使口盘向上，距水面5～10cm。静置待海葵触手全部展开后进行麻醉。氯化锰的麻醉效果最好。将0.05%～0.2%的氯化锰溶液逐渐加入烧杯内；麻醉约1h待海葵完全麻醉后，用吸管将甲醛溶液直接加到海葵的口道内，达到7%浓度时固定3～4h，再转入5%的甲醛液中保存。

1.4.3　扁形动物标本的处理方法

当涡虫在盛有新鲜海水培养皿中伸展后，用少许薄荷脑麻醉3h。动物进入麻醉状态时用5%甲醛固定。5～10min后用毛笔挑出、展开，压于两片载玻片间，加5%甲醛液12h后可得标本，然后用5%甲醛液保存。

可用放大镜、解剖镜观察涡虫。用0.3%三氯叔丁醇或0.1%铬酸滴加载玻片上活虫附近，麻醉后观察肠和眼。饥饿后喂以墨汁，观察肠干分支和突膨部。也可选择体大肥阔的成虫，用1%稀酸处死并使其伸展，然后将虫体移入固定液中固定2～3h，移入75%乙醇中带回实验室。

1.4.4　纽形动物标本的处理方法

将纽虫移入盛有海水的容器中自然伸展后，逐渐加薄荷脑或水合氯醛、8%氯化镁蒸馏水溶液麻醉数小时后（如出现虫体不伸展或吐物现象是麻醉剂过量），用70%乙醇或5%甲醛液保存。

1.4.5　环节动物标本的处理方法

将沙蚕类放在盛有洁净海水的搪瓷盘中，逐渐加入淡水或滴加甲醛，经数小时动物即将死亡时，用7%的甲醛液固定并将其放平伸直，10min后加入7%的甲醛液固定24h，最后用5%的甲醛液保存。如燐沙蚕，可将1%氯化锰加入培养沙蚕的海水中，半小时后被麻醉，20min后加7%甲醛液固定，然后整形、保存。大型种类，如沙蠋、螠虫等杀死后，需向体内注入适量的10%甲醛液，以防止体内器官腐烂。

1.4.6 软体动物标本的处理方法

1.4.6.1 石鳖

先将其放在玻璃皿中，等身体伸展后缓慢加入泻盐（硫酸镁）或薄荷脑进行麻醉，3h后用5%的甲醛固定12h，然后移入70%乙醇中保存。也可采用淡水麻醉，伸展平整后，盖以玻片，加压重物，注入10%甲醛液杀死固定。

1.4.6.2 腹足纲和瓣鳃纲动物

先用清水将标本洗净，然后用10%甲醛液或乙醇杀死固定，10h后，移入70%乙醇内保存。另一种是干制标本。红螺、玉螺、宝贝等螺壳有光泽的贝类，为保持贝壳光泽，需先浸在淡水中杀死后取出，置阴凉处，动物的肉体自行腐烂数日后，用淡水冲洗干净保存。厣是前鳃类种类鉴别的特征之一，因此，在干制前鳃类标本时，必须将厣粘在塞满棉花的空壳壳口处，与贝壳同时保存。

1.4.6.3 无壳后鳃类

需要经过麻醉后，才能保存于乙醇或甲醛液中。先在新鲜海水中培养使其触角和次生鳃完全伸出后，在水面放入薄荷脑或硫酸镁溶液麻醉，用4%甲醛液保存。对有壳后鳃类种类，需用70%的乙醇保存。

1.4.6.4 头足纲动物

在新鲜海水内恢复正常状态后，加入硫酸镁溶液麻醉后用10%甲醛液杀死。个体大或准备做解剖标本时，需向体内注入甲醛液固定，用7%甲醛液保存。

1.4.7 节肢动物标本的处理方法

1.4.7.1 藤壶

在盛有新鲜海水的玻璃皿内培养。当看见其蔓足不停地活动时，在水面上加薄荷脑和硫酸镁溶液麻醉。经4～5h运动停止后，加甲醛使瓶内甲醛液浓度达7%。杀死、固定3h后，保存于70%乙醇中。

1.4.7.2 虾、蟹类

处理方法与藤壶基本相同。用70%～80%乙醇麻醉、杀死，半小时后整形保存。为防止蟹类肢体脱落，最好用淡水或药品麻醉后固定，然后保存在加有甘油的70%乙醇中，以防肢体变硬、变脆。具有美丽颜色的虾类，乙醇浸渍易变色，短时保存色泽，可用5%的甲醛液保存，长期保存则必须用加甘油的70%乙醇。

1.4.7.3 昆虫标本的处理方法

1. 干制标本制作

干制昆虫标本的关键是快速干燥和防虫蛀。

1）简易制作方法

手捏昆虫胸部（蝶蛾类翅基部腹面），从1、2气门孔向头、体部慢慢注入20%甲醛液0.2ml，迅速退出注射针，插入昆虫针，左手捏针尖端，右手用针头将触角、足整理好，前翅成一直线、对称摆好，置泡沫板上在通风处晾干。对腹部肥大的蛾类为防止腐烂，可用小钩从肛门或从腹面切口取出内脏，药棉填腔黏合即成。

蜻蜓目、脉翅目、食虫虻和水黾等，手捏翅基部腹面，用注射针从第1腹节气门孔向头部慢慢地注入20%甲醛液0.1ml，较大甲虫也不超过0.4ml，以免触角、足变硬太快无法整理。注药后迅速按正确部位插针，按自然姿态整姿，阴干。

2）针插标本制作方法

采到已干硬需软化的虫体，可将昆虫用玻璃罩住放在甲醛消毒的潮湿沙土上，或直接用洁净水浸泡。纸袋内已干硬的虫体可直接包一层湿布，直到虫体软化。小型昆虫标本由于虫体小、针插易破碎虫体，可用重插法和胶黏法制作。

重插法是先在长针上插由硬纸或透明胶片制成的长7.6mm、宽1.8mm的三角板或火柴棒，再将0号昆虫针插在三角板或火柴棒上，把昆虫标本插在昆虫针尖上。

胶黏法是在由上面方法做成的三角板或棒上，直接在背面、腹面用透明黏胶各粘一个昆虫。

3）不展翅标本制作方法

用昆虫针直刺入昆虫胸部（甲虫要避开胸足的基节窝），使针穿过中足和后足之间，同一类昆虫标本制作要规格化。直翅目昆虫从前胸背板后方、背中或偏右插针；半翅目昆虫从小盾片略偏右方插入；膜翅目、鳞翅目昆虫从中胸背板的正中插入由中胸足基节中间穿出。

插针时左手捏住昆虫胸部，右手插针至针上 3/4 处。为使各标本处于同高度、整齐好看，需用三级板整理。第一级是虫体背面到针头的高度，第二级是标签在针上高度，第三级是虫体在针上的高度，一般用第一级作标准。

三级板用法是虫体插入昆虫针后，将针头倒过来插入第一级孔中，同时将昆虫调整到三级板第一级高度，接着插一硬纸片整肢，将昆虫附肢附着到纸片上整理成生活状态，晾干后取下硬纸片，再把标签插到昆虫针上，针尖插入原小孔，整理标签使在第二级高度，然后同类昆虫插入一个昆虫盒内保存。

4）展翅标本制作方法

需要观察翅脉和展览的昆虫，制作标本时需用展翅板展翅。先将已用针穿好的虫体置展翅板沟内，翅整理（直翅目、鳞翅目、蜻蜓目昆虫，两前翅后缘左右成一直线，后翅展成飞翔状；双翅目、膜翅目的昆虫前翅的顶角与头左右成一直线）完毕后，用纸条压住翅并在纸条两头和翅间插针固定。然后整形使昆虫头部端正，触角成倒“八”字形，标本展翅整形置通风处晾干后，小心移到昆虫盒里保存。个大内脏多者，可在展翅前取出内脏，塞入适量脱脂棉或向虫体内注入甲醛液防腐、固定。

2. 浸制标本制作

1）浸制保存液的种类

（1）乙醇：将昆虫用 30% 乙醇浸泡 24h 后，移入 75% 乙醇中保存。蚜虫标本可直接放入 70% 乙醇中保存。优点是干净，虫体伸展，观察方便。缺点是组织干脆，易断裂。

（2）甲醛液：40% 甲醛 1 份＋水 17～19 份（或用 5% 甲醛液 5ml＋水 95ml ）混合均匀。

（3）乙酸、甲醛、乙醇混合液：80% 乙醇、40% 甲醛、冰乙酸按 1∶9∶1 配成。优点是对虫体组织固定作用好。缺点是日久标本易变黑。

（4）乙酸白糖液：冰乙酸 5ml＋白糖 5g＋甲醛 5ml＋蒸馏水 100ml 。优点是能保持昆虫体色。缺点是虫体易瘪。

2）浸制方法

为使虫体保持原形，浸入浸泡液的标本连瓶一起隔水加热直到虫体伸直为止，或用开水煮到虫体伸直并稍硬（虫体大、外骨骼厚的可煮 5～10min，体小而软煮 2～3min ）。煮好的虫体晾干后放入浸泡液中，2d 后换浸泡液，把瓶口用石蜡封口，再用火将塑料布烤一下蒙到标本瓶上扎紧，即成为保存的浸制标本。

3. 幼虫标本的制作

1）吹胀法

用镊子将幼虫固定放在平板上，注射器由肛门插入充气使体液从口流出，虫体饱胀而死，5min 后用小钩从肛门将内脏取出，重新充气洁净虫体；较大虫体要填充棉花防皱变形，在虫体重心处插针固定于泡沫板上，置通风处干燥后移入标本盒，贴标签。或在幼虫肛门边开一小孔，用玻璃棒从前向后挤压，把内脏从小孔中压出，用吹胀器或麦秆代替等把虫体吹胀，然后将虫体移入玻璃罩内，一面用酒精灯加热，一面吹气，直到虫体干燥为止。固定在昆虫针上，插到昆虫盒中保存。

2）幼虫浸制标本

先饥饿让幼虫将食物、粪便排出，再放入开水中煮到硬直。然后保存在70%的乙醇中或5%的甲醛液里。如果虫体较大，为防止腐烂，可先向体内注入保存液，或1～2d 再换一次保存液。

1.4.8 棘皮动物标本的处理方法

1.4.8.1 海星类

将海星、海胆、海燕等放入盛有海水的容器内，待腕足伸展后，可在水面撒薄荷脑，同时加入少量硫酸镁溶液，麻醉后向体内注入 25%～30% 甲醛液；也可压以玻片和重物，注入 10% 甲醛液杀死，固定 12～24h 后，放 7%～10% 甲醛液中保存。如将海星放在甲醛中浸泡 2～3d 后取出晒干即制成干制标本，不仅能保持标本的自然形态，而且可保存鲜艳色泽。若用开水烫死后在烈日下翻动曝晒，也能取得好的效果。

1.4.8.2 海参类

将容器置阴凉处待海参触手、管足伸出后麻醉。在水面撒薄荷脑，同时加少量硫酸镁溶液麻醉。加盖 4～5h 后，触动触手不再收缩时，用 70% 乙醇固定，可保存海参体内的石灰质骨片。标本不做分类鉴定，可用 7% 甲醛液保存，也可等海参触手完全扩张后，用竹镊子夹住围口触手基部，手执海参迅速放入 50% 乙酸溶液中，半分钟后用清水洗去乙酸，放入 10% 甲醛中 30min 后，从肛门注入 90% 乙醇，用棉球塞住肛门以防乙醇外流。整形后用 80% 乙醇固定、保存。

1.4.8.3 蛇尾类

由于蛇尾类腕脆易断，可在采集现场，将其放入 80% 乙醇中直接杀死固定，24h 后移入 70% 乙醇中保存。

1.4.9 鱼类标本的采集处理方法

大型鱼类腹腔注射10%的甲醛液（小型鱼类可直接浸泡）后，放入盛有10%甲醛液的容器内固定，然后带回实验室分装，用5%的甲醛液保存。

1.4.10 两栖类标本的处理方法

用10%甲醛液注入体腔后系上编号标签，然后将标本整形放入盛有10%甲醛液的容器内浸泡24h固定。固定后的标本装到盛有5%～10%的甲醛液或75%乙醇内保存。

1.4.11 爬行动物标本的处理方法

大、中型爬行动物需制成剥制标本，小型爬行类可制成浸制标本。用乙醚在密闭容器中将动物麻醉后，进行标本测量，将体重、体长、编号、性别、采集地点、采集日期及身体的颜色等记录到登记卡上，将标签结扎到标本的后足上。

标本体腔内注入10%甲醛液，整形放到标本瓶内用10%甲醛液固定1～2d后将标本分装到5%～10%的甲醛液或80%的乙醇中保存。

1.4.12 鸟类剥制标本的制作方法

1.4.12.1 剥皮

胸剥方法是使鸟仰卧并分离胸部羽毛，露出皮肤，用解剖刀沿龙骨突中央由前向后切开皮肤，再调转刀口向前挑割至颈后端显露为止。左手提起皮肤边缘，右手持刀柄分离皮肤至两侧腋下、颈部，然后剪断颈部两个肩关节。拎起连接躯体的颈部，继续剥离肩部与肱骨附近的皮肤，剥离体背腰部时，因该部皮肤较薄，要细心慢慢分离。同时，腹面相应地向后腹部方向剥离，直至腹部和腿部露出，剪断膝关节。再向尾部剥离，当剥至泄殖腔孔时，手拿尾部，从尾综骨前缘游离的尾椎处剪断，除净尾部的肌肉和尾脂腺，但不要剪断尾综骨、尾羽轴根，以免尾羽脱落。接着剔除腿部、两翼和头部的肌肉。腿部肌肉剔除到跗间关节。剥离翼部肌肉要一手拿住肱骨，另一手慢慢将皮肤剥离至挠尺骨时，用拇指紧贴尺骨将皮肤和飞羽部分剥离（注意不要把着生于尺骨上的飞羽轴根割离），一直剥至腕关节处，再清除掉挠骨、尺骨和肱骨上的肌肉。头部的剥离是将颈部向外拉，待头部显露时，以拇指慢慢剥离到耳孔处，可用拇指和食指紧贴头部处捏住、轻拉耳道皮肤使之与头骨分离，继续剥到眼部，用镊子分离并挑出、取下眼球，在枕骨大孔处剪去颈部，剔净头部肌肉和舌，剪扩枕孔，挖掉脑，最后清除干净鸟皮内侧上的残存肌肉。

1.4.12.2 防腐处理

将事先配制好的防腐膏均匀地涂遍鸟皮内侧及保留的骨骼上，并在保留的翼骨、腿骨上缠绕棉花，翻转复原；装上义眼后将头骨全部翻转复原。

防腐膏的配制：取 40g 肥皂片放入烧杯，加适量热水隔水加热使其融化后，加入 50g 亚砷酸、10g 樟脑粉及 5ml 甘油搅匀成糊状，即成防腐膏。

1.4.12.3 标本的填装

剥制标本分为姿态标本和假剥制标本两大类。姿态标本又称生态标本，表现鸟类自然生活时的觅食、起飞、静立及观察等姿态。假剥制标本又称研究标本，不装支架和义眼，制作简便，体积小，便于野外采集途中运输及保管储藏。

剥制处理好的标本，假剥制标本用一根稍长于体长（除去尾长）的竹条、木棍或铅丝，一端基部分叉缠上棉花，插入颅腔和口腔固定头骨，另一端削尖由体内插入尾中央腹面，以支撑尾羽；姿态标本需用粗细、长短适宜的（展翅 3 根、不展翅 2 根）铁丝，据鸟体大小，中间旋转拧紧，固定位置使铁丝各分支适合于插入双足、尾、双翅和头骨颅腔内作为双脚支柱、展翼支架，或将头端较长的一根折向后方，作为尾支柱，制作不展翅标本。足的支柱铁丝要从胫骨向脚跟方向旋转插入左右脚内，直到由脚底掌部穿出一段，其长度适于台板固定。

铁丝插好后，用棉花或竹丝等填充物填充至与原体形相似后，即由皮里向皮外穿插进行缝合。再进行顺毛、将翼及脚摆好位置等整形工作，然后装义眼、上台板、用纱布包裹固定在台板上、贴标签等。标本做好后，放到加有干燥剂（如袋装的硅胶）和防虫剂（如樟脑球等）的标本橱内保存。

1.4.13 常见兽类标本的处理方法

野外采集到的兽类，应立即装入密封装有乙醚或氯仿棉球的塑料袋或布袋内，扎紧袋口；带回实验室后，将布袋放入装有乙醚或氯仿棉花球的封闭容器内，使体外寄生虫麻醉，取出动物，梳刷体表寄生虫用 70% 乙醇保存，附上采集时间和地点的标签。

根据动物的生活环境和洞或巢的特点，活动痕迹，如足迹、采食残迹、卧迹、尿斑及粪便等，根据当地兽类名单及检索表、图谱等，结合常见兽类的主要特征，如体型大小、毛被颜色、显著特点对兽类进行大致的辨认，或对标本进行鉴定。

1.4.13.1 剥制标本的制作及保存

首先扭曲僵死蜷缩兽体，使兽体柔软恢复自然状态，并且腹部朝上、头尾伸直。整理好后，进行标本测量。

体重：全重以 kg 或 g 为单位。体长：兽体仰卧伸直，鼻端至尾基长度。尾长：尾基至尾端的长度（尾端毛除外）。耳长：耳基至耳尖（簇毛除外）的长度。后足长：跗趾部和趾的全长（不计爪）。

然后按要求进行剥皮。腹剥方法是，用解剖刀沿仰卧标本腹部正中，从胸骨后到肛门前仅仅切开外皮，将切口两边皮与肌肉分离，并向两侧背部及后肢腿部推进，将后肢推出切口从膝关节处剪断，清理尾基部组织并捻动尾部后，一手捏紧尾基部毛皮，另一手将尾椎缓缓抽出。翻转躯干部，剥离至前肢，在肘关节处剪断。剥头部时，小心地从耳基与头骨的连接处剪断，紧贴头骨分离以保持眼睑完整。剥离上下唇，在鼻尖软骨处剪断，毛皮即与整个躯体脱离，然后做假剥制标本。如果制作姿态标本，则要保留头骨，并将脑和肌肉都清除干净，涂上防腐剂。

剥皮后，清除附在皮内的脂肪和残肉，取明矾、三氧化砷和樟脑，按 7：2：1 的比例研磨成粉调匀混合作为防腐剂，涂遍毛皮内表面，足、耳、头、尾等重点处多擦。

剥皮和防腐处理后，保存皮张的标本，通风晾干后，取出体内填装稻草即成。假剥制兽类，四肢骨上缠棉花以代替被剥去的肌肉，取与体长相仿的竹条卷上棉花，做成与头、胸、腹粗细相似的假体，翻转毛皮包住假体。姿势标本用 3 根铁丝，中央拧紧固定、6 条分支分别插入头、尾和四肢，取比原尾椎长 4 ～ 6cm 铅丝或竹条插入尾内，多余部分安置在腹腔内，以支撑和固定尾。用棉花等填装充实并缝合整形。

假剥制标本两前肢向前伸直，两后肢向后伸直，掌心朝下，标本呈伏卧状于木板（纸板）上，撑直尾部，尾太长者可将尾部弯转在体旁，最后用大头针或针线将四肢掌部和尾部固定在木板或纸板上。姿势标本是取动物活动的自然生态姿势，将四肢固定于木板上。标本做好后，放通风处迅速干燥后即成。

有些特殊的哺乳动物的剥皮方法稍有不同。如蝙蝠类，因其形态与鸟类相似，剥皮和填充法，可参照鸟类标本制作。灵长类，应在背部剖开剥皮，以免腹部开口，容易显露切口缝合的痕迹，而影响美观。有角类哺乳动物，因头大、颈细、有角，剥至颈项后，在靠近头部位置裁断颈项，然后，按“Y ”字形剖口线，在头后端两角根部斜向颈背部中央剖开，剖口直线的长度视头骨大小而定，以能取出头骨为度，剥割角根部结缔组织及头部，使毛皮与头骨分离。制成的兽类标本应放到标本橱内密闭保存。橱内放些干燥剂（如硅胶）和防虫药物（如樟脑球）等，以免标本发潮或被虫咬蛀，造成标本的损坏。

1.4.13.2 骨骼标本的制作

做成科研标本的兽类头骨都应取出，按剔肉、脱脂及漂白等骨骼标本制作方法处理后，用线扎紧系在标本后足上，或另注明与标本统一的编号存放，以备教学、研究用。

首先尽可能将骨骼上的肌肉剔除干净，然后用6%的$NaOH$浸没整个骨骼进行腐蚀，浸泡时间夏季4h、春秋季8h、冬季16h，腐蚀到骨骼上残留肌肉呈半透明易剔除时为止。粗厚骨骼需钻洞，用水冲掉骨髓，以利于脱脂和漂白；为防止腐蚀过度造成骨骼关节分离分散，要随时观察，及时取出骨骼放在清水中洗净药液，并小心彻底剔净残留在骨骼上的肌肉。晾干后将骨骼浸入汽油或二甲苯中，密封7d即可达到脱脂的目的。接着将脱脂骨骼浸入1%的过氧化钠溶液中，然后在3%～30%浓度的过氧化氢溶液中漂白，漂白时间视骨骼大小、厚薄而定。3～4d后骨骼发白时即可取出进行整形装架。

1.4.13.3 浸制标本

哺乳动物的胚胎、幼体和内脏、小型个体都可先向体内注射，再用75%乙醇或5%～10%甲醛溶液固定保存。

第 2 章　山东海滨动物实习

2.1　山东海滨的自然环境

2.1.1　自然环境简介

山东半岛位于太平洋西岸中部、我国东部沿海，地处温带。西部与华北平原相接，西北部临渤海，东北和东、南部临黄海，大陆海岸线长达 3121km，占全国大陆海岸线的 1/6，仅次于广东省。沿海滩涂面积约 3000km^2，居北方各省之首。海岸类型主要有沙质型海岸、泥沙混杂型海岸、基岩型海岸。泥沙滩岸面积宽阔，滩面缓平，潮间带可达 6～10km。小清河口以北为泥滩，以东为砂泥滩。胶州湾多为山地基岩港湾或海岸。山东海滨位于暖流与冷流交汇地带，沿海各地海水盐度适中。河口入海，营养盐来源丰富。沿海潮汐，青岛以南为正规半日潮，其余各处多届不规则半日潮，是海滨无脊椎动物栖息与繁衍的良好场所，长期形成了十分繁盛的动物群落。因此，山东沿海各地海滨，是我国不可多得的、最为理想的实习环境。为全国各高等院校生物科学系师生、科学工作者，提供了理想的实习、科研场所。

2.1.2　重要实习地点

2.1.2.1　烟台实习点（图 2-A、图 2-B）

炮台山：位于市区东侧，又称烟台东山。与海水浴场毗邻，东边为岩岸或砾石底质，系岩相沿岸带，有着不同的潮间带动物区系。高潮区有戴氏小藤壶、黑偏顶蛤、粒滨螺等；中潮区石缝分布有密度较大的绿海葵、砾石下栖息有平角涡虫、钮锚海参等；低潮区及潮下带有刺参等。

芝罘地峡西岸：从高潮线以下至低潮线附近底质均为松软的沙滩。本区地势平坦，倾斜度小，大潮时可以退出数里远的广阔沙滩。分布的动物以底埋种类为主，其中有海老鼠、圆球股窗蟹、红线黎明蟹、美人虾、海豆芽等穴居种类。此外，还有蛸螺、扁玉螺等底栖匍匐种类。

芝罘地峡东岸：潮间带底质为泥沙质，生活的动物以管栖、穴居、底埋、底栖种类为主，多毛类环虫种类较多。中潮带海韭菜分布区附近，有较多燐沙蚕（毛翼虫）、渤海鸭嘴蛤等动物栖息。

养马岛泥滩：地处烟台以东 30km。本区地势平坦，倾斜度小，潮间带底质为泥夹沙。分布的动物有小藤壶、短滨螺、牡蛎、笠贝近方蟹、平背蜞和日本寄居蟹等。

除上述各点以外，烟台玉岱山、崆峒岛等处，也都是海滨实习的好场所。

图 2-A　焦岩

图 2-B　泥滩

2.1.2.2　青岛实习点

栈桥：濒靠青岛前海，伸入海中，退大潮时桥基全部露出，包括桥的两侧岩岸，分布有矶海绵、布纹藤壶、史氏笠贝、僧帽牡蛎等；近低潮线为泥沙滩，主要种类有海蚯蚓、海燕、罗氏海盘车、蛤仔、柱头虫等；岩缝及沙层中有多种海葵。

汇泉湾：位于胶州湾口前海区，两端的岩石处主要种类有：绿海葵、僧帽牡蛎、滨螺、黑偏顶蛤、布纹藤壶、海岸水虱等。

薛家岛：位于胶州湾南端湾口，在岛的东北是薛家岛湾。底质为泥夹沙，分布有海仙人掌、长竹蛏、蛤仔、杂色蛤、蝼蛄虾、滩栖蛇尾、海棒槌等。

太平岛：岩岸，主要分布有海岸水虱、红条毛腹石鳖、长角藻虾、肉球近方蟹、滨螺、黑偏顶蛤、史氏笠贝、荔枝螺、马粪海胆、海燕等。

除烟台、青岛具有较为集中的实习点外，山东的威海市、蓬莱、长山岛等地也都具有良好的海滨生态环境，适宜于海滨无脊椎动物生长。

2.2 潮汐知识

海滨实习既要观察分析动物的生态环境，又要尽可能多的识别动物种类。通常最佳的实习范围是潮间带，因为这一区域退潮后，可以完全暴露出来供人们观察、采集、分析和研究。因此必须对此地区潮汐涨落有所了解，否则，难以达到应有的效果。

2.2.1 潮汐及其类型

2.2.1.1 什么是潮汐

海水每天有规律性的、周期性涨落的现象称为潮汐。潮涨潮落如同大海的呼吸，极有规律，海水退去，露出了海滩；海水上涨，又变成了一片汪洋，周而复始，循环不已。

2.2.1.2 潮汐的类型

潮汐现象分为三种基本类型。

半日潮型：每天发生两次高潮和两次低潮，相邻两次的高潮或低潮的潮差大致相同，涨落潮历时也相等（6 时 12.5 分）。我国渤海、黄海、东海的多数地点为半日潮型，如大连、青岛、烟台、厦门等。

全日潮型：每天只有一次高潮和一次低潮。如南海汕头、渤海秦皇岛和北戴河等。

混合潮型：分为不规则的半日潮和不规则的全日潮。我国南海多数地点属混合潮型，一月内既有半日潮又有全日潮，但潮差、潮时不规则。如海南岛的榆林港。白天潮水涨落称为“潮”，晚上潮水涨落称为“汐”，通常把一天的潮水活动称为潮汐活动。每天退潮后露于空间的区域，是调查动物和采集标本的好地方。

2.2.2　潮汐活动产生的原因及大潮、小潮

潮汐是由月亮和太阳对地球表面海水的引力所造成的，又称天文潮。人们把吸引海水涨潮的力叫引潮力。太阳离地球太远，对地球产生地球所产生的引潮力只有月球的吸引力的 2/5。月球离地球近，是产生潮汐活动的主要动力。实际上，潮汐的变化还受地形、海水摩擦、气压等多方面影响，反映在海洋各处的潮汐是多种多样的。

太阳、月亮和地球三者位置不同，潮汐活动的范围大小也不同。在农历初一（朔）和十五（望）前后，月球、太阳和地球在一条直线上，月亮引潮力和太阳的引潮力齐心合力，引潮力就大，高潮水位最高，低潮水位最低，形成大潮。当月球在它们的连线两侧，月亮、地球和太阳形成直角时，由于月球和太阳的引潮力相互抵消了一部分，海面的涨落差距很小，称为小潮，小潮发生在阴历上弦（初七、初八）和下弦（二十二、二十三）。但是由于海水的黏滞性和海洋地形的差异以及深浅不同等因素影响，使海水流动的摩擦力增大，致使潮汐时间向后推迟。大潮发生的时间往往不在朔望（初一和十五），而是在初二、初三和十七、十八；小潮发生在初九、初十和二十四、二十五。

潮汐活动每天有变化，每月有变化，每年也有变化。冬至前后，地球离太阳最近，所以潮汐活动也最大。夏至前后，地球离太阳较远，潮汐活动也最小。纵观潮汐现象综合为：水位上升叫涨潮，水位下降叫落潮。涨潮时，海面达到的最高位置，称为高潮；落潮时，海面退到最低的位置，称为低潮；涨潮过程中，海面达到一定高度后，水位短时间内不涨也不退，这种现象称为平潮；平潮过后，海面开始下降，下降到一定高度后，也发生海面不退不涨现象，叫做停潮。停潮过后，海面又开始上涨，海水就这样周而复始地运动着。平潮和停潮的时间为 20～30min。

每当制订实习计划时，首先要了解当地的潮汐，以便确定实习的最佳日期。最好的实习期间，能有一次大潮的机会。以黄海和渤海为例阐述半日潮发生潮汐时间。

月球绕地球转一周约为 24h48min，因此在 24h48min 内海水发生两次涨潮和两次落潮，每天潮汐活动时间均向后推迟 48min。48min 为 0.8h。每月潮汐活动的高潮期（表 2-1），可按下列公式计算：

上半月高潮时间＝（农历日期－1）×0.8 ＋ 平均高潮间隙

上半月低潮时间＝（农历日期－1）×0.8 ＋ 平均低潮间隙

下半月高潮时间＝（农历日期－16）×0.8 ＋ 平均高潮间隙

下半月低潮时间＝（农历日期－16）×0.8 ＋ 平均低潮间隙

计算出的高潮时或低潮时±1224（12 时 24 分）就得出当天另一次高潮或低潮的时间。低潮时＝高潮±0612（6 时 12 分）

例如，已知某地高潮间隙是 8 时 13 分，求农历初七该地区的高潮和低潮时间（当地属于海潮）。

解：上半月高潮时＝（7－1）× 0.8＋高潮间隙（0813）

＝4.8＋高潮间隙（4.8h 中，小数点后的 h 数应换算成 min）

＝ 0448＋0813 ＝1301

另一高潮时＝1301－1224＝0037；低潮时＝1301－0612＝0649；另一低潮时＝1301＋0612＝1913，即该地区初七高潮低潮时间是第一次高潮 0 时 37 分，第二次高潮 13 时 01 分，第一次低潮 6 时 49 分，第二次低潮 18 时 13 分。

表 2-1　山东沿岸各地的平均高潮间隙表

站名	平均高潮间隙时分	站名	平均高潮间隙时分	站名	平均高潮间隙时分
漳卫新河口	0333	砣矶岛	1010	五垒岛	0221
洼拉沟	0414	堂栾子	0945	古龙嘴	0243
湾湾沟口	0407	南长山岛	1004	棉花岛	0249
蓬莱	0958	大庄	0334	利津河口	0552
八角	0959	乳山口	0301	烟台	0957
风城	0300	黄河口东	0434	崆洞岛	1004
千里岩	0306	神仙沟口	0507	养马岛	1025
海阳	0317	出岛	1009	白马岛	0335
五号桩	1007	鸡鸣岛	1030	丁字河口	0309
甜水沟口	1043	海驴岛	1058	田横岛	0314
甜水沟	1117	成山角	1215	女岛	0352
东烂泥南	0729	马兰湾	1131	董家湾	0413
神仙沟南	1007	里岛湾	0033	麦岛	0409
清水沟	1109	马他角	0112	青岛	0419
广利河口	0102	瓦屋石	0113	青岛前海	0416
羊角沟	0017	桑沟湾	0111	唐岛湾	0435
潍河口	1039	褚岛	0111	灵山岛	0439
虎河口	0919	耳岩	0137	大嘴	0512
太平湾	1038	镆铘岛	0152	黄家塘湾	0500
屺姆岛高角	0940	石岛	0158	石臼所	0528
龙口	1055	王家湾	0152	平岛	0540
北隍城岛	1020	靖海角	0223	岚山头	0539
大钦岛	1026	苏山岛	0216	张家埠	0310

2.3　潮间带动物生态

2.3.1　潮间带

潮间带是介于大潮涨潮线与大潮退潮线之间的海水活动地带，通常也称为海涂（图 2-C）。该地带大潮高潮时被淹没，大潮低潮时露出水面，是进行实习活动的主要区域。

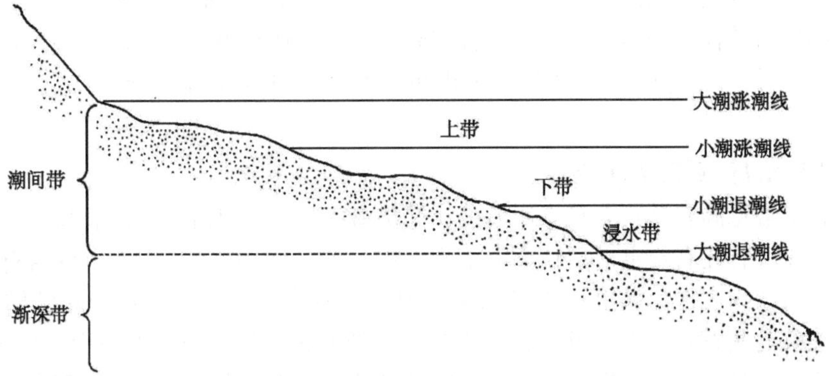

图 2-C　海岸纵剖图、示潮间带的分区

大潮涨潮线与小潮涨潮线之间为上带；小潮涨潮线与小潮退潮线之间为下带；小潮退潮线与大潮退潮线之间为浸水带。上带每月只有两次大潮时被海水淹没，其余时间均露于空气中，与陆地环境条件相近似，因此生活在这里动物在形态上均有保护性强的结构，如硬壳等。下带每天有两次被海水淹没，经常受到海浪的冲刷，动物种类多，大多动物具有附着或隐蔽的机能：有的附着在岩礁上，或在石块下活动；有的穴居于泥沙中，或匍匐于泥沙表面；也有的附着在水中植物上。浸水带每月在两次大潮时才能露于空气中其余时间均为海水淹没，所以这一区域基本上是海洋环境，动物种类和数量较多，是观察、采集海滨底栖动物适宜的区域。在海滨进行无脊椎动物实习时，最好选择望朔大潮期的低潮时，全部潮间带都露于空气中，动物种类和数量都比较多，采集会取到良好的效果。采集时间要在低潮时前后 2h 左右。

2.3.2　潮间带动物分布

通常将潮间带分为岩岸、砾石、沙滩、泥沙滩和混合等类型。由于潮间带的质地不同，无脊椎动物的种类、分布、数量也各不相同。在岩石滩、砾石滩生境优势亚群落为固着生活型动物，在沙滩、泥沙滩底内生活型动物为优势亚群落，各生境中优势度指数最小的均是漫游生活型亚群落。现以烟台实习点为例给予说明。

2.3.2.1 炮台山岩岸潮间带

1. 动物垂直分布

海水淹没和暴露在空气中的交替是岩岸生境最重要的环境特征，是决定栖息于岩岸的生物垂直分布的重要原因。岩岸潮上带常见到的动物主要是啃食性滨螺和较大型的等足类（海蟑螂）。潮上带的下方滨螺常形成密集的种群。在潮间带较上部生活的代表种类是藤壶，这种甲壳动物也可达到很大的种群数量。藤壶带下方常是牡蛎占优势，不过在这里也可以见到不少的藤壶，再下方贻贝数量较多。

2. 常见无脊椎动物种类

岩岸常见固着动物：日本矶海绵、绿疣海葵、纵条矶海葵、内刺盘管虫、埃氏蛰龙介、有孔右旋虫、褶牡蛎、密鳞牡蛎、东方小藤壶；岩石上下或岩石缝隙间生活的动物：平角涡虫、软背鳞虫、覆瓦哈鳞虫、短毛海鳞虫、朝鲜鳞带石鳖、红条毛肤石鳖、拟帽贝、日本菊花螺、锈凹螺、短滨螺、荔枝螺、单齿螺、朝鲜花冠小月螺、织纹螺、核螺、古氏滩栖螺、石磺海牛、贻贝、黑荞麦蛤、海蟑螂、拟棒鞭水虱、异钩虾、日本蚂、肉球近方蟹、绒毛近方蟹、平背蜞、四齿矶蟹、两柄黄道蟹、日本寄居蟹、多棘海盘车、刺参等。

2.3.2.2 烟台芝罘地峡海岸沙岸、泥沙岸潮间带

1. 动物垂直分布

在沙滩、泥沙滩的中、低潮区，软体动物中的蛤类常占优势，如斧蛤、樱蛤等，体型较小但通常数量很大。还有较大型的刀形蛤类，它们的壳相对薄而细长。厚壳的种类有鸟蛤和白樱蛤等。分布在中潮区的还包括对虾、糠虾和其他一些沙岸底栖甲壳动物，包括大型底上捕食蟹类。在低潮区，有各种类型的棘皮动物生活，包括穴居的海参和海胆，此外也可见到少数海星。生活在低潮区的鱼类有的是挖穴的永久性栖居者（如沙鳗鲡），有的是暂时性栖居者（如比目鱼常在高潮时游入觅食）。

2. 常见无脊椎动物种类

在泥沙中潜伏生活的动物：黄海葵、星虫状海葵、海仙人掌、沙蚕、吻沙蚕、须鳃虫、燐沙蚕、扁玉螺、古氏滩栖螺、魁蚶、泥蚶、毛蚶、文蛤、长竹蛏、菲律宾蛤、异白樱蛤、海豆芽、海老鼠。在沙面上爬行的动物：织纹螺、泥螺、豆形拳蟹、宽身大眼蟹、日本大眼蟹、近方蟹、海蟑螂、日本蚂。

2.3.2.3　自由游泳和漂浮生活的动物

自由游泳生活的动物有虾蛄、日本美人虾、蛤氏美人虾、短脊鼓虾、红线黎明蟹、乌贼等。漂浮生活的动物有海月水母、海蜇、钩手水母、夜光虫等。

2.4　山东海滨常见无脊椎动物

2.4.1　多孔动物门 Porifera

多孔动物是原始的细胞水平的多细胞动物，大多数为海产。体不对称或辐射对称，体壁由两层细胞和中胶层组成。中央为中央腔。有特殊的水沟系，体壁内层有领细胞。骨针的化学成分、外形、排列方式及不同骨针的组合是多孔动物分类的重要依据。

多孔动物门纲的检索表

1　骨针由钙质组成，无硅质或角质 ………………………… 钙质海绵纲 Calcarea
1　骨针主要由硅质组成 ………………………… 2
2　骨骼中无海绵质（角质）；有三轴骨针 ………………………… 六放海绵纲 Hexactinellida
2　骨骼中有海绵质；无三轴骨针 ………………………… 3
3　骨骼中有钙质成分………………………… 硬骨海绵纲 Sclerospongdea
3　骨骼中无钙质成分 ………………………… 寻常海绵纲 Demospongiae

2.4.1.1　钙质海绵纲 Calcarea

冈田樽海绵 *Sycon okadai* Hozawa（图 2-1）

圆筒形，体白色，柔软富弹性，长 3～62mm，顶端出水孔周围有领状物。体表有许多杆状体骨针突出成棘状，体内为三轴骨针。可在港湾内采集到，多在港内浮木、船底、贝类的壳、岩石上。

日本毛壶 *Grantia nipponica* Hozawa（图 2-2）

扁管状，长约 50mm，管径 4～7mm，体壁厚约 1mm。卵圆形出水孔位于管的顶端，孔的周围有不明显的领状物。体壁内有与体表平行排列的三轴骨针和与体表成直角的单轴骨针，鞭毛室周围有小型的四轴骨针。身体基部附着在海滨岩石、浮木或船底上。分布较广。

细薄白枝海绵 *Leucosolenia tenui* Schuffner（图 2-3）

海绵体为细管状，常分枝，有时为不规则网状，附着于岩石上。体白色或灰白色，柔软，表面具细刺。骨针为二尖骨针、三轴骨针和四辐骨针。栖于水流较缓的浅水海域。

2.4.1.2 寻常海绵纲 Demospongiae

日本矶海绵 *Reniera japonica* Kadota（图 2-4）

又称黄矶海绵、山形海绵。体呈不规则山形，两端钝圆，或一端集尖、一端钝圆，高 13～75mm，体表有管状突起，顶端出水孔大，直径 0.8～1.3mm，孔距为 8～31mm，入水孔多而小，放大镜下清晰可见。身体柔软，生活时为橙红色或橙黄色，乙醇浸泡后为黄色或白色。体表有大的单轴矽质骨针。多栖息在低潮线附近，附着在岩石的背阴面。沿海广泛分布。

无花果皮海绵 *Suberites ficus* Johnson（图 2-5）

又称木栓海绵，海姜。体呈不规则块状，长宽各 40～70mm，厚约 30mm。体壁有数个圆形小突起，近中央处有一大孔。体壁厚，表面光滑，质柔韧似木栓。灰色，体内有圆头单轴骨针及中央膨大的小骨片。常附于寄居蟹的肢体或螺壳上。

2.4.2 腔肠动物门 Coelenterata

腔肠动物是无脊椎动物中的一个重要类群，约有 1 万多种，绝大多数为海产。腔肠动物是真正的后生动物的开始，是两胚层的多细胞动物。体壁由内、外胚层及中胶层组成，中央具消化循环腔。身体为辐射对称，有两种体型，水螅型和水母型。

2.4.2.1 水螅纲 Hydrozoa

水螅类分科检索（赛道建）

1 芽体有芽鞘，水母体若有呈扁平盘状，生殖腺在辐管上，有平衡囊 ……………………………………………………………………………………（3）被芽螅亚目 Thecata

1 芽体无芽鞘，水母体若有呈高钟状，生殖腺在口管上，无平衡囊有眼点 ……………………………………………………………………………………（2）裸芽螅亚目 Athecata

2.1 触手顶端膨大成球状 …………………………………… 棍螅科 Corynidae

2.1 触手丝状 …………………………………………………………… 2.2

2.2 垂唇喇叭状，丝状触手 1 环………………………… 真枝螅科 Eudendriidae

2.2 垂唇圆锥状，丝状触手有围口和基部 2 环触手……………… 筒螅科 Tubulariidae

3.1 芽鞘有口盖 ……………………………………………… 桧叶螅科 Sertulariidae

3.1 芽鞘无口盖 ………………………………………………………… 3.2

3.2 芽鞘生在水螅茎或分枝的一侧 ………………………… 羽螅科 Plumulariidae

3.2 芽鞘生在水螅茎或分枝的两侧或四周，芽体垂唇喇叭形 ………………… 3.3

3.3 芽鞘钟形，有柄 ………………………………………… 钟螅科 Campanulariidae

3.3 芽鞘管形，有柄或无 ……………………………………………………… 3.4

3.4　芽鞘有明显底部，无柄 ………………………………… 连荚螅科 Syntheciidae
3.4　芽鞘无明显底部，有柄或无 ………………………………… 管螅科 Lafoeidae

水螅水母类目科的检索

1　水母体为多态群体 ………………………………… 管水母目 Siphonophora
1　水母体单体 ………………………………… 2
2　伞缘被纵沟分成若干缘垂，无辐管 ………………………………… 筐水母目 Narcomedusae
2　伞缘不被纵沟分成缘垂，有辐管 ………………………………… 3
3　伞缘无平衡囊，生殖腺在胃上 …… 6.1 花水母目 Anthomedusae (裸芽螅亚目 Athecata)
3　伞缘具平衡囊，生殖腺在辐管上 ………………………………… 4
4　缘膜宽，伞部厚 ………………………………… 硬水母目 Trachymedusae
4　缘膜狭或退化，伞部薄 ………………………………… 5
5　水母体半球形或扁形，生殖腺在辐管上，少数延伸至胃 …… 7.1 软水母目 Leptomedusae
5　水母体高，生殖腺在壁上或辐管上 ………………………………… 淡水水母目 Limnomedusae

(6) 花水母目 Anthomedusae ＝裸芽螅亚目 Athecata

6.1　缘触手分枝 ………………………………… 枝手水母科 Cladonematidae
6.1　缘触手不分枝 ………………………………… 6.2
6.2　口管状或具口触手 ………………………………… 6.3
6.2　口有 4 个口唇或具口触手 ………………………………… 6.6
6.3　缘触手成束 ………………………………… 鲍氏水母科 Bougainvilliidae
6.3　缘触手不成束 ………………………………… 6.4
6.4　缘触手有柄状刺胞球 ………………………………… 镰螅水母科 Zancleidae
6.4　缘触手无柄状刺胞球 ………………………………… 6.5
6.5　触手球基部有眼点 ………………………………… 棍螅科 C
6.5　触手球基部无眼点 ………………………………… 筒螅科 Corynidae
6.6　无口触手 ………………………………… 6.7
6.6　有口触手 ………………………………… 6.8
6.7　缘触手中空，无眼点 ………………………………… 面具水母科 Pandeidea
6.7　缘触手中实，有眼点 ………………………………… 棒螅水母科 Clavidae
6.8　单条缘触手 ………………………………… 介螅水母科 Hydractiniidae
6.8　有 8 条缘触手 ………………………………… 芮氏水母科 Rathkeidae

(7) 软水母目 Lptomedusae ＝被芽螅亚目 Thecata

7.1　有胃柄 ………………………………… 7.2
7.1　无胃柄 ………………………………… 3
7.2　生殖腺在辐管上，有排泄孔 ………………………………… 和平水母科 Eirenidae
7.2　生殖腺在辐管或胃柄上，无排泄孔 ………………………………… 真瘤水母科 Eutimidae
7.3　胃宽，辐管超过 16 条 ………………………………… 多管水母科 Aequoreidae
7.3　胃狭小，辐管不超过 8 条 ………………………………… 7.4
7.4　辐管 4～8 条，触手球有排泄孔 ………………………………… 拟杯水母科 Phialuciidae

7.4 辐管4条，触手球无排泄孔 …………………………………………………………… 7.5

7.5 触手球基都有侧须 ………………………………………………… 罗氏水母科 Lovenellidae

7.5 触手球基部无侧须 ……………………………………… 7.6 钟螅水母科 Campanulariidae

7.6 触手中实，缘膜退化 ………………………………………………………… 薮枝螅属 *Obelia*

7.6 触手中实，缘膜正常 …………………………………………………… 杯水母属 *Phialidium*

筒螅科 Tubulariidae

海筒螅 *Tubularia marina* Torrey（图2-6）

水螅体不分枝，根部匍匐于岩石上，茎部与根部每隔一段有4～5个波状环轮，茎顶端围鞘上方的细腰与芽体下方的膨大部相接。茎高30～40mm，最高不超过50mm，整个茎部直径大致相同。芽体茎部有触手20～25个，最多不超过26个。螅体垂唇中央为口，口周一环16～20个触手。生殖期触手基部有黄或白色孢子囊，雄孢子囊圆，成熟时有1～3条子幼虫触手伸出口外。固着在海岸岩石上，和海藻、海绵等杂生。在海滨广泛分布。

真枝螅科 Eudendriidae

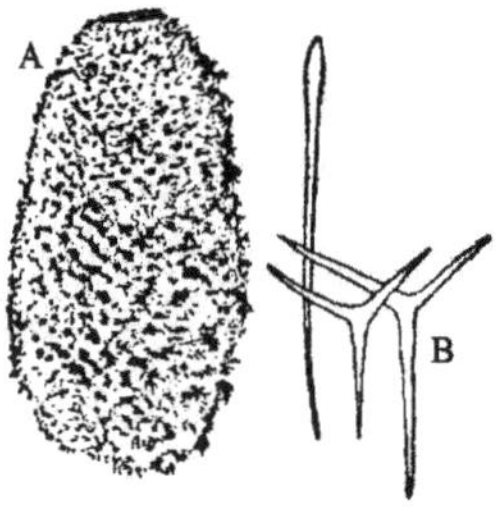

图2-1 冈田樽海绵

A. 外形；B. 骨针

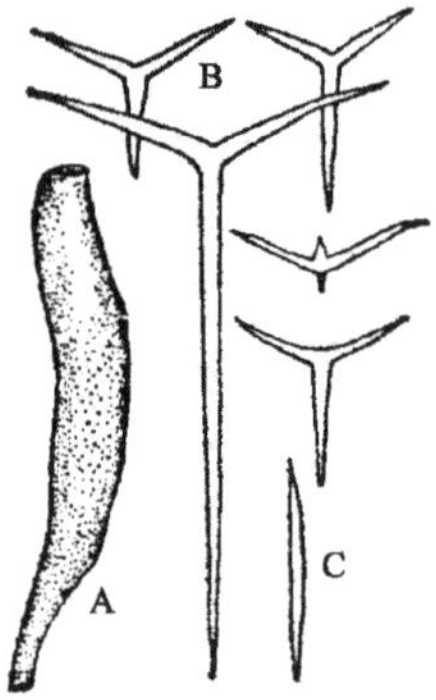

图2-2 日本毛壶

A. 外形；B. 骨针；C. 杆状体

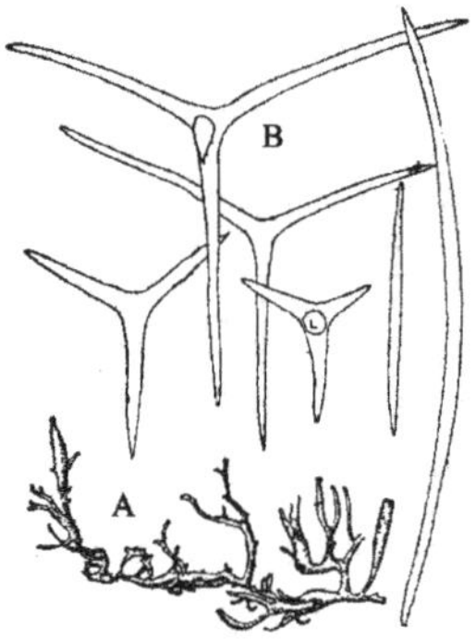

图2-3 细薄白枝海绵

A. 外形；B. 骨针

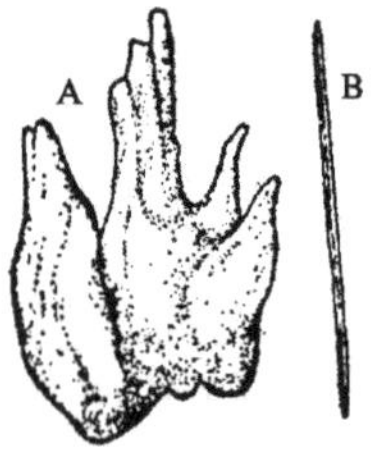

图2-4 日本矶海绵

A. 外形；B. 杆状体

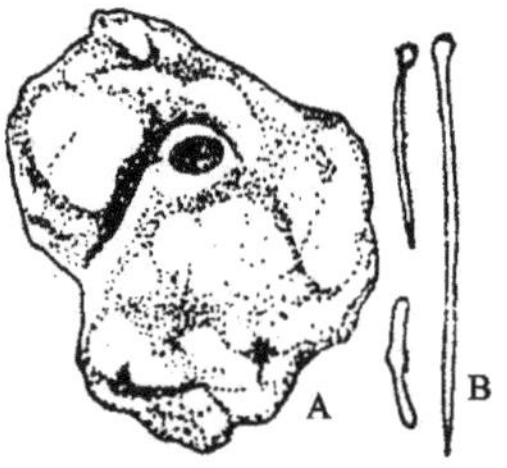

图2-5 无花果皮海绵

A. 外形；B. 杆状体

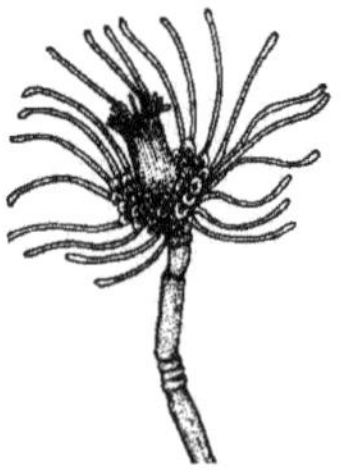

图2-6 海筒螅

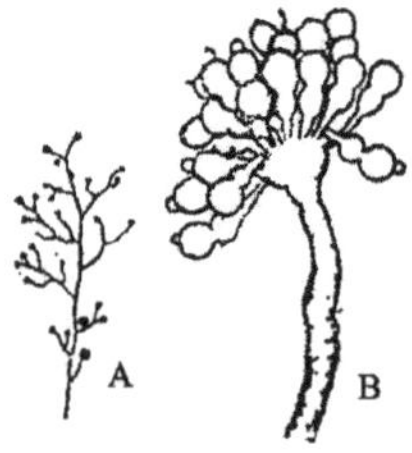

图2-7 细管真枝螅

A. 群体；B. 雄壮孢子囊

细管真枝螅 *Eudendrium capillare* Alder（图 2-7）

群体高 15～30 mm，不规则分枝状，茎部暗褐色，围鞘较厚，基部有环纹，垂唇喇叭状，其周围有一圈触手，约 20 个。雌孢子囊卵圆形，固着在柄部顶端。雄性孢子囊成串珠状，着生在柄部的顶端，伞状。固着生活在浮木、船底、绳索上。分布于各地港湾。

钟螅科 CamPanulariidae

膝状薮枝螅 *Obelia geniculata*（Linnaeus）（图 2-8）

群体高 20～40mm，螅根呈网状，匍匐在海藻或贝壳上，茎部分枝不规则，分枝上方有环轮 3～4 个，茎高 20mm，水螅体互生，分生处有曲膝状弯曲，膝鞘杯形，边缘平齐。螅鞘柄部全长或两端有环纹。口周触手中实。长卵形生殖体生于分枝与主茎的腋间，子茎周围有瓶形生殖鞘，出芽产生水母芽。附着生活在沿海的浮木、贝壳养殖绳索上。分布于烟台、青岛和舟山群岛等地。

双枝薮枝螅 *Obelia dichotoma*（Linnaeus）（图 2-9）

群体高 10～350mm，主茎常为单管状，双叉分枝，节间长。芽鞘钟形，互生，柄长，具环纹，芽鞘边缘具波纹或具 12 个矮而圆的齿；生殖体长梨形，顶端截平，具短柄，有环纹。固着生活在浮木、船底、绳索上。分布于各地港湾。

薮枝螅水母 *Obelia* sp.（图 2-10）

伞部扁平、圆盘状，中胶层薄；直径 2.5～6mm，缘膜退化。胃短，基部四角形，无柄。口部有 4 个唇、4 条直辐管，环管狭窄；各辐管中部有 4 个圆形或椭圆形生殖腺，伞缘有实心触手，基部小的膨大部有 8 个平衡囊。身体大小及伞缘触手的数目因种类而不同。在海洋中漂浮生活。用浮游生物网拖取采得。沿海均有分布。

嵊山杯水母 *Phialidium chengshanense*（Ling）（图 2-11）

伞扁平、圆形或椭圆形，伞径 4～10mm，高 1.5～3.5mm，伞缘触手 18～57 条，两触手间有 1～2 个触手芽和 2～3 个平衡囊。触手螺旋状卷曲。伞中部有 2～6 个淡蓝色胃，4～11 条辐管伸向伞缘，胃由辐管相连。口有 4 个唇，缘膜发达。辐管近伞缘部有 4～11 个圆形、椭圆形或细长线形生殖腺，生殖腺及触手褐色。漂浮生活在近海海滨藻类丛生处，夜晚发磷光。捕食甲壳虫类等。分布于河北、山东、江苏、浙江和福建等地沿海。

半球杯水母 *Phialidium hemisphaericum*（Linnaeus）（图 2-12）

伞部略扁平，半球形，中胶层薄；伞径 5mm，伞高 1.5mm，缘膜窄。胃部短，方形，有 4 个简单的口唇，无胃柄，4 个窄长辐管，外端有 4 个卵圆形黄色性腺。伞缘有 16～32 个触手，多数为 20 个；触手球简单，圆锥形，红褐色。触手间有 1～3 个平衡囊。漂浮生活在近海。可用浮游生物网采得。各地海滨均有分布，为胶州湾常见种。

真瘤水母科 Eutimidae

瘤手水母 *Tima formosa* L. Agassiz（图 2-13）

又称台水母。伞高半球形，中胶层顶部厚，下部薄，缘膜发达。伞径 25～42mm，伞高 12～25mm，胃部有一胶质的长柄伸至伞外。口四角形，有 4 个发达的，具皱褶的口唇，有 4 条直而窄的辐管，4 个生殖腺占据整个辐管，生殖腺较长，弯曲呈皱褶状。伞缘 29～36 条触手乳白或淡红色，触手球长棒状，橙黄色。触手间有 2～3 个触手芽、2～5 个平衡囊，囊中平衡石排成圆圈。口端超过伞缘。近伞缘有一圈暗绿色点，胃和口腕淡黄色，性腺乳白色。漂浮生活在海水中，可用浮游生物网捕得。分布于海滨港湾，如青岛、烟台港附近。

花笠水母科 Olindiadidae

长硬钩手水母 *Gonionemus vertens* A. Agassiz（图 2-14）

小型具缘膜水母。伞低半球形。中胶层厚。体透明。伞缘有中空触手 45～70 个，触手基部有卵圆形触手球。平衡囊与触手交互排列，触手间有 2～3 个平衡囊。环肌发达。胃小有短柄。4 条辐管狭窄，口旁 4 个唇卷曲，边缘有褶。辐管上有红色带状生殖腺。浮游生活在海水中，捕食小型甲壳类。舀水或用网捕获。分布于各地沿海。

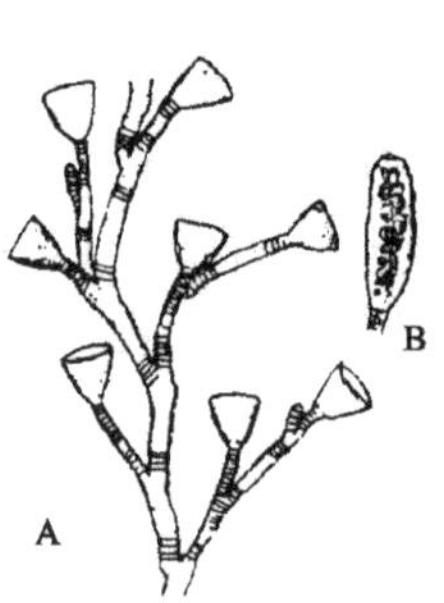

图 2-8　膝状薮枝螅
A. 群体；B. 生殖体

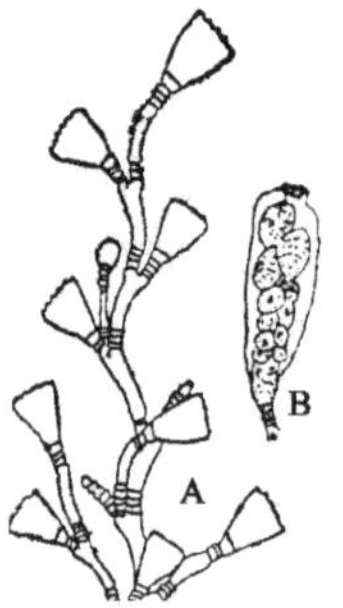

图 2-9　双枝薮枝螅
A. 群体；B. 生殖体

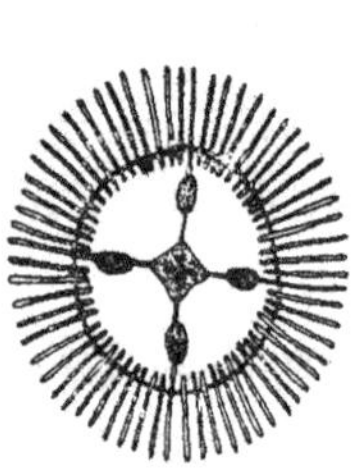

图 2-10　薮枝螅水母

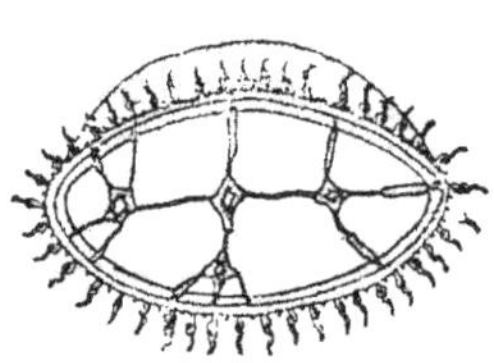

图 2-11　嵊山杯水母

图 2-12　半球杯水母

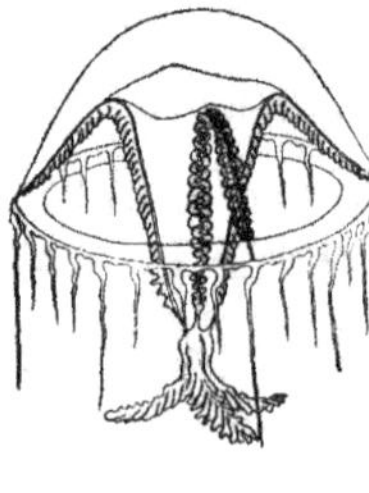

图 2-13　瘤手水母

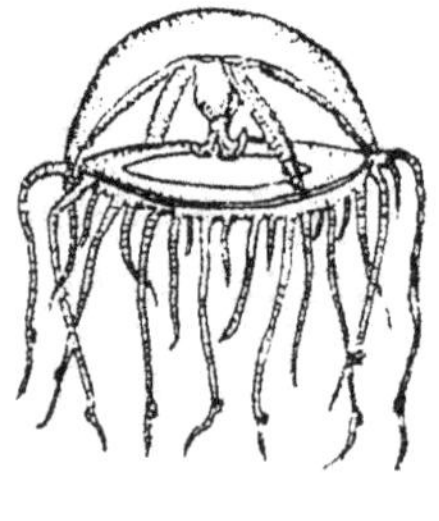

图 2-14　长硬钩手水母

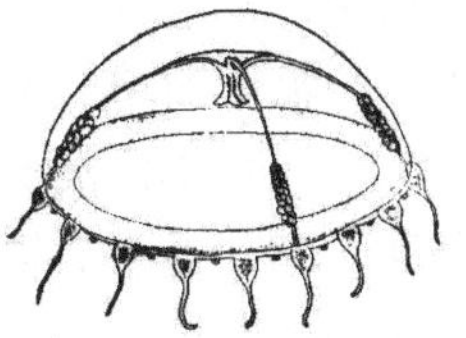

图 2-15　美螅水母

图 2-16　海月水母

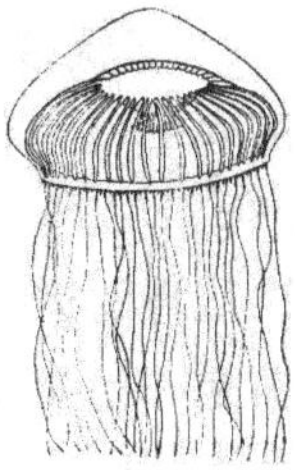

图 2-17　墨绿多管水母

2.4.2.2　钵水母纲 Scyphomedusae

钵水母纲目科检索（赛道建）

1　杯状体和柄部组成水母体，固着生活……………………………十字水母目 Stauromedusae
1　水母体无柄部，浮游生活……………………………………………………………………2
2　水母体伞部立方形，无缘垂　……………………………………立方水母目 Cubomedusae
2　水母体伞部非立方形，有缘垂………………………………………………………………3
3　水母体外伞中央有 1 条冠状沟………………………………………冠水母目 Coronatae
3　水母体外伞无沟…………………………………………………………………………………4
4　口腕分离 ……………………………………………………（5）旗口水母目 Semaestomeae
4　口腕彼此愈合……………………………………………………………根口水母目 Rhizostomae
5.1　触手细长，无环管 ………………………………………………………霞水母科 Cyaneidae
5.1　触手细小，有环管 ……………………………………………………洋须水母科 Ulmaridae

十字水母目 Stanromedusae

美螅水母 *Clytia folleata*（McCrady）（图 2-15）

伞部扁平，伞径 2.5～7.0mm，伞壁很薄，伞部边缘有 16 个或更多触手，基部有一中空的锤状触手球。平衡囊与触手互生，缘膜发达。伞部透明。分布于青岛后海。

旗口水母目 Semaestomeae

洋须水母科 Ulmaridae

海月水母 *Aurelia aurita* Linnaeus（图 2-16）

大型无缘膜水母。伞圆盘形隆起，伞径 150mm；具主辐管、间辐管、从辐管及环辐管。伞缘均匀分布 8 个缺刻，4 个在主辐管处；缺刻内有触手；伞缘上均匀短小触手呈裙穗状。方形口的四角延伸成皱襞状长口腕；4 条口腕悬垂呈旗状，故名旗口类。口外侧间辐管有 4 枚马蹄形性腺，雌性生殖腺紫色。成群漂浮生活。生活时，伞部为透明的乳白色或淡青色。可用网捞捕。7～8 月，渤海、黄海沿岸常大量出现。

墨绿多管水母 *Aequorea coerulessens* (Brandt)(图 2-17)

伞部扁平，稍低于半球形，顶部的胶质很厚，边缘较薄，伞直径 26～55mm，伞高 11.5～29mm。口很大，圆形，有口唇 10～24 个，辐管简单，不分枝，分别从胃的边缘发出，形成放射状，通常有 70～120 个。伞边缘具很多触手，平衡囊和排泄突起，触手细长入丝，基部有棒状的触手球。伞部透明，辐管和胃部多为乳白色，也有微蓝或微红者，生活时多为无色，水螅体为钟螅。

海蜇 *Rhopilema esculentum* Kishinouye (图 2-18)

伞半球形，直径 300～450mm，有的可达 1000mm，光滑，中胶层发达；感觉器 8 个，在 8 个分区中每区 1 个，各感觉器间的缘瓣为 20 个。下伞薄，边缘环肌发达，环肌收缩产生运动。下伞向内凹陷，具 8 个肩板及 8 个口腕。每腕分为 3 翼，肩板及翼边缘具褶襞及长丝。生活时体透明，伞部淡蓝色，口腕乳白色，性腺淡红色。漂浮游泳生活。可用手抄网捞捕。8～9 月大量出现。可鲜食或制成干品，伞部称为海蜇皮，口腕部称海蜇头。各地沿海均有分布。

2.4.2.3 珊瑚纲 Amthozoa

珊瑚纲科目检索

1 群体，水螅体小，8 个羽状触手和 8 个隔膜 ………………… (2) 八放珊瑚亚纲 Octocorallia
1 多单体，水螅体有大有小，6 或其倍数简单触手和隔膜 ……………………………………………………………………………… (3) 六放珊瑚亚纲 Hexacorallia
2.1 无骨轴，初生轴水螅体长，壁上长出次生水螅体…………………… 石花虫目 Telestacea
2.1 有骨轴，群体固着或游离 …………………………………………………………… 2.2
2.2 群体固着，树形分枝，骨轴被薄层共肉，生出单态水螅体 ……… 柳珊瑚目 Gorgonacea
2.2 群体游离，无分枝，有骨轴，轴水螅体长，次生水螅体多态 ……………………………………………………………………………… (2.2.1) 海鳃目 Pennatulacea
2.2.1 轴部辐射对称，水螅体散生在轴部 ……………………………… 棒海鳃科 Veretillidae
2.2.1 轴部两侧对称，水螅体生在轴部叶状体或肉脊上…………… 沙箸海鳃科 Virgulariidae
3.1 无壁孔 …………………………………………………………………… 海葵科 Actiniidae
3.1 有壁孔 …………………………………………………………………………… 3.2
3.2 有发达的括约肌 ……………………………………………………… 细指海葵科 Metridiidae
3.2 无括约肌，或内胚层括约肌不发达 ………………………… 银冠海葵科 Diadumenidae

海葵目 Actiniaria

绿疣海葵 *Anthopleura midori* Uchida & Muramatsu (图 2-19)

也称绿海葵，体圆柱形，绿色或黄绿色，有纵行疣突。口盘边缘红棕色，疣突粗大明显。口部淡紫色，有 1 对红斑。哑铃形口位于口盘中央，伸展时椭圆形。口周围环生 96 个触手，由内向外按 6 、6 、12 、24 、48 个排成 5 圈。触手浅黄色或淡绿色，背面有一纵行绿色条，基部有白斑。固着生活在岩礁间水洼处，受刺激缩成半球形。分布于我国沿海沿岸环境。

黄海葵 *Anthopleura xanthogrammica* (Berkly)（图 2-20）

体长圆柱形，宽度大于高度，灰黄色或浅黄色。体表平滑附有沙粒。体高 40～70 mm，体宽 40～60 mm，体壁尤其是上方具疣状吸盘，以此附着一些小碎石或沙粒。口盘附近有数圈不明显的疣突。口椭圆形，淡黄色，口周有一圈黑斑，有 4～104 个触手，多数 96 个触手排成 5 圈；触手形状为长圆锥形，顶端或钝或尖，灰白色触手上有白斑，基部有 6 对白条纹。埋栖生活于潮间带泥沙中，可用铁铲快速掘得。受刺激缩入沙中，可从圆形的陷穴中向外喷水。分布于大连、烟台、青岛等北方海岸。

纵条矶海葵 *Haliplanella luciae* (Verrill)（图 2-21）

体小，绿褐色。伸展时呈圆柱形，体长短于 20mm，受刺激缩为球形潜入泥沙中。体表面光滑，体壁上有 12 条橙红色或深红色纵条纹。口长裂缝状，位于口盘中央，环有多圈触手，数目多为 6 的倍数，排列不规则。固着生活在沿岸石缝中或贝壳上。分布于黄海、渤海沿岸。

海鳃目 Pennatulacea

海仙人掌 *Cavernularia obesa* Milne Edwards et Hailme（图 2-22）

棍棒形，高达 30cm；上部为轴部，周围有许多水螅体，下部为柄，无水螅体。轴部的长度为柄部的 2 倍以上。直接以柄插入泥沙质海底，轴部露出。水螅体有水螅体和管状体二态。水螅体大，有 8 个能伸缩的羽状分枝触手；管状体小，无触手，布满在水螅体之间。轴和柄交界处有 1 个纺锤形小骨轴，骨针密布全身。生活时为黄色或橙色，群体充分伸展时，十分美丽。遇刺激发磷光，是海洋中著名的发光动物。分布于黄海、渤海沿岸泥沙质海底。

图 2-18　海蜇

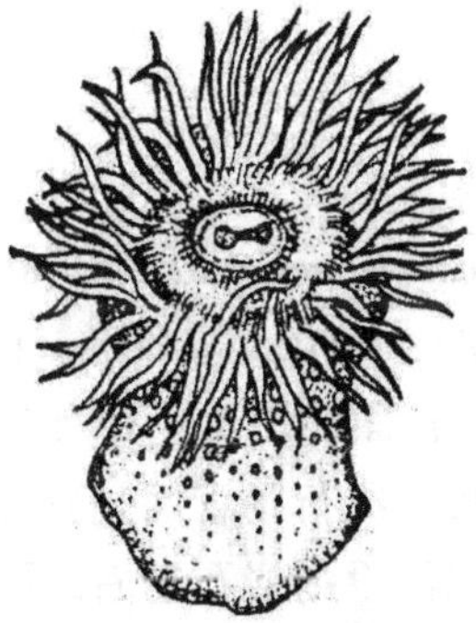

图 2-19　绿疣海葵

图 2-20　黄海葵

图 2-21　纵条矶海葵

图 2-22　海仙人掌

图 2-23　沙箸

图 2-24　网平角涡虫

图 2-25　薄背涡虫

沙箸 *Virgularia* sp.（图 2-23）

又称海笔。群体细长，高达 30cm；明显分为两部分，柄部和干部；柄部无芽，多埋于泥沙中，末端常膨大呈球形；干部具芽体，芽体左右对称排列呈羽枝状，背腹两侧不生芽体，好像古代用的笔，故有海笔之称。多为淡黄色或白色，内部有 1 条白色的石灰质骨轴。柄部无水螅体，基部膨大呈球状。轴部水螅体着生在轴部两侧的叶状体上，管状体生在叶状体基部或它们之间。无骨针或仅在柄部有卵圆形小骨片。埋栖于泥沙中。我国北方沿海较为常见。

2.4.3　扁形动物门 Platyhelmintes

扁形动物在动物进化史上占有重要地位，从这类动物开始出现了两侧对称和中胚层，这对动物体结构和机能的进一步复杂、完善和发展，为动物从水生进化到陆生奠定了必要的基础。虫体背腹扁平，不分节，两侧对称，具皮肤肌肉囊，三胚层无体腔。

涡虫纲 Turbellaria

网平角涡虫 *Planocera reticulate* Stimpson（图 2-24）

又称网纹平涡虫。体扁平、叶状、椭圆形，前端宽圆，后端稍尖，体长 20～50mm，体宽 15～30mm 。背面前端 1/4 处有 1 对细圆锥形触角，基部黑色眼点环形排列。口位于腹面中央，纵行肠管两侧分枝多。体灰褐色，色素颗粒结成网状，腹面色浅。生活于海水浸没的岩石下面。可翻石用毛笔采集，分布于大连、烟台、青岛等地。

薄背涡虫 *Notoplana humilis*（Stimpson）（图 2-25）

体扁而长，长约 2mm ，宽约 8mm ，前端略圆，后端钝尖。体背面前端

4mm 处有一对黑色眼点。触角不明显。口位于腹面中央，口后有 2 个（前雄、后雌）相邻生殖孔。体背灰褐色，中央狭长的肠区色淡，周围灰褐色颗粒密接成网状。腹面色淡。生活于岩岸环境，在石块下匍匐爬行。分布于我国北部潮间带。在青岛 4～5 月繁殖。

2.4.4　纽形动物门 Nemertea

无针纲 Anopla

线细首纽虫 *Cephalothrix linearis* Rathke（图 2-26）

虫体一般呈浅黄色或黄色，头部色较淡，没有斑点。虫体长 10～30cm，宽 0.5mm，扁平，细长而柔软。前部稍粗，后部逐渐变细。由于受消化道内容物的衬托，虫体颜色从口部后方至体中部呈暗绿色。没有头沟与眼点。口为纵劈裂孔，位于离头端很远的腹面，口与脑的距离约为头端与脑距离的 3 倍。一般附着于潮间带的马尾藻上或栖息于沙砾海岸的石块下。在青岛、烟台均有分布。

螺旋原细首纽虫 *Procephalothrix spiralia* Coe（图 2-27）

虫体一般呈灰黄色、肉黄色或白色，虫体长 6～7cm，宽 0.2mm 左右，细长线状，柔软，受刺激后立即卷曲呈弹簧状。易自切。体表具纵走细褶纹。头端尖，无横沟和眼点，尾端较钝，口为皱劈状裂孔，位于离头端较远的腹面，吻孔纵裂状。在青岛、烟台均有分布。

活泼纵沟纽虫 *Lineus vegetus* Coe（图 2-28）

体长带形，暗紫红色，约 300mm。头端钝圆，颈部窄，有明显头横裂，背面圆形，腹面扁平。背中线明显，有环形纵纹。栖息于潮间带泥沙中。肌肉收缩和体液流动使身体局部变化，身体交替变窄变宽左右扭曲运动。受惊时扭成团。分布于黄海、渤海沿岸。

无沟纽虫 *Baseodiscus curtus*（Hubercht）（图 2-29）

体细长、带状，背面黑褐色有深色斑点，腹面灰白色。虫体长 130～250mm。头、颈区分不明显，头部有多个眼点。背腹扁平，栖息于潮间带岩石等下面，受触动则卷曲成纽形。分布于黄海、渤海沿岸。

斑两用孔纽虫 *Amphiporus punctatulus* Coe（图 2-30）

体呈土黄色、茶褐色或浅褐色，背侧表面有浓密而不规则的深褐色斑点。虫体粗肥，背腹扁平。体长 50～100mm，宽 3～5mm。肠区以前部分较窄，体后部逐渐加宽，后端呈圆锥状。腹面中央具 1 条从头端到尾端的白色纵纹。头部半圆形，头部背侧周缘和颈部的两侧浅黄色。头部背侧具褐色菱形斑纹。眼点很多，明显排列在头的两侧。栖息于潮间带的石块下或海藻丛。分布于大连、烟台和青岛等地。

2.4.5 毛颚动物门 Chaetognatha

强壮箭虫 *Sagitta crassa* Tokioka（图 2-31）

体略透明，较软，泡沫组织很发达，自头部开始延伸至尾部。前齿数 6～14，后齿数 15～43，颚毛数 8～12。纤毛环始自眼后，环的左右两侧呈波浪状。前鳍始于腹神经节末梢后，略长于后鳍，前后鳍完整。体长 12～22mm，常见于胶州湾。

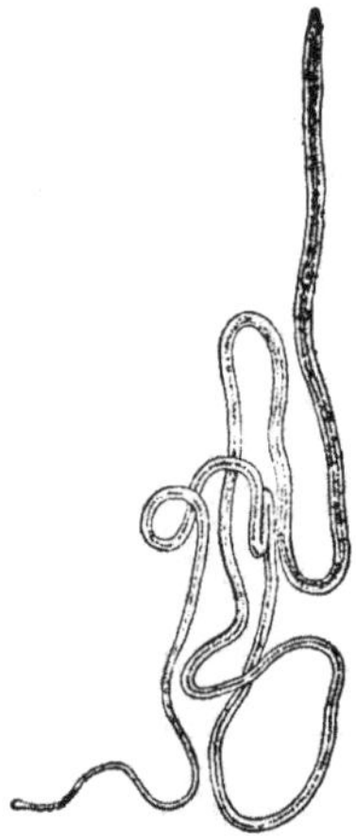

图 2-26 线细首纽虫

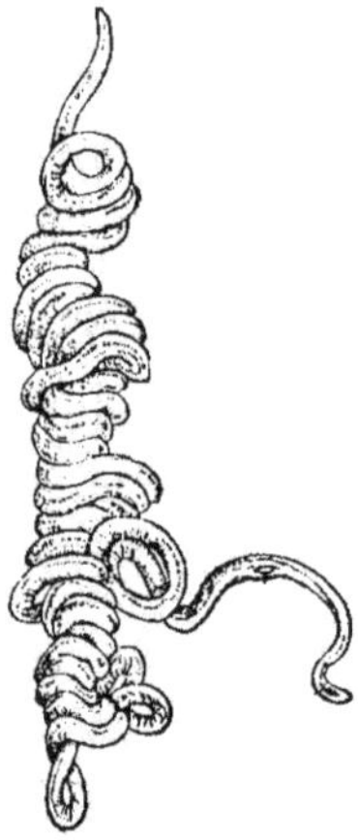

图 2-27 螺旋原细首纽虫

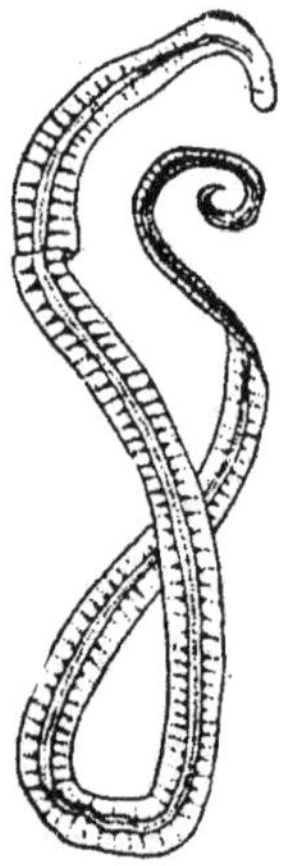

图 2-28 活泼纵沟纽虫

图 2-29 无沟纽虫

图 2-30 斑两用孔纽虫

图 2-31 强壮箭虫

2.4.6　环节动物门 Annelida

多毛纲 Polychaeta

多毛纲分科检索（Fauchald 1977）

1　背部具鳞片或刚毛 ………………………………………… 2
1　背部不具鳞片或刚毛 ………………………………………… 5
2　口前叶具单个触手 ………………………… 鳞沙蚕科 Aphroditidae
2　口前叶具 0～3 个触手 ………………………………………… 3
3　腹刚毛复型（体后部具鳞片） ………………… 锡鳞虫科 Sigalionidae
3　腹刚毛简单型 ………………………………………… 4
4　疣足具纺绩腺，触手紧靠口前叶的后部或中部 ………… 多齿鳞虫科 Polyodontidae
4　无纺绩腺，触手位于口前叶前缘 ………………… 多鳞虫科 Polynoidae
5　疣足背叶具金色或铜色横排刚毛 ………………… 金扇虫科 Chrysopetalidae
5　刚毛不如上述排列 ………………………………………… 6
6　体后端具腹盾板 ………………………… 不倒翁虫科 Sternaspidae
6　体后端无腹盾板 ………………………………………… 7
7　体前端具特殊刚毛，盖于前端，或形成一壳盖，或为一列长保护刺（桴片） ………… 8
7　体前端不具特殊刚毛 ………………………………………… 12
8　特殊刚毛长具横隔为梯形，形成头笼；体表上皮乳突多 ………… 扇毛虫科 Flabelligeridae
8　特殊刚毛非梯形，不形成头笼；体表上皮乳突少或无 ………………… 9
9　特殊刚毛细，前端弯曲为刺状；口前叶具 7 个触手 ……… 欧努非虫科 Onuphidae（部分）
9　特殊刚毛粗，前端不弯曲；口前叶无附肢或具许多触手 ………………… 10
10　特殊刚毛横排，圆锥状栖管以沙粒形成 ………………… 笔帽虫科 Pectinariidae
10　特殊刚毛或在前端两侧为扇形桴片，或为一壳盖盖于壳管 ………………… 11
11　特殊刚毛形成桴片，前端具 2～4 对鳃 ………………… 双栉虫科 Ampharetidae（部分）
11　特殊刚毛形成壳盖，前端无鳃 ………………… 帚毛虫科 Sabellariidae
12　前端包括口前叶变为触手冠 ………………………………………… 13
12　前端不变为触手冠，但触手和触须可挤在前端 ………………… 16
13　管钙质，具胸膜 ………………………………………… 14
13　管胶质或角质，无胸膜 ………………………………………… 15
14　管直或管弯，有时仅仅基部螺旋状；身体对称，胸部体节 4 个以上 ………………… 龙介虫科 Serpulidae
14　管螺旋状；身体不对称，胸部体节 4 个 ………………… 螺旋虫科 Spirorbidae
15　疣足齿片，触手冠平滑或具羽状鳃丝，胸部多具钩状齿片刚毛 …… 缨鳃虫科 Sabellidae
15　小齿片集中腹叶，触手冠具分支的触手 ………………… 欧文虫科 Oweniidae（部分）
16　第 4 体节具粗刚毛，体中部体节变形为扇形；栖管羊皮纸状具环轮 ………………… 磷虫科 Chaetopteridae

16 第4体节无粗刚毛，无扇形疣足；栖管羊皮纸状无环轮 ………………………………… 17
17 前端触手和触须少于10对，或无附肢 ………………………………………………… 20
17 前端具许多触手，若具鳃就能前节几对 ……………………………………………… 18
18 鳃成排或在头部集中为两群，口触手能伸缩，齿片上具1排或几排齿 ………………… ……………………………………………………………… 双栉虫科 Ampharetidae
18 鳃不成排，分枝或丝状；口触手不能伸缩，齿片主齿下具成排小齿 ………………… 19
19 胸腹部齿片柄短，腹部齿片可向后延长 ……………………………… 蛰龙介科 Terebellidae
19 胸部齿片柄长，腹部齿片柄短 ……………………………… 毛鳃虫科 Trichobranchidae
20 口前叶无附肢围口节具有1对背触角，最多2对触须或无附肢 ……………………… 36
20 口前叶具触手，围口节常有1对触角或触须 …………………………………………… 21
21 口前叶无后瘤，具触角 …………………………………………………………………… 29
21 口前叶具后瘤，无触角，多数体节上出现刚毛或足刺 ………………………………… 22
22 口前叶常圆锥形，多环轮；前端4个触手 ……………………………………………… 23
22 口前叶长不及宽的2倍，无环轮 ………………………………………………………… 24
23 吻具4个大颚，疣足全为单叶型或双叶型 ……………………………… 吻沙蚕科 Glyceridae
23 吻大颚多于4个，前部疣足单叶型，后部疣足双叶型 ………………… 角吻沙蚕科 Goniadidae
24 无颚 ………………………………………………………………………………………… 26
24 具颚 ………………………………………………………………………………………… 25
25 颚由成排小齿片组成 ……………………………………… 豆维沙蚕科 Dorvilleidae（部分）
25 颚由若干单片组成 ………………………………………………………………………… 26
26 具沟触手1对 ……………………………………………………… 囊须虫科 Saccocirridae
26 触手多对 …………………………………………………………………………………… 27
27 背须大，叶形 ……………………………………………………… 叶须虫科 Phyllodocidae
27 若具背须，为须状 ………………………………………………………………………… 28
28 刚毛简单，背腹刚叶间具须 ……………………………………… 齿吻沙蚕科 Nephtyidae
28 无间须，背刚毛简单，腹刚毛复型 ……………………………… 特须虫科 Lacydoniidae
29 触角双环或多环 …………………………………………………………………………… 30
29 触角简单，与口前叶愈合致使口前叶呈“V”形或凹形呈腹侧垫 ……………………… 32
30 触角多环，无触须 ………………………………………… 豆维沙蚕科 Dorvilleidae（部分）
30 触手双环，至少具1对触须 ……………………………………………………………… 31
31 吻具大颚1对，表面光滑或具须齿和乳突；疣足双叶型 ………………… 沙蚕科 Nereididae
31 吻无大颚、颚齿和乳突，具端乳突或侧突起；疣足亚双叶或单叶型 ……………………… ……………………………………………………………………… 海女虫科 Hesionidae
32 围口节腹侧触角垫状，5个后触手和2个前触手 ……………………… 欧努非虫科 Onuphidae
32 触角或与围口节前部愈合，或游离为腹侧突起；最多5个触手 ………………………… 33
33 触角与口前叶愈合，以致口前叶前裂隙 ………………………………………………… 35
33 触角为游离的腹突起，口前叶长不大于宽（若触角愈合可使口前叶长大于宽） ……… 34
34 具颚 ……………………………………………………… 豆维沙蚕科 Dorvilleidae（部分）

34　无颚，疣足不长，足刺短，具前胃 …………………………………… 裂虫科 Syllidae
35　翻吻具 4 对上颚和 1 对下颚 ………………………………… 矶沙蚕科 Eunicidae
3　若具翻吻也无附属物………………………………………………… 白毛虫科 Pilargiidae
36　口前叶和围口节无附肢，某些前体节可出现附肢……………………………… 37
36　围口节具 1 对触角或触须 ………………………… 海稚虫科 Spionidae（部分）
37　成对的触角或许多长而细的鳃丝，触手位于体前体节上 ……………………… 38
37　口前叶无成对触角或其他附肢…………………………………………………… 39
38　具复型镰刀形和简单型刚毛 ……………………………… 尖须虫科 Acrocirridae
38　仅具简单刚毛，前端弯或直，有时足刺状………………… 丝鳃虫科 Cirratulidae
39　口前叶为一斜板，常以突缘镶边；体节长似竹节状 ………… 竹节虫科 Maldanidae
39　口前叶尖、圆或钝 ………………………………………………………………… 40
40　体不分区，刚毛分布和疣足形态变化不大 ………………………………………… 43
40　体分胸、腹两区（具不同特征的刚毛或疣足）…………………………………… 41
41　胸区具侧疣足；腹区疣足的背、腹叶都在背面 ……………… 锥头虫科 Orbinidae
41　全具侧疣足；后区体节疣足背叶退化，腹叶形成窄而完整的环带 ……………… 42
42　虫体具纤细毛状刚毛；鳃灌木状或简单的丝状，不能收缩 ………… 沙蠋科 Arenicolidae
42　胸区和前几个腹区体节仅具细毛状刚毛，若具鳃在腹区则为可伸缩的丝状……………
……………………………………………………………………… 小头虫科 Capitellidae
43　咽部具复杂的颚器 ………………………………………………………………… 44
43　咽部无颚器 ………………………………………………………………………… 46
44　颚由许多成排小齿片组成………………………………… 豆维沙蚕科 Dorvilleidae
44　颚由若干单齿片组成 ……………………………………………………………… 45
45　无巾钩刚毛，颚基 3 个 ………………………………… 花索沙蚕科 Arabellidae
45　至少有的体节具巾钩刚毛，颚基 1 对 ………………… 索沙蚕科 Lumbrineridae
46　口前叶长圆锥形，长为宽的 2 倍，多环轮 ……………………………………… 47
46　口前叶长不为宽的 2 倍，钝圆锥形、圆形或平顶状，无环轮 …………………… 48
47　翻吻具 4 个大颚，疣足全部双叶型或全部单叶型吻………… 吻沙蚕科 Glyceridae（部分）
47　翻吻具颚 4 个以上；前区疣足单叶型，后区疣足双叶型 ………… 角吻沙蚕科 Goniadidae
48　刚毛简单毛状，鳃须状、梳状或无；口前叶完整，尖或圆形 ………… 海蛹科 Ophelidae
48　具叉状或足刺状刚毛，若具鳃限于前端，树枝状；口前叶梯形或分叉 ………………
……………………………………………………………… 梯额虫科 Scalibregmidae

常见多毛纲动物

沙蚕科 Nereididae

体长圆柱形，具许多环节。头部明显，口前叶梨形或卵圆形，具 4 个眼（极少数无），0～2 根前触手，两个分节的触手；围口节具 3～4 对触须；具发达的可外翻的吻（可分为口环及颚环），吻前端具 1 对大颚，口环和颚环平滑或具颚齿和软乳突。前两对疣足多为单叶型，除单叶沙蚕亚科 Namanereidinae 外皆为双叶型疣足，背足叶具背刚叶和 1～3 个背舌叶（若背前刚叶伸长，亦称中背舌叶），腹足叶具前、后刚叶和 1 个腹舌叶。具背、腹须。刚毛复型或简单型，刺状或镰刀状。肛部具尾须 1 对。

多美沙蚕 *Lycastopsis augeneri* Okuda（图 2-32）

体长约 14mm，宽 1.5mm，约 86 个体节。触手短，眼两对，前 1 对肾形，后 1 对圆形。3 对触须，指状。围口节比其他节都短。疣足具两根足刺，单叶型或亚双叶型。背须指状，腹须特小。腹刚毛异齿刺状或镰状。分布很广的北温带种，在我国黄海栖于高潮线石块下的粗砾中。

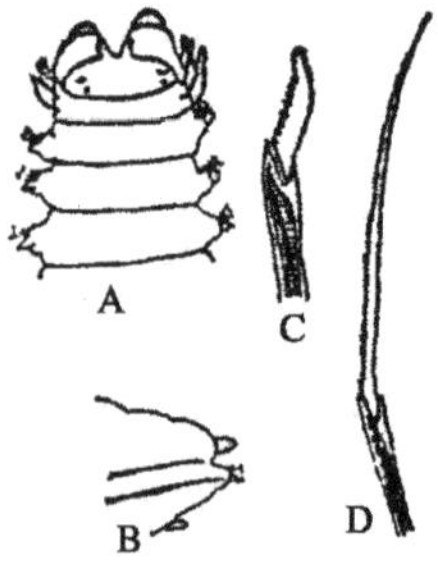

图 2-32　多美沙蚕
A. 体前端背面观；B. 疣足；C. 异齿镰状刚毛；D. 异齿刺状刚毛

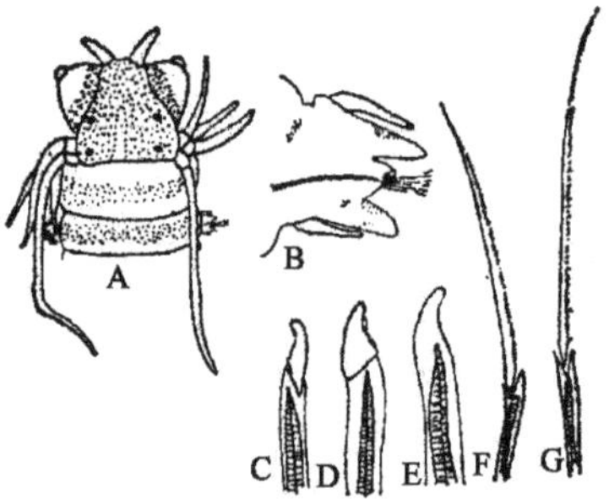

图 2-33　红角沙蚕
A. 体前端背面观；B. 疣足；C. 等齿刺状刚毛；D. 异齿刺状刚毛；E. 简单刚型毛；F. 伪复型刚毛；G. 异齿镰状刚毛

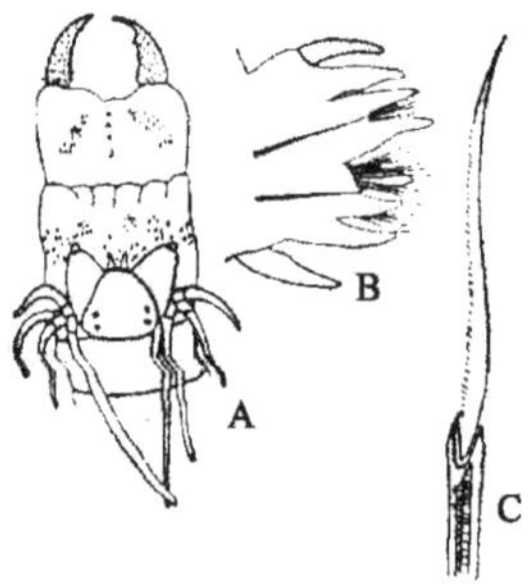

图 2-34　全刺沙蚕
A. 体前端吻外翻背面观；B. 疣足；C. 等齿刺状刚毛

红角沙蚕 *Ceratonereis erythraeensis* Fauvel（图 2-33）

体长最长可达 115mm，宽 4mm，约 215 个体节。体色红褐色，乙醇浸泡后标本为黄褐色。体前部背面多具深色斑，背须基部具栗色斑。口前叶梨形，眼 2 对呈矩形排列。最长触须后伸可达第 6～7 体节，吻仅颚环具圆锥形齿。体前部和体中部疣足的上背舌叶比下背舌叶长而细。背须短于背舌叶。体中部疣足腹足叶宽大，末端圆，下腹舌叶短指状。体后部疣足背舌叶长指状。背须几乎为背舌叶长的 2 倍。腹舌叶长，末端尖。伪复型刚毛约始于第 18～20 体节，自 21～22 体节为简单刚毛替代。见于我国沿海潮间带中区，栖于粗沙管或红褐色的软泥管内。

全刺沙蚕 *Nectoneanthes oxypoda*（Marenzeller）（图 2-34）

身体大而肥，体长可达 260mm，宽 10mm，具 180 多个体节。活体标本鲜红色具虹彩，乙醇浸泡后标本黄褐色，上背舌叶白色。口前叶近三角形，触手、触角各 2 个。触须 4 对，最长触须后伸可达第 4～5 体节。吻具圆锥状齿。体前部典型疣足具 3 个大的背舌叶。约从第 14 节起，上背舌叶向两侧扩展，中部凹陷。背须位于其中。此后，体中部的上背舌叶继续变大，体后部则变为长方形，背须由深凹陷中移到顶部。仅具等齿刺状刚毛。数量多，为我国沿岸潮间带泥滩的优势种，是重要的多毛类资源，供出口做钓饵，商品名为黄金沙蚕。

异须沙蚕 *Nereis heterocirrata* Treadwell（图 2-35）

体长可达 100mm，宽 8mm，约 88 个体节。口前叶、触角褐体前部背面多具浅咖啡色斑。口前叶似桃形，触手、触角各 2 个，眼 2 对，4 对触须，仅第 1 对腹触须粗短为指状，余为须状，最长触须后伸达第 3～4 体节。吻具圆锥形齿。体前部具疣足背、腹舌叶均为圆锥状；体中部疣足上背舌叶变尖细；体后部疣足上背舌叶增长为矩形，背须位于其顶端，背须基部附近具一突起。体前部仅具等齿刺状背刚毛，体中、后部为 2～4 个等齿镰状刚毛所替代；腹刚毛为等齿、异齿刺状和异齿镰状。我国黄海、东海有分布，为潮间带岩岸中下区牡蛎带处的优势种。

多齿沙蚕 *Nereis multignatha* Imajima et Hartman（图 2-36）

活体绿褐色或褐色，体长约 120mm，宽 10mm，具 100 多个体节。口前叶宽扁，具触手、触角各 1 对，眼 2 对。4 对围口节触须，最长者后伸达第 2～3 体节。吻除 V 区无齿外，均具尖锥状齿。体前部疣足舌叶末端钝圆，体中、后部则为指状突起，体前部背刚毛等齿刺状，至体中、后部为 2～3 根等齿镰状刚毛替代，腹刚毛等齿、异齿刺状和异齿镰状。我国黄海、东海潮间带中下区牡蛎及石莼海藻区及潮下带有分布。

真齿沙蚕 *Nereis neoneathes* Hartman（图 2-37）

乙醇标本浅黄色，体背部两侧和疣足基部具成对的褐色斑点。体长约 80mm，宽 7mm，具 80～90 个体节。口前叶似梨形，前部两侧内凹，前端着生指状触手，有 2 个大的瓶状触角。2 对眼在口前叶后半部呈梯形排列。刚毛齿刺状。栖息在潮间带岩岸的碎壳、砾石中。分布于黄海和东海沿岸。

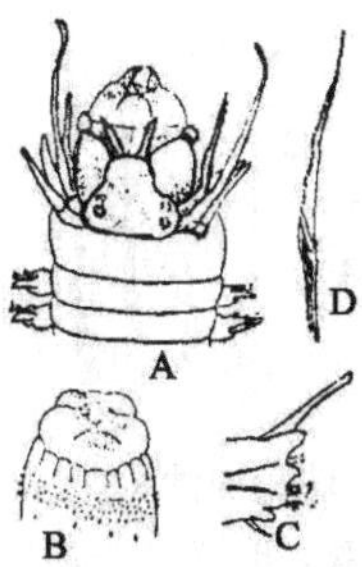

图 2-35　异须沙蚕

A. 体前端背面观；B. 吻的腹面观；C. 体中部 D. 疣足

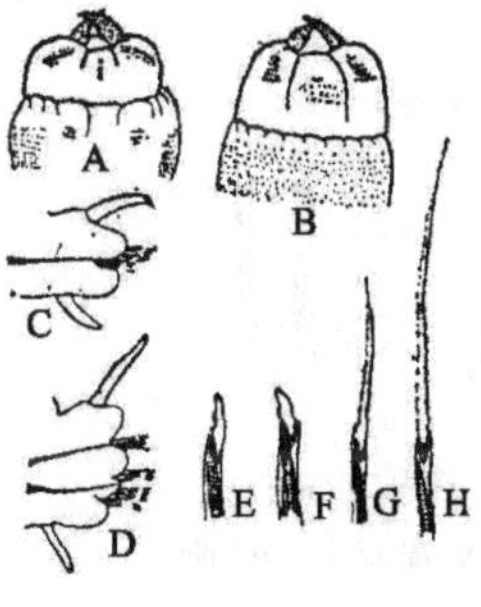

图 2-36　多齿沙蚕

A. 吻背面观；B. 吻腹面观；C. 第 1 疣足；D. 第 15 疣足；E. 异齿镰状刚毛；F. 等齿镰状刚毛；G. 异齿刺状刚毛；H. 等齿刺状刚毛

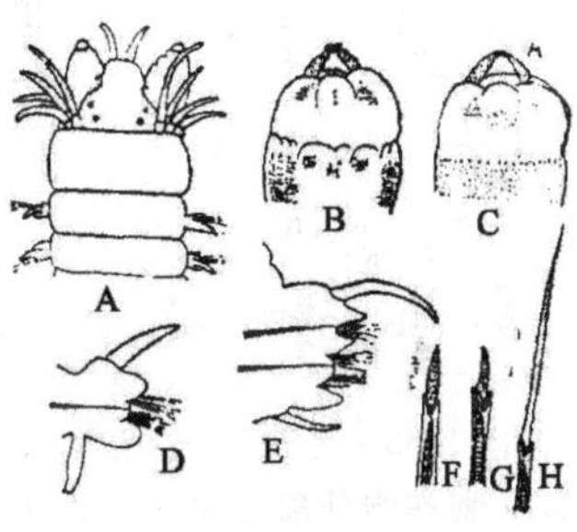

图 2-37　真齿沙蚕

A. 体前端背面观；B. 吻背面观；C. 吻腹面观；D. 第 1 疣足；E. 体前部疣足；F. 等齿镰状刚毛；G. 等齿镰状刚毛侧面观；H. 等齿刺状刚毛

沙蚕 *Nereis pelagica* Linnaeus（图 2-38）

活体标本为绿褐色、红褐色或淡黄色，有紫色点，具虹彩。体长约 57mm，宽约 3mm，具 50 多个体节。口前叶近五边形，具 2 对眼、2 个触手和 2 个触角。触须 4 对，最长后伸达第 2～3 体节。吻除 V 区外，均具圆锥形齿。体中、后部背、腹舌叶变细。背须长为腹须的 2 倍。体前部背刚毛等齿刺状；体中部背刚毛具等齿刺状和 2～3 根等齿镰状；体后部仅具等齿镰状刚毛，其端片光滑梭状。腹刚毛为等齿、异齿刺状和镰状。见于我国黄海潮间带岩岸石区和潮下带。

旗须沙蚕 *Nereis vexillosa* Grube（图 2-39）

活体标本为墨绿色，体后部色浅。最长可达 40mm，宽约 3mm，具 80 多个体节。口前叶长大于宽，眼位于口前叶的后半部。最长触须后伸达第 3～4 体节。吻除 V 区无齿外，均具圆锥形齿。体前部疣足舌叶和腹刚叶均圆钝，背须比舌叶长。体中后部上背舌叶延长呈矩形；背须位于其末端。体前部疣足具等齿刺状背刚毛，体后部全为等齿镰状背刚毛。我国黄渤海岩岸潮间带中、下区常见。

珠角裸沙蚕 *Nicon moniloceras*（Hartman）（图 2-40）

体具浅黑色斑点，体长达 30mm，宽约 1.5mm，约具 64 个体节。口前叶长大于宽，触手 1 对，触角粗大。触须 16～17 节，后伸达第 7 体节。吻平滑无颚齿亦无软乳突。体前、中部疣足上下背舌叶等长，末端细。背须比上背舌叶长，腹须长不超过下腹舌叶。体后部上背舌叶减缩成一短叶，背刚毛仅为等齿刺状，腹刚毛为等齿、异齿刺状和镰状。我国黄海潮下带泥沙碎贝壳中有分布。

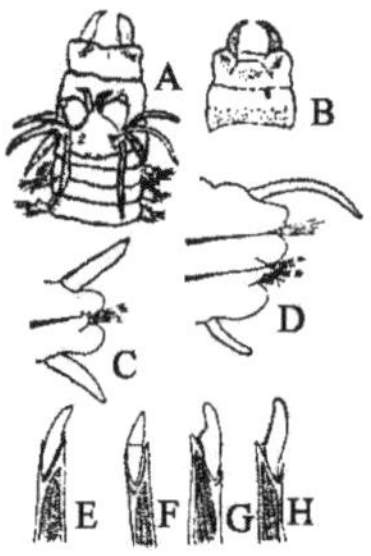

图 2-38　沙蚕

A. 体前端吻外翻背面观；B. 吻腹面观；C. 第 1 疣足；D. 第 15 疣足；E. 等齿镰状刚毛；F. 等齿索状刚毛；G，H. 异齿镰状刚毛

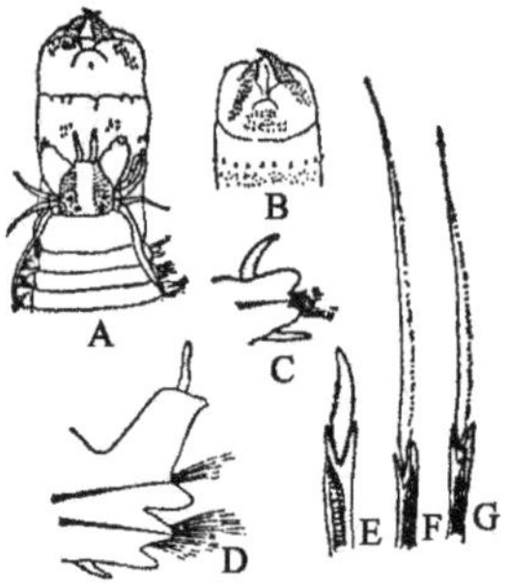

图 2-39　旗须沙蚕

A. 体前端吻外翻背面观；B. 吻腹面观；C. 第 1 疣足；D. 第 15 疣足；E. 等齿镰状刚毛；F. 异齿刺状刚毛；G. 等齿刺状刚毛

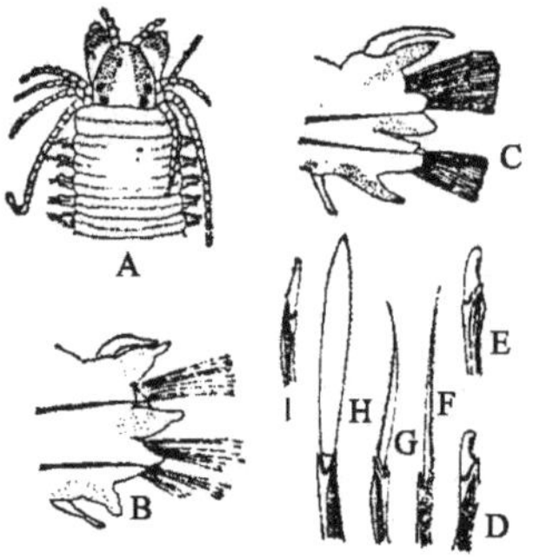

图 2-40　珠角裸沙蚕

A. 体前端背面观；B. 第 15 疣足；C. 第38 疣足；D，E，I. 异齿镰状刚毛；F. 等齿刺状刚毛；G. 异齿刺状刚毛；H. 桨状刚毛

双齿围沙蚕 *Perinereis aibuhitensis* Grube（图 2-41）

乙醇标本多为黄褐色，上背舌叶多具咖啡色斑，体长可达 180～300 mm，宽 6～9mm，约 230 多个体节。口前叶前窄后宽，似梨形。触手稍短于触角。最长触须后伸达第 6～8 体节。吻区具 2～3 个扁齿，排成一横排（个别标本一侧 4 个扁齿排成两排），余皆具圆锥形齿。体中，后部疣足上、下背舌叶变尖细，稍长于背须。所有背刚毛均为等齿刺状，腹刚毛为等齿、异齿刺状和镰状。在我国沿海潮间带上区泥滩为习见的优势种。供做钓饵，是目前我国出口的沙蚕之一。

独齿围沙蚕 *Perinereis cultrifera* Grube（图 2-42）

标本背面具 3 条褐色斑带，中间 1 条较窄。体长可达 96mm，宽约 5mm，具 96 个体节。口前叶梨形，触角端节乳头形。最长触须后伸达第 3～9 体节。吻除 VI 区具 1 个扁三角形齿外，皆具圆锥齿。体前部疣足上背舌叶最大稍圆钝，下腹舌叶与上、下背舌叶几乎等大，腹须短小。体后部疣足变小，上背舌叶变长，末端尖，背须位于其上方末端似竖立的小旗，背刚毛等齿刺状，腹刚毛为等齿、异齿刺状和异齿镰状。为我国辽宁、山东、福建、广东潮间带岩岸广布种。

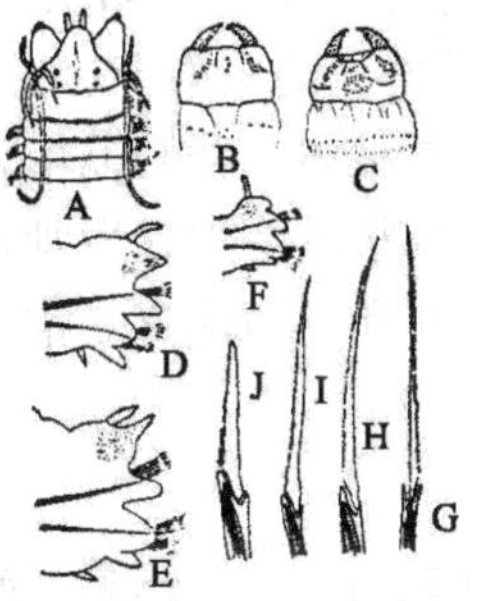

图 2-41　双齿围沙蚕

A. 体前端背面观；B. 吻背面观；C. 吻腹面观；D. 第 15 疣足；E. 体中部疣足；F. 体后部疣足；G. 等齿刺状刚毛；H，I. 异齿刺状刚毛；J. 异齿镰状刚毛

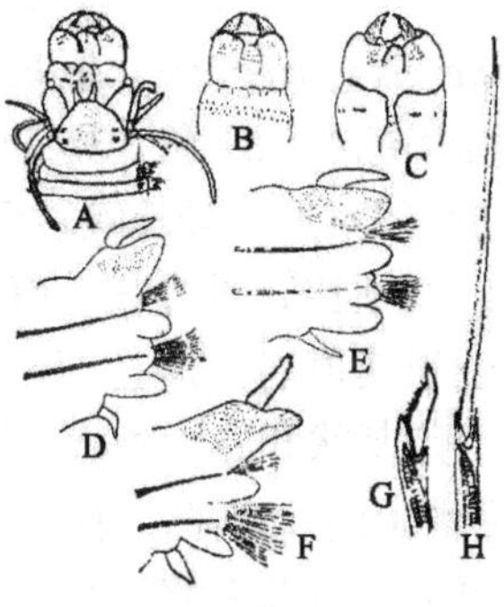

图 2-42　独齿围沙蚕

A. 体前端背面观；B. 吻腹面观；C. 吻背面观；D. 第 1 疣足；E. 第 15 疣足；F. 体中部疣足；G. 异齿镰状刚毛；H. 等齿刺状刚毛

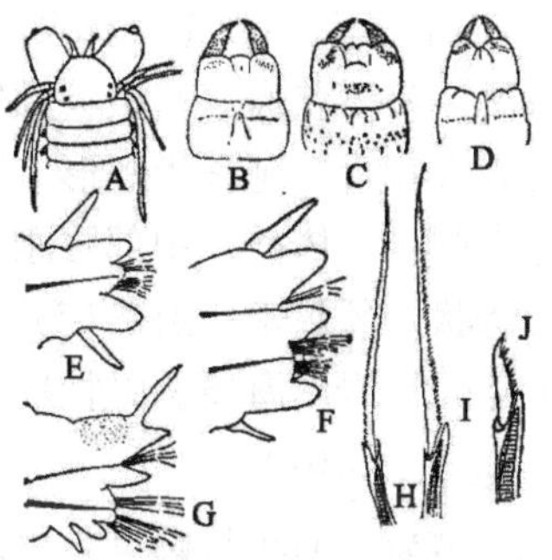

图 2-43　多齿围沙蚕

A. 体前端背面观；B. 吻背面观；C. 吻腹面观；D. 另一个体吻背面观；E. 第 1 疣足；F. 第 15 疣足；G. 体后部疣足；H. 等齿刺状刚毛；I. 异齿刺状刚毛；J. 异齿镰状刚毛

多齿围沙蚕 *Perinereis nuntia*（Savigny）（图 2-43）

乙醇标本为黄褐色，无色斑。体长可达 100mm，宽 6～7mm，约具 100 余个体节。口前叶梨形，2 对眼位于口前叶后部。触角基节膨大。最长触须后伸达第3～9 体节。吻 VI 区具 4～10 个棒状齿和扁平状齿，其余皆为圆锥形齿。体前部疣足的上、下背舌叶末端钝圆，稍大于下腹舌叶，前腹刚叶具缺刻，后腹刚叶末端圆，背须长于上背舌叶。体中、后部疣足上状、下背舌叶都延伸为三角形，末端尖。背刚毛等为齿刺状，腹刚毛为等齿刺状、异齿刺状和镰状。主要分布于岩岸潮间带的小藤壶、滨螺带石块下的泥沙中。从辽宁到海南岛均有分布。

双管阔沙蚕 *Platynereis bicanaliculata*（Baind）（图 2-44）

体呈浅褐色，体背两侧和庆足的背舌叶具绿色斑。乙醇标本为肉色，色斑浅。体长可达 100mm，宽约 9mm ，约具 130 个体节。口前叶前缘稍内凹，前对眼大于后对。最长触须后伸达第 11～16 体节。吻 I 、IV 区无齿，余为梳状小齿，大颗具 8～9 个侧齿。体前部具等齿刺状背刚毛，从第 10～15 体节后具 1～3 根琥珀色鸟嘴状简单型背刚毛。腹刚毛为等齿刺状、异齿刺状和镰状。我国潮间带岩岸习见。

杂色伪沙蚕 *Pseudonereis variegata*（Grube）（图 2-45）

口前叶、触角内侧、体背面为褐色或深绿色，具深色斑。大标本长 90mm ，宽 5mm ，具 130 多个体节。口前叶似梨形。最长触须后伸达第 5 体节。吻仅 VI 区具一扁棒状齿，其余为圆锥形。背须比背舌叶长，腹须很短。约从第 50 体节后，上背舌叶延长为矩形，背须位于其顶端，其上、下缘皆具腺体。背刚毛均为等齿刺状，体前、中部腹刚毛为等齿刺状和异齿镰状，体后部腹刚毛为异齿刺状和镰状。环热带、亚热带分布。我国山东、浙江、福建、广东和广西均有，常栖于潮间带岩岸海藻丛中牡蛎或藤壶下、石缝裂隙间的泥沙中。

裂虫科 Syllidae

多为小型线状蠕虫。口前叶近球形或方形，具 4～6 只眼，1～3 个触手，两个不分节的触角。翻吻附属物或具一单齿（中背齿）或具一环小齿（圆锯齿），有的具乳突。常具 1 个桶状的前胃（沙囊），围口节具 1～2 对触须。疣足单叶型。背须常为念珠状或有皱褶或光滑，刚毛常为复型镰状，端片单齿或双齿。

棒格裂虫 *Brania clavata*（Claparède）（图 2-46）

活标本为淡蓝绿色，体透明。乙醇标本为无色。体长 2～4mm，宽 0.5～0.6mm，24～30 个体节。口前叶近长方形，两对橘红色眼呈梯形排列。触角约一半以上愈合。咽有 10 个端乳突位于前端和一中背齿，前胃位于第 4～8 体节。头触手和触须约等长。背须长短交替排列。疣足刚叶钝圆锥形，有一束双齿复型镰状刚毛，一侧有细齿。从体中部开始有 1～2 根简单双齿刚毛，足刺 1 根槌状顶，尾部具两根须状肛须。我国黄海潮间带海藻根部泥沙中可见。

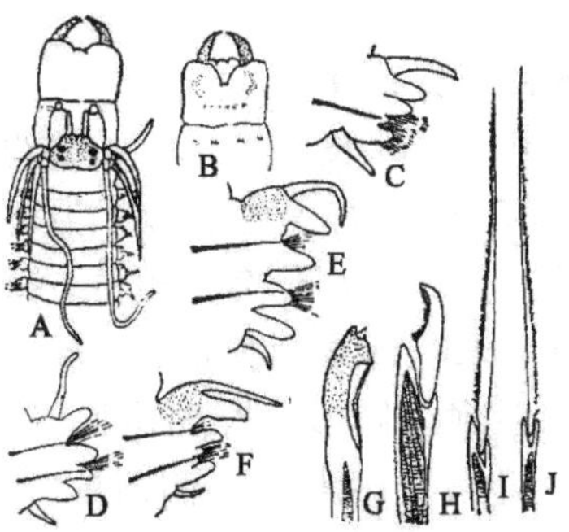

图 2-44　双管阔沙蚕

A. 体前端吻外翻背面观；B. 吻腹面观；C. 第 1 疣足；D. 第 4 疣足；E. 体中部疣足；F. 体后部疣足；G. 鸟嘴状刚毛；H. 异齿镰状刚毛；I. 异齿刺状刚毛 J. 等齿刺状刚毛

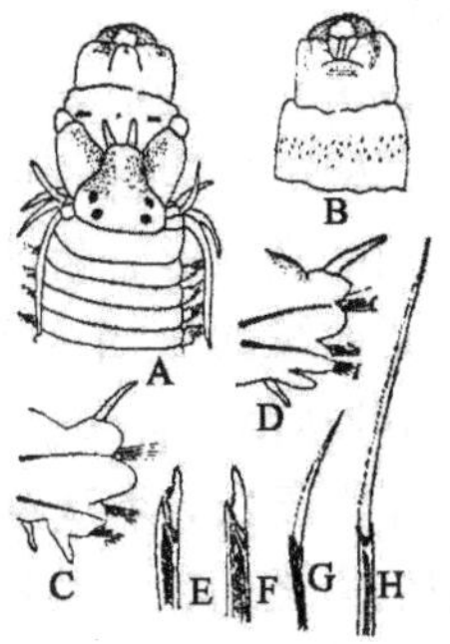

图 2-45　杂色伪沙蚕

A. 体前端吻外翻背面观；B. 吻腹面观；C. 第 15 疣足；D. 体中部疣足；E，F. 异齿镰状刚毛；G. 异齿刺状刚毛；H. 等齿刺状刚毛

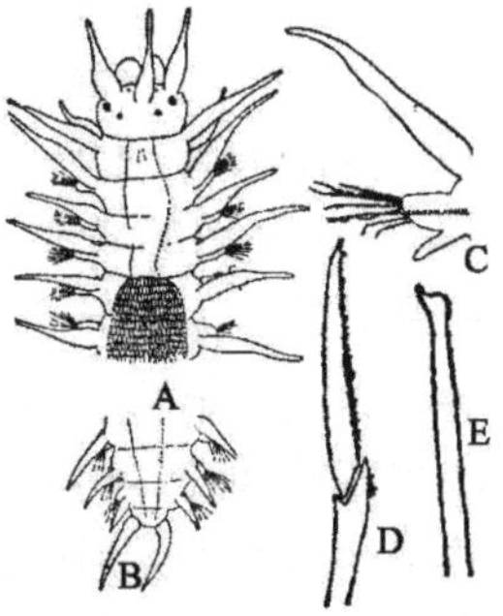

图 2-46　棒格裂虫

A. 体前端背面观；B. 体后端背面观；C. 疣足；D. 复型镰状刚毛；E. 足刺

具芽艾裂虫 *Exogone gemmifera* Pagenstoecher（图 2-47）

活标本为浅棕色，半透明。体长 1～5mm，宽 0.4～0.6mm，具 24～36 个体节。口前叶宽为长的两倍，3 个头触手为棒状，中央触手稍长。2 对红眼，前对月牙状，后对圆形。触角全长愈合。围口节 1 对触须很小，似乳突状。咽位于第 1～4 体节，末端有一圈小乳突和一中背齿。前胃位于第 4～7 体节，上有很多排小亮点。疣足钝圆锥形，背须为乳头状，腹须指状，第 2 体节无背须。肛须长指状。刚毛三种：①简单刚毛 1 根，始于第 4 节；②复型刺状刚毛；③复型翼状刚毛，足刺 1 根末端弯曲。我国黄、渤海潮间带常见种，常栖于岩岸海藻根部或浮泥中，生殖时体后部具长毛状刚毛，浮游生物网常能拖到。

叶须虫科 Phyllodocidae

体细长，腹面扁平。口前叶锥形或卵圆形。具 4～5 个头触手，2～4 对触须。疣足单叶型具背须和腹须，腹刚毛复型刺状，背刚毛简单。

围巧言虫 *Eumida sanguinea*（Oersterd）（图 2-48）

身体和背须多变，但以褐色为主。体长约 30mm，宽 2～3mm，具100～140 个体节。口前叶圆，前端稍窄，后端稍宽，长宽约相等。口前叶后部具 2 个大的黑色眼点，5 个头触手前端尖，基部稍宽。吻平滑或部分覆盖着圆锥形的乳突，吻前端具 20～25 个大的缘乳突。触须纺锤形，具尖端，第 2 体节的腹触须短且扁。第 2、3 体节的背触须后伸可达第 11～13 体节。体中部疣足的背须心形，稍尖且对称，其基部具缺刻。体后部背须长远大于宽。腹须小卵圆形，并短于刚毛叶。刚叶具圆钝的上、下唇。刚毛柄部具刺端片一侧有细齿，肛须纺锤形，具尖端。广布种，常见于北方水域。

管巧言虫 *Eumida tubiformis* (Moore)（图 2-49）

身体和背须为深褐色，体背部具色斑或横的色带。体长约 85mm，宽约 7mm，可达 135 个体节。口前叶椭圆形，前稍窄，具 5 个短的头触手。吻平滑或稍具皱褶，无明显的乳突，其前缘具 30 个软而不完全分叉的端乳突。触须纺锤形具尖端。第 2、3 背触须后伸达第 9 体节。疣足单叶型，背须为宽心形，具尖端和宽的基部，稍不对称，宽大于长，须基宽而低。腹须卵圆形，紧靠刚叶，体前腹须稍大于体后腹须。刚毛为复刺状，其柄部具小齿，端片长，一侧稍具齿。为北太平洋种，我国黄海潮间带有分布。

巧言虫 *Eulalia viridis* (Linnaeus)（图 2-50 ）

身体细长，后端窄，体长 100～200mm，背面凸出，背面有 2 条黑色带状花纹。雌体绿色或深绿色，雄体淡黄色。头部宽阔，深绿色。黑色眼点 1 对。口前触手 2 对，两眼间有 1 条触手。吻大，前端有 22～23 个指状突。疣足有一束刚毛，背须发达，鳃叶状。腹须小。栖息于潮间带沿岸牡蛎生长区，隐居在碎石下或海藻中。分布于黄海、东海、南海潮间带。

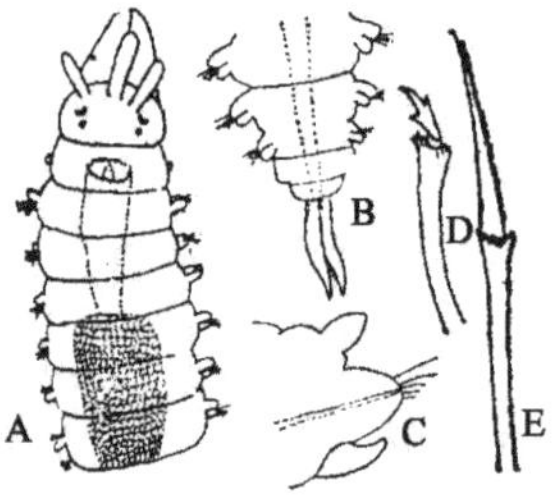

图 2-47　具芽艾裂虫
A. 体前端背面观；B. 体后端背面观；C. 疣足；D. 翼状刚毛；E. 复型刺状刚毛

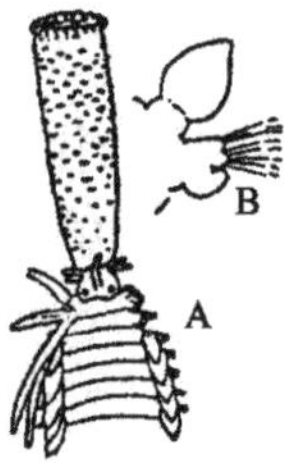

图 2-48　围巧言虫
A. 体前端吻外翻背面观；B. 疣足

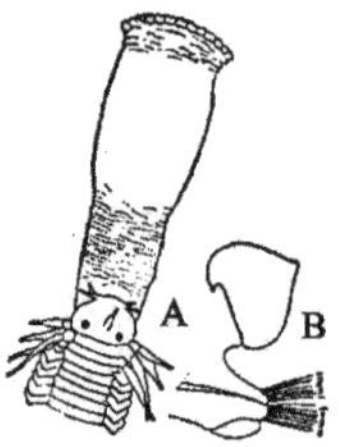

图 2-49　管巧言虫
A. 体前端吻外翻背面观；B. 疣足

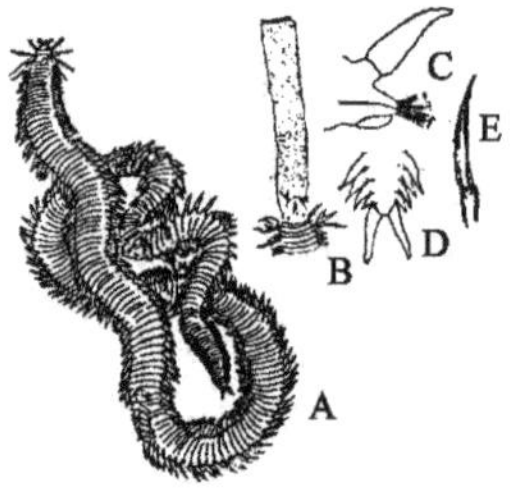

图 2-50　巧言虫
A. 整体；B. 体前端吻外翻背面观；C. 疣足；D. 体后端；E. 刚毛

特须虫科 Lacydoniidae

拟特须虫 *Paralacydonia paradox* Fauvel（图 2-51）

也称特叶须虫，体色为淡黄，有些个体刚叶上具小的黑色斑。虫体很小，体长约 13mm ，宽 1mm，具约 57 个体节。口前叶椭圆形，长为宽的 2 倍。头触手两节，位于口前叶前缘，口前叶背侧具两条纵沟，无眼。口前叶后缘具一圆形盾片状物，且延伸至第 3 体节。吻短、椭圆形平滑无乳突。第 1 体节无疣足，无触须，第 2 体节疣足不发达，为乳突状，具一束刚毛。其余为相距很宽的背、腹刚叶的双叶型疣足。背、腹须指状，背刚叶具简单毛状刚毛，腹刚叶具复型刺状刚毛，其刚毛束下方具 1～2 根简单刚毛（易脱落）。肛部桶状，具两根长肛须。世界广泛分布，黄海潮下带有分布。

浮蚕科 Tomopteridae

体两端尖细。每体节 2～3 个环轮。口前叶圆锥形多环轮，前触手 4 个。外翻的吻大而长，末端有 4 个大颚。背刚毛为简单毛状，腹刚毛为复型刺状。

秀丽浮蚕 *Tomopteris elegans* Chun（图 2-52）

体长小于 30mm，具 15～18 对疣足。口前叶前角宽大，前角中间有缺刻。第 1 对触须细小位于腹面，无项肩。第 2 对触须具内足刺，其长约为体长的 2/3，基部宽圆。世界性分布，我国黄海、南海有分布。

吻沙蚕科 Glyceridae

长吻沙蚕 *Glycera chirori* Izuka（图 2-53）

体较粗大，长 200～350mm ，宽 5～8.5mm ，体节数 140～220 个。口前叶短圆锥形，有 10 个环轮，有 2 对短小的触手，无眼。围口节无触须。吻翻出可达 20mm，末端有 4 个钩状几丁质颚。吻上具稀疏的小乳突。典型疣足具 2 个前刚叶和 2 个后刚叶，2 个前刚叶近等长，基部宽圆，前端突然收缩；背后刚叶与前刚叶相似但稍短，腹后刚叶短而圆。背须瘤状，位于疣足基部上方。鳃 1 根，指状，简单可伸缩，位于疣足前方。生活于低潮线下，栖底软泥，喜群集。

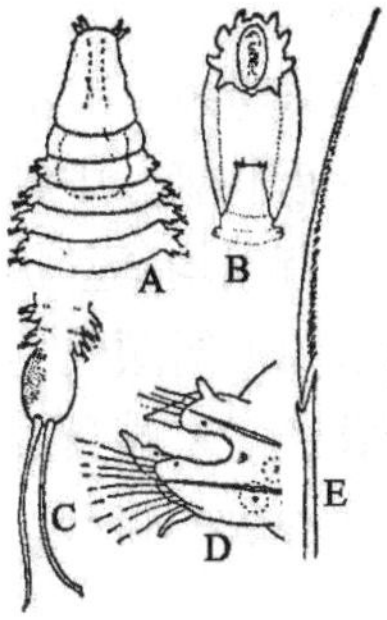

图 2-51　拟特须虫
A. 体前端背面观；B. 体前端吻外翻；C. 体后部；D. 疣足；E. 复型刺状刚毛

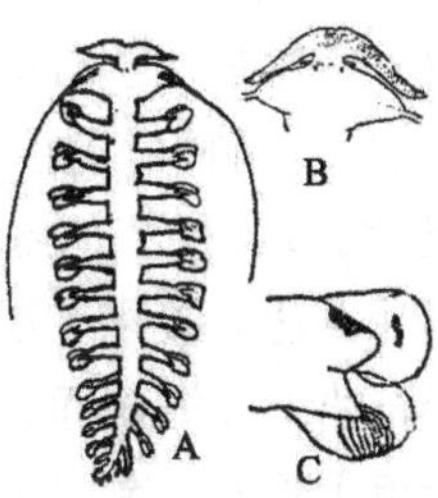

图 2-52　秀丽浮蚕
A. 虫体背面观；B. 体前背面观；C. 疣足

图2-53　长吻沙蚕

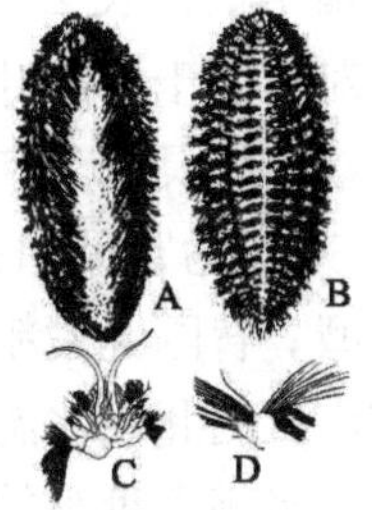

图2-54　澳洲鳞沙蚕
A. 虫体背面观；B. 虫体腹面观；C. 头部背面观；D. 体中部疣足

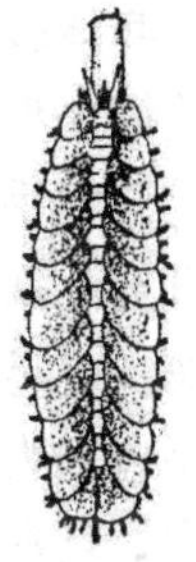

图2-55　软背鳞虫

鳞沙蚕科 Aphroditidae

体椭圆形，扁平。背覆鳞片和毡毛。口前叶具 1 条中触手。疣足双叶型，刚毛复型。

澳洲鳞沙蚕 *Aphrodita australis* Baird（图 2-54）

又称海毛虫。身体比较特殊，极易识别。体短而粗，椭圆形，后端较窄，背部隆起，腹面平坦。头部小，眼无柄，有 1 短的触手和 1 对长触角。体长 50～70mm ，背部隆起暗灰褐色，背鳞 15 对。腹面扁平，附有沙粒，覆以厚膜。头小有 2 对眼，前端有 1 条丝状触手。疣足背叶有 2 种刚毛，背面伸出粗硬金黄色刚毛，两侧密布羊毛状刚毛。腹肢具黑色刚毛。栖息在低潮线附近泥沙中，暴风后，能被冲到岸边。分布于黄海沿岸。

多鳞虫科 Polynoidae

体背腹扁平，具鳞片，至少体前部鳞片与背须交替出现。头触手 0～3 个，侧触手位于口前叶的前侧缘。吻具 4 个颚齿，疣足双叶型，刚毛侧生。

软背鳞虫 *Lepidonotus helotypus* Grube（图 2-55）

身体为长椭圆形，体长 40～60mm，宽 12～20mm，由 27 个体节组成。体背面色深，腹面色浅，口前叶椭圆形，前缘 3 个触手，中间一个较长。头部背面具 2 对黑色眼点，前 1 对较大，大触角 1 对。围口节触须两侧各 1 对，吻长约 10mm，前缘上下各有 13～15 个乳突，口内大颚 2 对。背覆瓦状排列 12 对鳞片，各位于第 2 、4 、5 、7 、9 节，以后每隔 1 节 1 对至第 23 节；鳞片青灰或浅褐色，中央有亮点；背中线裸露。排泄孔在疣足腹面，围肛节有 1 对肛须。栖息在沿岸牡蛎区、海藻间或石块下。分布于黄海沿岸即青岛、烟台等地。

覆瓦哈鳞虫 *Harmothoë imbricata*（Linnaeus）（图 2-56）

身体较短，扁平，体长 25～30mm，宽 3mm，由 35～38 个体节组成。口前叶哈鳞虫型，前对眼位于口前叶额角下方腹面，后对眼位于口前叶后侧缘。中触手比侧触手长一倍，均具基节和膨大的端节。触手、触角、触须和背须均具丝状的乳突。鳞片 15 对，为肾形和椭圆形，具锥形结节、稀疏的缘穗和不同颜色的色斑。疣足双叶型，背刚毛稍粗具侧锯齿；腹叶发达，腹刚毛浅黄色，末端具两个小齿。为分布广泛的北极北温带种。栖息于石块下或海藻间、泥沙底的碎石贝壳中，且常共栖于多棘海盘车的步带沟内。分布于黄海、渤海沿岸。

短毛海鳞虫 *Halosydna brevisetosa* Kinberg（图 2-57）

体长椭圆形，两端钝，长 40～50mm，宽 8～16mm，共 37 个体节。背部有椭圆形鳞片 18 对，暗灰色，上有暗褐色斑点，具缘穗，体前部的鳞片上有大的乳突。肌肉质的吻能翻出。在口的周围有环列的 18 个乳突，吻前端具 2 对颚。见于我国黄海潮间带或潮下带岩岸，自由生活于船底附着生物群落或具海藻的石块下 。

索沙蚕科 Lumbrineridae

体细长多环节。口前叶圆形，无触手、触角。单叶型疣足具前后刚毛叶，无足刺。为简单型刚毛翼状。

索沙蚕 *Lumbrineris latreilli* Audouin et M. Edwards（图 2-58）

又称短叶索沙蚕。体细长，圆柱形，长约 27mm ，宽 2mm，圆柱形，粉红色。头部钝圆锥形，无眼点和触角。吻有复杂颚齿，上颚有 4 对颚片。前部体节有复型钩状刚毛；前 2 对体节无疣足和刚毛，其余疣足背叶短宽；后部疣足有 2 枚黄色足刺，有简单的笠状钩毛。肛须 4 条。栖息于潮间带岩岸牡蛎和海韭菜丛中。遇惊体易自切断裂。分布于烟台、青岛、威海等黄海和东海沿岸。

四索沙蚕 *Lumbrineris tetraura*（Schmarda）（图 2-59）

体长 250mm ，宽 3.5mm ，具 469 个体节。口前叶圆锥状，长稍大于宽，1 对圆形项器隐约可见，位于口前叶背后侧。无触手和眼，前围口节约宽于后围口节。尾节具 4 根短肛须。颚器发达，下颚白色，前端具 5～6 条环形线，后部分叉；上颚基稍长，上颚齿式：1-4（5）-2-1 。前几对疣足叶较短，前叶斜截形，后圆锥形侧生，稍长于前叶。体中、后部后叶较长，稍向斜伸，但不很长于前叶。体前部第 1～34 体节具翅毛状刚毛和简单巾钩刚毛，自第 64 体节起仅具巾钩刚毛，后部巾钩刚毛稍短，具 7～9 个小齿。足刺黄色。分布于我国黄海、东海。为潮间带沙滩常见种。标本线状易断成数段。

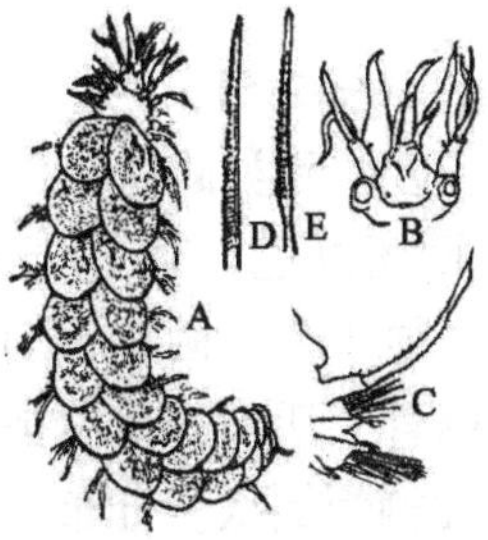

图 2-56　覆瓦哈鳞虫
A. 虫体背面观；B. 体前部背面观；C. 疣足；D、E. 刚毛

图 2-57　短毛海鳞虫

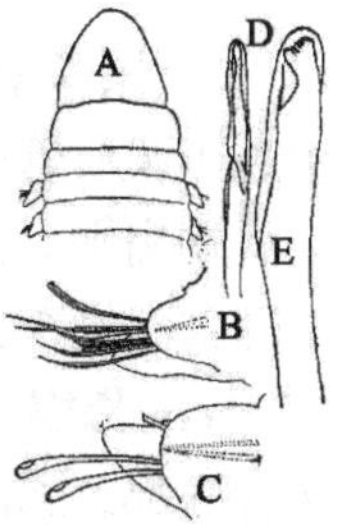

图 2-58　索沙蚕
A. 体前端背面观；B，C. 疣足；D、E. 巾钩刚毛

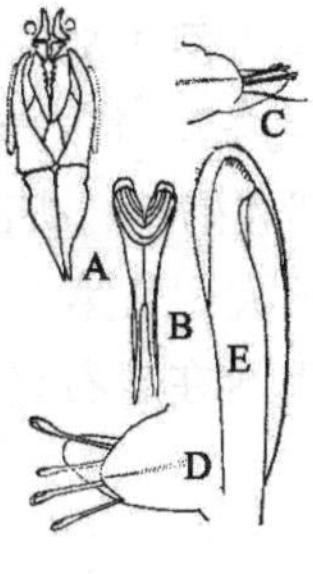

图 2-59　四索沙蚕
A. 上颚；B. 下颚；C. 体前部疣足；D. 体后部疣足；E. 巾钩刚毛

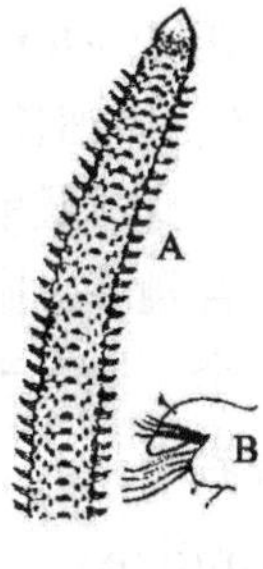

图 2-60　花索沙蚕
A. 虫体前部；B. 疣足

花索沙蚕科 Arabellidae

体细长圆柱形。口前叶和围口节无附肢。上颚长而窄，由 5 对齿片和 3 片颚基组成。疣足单叶型，无腹须。

花索沙蚕 *Arabella iricolor* (Montagu)（图 2-60）

体长 160mm，宽 1mm，暗绿色，体前背部有 4～5 条明显的纵行暗褐色斑点。口前叶椭圆形，前端稍尖；头前缘半圆形，后缘 4 个眼点横行排列。前 2 节无疣足。疣足单肢型，有一束刚毛，半圆形前叶短小，后叶突起成长椭圆形。指状背触须短小，体后部不易看清。咀嚼器由上下颚组成，上颚为 5 对颚片，下颚为 1 对板状颚片。肛节有 4 条短小肛须。栖息于潮间带泥沙或岩石缝中。温带和热带水域广布种，分布与黄海沿岸。

欧努菲虫科 Onuphidae

口前叶背面具 2 个前触手，基节具 5 个长的后触手。围口节具 1 对短触须。上颚由 4～5 对齿片组成。疣足单叶型，背须锥状有足刺。栖管膜质，黏附沙粒、贝壳等。

东洋巢沙蚕 *Diopatra neapolitana* Delle chiaje（图 2-61）

栖息于膜质管内，栖管上端 5～6cm 管壁黏附贝壳、砂、藻类碎片。体前端圆形，后端扁平，棕褐色，前背部略带有青色光泽，腹面淡红色。第 4、5 疣足背须基部羽状鳃覆盖背面，自 36 节起变小逐渐消失。肛须 4 个。栖管长 50cm，有 3～3.5cm 暴露于沙滩上，管身垂直埋入沙滩内；在栖管上活动的巢沙蚕遇惊则直达管底部。退潮后，因管壁薄、黏附碎片重致使滩面栖管倒伏。分布于黄海潮间带沙滩。

矶沙蚕科 Eunicidae

口前叶具 1～5 个后触手；2 个围口节中仅后节具触须；2～5 对上颚片。单叶型疣足。

岩虫 *Marphysa sanguinea* (Montagu)（图 2-62）

俗称“扁食”。体细长可达 160mm，宽 8mm，约 370 个体节，前端几节略圆形，向后渐扁。身体最前部和头部为紫褐色，背部红褐色。头部大，口前叶前缘凹入，有 5 个背触手、眼 1 对。疣足的背、腹须不大，从第 30 体节开始出现分枝鳃，肛须 2 个。栖息于潮间带和潮下带，穴居生活在岩石缝隙中或沙管内。分布于我国沿海岩岸。

海稚虫科 Spionidae

后稚虫 *Laonice cirrata* (Sars)（图 2-63）

也称“后指虫”。具 1 个后头触手。脑后脊后伸达第 9～10 体节（少数个体达 26～28 体节，鳃 34～41 对，始于第 2 体节，且不与背足叶相连，第 2～4 体节的鳃不发达，从第 5 体节开始，鳃长于背足叶。有鳃的背足叶为很大的叶片状、腹足叶椭圆形，生殖囊始于第 5～8 体节间，体后端无生殖囊。腹巾钩刚毛始于第 35～43 体节，双齿。肛须 8 根。乙醇标本为黄褐色。体长约 35～80mm，宽 1.5～2.5mm，具 100～150 多个体节。世界分布。常栖于淤泥中。

有鳞腹沟虫 *Scolelepis squamata* Müller（图 2-64）

乙醇标本为黄色，有的具咖啡色斑。体长 25～40mm，宽 1～2mm，具 70～80 个体节。口前叶尖，脑后脊可达第 2 体节，无后头触手。围口节具侧翼。鳃始于第 2 体节，与背足后刚叶部分愈合；体中、后部鳃与背足后刚叶稍分离。双齿巾钩刚毛始于第 70 余体节的背足叶和第 35～41 体节腹足叶上。背、腹毛状刚毛具窄边。肛部圆盘状，宽大于长，中间具缺刻。广分布种。多栖于高潮带至 25m 深的潮下带（泥沙、细沙或石块下的沉积物中），常见于我国黄海、渤海。

图 2-61　东洋巢沙蚕

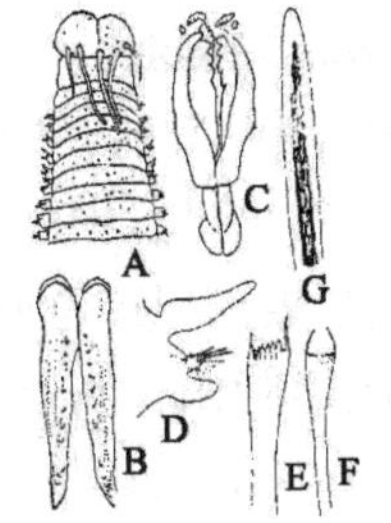

图 2-62　岩虫

A. 体前端背面观；B. 下颚；C. 上颚；D. 疣足；E、F. 刷状刚毛

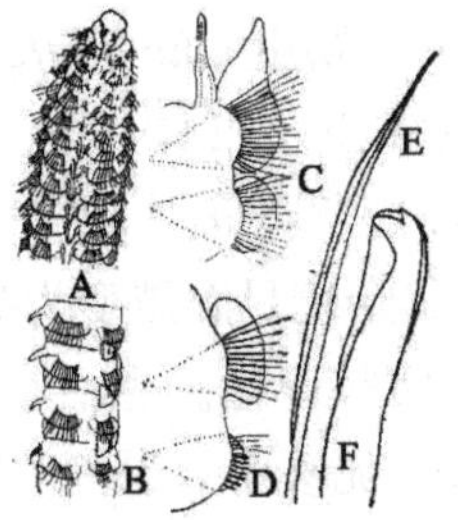

图 2-63　后稚虫

A. 体前端背面观；B. 具生殖腺囊体节；C. 体前部疣足；D. 体后部疣足；E. 窄边刚毛；F. 巾钩刚毛

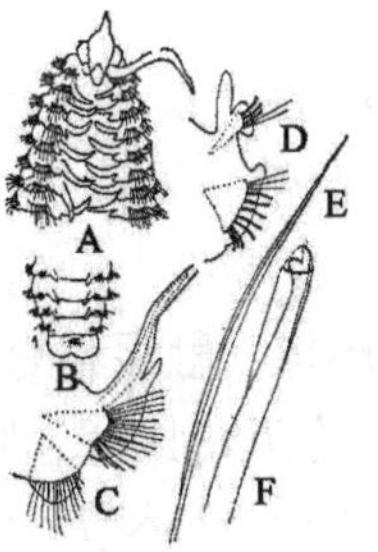

图 2-64　有鳞腹沟虫

A. 体前端背面观；B. 体后端背面观；C. 体前部疣足；D. 体后部疣足；E. 窄边刚毛；F. 巾钩刚毛

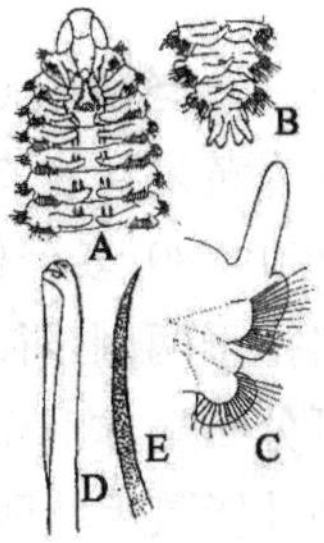

图 2-65　马丁海稚虫

A. 体前端背面观；B. 体后端背面观；C. 疣足；D. 巾钩刚毛；E. 马刀形刚毛

马丁海稚虫 *Spio martinensis* Mesnil（图 2-65）

乙醇标本为黄褐色。体长约 16mm，宽 1.8mm，约具 70 多个体节。口前叶圆，具眼 1 对。触角后伸达第 8 体节。鳃始于第 1 体节，止于体后部，简单带状，体前部背足后刚叶宽圆、上部常与鳃连在一起，体后部鳃与背足后刚叶分离。巾钩刚毛始于第 11～12 体节腹叶，8～10 根，三齿，主齿和第 2 齿较大，第 3 齿很小。肛部具肛须 4 根。暖温带种。见于我国黄海潮间带中区下部和下区上部之间的细沙滩。

磷虫科 Chaetopteridae

卵圆形口前叶被领状围口节包入。触角 1 对，有沟。躯干疣足，前区单叶型，第 4 体节具簇刚毛；中区双叶型仅具齿片状腹刚毛；后区双叶型，具背刚毛和齿片状腹刚毛。

磷虫 *Chaetopterus variopedatus*（Renier）（图 2-66）

又称毛翼虫。虫体白色，体粗大柔软，分为前、中、后三段，长 100～200mm，前段背腹扁平，9 个体节，每节 1 对疣足；中段具一对大的翼状突起，5 个体节，其余疣足腹肢变为吸盘，背肢变为扇形以鼓动水流；后段双肢型疣足背肢发达，腹肢退化。生活在“U”形革质栖管内，管长 50cm，横行部柔软、铁锈色，埋入泥沙中，退潮时露出地面 1～4cm，后口沙面上有粒状粪便，滩面管口光滑硬挺，乳白色。栖息于沙滩或泥沙滩。夜间虫体受到刺激可发蓝色磷光。分布于沿海各地的低潮线附近。

丝鳃虫科 Cirratulidae

体圆柱形两端尖。口前叶圆柱形无附肢；围口节由多节愈合或有 3 环轮。触须有沟、丝状多对，或粗触须 1 对。体前背部鳃丝细长。疣足双叶型，简单型刚毛位于体壁。

丝鳃虫 *Cirratulus cirratus* Müller（图 2-67）

乙醇标本为黄褐色，有的标本背、腹面具浅褐色带。体长 19～40mm，宽 1～2mm，具 60～80 多个体节。体细长，圆柱状，两端尖。口前叶钝圆锥形，2～4对眼点斜排于两侧或彼此分开。围口节具 3 个环轮。触须和鳃丝均始于第 1 体节。鳃丝可分布至体后部。体中部鳃丝距背刚叶的距离比背、腹刚叶的间距宽。背、腹刚叶皆具毛状刚毛，腹足刺刚毛始于第 10～12 体节，背足刺刚毛始于第 20～25 体节，1～2 根较粗，色黄。世界性分布。见于我国黄海潮间带岩岸和潮下带。

须鳃虫 *Cirriformia tentaculata*（Montagu）（图 2-68）

乙醇标本为乳白色或黄色。触须和鳃丝均为浅黄色。生活时鳃丝鲜红色。体长 20～98mm，宽 4～7mm，具 300 多个体节。口前叶圆锥形。围口节具 3 环轮。

有沟的细触须密集成两束位于第 5 或第 6、7 体节腹面，并在背中线相遇。圆柱形的细长鳃丝始于第 1 体节且延续到体后部。鳃丝紧靠刚叶，与背刚叶的间距短于背、腹刚叶间的间距。体节多窄细。毛状刚毛分布于所有体节的背、腹刚叶上，背、腹足刺刚毛始于第 40～50 体节。尾部尖锥形，肛门位于背面。暖水区的世界种。

同生须鳃虫 *Cirriformia comosa* Marenseller（图 2-69）

虫体为暗红色，鳃丝为鲜红色。身体背面隆起，腹面扁平，长 60～150mm，头部为锥状，无眼点。体前端有许多丝状的鳃丝，从各疣足的背方伸出，鳃丝丛生，互相缠绕，密集；体后部即逐渐稀疏。栖息于低潮线的泥沙中或在碎石下用鳃丝匍匐运动。

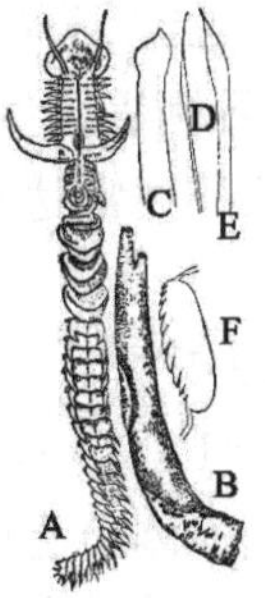

图 2-66　磷虫

A. 虫体背面观；B. 栖管；C. 粗刚毛；D、E. 矛形刚毛；F. 齿片

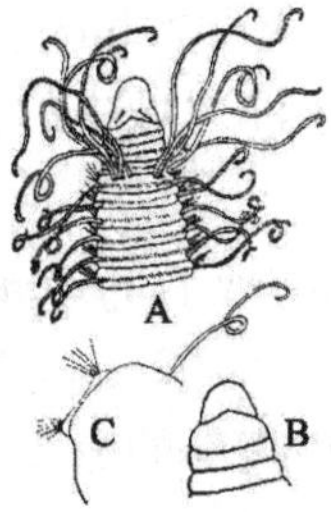

图 2-67　丝鳃虫

A. 体前端背面观；B. 头前端；C. 体中部疣足

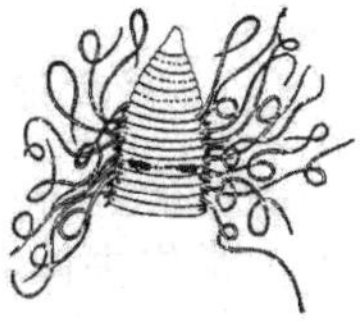

图 2-68　须鳃虫

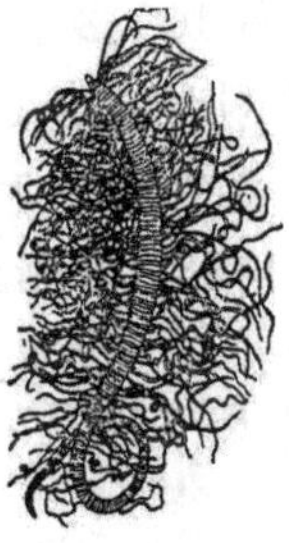

图 2-69　同生须鳃虫

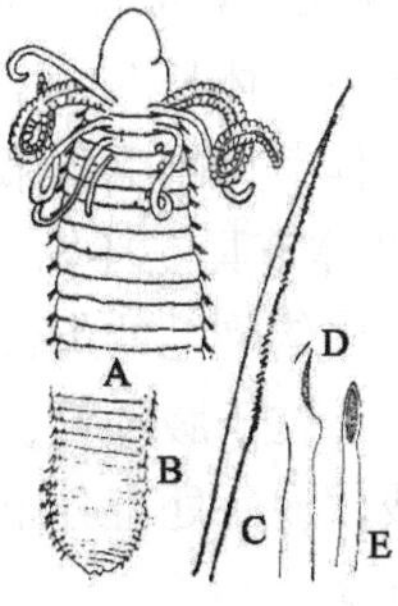

图 2-70　钙珊虫

A. 体前端背面观；B. 尾部背面观；C. 毛状刚毛；D、E. 匙状刚毛的侧、正面观

钙珊虫 *Dodecaceria concharum* Örsted（图 2-70）

口前叶圆锥形，无眼点。围口节具 3 个不明显的环轮。1 对有沟触须，位于

围口节后缘，鳃丝 3～4 对（罕见 5 对），第 1 对鳃丝紧靠触须但较触须短，后几对逐渐变短。前 3 体节具锯齿毛状刚毛，以背刚毛较长。匙状刚毛始于第 8 体节，并延续至体后部。体后部突变粗大。乙醇标本为深绿色或棕黑色。体长 8～15mm，宽 1mm，具 43～56 个体节。世界种。在我国黄海潮间带和潮下带有分布。喜栖于潮间带和浅水区岩岸，凿穴于钙质贝壳中。

小头虫科 Capitellidae

小头虫 *Capitella capitata*（Fabricius）（图 2-71）

口前叶圆锥形。胸部具 9 个体节。第 1 体节具刚毛，皆具两环轮并具细皱纹。胸部刚毛分布雌雄不同，雄性第 8～9 体节背面各具两束黄色的生殖刺状刚毛；每束约 2～4 根，对生，雌性个体无生殖刺刚毛。腹部较光滑，仅具巾钩刚毛，巾钩刚毛具 3～4 个小齿和 1 个大主齿。活体呈鲜红色。乙醇标本为淡黄或乳白色。体长几毫米至 50mm，宽 1～2mm。常具薄碎的泥质栖管。世界分布。我国黄海和东海均有记录。是污浊水域中的优势种。其栖息密度常达每平方米 10 万余个。

丝异须虫 *Heteromastus filiformis*（laparède）（图 2-72）

乙醇标本为黄褐色。体长 26～100mm，宽 1mm，具 70～100 个体节。体细长线形。常失去体后部。胸部和腹部的分界不明显。胸部第 1 体节无刚毛，第 2～12体节具刚毛，前 5 体节背、腹足叶具毛状刚毛，第 6～11 体节背、腹足叶仅具巾钩刚毛。腹部背、腹足叶均具巾钩刚毛。鳃始于第 70～80 体节后，位于腹足叶上方。巾钩刚毛巾长为巾宽的两倍多，主齿上方具 3～6 个小齿。广布种。见于我国渤海、黄海和南海，栖于潮间带泥沙滩，尤其是河口区。

背蚓虫 *Notomastus latericeus* Sars（图 2-73）

乙醇标本为黄褐色。体长 50～150mm，宽 3～5mm，具 100 多个体节。口前叶尖锥形。胸部第 1 体节无刚毛，第 2～12 体节仅具毛状刚毛。第 1～2 体节具 2～4 环轮，第 4～12 体节具 5 环轮。腹部仅具巾钩刚毛，腹巾钩刚毛排成横排，仅在腹中线处分开，巾钩刚毛的巾长不及巾宽的两倍，主齿上方具 4～5 个小齿。鳃简单，仅为乳突状，位于腹部背、腹足叶之间。广布种，我国黄海、南海潮间带和潮下带泥沙滩或软泥底处有分布。

沙蠋科 Arenicolidae

体大圆柱形。口前叶小，无附肢。吻外翻呈囊状。胸区无鳃，腹区有鳃，尾区无鳃和刚毛。体节次生环轮明显。双叶型虎足背叶圆柱形，毛状刚毛。腹叶具 1 行钩状刚毛。

巴西沙蠋 *Arenicola brasiliensis*（Nonato）（图 2-74）

又称海蚯蚓、柄袋沙蚕。体壁薄而柔软，有环纹，暗绿色带褐色条纹。大型环虫，身体粗而长，体前部粗钝，圆柱状，头部不明显，吻能伸缩，无颚。从第6或7对疣足开始具分枝的羽状鳃，共11～12对，鳃鲜红。后部细窄，无疣足及鳃。9月产卵，卵圆形，一端有细丝插入土中。栖居沿海沙滩中，具“U”形洞穴，头端沙滩下陷呈漏斗状，尾端沙丘状隆起，栖居处表面纽状粪块为识别的标志。分布于黄海、渤海潮间带。

海蛹科 Opheliidae

体蛹状或长梭形，具侧沟和腹沟。疣足无背、腹须，具背、腹2束刚毛，刚毛毛状。

多眼虫 *Polyophthalmus pictus* (Dujardin)（图 2-75）

体长5～23mm，宽0.5～1mm。体短梭形不透明，背面具绿色色线或棕色色斑。具27～28个双环轮的体节，每节具两束很细短的毛状刚毛2～3根，尤以近肛节者稍长。侧眼点小，12～14对（固定标本往往褪色不清楚）。肾孔位于第8～11体节。无鳃。疣足退化，无腹须。体后部具短的肛漏斗，边缘末端具乳突状肛须。世界种。栖于岩石海岸的海藻丛根部。我国黄海潮间带有分布。

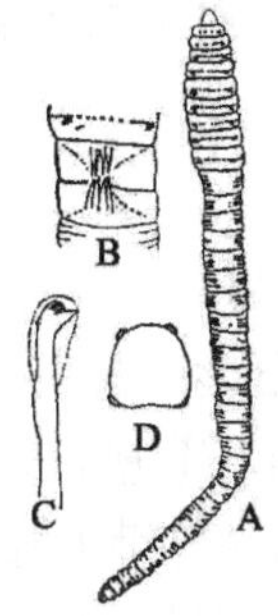

图 2-71　小头虫

A. 整体背面观；B. 雄性第8～9节；C. 腹部刚毛横切面；D. 巾钩刚毛

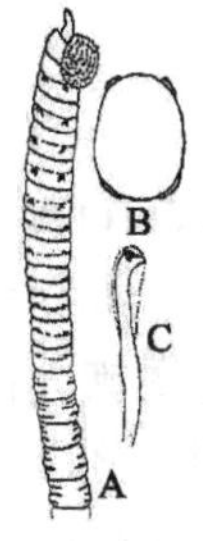

图 2-72　丝异须虫

A. 体前端；B. 腹部横切面；C. 巾钩刚毛

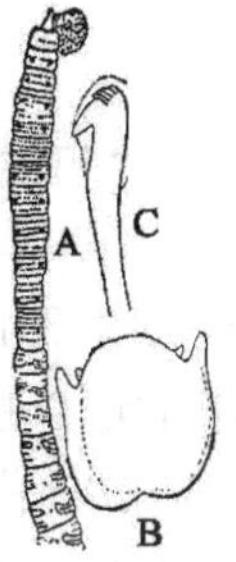

图 2-73　背蚓虫

A. 体前端；B. 腹部刚毛横切面；C. 巾钩刚毛

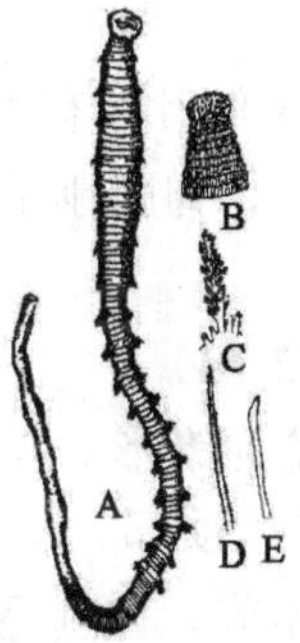

图 2-74　巴西沙蠋

A. 整体；B. 体前端；C. 鳃；D. 毛状刚毛；E. 钩状刚毛

图 2-75　多眼虫

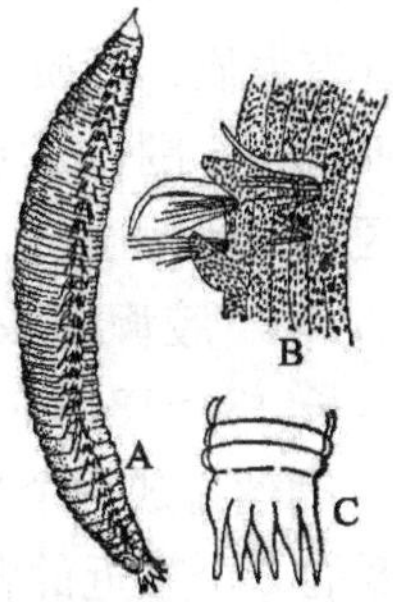

图 2-76　日本臭海蛹

A. 整体侧面观；B. 第14、15节；C. 肛部

日本臭海蛹 *Travisia japonica* Fujiwava（图 2-76）

体长 10～150mm，宽 4～15mm，具 35～43 体节。体呈纺锤形，背、腹稍凸呈蛆形。口前叶尖锥形，两环。第 1 体节位于口前部。鳃始于第 2 体节，止于体后部。前 16 体节具 3 环轮，后为 2 环轮，至第 28 体节后为 1 环轮。疣足约从 15～20 体节起最发达，除具须状鳃外还具叶片状的肉质叶片（背、腹须）。具两束刚毛。肛节具 6 个指状的肛须。除口前叶前半部外，体表具泡状结构。我国黄海潮间带沙滩有分布。标本具恶臭。

梯额虫科 Scalibregmidae

梯额虫 *Scalibregma inflatum* Rathke（图 2-77）

体呈沙蝎型，口前叶“T”形。苍白色，围口节无刚毛，体表具棋盘状方格。体前几节 3 环轮，其后为 4 环轮。灌木丛状的鳃位于第 2～5 体节的背足上。前部体节的背、腹须钝圆锥形，自第 16～18 体节起为圆锥状。刚毛简单型毛状或两臂不等长的叉状。无足刺状刚毛，具 5 根细长的肛须。广布种。在热带分布至 100m，在冷水区分布于几米下的潮下带。穴居于泥沙中。我国黄渤海和东海有分布。

双栉虫科 Ampharetidae

双栉虫 *Ampharete acutifrons*（Grube）（图 2-78）

体长 12～80mm，宽 3～10mm，具泥沙管。口前叶三角形，具 1 对眼点，口触手有乳突，常缩入口中。4 对光滑鳃向前伸，为棒状。前几节愈合，腹刚毛位于第 3 节，比背刚毛粗长，呈锥状，约有 10～15 根。从第 4 体节开始有腹齿片枕节，共 12 个胸区腹齿片枕节，每个齿片具两纵排小齿，每排 6 个小齿。腹区无背足小叶，腹齿片枕节具腹须。尾节有 3 对肛须，中央 1 对肛须长。我国黄海潮下带、青岛和烟台潮间带有分布。

缨鳃虫科 Sabellidae

栖管有泥质、革质、胶质。鳃冠由鳃丝构成的鳃叶组成，鳃叶间有 1 对具沟触角和膜状唇。围口节形成领部。胸区短，具刚毛，腹区长，胸腹刚毛分布相反，尾区圆锥状。

胶管虫 *Myxicola infurdibulum*（Renier）（图 2-79）

标本长 18～130mm，宽 5～10mm。体呈圆柱状，后端为锥形，具 1 对由 20～40 个鳃丝排成两个半圆形的鳃叶，鳃丝被薄膜相连几乎达顶部，领不明显，但形成低的 2 个靠近的背叶，腹面领为三角形。胸区 8 个体节，背刚毛为翅毛状，腹齿片具长柄，钩状，其上具一大齿和很多小齿；腹区的小齿片形成长带，几乎达背面愈合，腹区腹刚毛为具翅状与胸区的背刚毛相似。尾部具眼点（与视觉有关的斑点）。栖管黏胶状半透明。为世界分布种。我国黄海（青岛）潮间带常可采到。

巨刺缨虫 *Potamilla myriops* MarenzeUer（图 2-80）

又称缨鳃沙蚕。体细长，约 300 个体节，背腹略扁。口前部具大型美丽的鳃冠，长约 20mm，两侧各有 40～45 个鳃丝，半月形羽状鳃丝紫褐色带有黄白色斑纹，眼点黑色。背面有 1 对粗而短的触手。口缘部领状，无刚毛，体节明显，疣足不发达，第 10 体节处背中央有一纵沟称粪沟。虫体黄褐色。管栖生活在沿海泥沙滩中。管长 300～500mm，厚而坚韧，上端有 20mm 露出地面。分布于青岛、烟台等地。

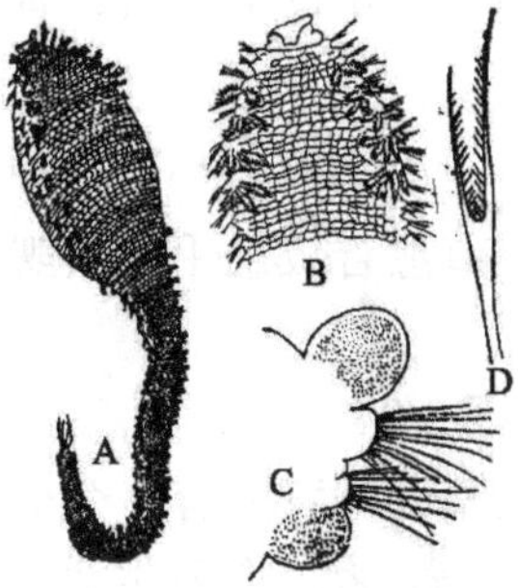

图 2-77　梯额虫
A. 整体背面观；B. 体前端；C. 疣足；D. 叉状刚毛

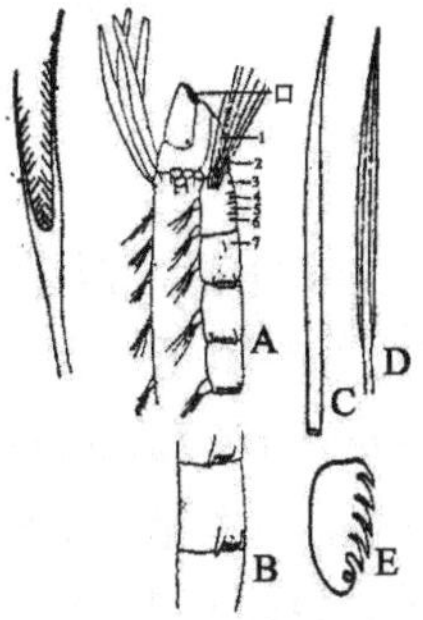

图 2-78　双栉虫
A. 体前端侧面观；B. 腹部；C. 腹刚毛；D. 背刚毛；E. 齿片

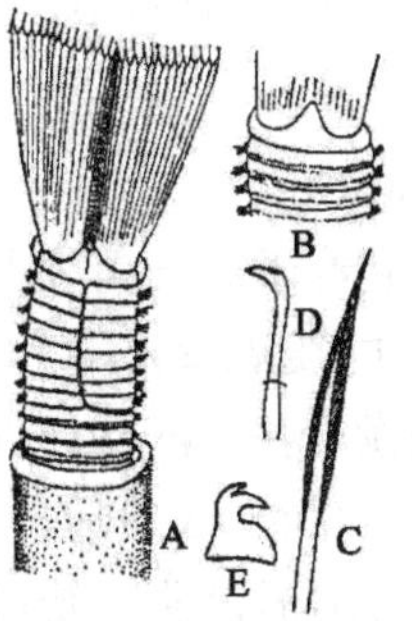

图 2-79　胶管虫
A. 体前端背面观；B. 体前端侧面观；C. 翅毛状刚毛；D. 钩状齿片；E. 背齿片

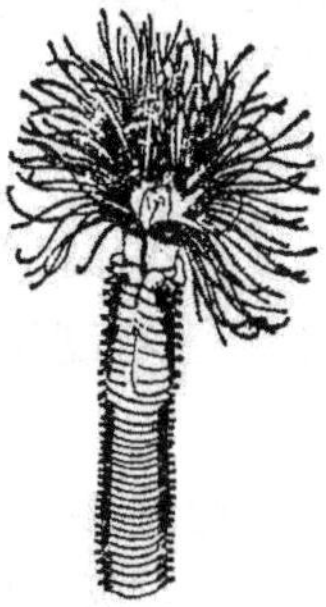

图 2-80　巨刺缨虫

笔帽虫科 Pectinariidae

体短柱状。口前叶形成领状头膜，围口节背面宽大的壳盖板中央有扇状排列的金黄色粗刚毛，腹面触手有沟。躯干的胸区具叶片状鳃和单叶型疣足；腹区双叶型疣足具背刚毛、腹刚毛；尾区舟状，具粗钩刚毛。栖管由沙粒、海绵骨针和碎贝壳构成，呈牛角形，前部宽、后部窄，两端开口。

金毛沙蚕 *Pectinaria koreni*（Malmgren）（图 2-81）

又称笔帽虫。身体短，圆锥形，头部不清楚。口前叶的腹面有成排的短丝状触手，背面金黄色刚毛 2 排，每排刚毛约 15 条，能把管口盖住。头后第 1～2 体节两侧各有 1 对栉鳃，从第 3 体节开始，每节 1 对疣足，共 15 对。体后端退化，无疣足。栖居于低潮线附近的沙滩沙质管中。分布于青岛、烟台等地岩岸。

蜇龙介科 Terebellidae

黏液性栖管。体前端粗、后端细。有沟触手不能缩水入口。前区粗大，疣足双叶型，前 3 节具鳃和侧叶，背刚毛翼状，腹刚毛齿片状；后区体节多，疣足无背叶和背刚毛。

须头虫 *Amphitrite rubra* (Risso) (图 2-82)

又称叶蛰虫。体前端粗而圆，具大小相同的 3 对红色分枝丝状鳃，由一共同的基部伸出。疣足不发达，从第 4 节起背肢有须状刚毛，附肢有钩状刚毛。虫体前端腹面有 12 个盾状腺体，分泌黏液管。栖息于沿海沙滩泥质管内，管细，暗灰色，管上附着泥沙粒和贝壳碎片，上端常露出沙面。分布于青岛、烟台等地。

蛰龙介 *Terebella ehrenbergi* Grube (图 2-83)

身体前端稍粗，后部较细，体节数超出 100 节。前端有 3 对树状分枝的鳃，鳃上有红斑点，鳃分枝数目不多，长短不一。眼明显，腹面有 13 个盾状腺体。栖居于泥质管内，管外附有沙粒，隐藏在石块下或岩缝内，分布于烟台、青岛等。

龙介虫科 Serpulidae

石灰质栖管多附着于岩石等基质上。口前叶常与围口节愈合成触手冠（鳃冠），上有鳃丝。背中线鳃丝末端变成壳盖封闭壳口。

埃氏龙介虫 *Serpula vermicularis* Linnaeus (图 2-84)

鳃冠红绿色，由 30～40 条细长的两排鳃丝组成，鳃冠基部的背方有 1 个柄状突。石灰质小栖管圆形盘曲，管口圆，表面有纵脊。壳盖漏斗状。附着生活于潮间带岩石或贝壳上。受到刺激，鳃冠缩入管内，出管时，开启壳盖，鳃冠先突出水中。分布于我国潮间带和潮下带。

华美盘管虫 *Hydroides elegans* (Haswell) (图 2-85)

壳盖漏斗部具 30～42 个放射状排列的锯齿，壳盖冠部具 13～15 个长的刺瓣，每个刺瓣具 2～6 个侧刺。鳃冠每叶具 13～19 个鳃丝。具两种领刚毛：毛状和鳍刺状（基部具大齿和小齿向下纵排的齿带）。胸体节 7 个，胸区背刚毛单翅毛状。腹区腹刚毛喇叭状。齿片具 7～8 个齿。体长 15～25mm，宽 1.5～2mm，约具 65～80 体节。壳管相互盘绕成丛。为温带、亚热带和热带内湾海域的广布种。是重要的污损生物之一。

内刺盘管虫 *Hydroides ezoensis* Okuda (图 2-86)

壳盖上下层为黄色几丁质，下层漏斗缘具 45～50 个锯齿，上层壳冠具 24～30 个刺瓣，大小形状相同。每个刺瓣里面具 4～6 个小的内刺。鳃冠具 20～23 对鳃丝。胸区具 7 个体节，领刚毛为细毛状和基部具两个大齿的枪刺状，胸区背刚毛单翅毛状。腹区腹刚毛喇叭状，约 20 多个齿。齿片具 6～7 个小齿。壳管厚，白色，成群不规则长在一起。每个管上具不明显的 2 条平行的纵脊。最长标本约 40mm，宽 3mm，具 100 多个体节。是我国北方沿海极为常见的污损生物之一。

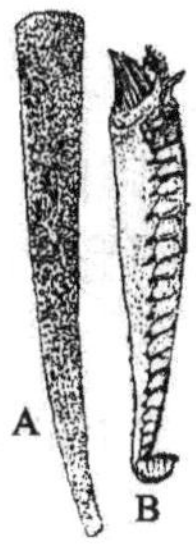

图 2-81　金毛沙蚕
A. 外形；B. 栖管

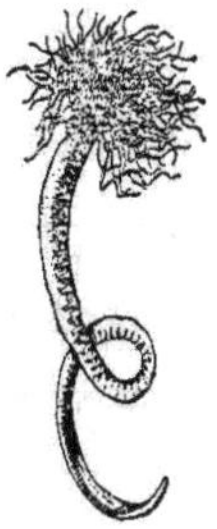

图 2-82　须头虫

图 2-83　蛰龙介

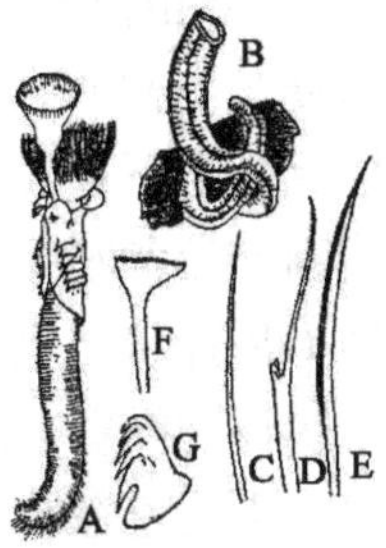

图 2-84　埃氏龙介虫
A. 外形；B. 栖管；C，D. 领刚毛；E. 胸区背刚毛；F. 腹区喇叭状刚毛；G. 齿片

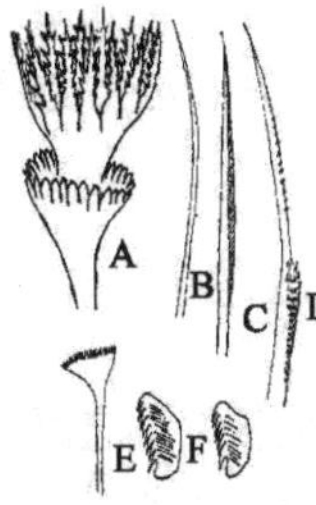

图 2-85　华美盘管虫
A. 壳盖；B，D. 领刚毛；C. 胸区背刚毛；E. 腹区喇叭状刚毛；F. 齿片

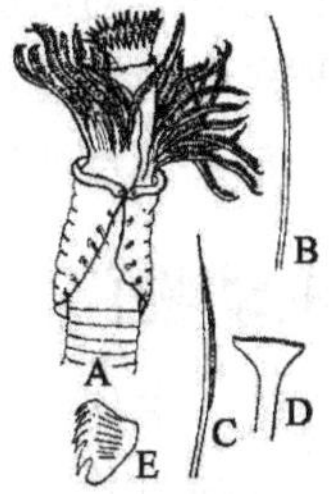

图 2-86　内刺盘管虫
A. 体前端背面观；B. 领刚毛；C. 胸区背刚毛；D. 腹区喇叭状刚毛；E. 齿片

螺旋虫科 Spirorbidae

有孔右旋虫 *Dexiospira foraminosus* (Bush)（图 2-87）

又名石灰虫。右旋石灰质管壳有隆起线，管口端粗，末端细，附着在海藻或贝壳上。虫体透明短小，可透视内部器官。鳃冠薄而透明分两叶，各由 6 条羽状鳃丝组成。圆筒状厣，顶端有 1 个石灰质的圆盘，厣可作育儿囊供受精卵发育到幼虫。胸部弯曲，有 3 个刚毛节。栖息在低潮线附近的石块和海藻上，危害经济藻类。分布于黄海、渤海潮间带。

环旋虫 *Circeis spirillum* (Linnaeus)（图 2-88）

壳盖透明，圆锥状，顶板稍凹，鳃冠分两叶，每叶有 3 个鳃丝，每个鳃丝具 15～20 个羽枝，在鳃冠基部有 2 个红色眼点。4 个胸体节，领刚毛为膝状和细毛状，胸背刚毛为双翅状，胸齿片有 10～25 个小齿，呈多排。腹区刚毛为膝状，背齿片同胸齿片。栖管右旋，白色光滑，直径约 1.5～2mm。本种为世界种。日本和我国北方潮下带有分布。

蜂虫窝右旋虫 *Dexiospira alveolatus* (Zachs)(图 2-89)

虫体具 3 个胸节，2 个胸枕体节。3 对鳃丝形成鳃冠，鳃丝上具小羽枝。壳盖为圆柱状。上下各具壳盖板，侧面有孔，壳盖内有卵。领刚毛和背刚毛均为单翅状，领刚毛较背刚毛弯曲；腹区背刚毛为膝状，上有锯齿。胸区腹刚毛和腹区背刚毛均为齿片状，上具 4～5 纵行齿。栖管右旋，直径 1.5～2.3mm，管表面有 3 个不明显的纵脊。虫体具 16～18 个体节。分布于黄渤海潮间带中下区，潮下带上区。常附着在石块、海藻等上面。

囊须虫科 Saccocirridae

葛氏囊须虫 *Saccocirrus gabriellae* Marcus (图 2-90)

身体较小，细长，背腹稍扁，无色透明，环节比较显著，体长约 4～34mm。头部具有感觉器，前端有 1 对长触手，并有 1 对小眼。由第 2 节开始各体节背面，两侧具有刚毛束 1 对，腹面有小沟，肛门在身体末端。在肛门两侧有 1 对附属器。虫体成群穴居在浅海的泥沙或砂砾之间，爬行很快。常常数条虫体扭曲或蜷曲在一起。分布于烟台潮间带上区。

2.4.7 星虫动物门 Sipuncula

体柔软蠕虫状。无体节、刚毛和疣足。体前端具有细长而能缩入体内的吻，吻前口周触手展开似星芒状，故名星虫。肛门位于躯干前端背面。海生，穴居。

方格星虫纲 Sipunculida

裸体方格星虫 *Sipunculus nudus* Linnaeus (图 2-91)

体圆筒状，长 120～300mm。吻能伸缩，吻顶端为口，口周围有一环皱褶状触手，伸展时呈星状。躯干光滑，体壁内肌肉成束，纵肌与环肌排列成方格状，故称方格星虫。躯干部前端腹面有一明显突起，其上横缝即为肛门。埋栖生活于泥沙质或沙质海滩中。分布于我国沿海，北部沿岸多分布于低潮区。

2.4.8 螠虫动物门 Echiura

两侧对称，形似囊状或纺锤形。体柔软，无体节和疣足。口前叶发达，具细长而有收缩能力的吻，但不能缩入体内。体前端有 1 对钩状刚毛。体腔很发达，无膈膜。

棘螠科 Urechidae

单环刺螠虫 *Urechis uniconctus* (Von Drache)(图 2-92)

俗称海肠子。体圆筒形，长 100～300mm，宽 25～27mm，两端稍尖，密被颗粒状突起。吻短小能伸缩，前端圆锥形，与躯干部无明显界线。腹面有皱褶沟，口在其底部。口后方、吻基腹面有 1 对黄褐色钩状刚毛，肛门横裂，有一圈 11～12 个刚毛。栖息在泥沙区栖管中。涨潮时用吻捕食，退潮后隐入沙中。分布于大连、烟台和胶州湾等地。

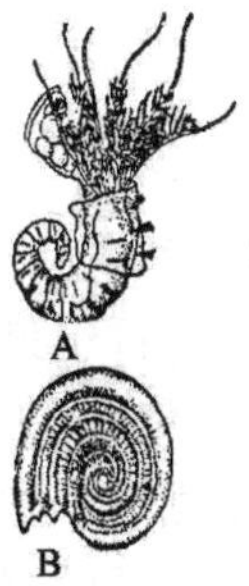

图 2-87　有孔右旋虫

A. 外形；B. 栖管

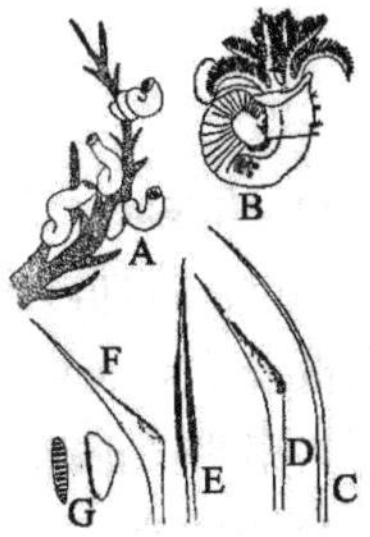

图 2-88　环旋虫

A. 虫体附于海藻上；B. 虫体背面观；C，D. 领刚毛；E. 双翅胸刚毛；F. 腹刚毛；G. 齿片

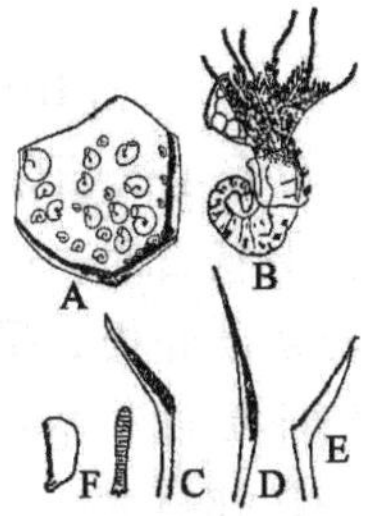

图 2-89　蜂虫窝右旋虫

A. 虫体附于石块上；B. 虫体侧面观；C. 领刚毛；D. 胸区背刚毛；E. 腹区腹刚毛；F. 齿片

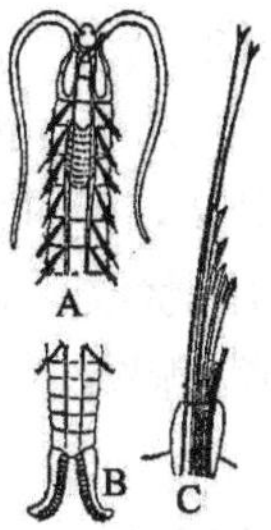

图 2-90　葛氏囊须虫

A. 虫体前部背面观；B. 虫体后部背面观；C. 刚毛束

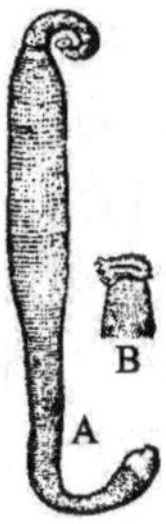

图 2-91　裸体方格星虫

A. 整体；B. 体前部

图 2-92　单环刺螠虫

2.4.9　软体动物门 Mollusca

软体动物门是动物界中仅少于节肢动物门的第二大门。软体动物身体柔软不分节，由头、足、内脏团、外套膜及贝壳等组成。软体动物的贝壳对其起着非常重要的保护作用。贝壳的形状是软体动物分类的重要依据。

多板纲分科检索

1　环带上生有鬃毛或棘针 ………………………………………………………… 2

1　环带上无鬃毛和棘针 …………………………………………………………… 3

2　鬃毛的棘针不成束 ………………………………………… 鬃毛石鳖科 Mopaliidae

2 鬃毛的棘针成束 ………………………………………………… 隐板石鳖科 Cryptoplacidae
3 环带上无鳞片………………………………………………………… 石鳖科 Chitonidae
3 环带上具鳞片 ………………………………………………… 锉石鳖科 Ischnochitonidae

2.4.9.1 常见多板纲动物

隐板石鳖科 Cryptoplacidae

红条毛肤石鳖 *Acanthochiton rubrolineatus*（Lischke）（图 2-93）

又称毛肤石鳖。体长圆形，体长 25mm，背面隆起，腹面扁平。背中央有一行 8 枚石灰质壳板，呈覆瓦状排列。壳板较小，表面有纵行沟纹。环带宽，上有密布的短小骨针和左右 9 对棘丛。腹面为扁平的肌肉质足部。头半圆形，中央具口，位于足部前方。足与外套膜间的外套沟中有 21 对栉鳃。肛门在足后端外套沟中。幼年个体壳片基本为淡青色的底色，具有绿色和淡褐色斑点，沿着各壳片的中线有红色或褐色的色带，成年个体壳片大部分被腐蚀，本来的面目已看不到。为我国北方极普遍的种类，栖息于潮间带中、低潮区。喜在岩石缝隙或石块下爬行。分布于北方沿海岩石环境。

锉石鳖科 Ischnochitonidae

函馆锉石鳖 *Ischnochiton hakodadensis*（Pilsbry）（图 2-94）

体长卵圆形，背腹扁平，体长约 30mm。背中央有一纵行大壳板，覆瓦状排列。第 1 壳片有数目多的细小放射肋，中间壳片肋部有网状刻纹，与朝鲜锉石鳖有明显区别。翼部有 6～7 条粒状放射肋，第 8 壳片的前部为网状纹，后部为放射肋。环带窄，无棘丛，有细小斑纹。栖息于潮间带岩岸环境，爬行生活在中低潮区的石隙间或石块下。分布于辽宁、山东等北方沿海。

朝鲜锉石鳖 *Lepidozona coreanica*（Reeve）（图 2-95）

又称朝鲜鳞带石鳖。体长椭圆形，体长 35mm，背腹扁平，灰黑色，环带狭被有鳞片。第 1 壳片具 16 条由颗粒状突起组成的放射肋，中间壳片肋部的肋平行于体轴，翼部放射肋较粗。第 8 壳片前部小，肋平行于体轴，后部大刻纹似第 1 壳片。栖息于潮间带岩岸环境，附着在中低潮区的石隙间或石块下。分布于辽宁、山东等北方沿海。

花斑锉石鳖 *Ischnochiton comptus*（Gould）（图 2-96）

体长椭圆形。壳片扁平，体矮，多为苍绿色或褐色杂以淡黄色或褐色斑纹。头板放射肋细微、数量多，中间板峰及肋部刻纹为颗粒状突起，翼部具 5 条放射肋。尾板中央区小，刻纹与中间板的峰部及肋部相似，后区具细放射肋。环带窄，与壳板颜色相近，密生鳞片。生态环境与分布情况与前三种同。

2.4.9.2　腹足纲 Gastropoda 肺螺亚纲 Pulmonata

基眼目 Basommatophora

菊花螺科 Siphonariidae

日本菊花螺 *Siphonaria japonica* (Donovan)（图 2-97）

外形和生态酷似青螺。壳灰褐、边缘带黄，壳内面深褐黑色，贝壳较高，壳顶位于壳的中央，笠状，略呈螺旋形而向前下方倾斜，边缘卵圆形、不平。壳表放射肋粗而显著，粗肋线间有细肋线，同心形生长线细微。栖息在潮间带的岩岸环境，附着生活，但吸附力弱，易采集，贝壳易破碎，可与笠贝、帽贝等相区分。分布于我国辽宁至海南岛沿海。

前鳃亚纲 Rosobranchia

原始腹足目 Archaeogastropoda

原始腹足目分科检索

1　壳螺旋部退化，无厣 ………………………………………… 2
1　螺旋部发达，有厣 ………………………………………… 4
2　螺层少，体螺层极大，沿壳左侧有一列突起和小孔 ……………… 鲍科 Haliotidae
2　无螺层，壳笠状 ………………………………………… 3
3　无本鳃，环形外套鳃界于外套膜和足间 ……………… 帽贝科 Patellidae
3　有本鳃，无环形外套鳃 ……………………………… 笠贝科 Acmaeidae
4　厣角质，多旋，核位于中央 ……………………………… 马蹄螺科 Trochidae
4　厣石灰质，核不在中央 ……………………………… 蝾螺科 Turbinidae

常见原始腹足目软体动物

鲍科 Haliotidae

皱纹盘鲍 *Haliotis discus* hannai Ino（图 2-98）

又名盘大鲍。壳卵圆形耳状，扁而阔大。壳螺层 3 级，急剧增大，几乎全由膨大的体螺层组成，壳塔低小，略隆。壳左侧有一列 20～30 个圆形孔，最后3～5 个开口为壳水孔，是外套触手伸出的孔道。壳表面粗糙，为灰褐色或棕褐色；内面白色，平滑，具美丽的珍珠光泽。壳口卵圆形，几乎与体螺层等大，无壳盖。爬行生活于潮下带浅海礁石海底。辽宁、山东和福建等地养殖贝类，市场有售。分布于我国北方沿海。栖息于潮下带水深 2～10m。

帽贝科 Patellidae

嫁蝛 *Cellana toreuma* (Reeve)（图 2-99）

又称嫁笠。贝壳坚硬、厚，外线轮廓卵圆形，壳顶位于壳中心至前端边缘的中央，常磨损。壳顶向前的斜面直，向后斜面隆起。辐射肋和生长线明显形成规则链珠状突起。壳黄棕色有黑色斑点，内面淡蓝色带光泽，边缘锯齿状。足与外套膜间有环状外套鳃。栖息于潮间带岩岸环境，用腹足吸附于岩石上。分布于我国沿海各地岩岸环境。

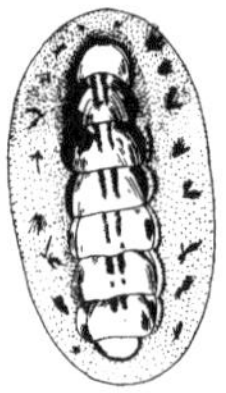

图 2-93 红条毛肤石鳖

图 2-94 函馆锉石鳖

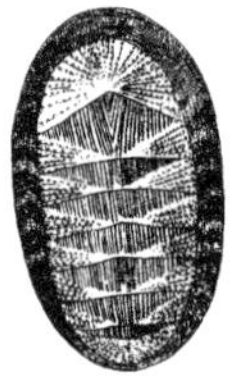

图 2-95 朝鲜锉石鳖

图 2-96 花斑锉石鳖

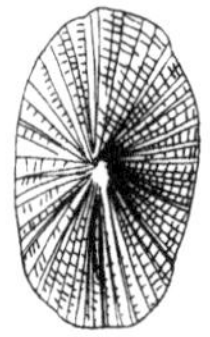

图 2-97 日本菊花螺

图 2-98 皱纹盘鲍

图 2-99 嫁𧊅

笠贝科 Acmaeidae

史氏背尖贝 *Notoacmaea schrenkii* (Lischke)(图 2-100)

壳椭圆形、薄、低笠状。壳顶靠近前部，较壳的最高处稍低，尖端倾向前方。壳表纤细的放射肋和生长线交织形成多行细小微粒，排列如珠状。体右侧羽状体鳃大部分游离，外套膜与足间无缘鳃。壳多为黄绿色点缀着褐色。壳内面蓝灰色，中央白色。用腹足吸附生活在潮间带岩岸环境。分布于渤海、黄海岩岸。

矮拟帽贝 *Patelloida pygmaea* (Dunker)(图 2-101)

又称矮笠贝。壳小型，椭圆形笠帽状。壳顶位于壳的亚中央部稍向前方，常呈破蚀状。壳顶前斜面直，后斜面隆起。壳表面细微的放射肋和生长线交织排列。壳棕褐色与白色的放射条纹交杂。壳内面淡蓝色或灰白色，边缘有一圈很窄的暗棕色。栖于潮间带岩岸。附着生活在中潮区岩石上。分布于渤海、黄海岩岸。

马蹄螺科 Trochidae

单齿螺 *Monodonta labio* Linnaeus (图 2-102)

贝壳坚厚，尖塔形，暗绿色杂以白色或杏青色的斑点，或淡黄色杂以黑褐色的斑纹等。螺层 6～7 级，缝合线不明显。壳长大于宽，体螺层膨大，螺旋线与生长线交织成方形颗粒排列整齐。壳口桃形，外唇边缘薄，向内急剧增厚形成半环突起齿列。内唇基部特厚，形成 1 个发达的白色尖齿。角质厣圆形，棕黄色。壳内面白色具珍珠光泽。栖于潮间带岩岸环境，爬行生活于岩石间或附于石下、石隙中。分布于南北沿海，北方在大连、北戴河、烟台、青岛和连云港都易采到。

托氏蜎螺 *Umbonium thomasi*（Grosse）（图 2-103）

壳质坚实稍厚，壳面平滑，棕色火焰状条纹与黄色条纹交错排列。壳低圆锥形，壳塔较低，螺层 6 级，体螺层向侧面膨胀。缝合线处有红褐色螺旋线环绕。壳底部平坦。壳口亚圆形，外唇薄，内唇厚而弯。厣角质，薄而透明。生活在潮间带泥沙滩，退潮后在沙滩上爬行，有时聚积成群。分布于各地沿海，为黄海，渤海沿岸常见种类。

锈凹螺 *Chlorostoma rustica*（Gmelin）（图 2-104）

壳圆锥形，壳质极坚厚，壳顶常呈破蚀状。螺层约 7 级，自上而下迅速增大。壳底面略呈一平面，壳口马蹄形。壳口斜向外方，外唇简单较厚，内唇具一枚壳釉齿。脐孔圆形。角质厣棕红色。栖于岩岸的潮间带的中、低潮区，退潮后藏于岩石缝隙间或石块下。分布于沿海各地，为黄海、渤海沿岸常见种类。

蝾螺科 Turbinidae

粒花冠小月螺 *Lunella coronata granulata*（Gmelin）（图 2-105）

壳近球形，质坚实而厚，壳表绿褐或茶褐色，杂有各色斑纹；内面青白色具珍珠光泽。壳顶破蚀状。壳塔低，圆锥形，螺层 5 级，自上而下急剧增宽，体螺层膨胀，壳面螺旋线与生长线交织呈颗粒状。显著的缝合线下方有明显突起所形成的螺旋纹。壳口卵圆形，壳唇薄而简单，无脐孔。石灰质厣呈特征性半球形隆起，为青白色或淡黄绿色。栖息于潮间带岩岸环境。分布于黄海、渤海岩岸，青岛、烟台等地为常见种。

图 2-100　史氏背尖贝

图 2-101　矮拟帽贝

图 2-102　单齿螺

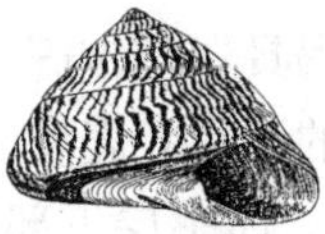

图 2-103　托氏蜎螺

图 2-104　锈凹螺

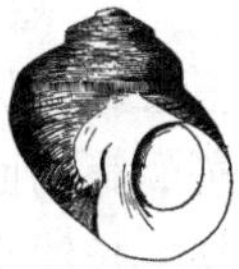

图 2-105　粒花冠小月螺

中腹足目 Mesogastropoda

中腹足目软体动物分科检索

1 壳口完整，无管状缺刻或前沟 ······ 2
1 壳口不完整，具管状缺刻或前沟 ······ 11
2 壳尖锥形，壳高超过壳口长的 2 倍 ······ 3
2 壳平扁、陀螺形或圆锥状，壳高短于壳口长的 2 倍 ······ 6
3 纵肋片状 ······ 梯螺科 Epitoniidae
3 纵肋不呈片状 ······ 4
4 壳表面具雕刻纹或螺肋 ······ 5
4 壳面光滑不具刻纹 ······ 光螺科 Eulimidae
5 壳面具刻纹 ······ 锥螺科 Turritellidae
5 壳面具纵肋或螺肋 ······ 麂眼螺科 Rissiodae
6 壳扁平，壳内面后部具石灰质隔板 ······ 帆螺科 Calyptraeidae
6 壳与上述不同 ······ 7
7 壳具平行于内唇的长形脐孔 ······ 穴螺科 Lucunidae
7 壳无平行于内唇的长形脐孔 ······ 8
8 整个壳口部收缩加厚 ······ 狭口螺科 Stenothyridae
8 壳口与上述不同 ······ 9
9 壳缘凸缘型 ······ 玉螺科 Naticidae
9 壳缘非凸缘型 ······ 10
10 壳表面具刻纹或肋 ······ 滨螺科 Littorinidae
10 壳面光滑不具刻纹或肋 ······ 拟沼螺科 Assimineidae
11 壳口窄长 ······ 12
11 壳口不窄长 ······ 14
12 壳面具纵肿脉，轴唇具皱褶 ······ 冠螺科 Cassididae
12 壳面不具纵肿脉 ······ 13
13 无螺旋部 ······ 梭螺科 Ovulidae
13 具螺旋部 ······ 爱神螺科 Eratoidae
14 壳非尖锥状具刻纹，具厚壳皮 ······ 发脊螺科 Trichotropidae
14 壳尖锥状具刻纹，不具厚壳皮 ······ 汇螺科 Potamididae

常见中腹足目软体动物

滨螺科 Littorinidae

短滨螺 *Littorina brevicula* Phillippi（图 2-106）

也称玉黍螺，贝壳小，厚而坚实，亚球形，暗褐或黄褐具白色带斑，有的杂有黄白色斑，壳内面浓褐色，有光泽，有与壳面螺肋相应的沟纹。壳表密生细螺肋，螺肋与生长线交织形成细小颗粒状突起，螺旋部明显，体螺层下部不发达，螺旋部相当于体螺层的 4/5，壳顶 3 个螺层光滑无肋。生活于高潮线岩岸环境，常同短滨螺杂居。分布于各地沿海，北方沿海常见。

汇螺科 Potamididae

古氏滩栖螺 *Batillaria cumingi*（Crosse）（图 2-107）

壳长锥形，质坚实。壳高 22～30mm，宽 7.5～10mm。螺层 10～12 层，位于下部各螺层缝合线明显，但壳顶数层模糊。壳顶部常磨损。螺旋部高，各螺层宽度增长均匀。体螺层较小，略向腹方弯曲。每一螺层表面，有低小的螺旋肋多条，两肋间呈细沟状，在壳顶螺肋融合。纵肋较粗，位于贝壳上部各螺层稍发达。生长线则不很发达。壳表面为青灰、棕褐或黄褐色，并具白色条纹或斑点。壳口卵圆形，上、下端尖，内面有褐色带。外唇薄，内唇略扭曲呈“S”形。角质厣。栖息于潮间带高潮线附近泥沙滩，退潮后在有水处爬行。分布于黄海、渤海沿岸。

玉螺科 Naticidae

扁玉螺 *Neverita didyma*（Röding）（图 2-108）

壳大而扁，椭圆形，坚实而厚；淡黄色，沿缝合线上方为蓝色，顶部色深，愈往下愈淡。壳塔低，几乎不超出壳表面，螺层 5 级，体螺层急剧增大。生长线和缝合线显著。壳口极大呈卵圆形，外唇薄而内唇厚。脐孔宽大。厣角质，黄褐色透明。栖息于沿海的泥沙滩环境，常穿凿双壳类软体动物，以食其肉。卵黏液质与泥沙粘在一起形成领状卵群，色泽与沙一致。分布于北方沿海，向南可达广东沿海。

灰黄镰玉螺 *Lunatia gilva*（Philippi）（图 2-109）

又称福氏玉螺 *Natica fortunei* Reeve，俗称香螺，但壳微低圆锥形。为灰黄或蓝色，壳顶部色深，内面棕黄色。壳塔高，螺层 5～6 级，壳顶 3 个螺层小，其余迅速增大，体螺层膨胀。露于外面螺层隆起状。壳光滑，生长线细微可辨，缝合线显著。壳口卵圆形，脐孔显著，厣角质。栖息于沿海的泥沙滩，生活在潮间带软泥质海底。分布于各地沿海，北方大连、烟台、青岛、连云港常见。

斑玉螺 *Natica tigrina*（Röding）（图 2-110）

俗称蚶虎。壳较小近椭圆形，灰黄色。缀有密集、大小不一的横裂棕色斑，脐附近无该斑点，斑纹为种的特征性识别标记。高较宽大，螺层 6 级，体螺层大。表面平滑，缝合线明显，生长线纤细。壳口卵圆形，口缘薄，内面光滑无齿，脐孔明显，大小适中。厣石灰质。栖息于泥质海滩和泥沙滩，为养贝敌害。分布于我国南北沿海，较为常见。

新腹足目 Neogastropoda

新腹足目软体动物分科检索

1　壳口外唇缘后端具缺刻 ………………………………………… 塔螺科 Turridae

1 壳口外唇缘后端不具缺刻 …… 2
2 壳高超过壳口长的 3 倍 …… 笋螺科 Terebridae
2 壳高不超过壳口长的 3 倍 …… 3
3 壳面具纵肋或结节 …… 4
3 壳面不具纵肋或结节 …… 5
4 内唇上具皱壁，具厣 …… 衲螺科 Cancellariidae
4 内唇上不具皱壁，具厣 …… 骨螺科 Muricidae
5 壳口窄长，螺旋部短 …… 榧螺科 Olividae
5 壳与上述不同 …… 6
6 壳缝合线深、下具沟 …… 织纹螺科 Nassariidae
6 壳缝合线下不具沟 …… 7
7 不具壳皮 …… 8
7 具壳皮 …… 蛾螺科 Buccinidae
8 外唇加厚内缘具齿 …… 核螺科 Pyrenidae
8 外唇内缘不具齿，轴唇具肋状齿 …… 笔螺科 Mitridae

常见新腹足目软体动物

骨螺科 Muricidae

红螺 *Rapana bezoar* (Linnaeus)（图 2-111）

又称脉红螺 *R. venosa*，俗称海螺。壳大，边缘轮廓略呈四方形，黄褐色具棕色斑点，有的形成色带；内面棕红色。螺层 6 级，由顶部第 2 螺层开始每层上部螺肋形成肩角，螺肋向下渐大至大螺层时形成一圈等距离棘状突起。体螺层 5 条，最上一条棘状突起粗大明显；3 条小螺肋由微突形成；壳口内唇基部外侧的一条由覆瓦状褶皱形成。壳口大，卵圆形，水管短，开口略向后弯。壳口内面杏红色带光泽。厣角质，棕黄色。栖息于浅海泥沙质或碎贝壳海底，多附着在石块一侧。分布于黄海、渤海沿岸。

强棘红螺 *Ropana pechiliensis* Grabau et King（图 2-112）

特征与红螺相似，但主要区别是螺层猫爪状的棘极为强大，螺层稍高，体螺层较宽，壳口高度略矮等。栖息环境及卵群等与红螺相似。

疣荔枝螺 *Thais clavigera* (Kuster)（图 2-113）

壳椭圆形，壳塔圆锥形，顶部常磨损，体螺层膨大，螺层约 6 级，缝合线浅。螺旋形疣肋在体螺层上排列成 5 条，螺旋部的每层肩部和下部各有 1 条，肩部突起棕褐色，壳灰白色，常附上外来绿色。壳口椭圆形，厣角质，薄而小。栖息于潮间带岩岸环境，常集聚成群。潮水退后栖于岩石缝隙间或石块下。分布于各地沿海，大连、北戴河、烟台、青岛、连云港等地为常见种。

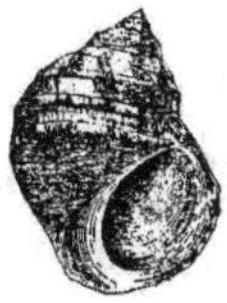
图 2-106　短滨螺

图2-107　古氏滩栖螺

图 2-108　扁玉螺

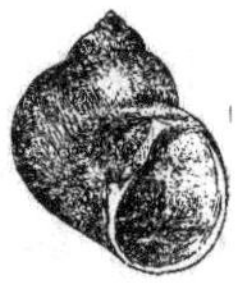
图 2-109　灰黄镰玉螺

图 2-110　斑玉螺

图 2-111　红螺

图 2-112　强棘红螺

图 2-113　疣荔枝螺

黄口荔枝螺 *Thais luteostom*（Hoten）（图 2-114）

壳呈纺锤形，壳质坚厚，比疣荔枝螺大，壳高 41～56mm，壳宽 24～35mm。螺层约 7 级，缝合线不明显。螺旋部较高，约为壳高的一半。壳顶常磨损。体螺层较膨大。每一螺层中部突出形成肩部，在肩角上有一列粒状或圆锥状突起。在体螺层有 4 列这种突起。壳表面灰黄色或黄紫色，突起处呈土黄色。壳口卵圆形，外唇薄，内侧棕黄色，有 3～5 枚齿状突起，内唇具发达的胼胝。厣角质，红褐色。

内饰角口螺 *Ceratostoma inornatum*（Récluz）（图 2-115）

又称纵簝骨螺、日本皱秣螺 *Ocenebre japonica* Dunder. 壳纺锤形，螺层 7 级，螺顶 3 个螺层小而尖、破蚀状，壳塔尖圆锥形，较体螺层低；自第 4 螺层起急剧增宽，体螺层膨大，外露螺层具斜坡状肩部，缝合线、螺旋线显著，生长线不明显，肋线发达成中纵簝隆起，体螺层上有 6～7 个显著的肋线。壳口卵圆形，前沟明显，有的闭合成管。外唇板向外扩张，外缘有与体螺层螺肋相当的锯齿，内侧有一列齿。栖息在低潮线附近的岩石间。分布于黄海、渤海沿岸，以及大连、烟台、青岛等地。

核螺科 Pyrenidae（牙螺科 Columbellidae）

布尔小笔螺 *Mitrella burchardi*（Dunker）（图 2-116）

壳小，纺锤形，壳质坚厚。壳高 12～15mm，壳宽 6～8mm。螺层约 8 级，缝合线较明显。螺旋部圆锥形，高度不及壳高的一半。壳面略膨胀，仅在体螺层约有 10 条细的螺沟。壳表面通常灰黄色，印有“Z”形褐色花纹；花纹的大小随个体而异。壳口小，长卵形。外唇厚，上半部直，下半部急向内方弯曲。内唇紧贴于壳轴上，无明显雕刻。前沟较短宽，呈“V”形缺刻。生活于潮间带岩礁间。

丽小笔螺 *Mitrella bella*（Reeve）（图 2-117）

旧称马氏核螺（*Pyrene marteni* Lischke），贝壳似牙形，顶部多被磨损。螺层约 8 级，层层紧接，宽度逐渐增加，体螺层较大。壳面平滑，黄色缀以美丽的棕色花纹。缝合线清楚。壳口长卵圆形。壳内面为青白色。栖息于潮间带中、低潮区，喜集群生活在沿海岩岸环境，退潮后藏于石块下。分布于各地沿海，大连、北戴河、烟台、青岛等地沿海为常见种。

织纹螺科 Nassariidae

纵肋织纹螺 *Nassarius variciferus*（A. Adams）（图 2-118）

壳显著肋纹与微弱螺旋纹交织成布纹状花纹，呈规则而显著的颗粒状外观，故名纵肋织纹螺。壳长卵圆形，壳层约 9 级，每层宽度迅速增加，壳顶两个多螺层光滑。壳除壳口外缘有 1 条隆起线外，其他螺层尚有 1～2 条凸出的隆起线；体螺层基部螺旋明显。颜色随生活环境而变化。在岩岸多为黄褐色，在泥岸多为黑褐色间有棕、蓝色螺旋排列的条纹。生活于沿海的岩岸、泥岸沙滩泥沙质海底。分布于各地沿海。

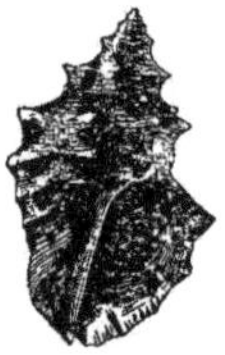

图 2-114　黄口荔枝螺

图 2-115　内饰角口螺

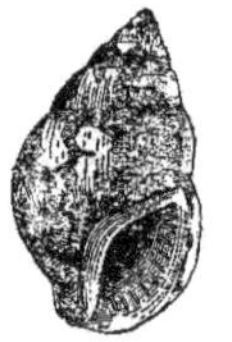

图2-116　布尔小笔螺

图2-117　丽小笔螺

图 2-118　纵肋织纹螺

图 2-119　习见织纹螺

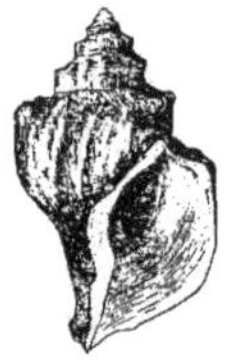

图 2-120　香螺

习见织纹螺 *Nassarius dealbatus*（A. Adams）（图 2-119）

贝壳长锥形，壳质坚厚。较纵肋织纹螺小，壳高 16.5～18.5mm，壳宽 8～10mm。螺层约 8 级，缝合线明显。各螺层较膨圆，自上而下逐渐增宽，体螺层较大。壳顶光滑，其余螺层表面粗糙，有发达的斜行纵肋，在体螺层上有 9～12 条纵肋；壳面还有明显的螺肋，螺肋与纵肋交叉，形成粒状突起。壳表面黄褐色或黄色，具褐色色带。壳里面为黄色，有光泽，有时清晰地映出表面的褐色色带。壳口卵圆形，前沟短而深，后沟不明显。外唇薄，内缘有几个颗粒状齿；内唇上部薄，下部具有胼胝向外延伸盖住脐部，具角质厣。生活在潮间带上、中区的泥或泥沙滩上。

蛾螺科 Buccinidae

香螺 *Neptunea arthritica cumingii* Crosse（图 2-120）

体大，肉肥味美，故称香螺。壳坚实而厚，略纺锤形。壳塔圆锥形，螺层约 6.5 级，体螺层急剧增大。螺层具明显而均匀的螺旋线，有较粗大的纵肋线，缝合线显著，生长线不明显。壳口淡黄色，具粗细不等、深浅不同的棕褐色条纹。壳内面灰白色。栖息于潮下带较深沙泥质海底，海底拖网常采到。为黄海、渤海的特有种。

皮氏涡琴螺 *Volutharpa ampullacea* Perryi（Jay）（图 2-121）

贝壳卵圆形，质薄脆。壳高 43～58.5mm，壳高 6～8mm。螺层约 8 级，缝合线较明显。螺旋部圆锥形，高度不及壳高的一半。壳面略膨胀，仅在体螺层有约 10 条细螺沟。壳表面为灰黄色，印有“Z”形褐色纹。壳口小，长卵形。外唇厚，内唇紧贴壳轴上，无明显雕刻。生活于潮间带岩礁间。

榧螺科 Olividae

伶鼬榧螺 *Oliva mustelina mustelina* Larmarck（图 2-122）

贝壳筒形，似榧子。壳质较厚。缝合线深，螺层 8 级。螺旋部低小，略高起，体螺层高大，约占壳高 90%。壳表面黄褐色，外唇直而边缘稍厚。内唇后部有喙状硬结，无厣。生活于细沙或泥沙质的浅海。

后鳃亚纲 Opisthobranchia

侧腔目 Pleurocoela

侧腔目软体动物分科检索

1 具外壳 …………………………………………………………… 2
1 具内壳 …………………………………………………………… 3
2 壳筒形，体螺层大而不膨大，有厣，具黑褐色花纹 ………………… 捻螺科 Acteonidae
2 壳卵圆形，体螺层大而膨大，无厣，不具黑褐色花纹 ……………… 露齿螺科 Ringiculidae
3 壳通常外露，壳口窄，齿舌有中央齿 ……………………………… 阿地螺科 Atyidae
3 壳不外露，壳口宽，齿舌无中央齿 ………………………………… 壳蛞蝓科 Philinidae
4 壳小、片状、无触角，鳃位于体右侧后部 …………………………… 拟海牛科 Doridiidae
4 壳膜状、退化或消失，2 对触角，鳃位于背部 ……………………… 海兔科 Aplysiidae

常见侧腔目软体动物

阿地螺科 Atyidae

泥螺 *Bullacta exarata* Phillippi（图 2-123）

俗称“海里晃荡”。体被细沙粒，故名泥螺。体长方形，长为宽的 2 倍，分为两部。头盘发达约占1/2体长。后端两叶遮蔽贝壳。背面凸，不能缩入壳内。足肥大，占腹面前方3/4，侧足遮蔽贝壳。肉体灰黄或红黄色，略透明。幼体贝壳白色透明，成体黄色不透明，壳卵圆形，脆弱，螺旋肋和生长线细弱，壳口大，上窄下宽。卵群白色球状，有胶质柄固着泥沙中，可随水波在水中动荡。

壳蛞蝓科 Philinidae

经氏壳蛞蝓 *Philine kinglipini* Tchang（图2-124）

与泥螺相似，体分两部，头盘上眼退化埋入组织中，后部为内脏囊。足占腹面前方2/3，前端尖，后端截形；侧足狭窄、肥厚。肉体白色或黄白色，微透明。壳表细螺旋肋和生长线交织呈网状；壳口大，卵圆形；壳白色或黄色。发达的外套膜包被贝壳使其成为内壳。壳卵圆形，体螺层特大。生活分布在潮间带泥沙滩中，退潮后潜入泥内，在爬过地表遗留一条痕迹。分布于北方沿海，大连、烟台、威海、青岛等地常见。

无腔目 Acocela

无腔目软体动物分科检索

1 鳃2列，位于外套膜与足之间……………………………………片鳃科 Arminidae
1 鳃1列………………………………………………………………………………2
2 鳃位于右侧外套膜与足之间……………………………………侧鳃科 Pleurobranchidae
2 鳃位于体背部后方………………………………………………海牛科 Dorididae

侧鳃科 Pleurobranchidae

蓝侧鳃海牛 *Purobranchaea novaezealandiae* Cheeseman（图2-125）

又称蓝无壳侧鳃海牛。体长圆形，背隆起。扇状头幕前缘有锯齿状突起，两侧伸延成角状。体右侧中部羽状鳃与外套膜平行。体大部分包被外套膜。淡色足肥大，前端圆后端尖，末端有三角形足腺。背面蓝黄色、紫色网纹使体背呈无数个小多边形。栖息于浅海、潮间带沙质海底或岩岸水草上。分布于黄海、渤海沿岸。

海牛科 Dorididae（石磺海牛科 Homoiodoridiidae ）

石磺海牛 *Homoiodoris japonica* Bergh（图2-126）

体椭圆形。腹面扁平，腹足椭圆形。吻突腹前方有口。背隆起，有许多大小不等的疣突。近前端两侧1对指状触角能缩入基部的沙袋囊中。肛门在近后端中线上，周围有6个能缩入体内的羽状鳃。背黄褐稍带绿色，有时杂以黑色斑点，腹面色浅。栖于潮间带中低潮区，生活于岩岸和砾石岸环境，退潮后常隐入石块下。分布于各地沿海，为北方沿海常见物种。

图 2-121　皮氏涡琴螺

图 2-122　伶鼬榧螺

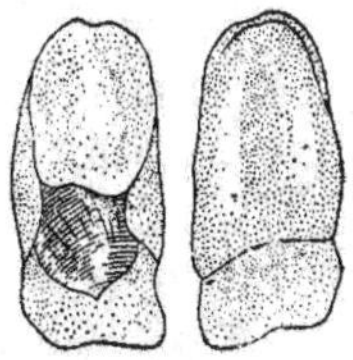

图 2-123　泥螺

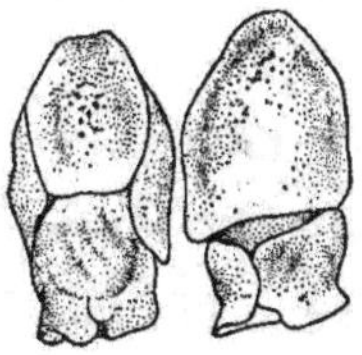

图 2-124　经氏壳蛞蝓

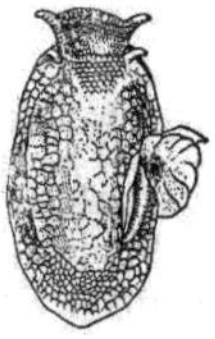

图 2-125　蓝侧鳃海牛

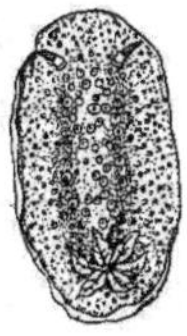

图 2-126　石磺海牛

2.4.9.3　掘足纲 Scaphopoda

壳象牙状弯曲，直径由前向后递减。前端头足孔大，后端肛门孔小。不能伸缩的吻基部侧生头丝，吻基后部有可伸缩的足。全部海产，分布潮间带至深海区。

胶州湾角贝 *Dentalium kiaochowwanense* Tchanget & Tsi（图 2-127）

小型角贝。壳表环形生长线微细，无放射肋。体长 13mm ，约为前端直径的 10 倍，后端直径的 20 倍，后端壳口上有 1 个黄白色小管，易于脱落，壳横断面前端卵圆形，后端近圆形。栖息于潮下带水深 4～5m 泥沙质浅海，直立于泥沙中，以幼瓣鳃类为食。分布于黄海至广东沿海。

2.4.9.4　瓣鳃纲 Lamellibranchia

列齿目 Taxodonta

列齿目动物分科检索

1　壳表具放射肋，瓦垄状，鳃弯折 ……………… 蚶科 Arcidae
1　壳表面光滑，无放射肋，鳃不弯折 ……………… 2
2　壳长形，后端吻状 ……………… 吻状蛤科 Nuculanidae
2　壳非长形，后端近截状 ……………… 弯锦蛤科 Nuculidae

常见列齿目软体动物

蚶科 Arcidae

泥蚶 *Tegillarca granosa*（Linnaeus）（图 2-128）

俗称瓦垄蛤、瓦楞子。壳坚厚，高略大于宽。壳顶位于背面、偏向前方。壳表具 18～20 条瓦状排列粒状放射肋，故称“瓦垄蛤”。壳表褐色角质层易脱落，常呈白色。壳内面白色或略带灰色，边缘厚，具有与放射肋相对的齿状突起，铰合齿两端大、中间少。栖息于浅海泥滩环境中，已成为养殖经济贝类。广泛分布于我国沿海各地。

毛蚶 *Scapharca kagoshimensis*（Tokunaga）（图 2-129）

俗称毛蛤蜊。形状与泥蚶相似，但两壳不相等，放射肋较细，约有 32 条。右壳放射肋较平滑，左壳略呈粒状，褐色壳皮上常被短茸毛。壳内面白色，铰合部直，有 50 个小齿。栖息于潮间带至浅海泥沙滩环境，北方经济贝类。分布于各地沿海，北方海岸常见而且产量大。

魁蚶 *Scapharca broughtonii*（Schrenck）（图 2-130）

壳大而坚厚。贝壳突，近球形，放射肋平滑而整齐，有 42～48 条。棕色壳皮上有短细毛，外皮易脱落，故大部分白色，壳内面灰白色。铰合部直，约有 70 枚小齿。栖息于潮下带浅海区泥质海底中。分布于我国北方沿海。

布氏蚶 *Arca boucardi* Jousseaume（图 2-131）

壳坚厚，左右相等，壳腹面有一凹沟，强大而呈片状的绿色足丝可从沟中伸出，两壳相合似牛蹄，俗称牛蹄蛤。壳表面放射肋细密，约 50 条。生长线明显，至腹面形成褶襞状。具棕色壳皮及绒毛，壳皮容易脱落。壳内表面为白色或淡紫色，边缘较厚，具锯齿状突起。铰合部直而长。铰合齿约 50 枚。足发达。栖息于低潮线附近的浅海岩礁上，以足丝固着生活，沿岸水流较急处较多。分布于北方沿海，为黄海、渤海常见物种，浙江、福建沿海也有分布。

褐蚶 *Didimacar tenebrica*（Reeve）（图 2-132）

亦称棕栉毛柑。壳小，略呈椭圆形，左右壳相等，壳高（9.5～11.6mm）约为壳长（12.5～14.8mm）的 3/4，壳宽（6.6～9mm），约为壳长的 3/5。壳质坚厚。壳顶位于背面，靠前方。两壳顶相距很近。韧带面极窄，呈线形。壳表面具有棕色壳皮，上被短茸毛。顶部的壳皮及茸毛易脱落，因而呈白色。放射肋细弱，约 40 余条。生长纹明显。壳内面灰白色，边缘厚，里面具有与放射肋相应的放射纹。铰合部弯曲呈弓形，铰合齿约 40 枚。外套痕与闭壳肌痕均清楚，前、后闭壳肌痕均为卵圆形，大小相似。足丝呈极薄的片状，无足丝孔。

图 2-127　胶州湾角贝

图 2-128　泥蚶

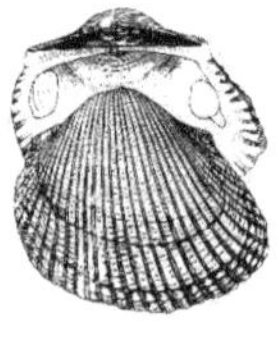

图 2-129　毛蚶

图 2-130　魁蚶

图 2-131　布氏蚶

图 2-132　褐蚶

异柱目 Anisomyaria

异柱目软体动物分科检索

1　铰合部具耳状结构 ………………………… 扇贝科 Pectinidae
1　铰合部无耳状结构 ………………………… 2
2　两壳等大 ………………………… 3
2　两壳不等大 ………………………… 4
3　壳面具纵裂纹 ………………………… 江珧科 Pinnidae
3　壳面无纵裂纹 ………………………… 贻贝科 Mytilidae
4　壳面无鳞片，用钙化足丝附着 ………………………… 不等蛤科 Anomiidae
4　壳面具鳞片或棘刺，用左壳固着 ………………………… 牡蛎科 Ostreidae

常见异柱目软体动物

不等蛤科 Anomiidae

中国金蛤 *Anomia chinensis* Philippi（图 2-133）

又称李氏金蛤、中国不等蛤。壳近圆形，两壳不等也不对称。左壳突起，位于上方，生长线略呈鳞片状，壳边缘具有纵褶和小突起，橘红色具云母状光泽。右壳薄而平，稍凹陷，表面光滑，颜色较淡。壳背方中央有一长椭圆形的足丝孔。足丝较短，呈圆柱状，石灰质硬化。壳内面颜色淡褐色，有珍珠光泽。用足丝固着生活于浅海岩礁上，多与牡蛎、藤壶、海鞘固着在一起。分布于我国各地沿海，北方沿海常见。

贻贝科 Mytilidae

黑偏顶蛤 *Xenostrobus atrata*（Lischke）（图 2-134）

俗称海荞麦。也称黑荞麦蛤，壳略呈三角形，较小。壳顶微偏向背缘，腹缘略弯，背缘弓形。壳表面黑色，壳顶多为白色或粉红色。壳内面蓝色，具珍珠光泽。足丝淡黄色，细软。栖息于潮间带中潮区，用足丝吸着于岩石上，与牡蛎、藤壶等为邻，有的在岩石上重叠、堆积。分布广、数量多，分布于北方沿海，较为常见。

麦氏偏顶蛤 *Modiolus metcalfei*（Hanley）（图 2-135）

壳较薄，近三角形，壳顶偏向背缘，壳前端较圆，腹缘直。而背缘约在壳中部形成一钝角。壳面褐色且被以黄色毛。壳内面淡蓝色，近背缘则为深紫色。肌痕不明显。足丝淡黄色，极细软。壳高约25mm。常栖息于低潮线附近。

紫贻贝 *Mytilus galloprorincialis* (Lamarck)（图 2-136）

俗称海红、壳菜。壳楔形，壳顶位于壳之最前端，壳前端尖细，后端较宽，腹缘略直，背缘弓形。壳顶前方具明显的小月面。壳表黑褐色，生长线细而明显。壳内面灰白色而边缘部为蓝色。足丝极细，淡黄色。栖息在低潮线附近，用足丝固着于岩礁等物体上。干制品称淡菜，是食用养殖贝类。分布于我国北方沿海，大连、烟台、龙须岛、青岛等地常见。

厚壳贻贝 *Mytilus coruscus* Gould（图 2-137）

壳厚、楔形，壳长为壳高的2倍、宽的3倍。壳顶位于壳之最前端且向腹面弯曲，腹缘平直，后缘圆。丝宣齿小型，呈“八”字形排列。壳表面棕黑色，生长线细而明显，壳皮顶部常剥落露出白色壳质。壳内面为蓝紫色，具珍珠光泽，边缘黑色。足丝粗壮，淡黄色。栖息于低潮线以下浅海中，以足丝固着生活，垂直分布较紫贻贝深，幼贝分布较浅，是良好的养殖对象，干制品称淡菜。分布于北方沿海，南至浙江温州外海。

凸壳肌蛤 *Musculus senhousia* (Benson)（图 2-138）

又称水彩短齿蛤 *Brachidontes aquarius* Grabau&King。壳小，略呈三角形。壳薄而透明，表面黄绿色，具棕色放射线及波状花纹，壳内面灰白色有表面透过的花纹。铰合部前后端具小齿。足丝极细软。栖息于低潮线附近浅海泥沙滩海底，多集群以足丝相互固着在泥沙中。分布南至广东沿海，黄海、渤海沿岸较为常见。

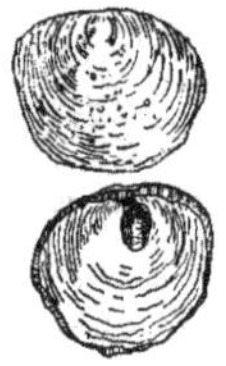

图 2-133　中国金蛤

图 2-134　黑偏顶蛤

图 2-135　麦氏偏顶蛤

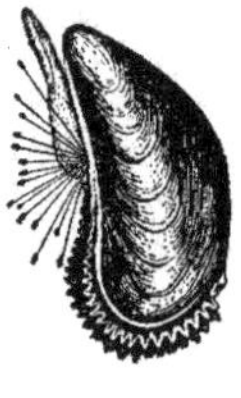

图 2-136　紫贻贝

图 2-137　厚壳贻贝

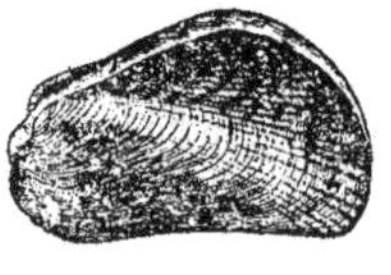

图 2-138　凸壳肌蛤

牡蛎科 Ostreidae

僧帽牡蛎 *Ostrea cucullata* Born（图 2-139）

又称褶牡蛎。壳小，体多呈三角形。左壳大而凹，右壳小而平。右壳表面环生黄色或暗紫色鳞片，故淡黄色壳具紫色或黑褐色条纹，左壳表面具放射肋，色淡。壳内面灰白色，闭壳肌痕马蹄形、黄褐色，位于壳后方。铰合部三角形。栖息于潮间带中下区，终生以左壳固着生长在潮间带的岩石等物体上，数量很多，为养殖贝类。分布于各地沿海，北方沿海常见。

猫爪牡蛎 *Talonostrea talonostrea*（Liet Qi）（图 2-140）

壳小，略呈长圆形，不规则锯齿状壳缘似猫爪，故称猫爪牡蛎。左壳稍凹而右壳较平。右壳小而光滑，同心鳞片层较少，壳缘锯齿状，有 5～8 个缺刻。壳有红、黄、紫、灰等色，有时杂有 1～2 条黑色放射肋。左壳同心鳞片层紧密愈合，5～8 条具短棘的放射肋自壳顶放射排列；壳表紫色或黄紫色，杂有放射状白色带；壳内面略带紫色。栖息在潮间带中、下区岩岸环境，以左壳前端小部分附着在石块、贝壳上。分布于各地沿海。

密鳞牡蛎 *Ostrea denselamellosa* Lischke（图 2-141）

壳大而坚厚，近圆形或卵圆形。左壳大而凹，右壳小而平。右壳顶部平滑，近腹面环生多层排列极密鳞片，鳞片薄而脆，易脱落。放射肋不明显，但边缘呈波纹状。左壳背面是附着面，鳞片厚而坚硬，放射肋较右壳明显。壳表灰褐色或杂有紫色，壳内面白色或略带灰色，具较强珍珠光泽。壳中部闭壳肌痕大而明显，肾形。栖息于浅海岩岸较深海底，经济贝类。分布于各地沿海，北方沿海常见。

大连湾牡蛎 *Crassostrea talienwhanensis* Crosse（图 2-142）

贝壳大，中等厚，近长三角形，右壳稍小于左壳。壳高 71～134mm，壳长 49～73mm，壳宽 35～45mm 。右壳扁平，壳顶尖，鳞片趋向愈合，边缘部分鳞片稀疏，起伏成波浪状，无显著放射肋。左壳甚凹，自壳顶射出强壮的放射肋数个，肋上的鳞片坚厚竖起。壳表面黄白色，间以紫色斑纹。壳内面白色，具光泽，前凹陷深。壳顶韧带槽长大，呈三角形。闭壳肌痕大，近圆形，位于壳中央偏背侧。生活于潮间带低潮线下，20m 左右深的浅海岩石上。

扇贝科 Pectinidae

栉孔扇贝 *Chlamys farreri*（Jones et Preston）（图 2-143）

壳扇形，紫褐色，有鲜红、灰白和深紫色彩。两壳略等，左壳凸，右壳平。壳顶前耳大、后耳小。右前耳下方有足丝孔，孔腹侧有 6～10 枚栉状齿。放射肋和生长线明显，左壳有 10 条主放射肋；右壳有 25～30 条，粗大放射肋有棘突，其间有小放射肋，生长线从棘突基部绕过。壳的闭壳肌痕大而明显；闭壳肌干制后为上等海味干贝。栖于潮下带，以足丝固着生活在潮下带至浅海海底岩石上。我国北方沿海特产。

真瓣鳃目 Eulamellibranchia

真瓣鳃目分科检索

1 铰合部宽片状，线形 ………… 2
1 铰合部非宽片状，线形 ………… 11
2 无外套窦或退化不清楚 ………… 3
2 具外套窦 ………… 5
3 外韧带 ………… 4
3 内韧带 ………… 满月蛤科 Lucinidae
4 壳近三角形，壳顶稍近中央 ………… 心蛤科 Cardiidae
4 壳近方形，壳顶近前方 ………… 棱蛤科 TrapeZiidae
5 具外韧带，具内韧带而无韧带槽 ………… 6
5 有具韧带槽的内韧带 ………… 10
6 壳缘锯齿状，足柱状 ………… 鸟蛤科 Cardiidae
6 壳缘非锯齿状，足侧扁 ………… 7
7 主齿 3 枚，外套窦钝或三角形，两水管不等长，部分愈合或分离 ………… 帘蛤科 Veneridae
7 主齿 2 枚，外套窦深，具十字肌，两水管全管分离 ………… 8
8 壳顶位于近后方，外韧带不突出 ………… 斧蛤科 Donacidae
8 壳顶位于前方，外韧带突出 ………… 9
9 壳前后皆有开口，无侧齿 ………… 紫云蛤科 Psammobiidae
9 壳后端有开口，稍右曲，侧齿有变化 ………… 樱蛤科 Tellinidae
10 铰合部主齿 2 枚，“八”字形或“人”字形 ………… 蛤蜊科 Mactridae
10 铰合部主齿 1 枚，非“八”字形或“人”字形 ………… 中带蛤科 Mesedesmatidae
11 具游离石灰质片，无齿，壳顶有裂缝 ………… 鸭嘴蛤科 Latemulidae
11 无游离石灰质片，主齿有或无，具侧齿，壳顶无裂缝 ………… 12
12 无韧带或仅具外韧带，无匙状韧带槽 ………… 13
12 内韧带具匙状韧带槽 ………… 18
13 具外韧带，无壳内柱 ………… 14
13 无韧带，具壳内柱 ………… 17
14 具足丝和足丝孔，外套痕连续 ………… 缝栖蛤科 Hiatellidae
14 无足丝和足丝孔，外套痕连续 ………… 15
15 壳前端和腹缘开口 ………… 开腹蛤科 Gastrochaenidae
15 壳前后端开口，或无开口 ………… 16
16 壳前后端开口，无绿色壳皮 ………… 竹蛏科 Solenidae
16 壳紧闭无开口，具绿色壳皮 ………… 绿螂科 Glauconomidae
17 壳背腹及后端具副壳，水管不具铠 ………… 海笋科 Pholadidae
17 壳背腹及后端不具副壳，水管具铠 ………… 船蛆科 Teredinidae

18　壳具 1 个明显的主齿，水管短无皱皮 ………………………………… 蓝蛤科 Aloididae
18　壳齿有或无，水管长，被粗糙皱皮 ………………………………………… 海螂科 Myidae

常见真瓣鳃目软体动物

紫云蛤科 Psammobiidae

橄榄紫蛤 *Sanguinolaria olivacea*（Jay）（图 2-144）

又称紫彩血蛤。壳薄而脆，卵圆形，两壳等大但不同形，右壳平，左壳凸。壳高约为壳长的 3/4，为壳宽的 3 倍。壳顶偏前方。深褐色韧带极突，高于壳顶。壳表光滑，外皮紫褐色，生长线细而明显。壳内面紫色。铰合部狭窄，两壳各具 2 个主齿。栖息于潮间带下区低潮线附近的沙滩，洞口周围堆积少量细沙粒。分布南至广东沿海，北方沿海较为常见。

图 2-139　僧帽牡蛎

图 2-140　猫爪牡蛎

图 2-141　密鳞牡蛎

图 2-142　大连湾牡蛎

图 2-143　栉孔扇贝

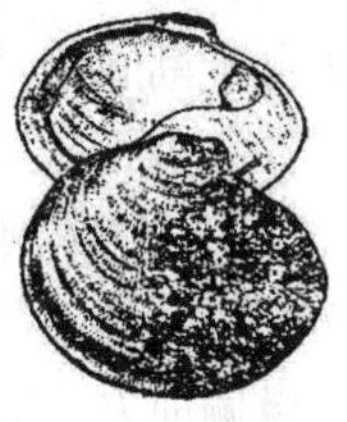

图 2-144　橄榄紫蛤

蛤蜊科 Mactridae

四角蛤蜊 *Mactra Venerformis*（Reeve）（图 2-145）

壳略呈四角形。灰白色或污黄色，壳顶色淡，腹缘色深，腹缘有一圈黑褐色带，内面灰白色。壳顶尖稍向前方。壳无放射肋，生长线自壳顶呈同心环状，顶部细密，愈近腹缘愈粗大，突出形成环纹。主齿 2 枚，左壳主齿接合呈“人”字形，右壳呈“八”字形。片状侧齿发达，左壳是单片，右壳是双片。外套膜内缘有分枝的触手。栖息于潮间带中、下区的泥沙滩海底。分布于我国沿海，北方沿海常见。

凹线蛤蜊 *Mactra sulcataris* Deshayes（图 2-146）

又称中国蛤蜊 *M. chinensi* Philippi。贝壳坚厚，左右两壳相等，不如四角蛤蜊膨胀。表面光滑无放射肋，有放射状黄色带。壳顶处蓝色，壳腹部黄褐色。生长线极明晰，在中部和腹缘上形成同心圆的凹线。壳内面黄白色，后背缘和凹陷部分微有蓝色。埋栖生活于沙质或泥沙底质海滩，栖息深度 10cm 左右。黄海、渤海沿岸常见种类。

西施舌 *Coelomactra antiquata*（Spengler）（图 2-147）

个体可达 7cm，壳薄呈三角形。壳顶淡紫色，腹背部黄褐色。高为长度的 4/5，宽为长度的 1/2。壳顶位于壳中央稍前方，壳顶前方略凹、后方突出。腹缘圆，背前、后缘间约 90°夹角。壳表平滑无放射肋，生长线致密而明晰。生长线有黄色光泽和茸毛；壳内面淡紫色。主齿“人”字形，侧齿薄片状。足部形状如舌，故名西施舌。栖息于潮间带下带或浅海的泥沙滩中。分布于我国沿海，黄海、渤海沿岸常见。

帘蛤科 Veneridae

江户（伊豆）布目蛤 *Protothaca jedoensis*（Lischke）（图 2-148）

壳坚厚，壳顶高位于偏前方 1/4 处。心形小月面明显。韧带长，铁锈色，不突出壳面。壳前、后缘圆形，腹缘弧形。壳粗突放射肋及深陷生长线交织成显著的布纹状。灰黄色壳带有褐色斑点或条纹。壳内面白色略有光泽，内面周缘具有细齿列。栖息于潮间带浅海岩岸或砂砾岩岸的泥沙环境中。分布于大连、北戴河、烟台、青岛和石臼所等地，为北方沿海常见种。

文蛤 *Meretrix meretrix*（Linnaeus）（图 2-149）

壳背面呈三角形、腹缘呈圆形。壳坚厚光洁突出，被有一层黄灰色或灰褐色壳皮。壳顶微偏前方。壳面花纹变异大，底色多灰黄色；顶部具火焰状花纹，由壳顶开始被有褐色环带。壳皮磨损脱落处白色。壳内面白色。韧带粗短，黑褐色。栖息于潮间带或低潮线以下泥沙海底中，潜入沙中在海滩上留下漏斗形凹陷，能形成优势种群，养殖贝类。分布于我国沿海各地，以辽宁营口和山东莱州湾产量较大。

紫石房蛤 *Saxidomus purpurata*（Sowerby）（图 2-150）

壳泥土色，顶端铁锈色是显著的特征。壳内面暗紫色，卵圆形。壳顶突出，尖端小，位于背缘近前方，壳顶与前端距离为壳长的 2/5。壳前端圆形，后端背部略直，转向腹面呈截形。腹缘弧形。壳关闭时前腹面有狭长缝供足伸出，水管由后端宽开口伸出。无放射肋，粗大明显生长线由壳顶呈同心圆排列。黑褐色韧带强大、突出。栖息于水清、水流较急的浸水带浅海泥沙或石砾环境。仅分布于山东以北沿海。

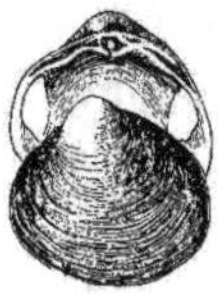

图 2-145　四角蛤蜊

图 2-146　凹线蛤蜊

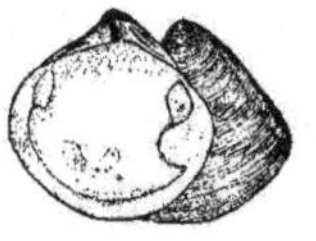

图 2-147　西施舌

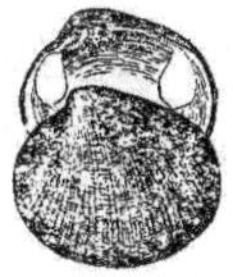

图 2-148　江户（伊豆）布目蛤

图 2-149　文蛤

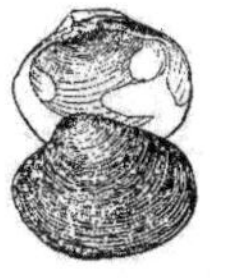

图 2-150　紫石房蛤

蛤仔 *Ruditapes philippinarum*（Adams & Reeve）（图 2-151）

又称菲律宾蛤仔。壳坚厚卵圆形。灰黄或灰白色，有的具褐色斑点或带斑。壳顶微突向前弯曲，位于前 1/3 处。随着生长，壳细密的放射肋逐渐加粗，环形生长线稀疏不均，交织成布纹状。壳内面灰白色略带紫色，铰合部细狭。每壳 3 个主齿，左壳中央齿和右壳后 2 个齿具有 2 个分叉。栖息于有淡水流入的内湾潮间带中、下区，生活在泥沙滩、石间淤泥、砂砾间污泥中，深度不超过体长的 2 倍。经济贝类。广泛分布于我国沿海，北方沿海尤为常见。

中国朽叶蛤 *Coecella chinensis* Deshayes（图 2-152）

贝壳小，椭圆形，壳坚实。壳高约为壳长的 2/3，约为壳宽的 2 倍。壳顶钝圆，位于背面近中央。小月面及楯面均不明显。韧带槽很短。壳面具壳皮，棕褐色，同心生长线在顶部极其细密，近腹缘有皱褶。壳内面白色。铰合部宽大，左右壳各具 2 个侧齿。外套痕明显，外套窦浅，前端圆。

日本镜蛤 *Dosinia japonica*（Reeve）（图 2-153）

壳坚厚，近圆形，略扁平，白色。壳长（32～78mm）略大于壳高（30～70mm），约为壳宽（13～38mm）的 2 倍。壳顶小，尖端向前弯，位于背面偏前方。小月面凹陷呈心形，壳背缘前端凹、后端截形，腹缘圆形。壳表面凸，白色具光泽，无放射肋，生长线呈同心环状。壳内面白色，铰合部宽，两壳各有主齿 3 枚。栖息在潮间带中区以下的浅海泥沙滩，潜入沙中留有酒杯样凹陷，常与蛤仔等杂居。分布于我国沿海，大连、北戴河、烟台、青岛、连云港等地常见。

中华青蛤 *Cyclina sinensis* Gmelin（图 2-154）

壳近圆形，淡黄色或棕红色。壳顶突出，位于背侧中央，尖端向前方弯曲，无小月面。壳表面极凸出，无放射肋，有明显的同心环纹生长线，壳顶前、后缘较平直，腹缘圆形。壳内面白色，周缘具有整齐的细齿。铰合部宽而平，外套窦深，前端尖呈楔形，伸达壳的中部。埋栖生活于近高潮区的潮间带泥滩或泥沙滩中，埋栖深度约5cm，穴孔不明显，污泥处分布较多。分布于辽宁至海南岛沿海，大连、烟台、威海、青岛、石臼所等地常见。

等边浅蛤 *Gomphina veneriformis* Lamarck（图 2-155）

壳背侧呈等边，腹侧圆形。壳淡黄色或棕黄色，壳顶向腹面有3～4条放射棕紫色彩带、斑纹或锯齿纹。壳顶尖凸，位于壳背缘中央。壳顶前、后边直，夹角约120°。小月面狭长披针状，盾面不明显。无放射肋，生长线明显，可形成沟纹。壳内面白色或微带肉色，具光泽。栖息于浅海沙质海底。分布于辽宁至海南岛沿海，大连、烟台、威海、青岛、石臼所等地常见。

海螂科 Myidae

沙海螂 *Mya arenaria* Linnaeus（图 2-156）

壳卵圆形，褐色壳皮脱落呈白色或铁锈色。壳顶位于背中央稍前，壳顶至前端距离为壳长的2/5。壳凸起，无小月面及盾面，前缘近圆形，后缘尖，无放射肋，生长线粗糙；内面白色。特征是铰合部小，无铰合齿，壳顶内面右壳三角形韧带槽与左壳突出的匙形薄片交接，供内韧带附着。壳关闭时，前、后端缝隙供足和出水管伸出。外套膜两点愈合，第2愈合点延长留一小足孔。水管粗而长，为壳长的3～4倍，外被薄膜愈合，仅末端分叉。埋栖生活于潮间带到数米深泥沙滩海底。分布于北方沿海，大连、烟台、青岛等地。

竹蛏科 Solenidae

长竹蛏 *Solen strictus* Gould（图 2-157）

壳窄长，抱和成筒形，两端开口。前端截状，由背向腹方倾斜，后缘近圆形。壳长为高的6～7倍，灰黄或黄褐色。壳顶在背缘前方，外皮脱落呈破蚀状。壳背、腹缘直且平行，生长线细微均匀在壳顶后部呈褶臂状。外韧带窄长为1/5壳长。圆柱状足发达，侧扁而前端尖。粗短水管联合。触手多节。穴居生活于潮间带泥沙滩，退潮后滩面留有2个紧邻小孔，受惊后下陷成为1个大型椭圆孔。分布于辽宁至广东沿海，大连、北戴河、烟台、青岛、石臼所、连云港等地。

大竹蛏 *Solen grandis* Dunker（图 2-158）

体形与长竹蛏相似，但宽而短，长高比为4∶5，粗短水管愈合，足部极发达。穴居生活于潮间带、浅海沙质海底。分布于辽宁至海南岛沿海，大连、青岛等地。

缢蛏 *Sinonovacula constricta*（Lamarck）（图 2-159）

俗称蛏子。壳脆而薄，长方形，高为长的1/3，被有黄绿色壳皮，壳皮脱落呈白色。壳后端开口比前端大。壳前缘稍圆、后缘截形，背、腹缘近于平行。壳顶在背面前 1/4 处，壳顶斜面向腹缘近中央处有一道沟，故名缢蛏。生长线粗糙，壳内面白色。足末端形成椭圆形足趾面，足孔周围的外套膜边缘生有长短不一的触手。水管长而分离，末端具触手。生活在盐度较低的河口和内湾软泥滩中。分布于辽宁至福建沿海，青岛、日照等地。

薄荚蛏 *Siliqua pulchella* (Dunker)（图 2-160）

壳薄易碎，半透明，可透视到闭壳肌、水管、内脏块和足等肉体。壳被淡棕色外皮。体长形，壳顶位于背缘前 1/4 处，壳高约为长的 1/3。在放大镜下可看到生长线由壳顶向边缘分散成极微细条纹。壳内面有加厚隆起斜向前伸，闭壳肌痕及外套膜不明显。外套膜有许多分支触手。埋栖生活于沿海沙滩。分布于长江口以北沿海，蓬莱、青岛等地。

图 2-151　蛤仔

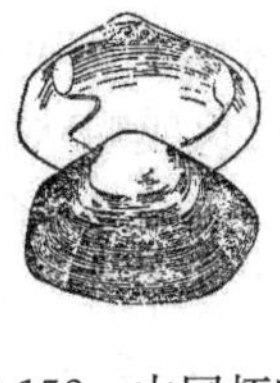

图 2-152　中国朽叶蛤

图 2-153　日本镜蛤

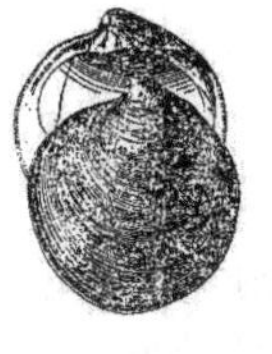

图 2-154　中华青蛤

图 2-155　等边浅蛤

图 2-156　沙海螂

图 2-157　长竹蛏

图 2-158　大竹蛏

图 2-159　缢蛏

图 2-160　薄荚蛏

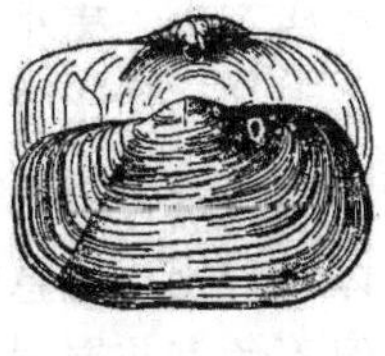

图 2-161　渤海鸭嘴蛤

鸭嘴蛤科 Latemulidae

渤海鸭嘴蛤 *Laternula marilina* (Reeve)(图 2-161)

又称泥栖鸭嘴蛤。壳长椭圆形，白色具云母状光泽。背中央壳顶尖端向内前方弯曲。壳前后端近圆形，腹缘平直；生长线环形，边缘有 1 棕色环。壳闭合时两端有缝。粗大水管愈合，被棕褐色角质薄膜，末端具灰色斑点。外套缘除小足孔外全部愈合。特征是壳有匙形突，自壳顶延伸成韧带槽，其下方"V"形石灰质片与韧带相接。埋栖生活于潮间带及浅海泥沙滩环境，橙红色水管露出地面；海滩上留有圆形洞口。分布于辽宁至广东沿海，大连、北戴河、烟台、青岛等地，北方沿海常见。

船蛆科 Teredinidae

船蛆 *Teredo navalis* Linnaeus (图 2-162)

壳面突出，抱合成球形；体延长成蛆状。壳白色，薄脆；形状适于钻木穴生活。壳分 3 区，前区小，三角形，10～30 条刻纹；中区高大，前部具刻纹、后部具生长线；后区为半圆形，生长线环形。壳包于身体前端，另有分泌的石灰质管被于体表。体后端水管基部有石灰质铠，用于堵塞穴孔。铠呈桨状，铠柄细长，圆柱状；铠片略呈长方形。栖息于海水内木材中，木材表面孔小，削去一层则管道纵横，分布呈麦芽糖段，船蛆对海水中木质建筑物或木船等危害严重，分布于我国沿海各地。

海笋科 Pholadidae

脆壳全海笋 *Barnea fragilis* (Sowerby)(图 2-163)

壳小、坚厚，灰白混棕色，抱合呈短柱状。壳高和宽相等。壳前端膨胀，腹面开口大而凹入，构成前端喙状尖角，凹入处贝壳外翻形成小齿，后端渐尖削。壳顶位于背缘近前端，端背缘向外卷转形成原板，原板卵圆形，前端尖瘦、后端截形。壳顶至腹缘具同心环状纵肋，纵肋前部密、波纹状，后部稀疏。放射肋集中前部与纵肋交织成一起。壳内面前部具肋纹，后部平滑。铰合部无齿及韧带，壳具大型突起交接面。穴居生活于低潮线附近岩岸环境，在石灰岩凿穴而居。分布于辽宁至广西。

吉村马特海笋 *Aspidopholas yoshimurai* (Kuroda et Termachi)(图 2-164)

称凿石虫。壳小，白色，抱合呈卵形。前端膨胀呈球形，后端削瘦。两壳闭合时后端开口使水管外露。壳针状，腹板箭头状。壳顶至腹面中部有一道斜纹。壳面白色。铰合部无韧带及齿。壳内柱细长。幼年贝壳前端腹面张开，足部外露至成体时封闭。栖息于低潮线附近的石灰岩中，大密度对海港岩石建筑有危害性，但不危害花岗岩。产于青岛等地。

樱蛤科 Tellinidae

异白樱蛤 *Macoma incongrua* (V . Martens) (图 2-165)

壳前宽后狭，略呈椭圆形，灰白色或淡棕黄色。两壳不相等。壳薄不脆。壳顶在背中央稍后，前缘近圆形；近后端急剧向腹下方转折，呈舌尖形。壳后下方向右壳方向弯曲。生长线细密，呈环纹状。壳内面白色，略具珍珠光泽。铰合部窄，左右壳各有 2 枚主齿。右壳前齿小，后齿大，末端分叉；左壳前齿大，末端分叉不显著，后主齿小。生活在沙石岸或泥滩中，常与蛤仔生活在一起。

粗异白樱蛤 *Heteromacoma irus* (Hanley) (图 2-166)

又称烟台腹蛤 *Gastrana yantaiensis* Crasse et Debdanx 。壳略呈卵圆形，两壳膨胀。壳顶突出，位于背中央稍前，壳顶至前端距离为全长的 2/5。小月面明显，内陷形成深沟。壳前缘圆形、后端背缘截形，两壳骤然向内弯曲形成梭形，平面与腹缘夹角 25°。壳白、灰白或略带灰黄色，无放射肋。生长线明显但不均匀，环状排列，近腹缘呈环层状隆起。壳面呈磨损状态。壳内面白色。生活在砂砾海岸或礁石间砂石中。分布于烟台、青岛沿海一带。

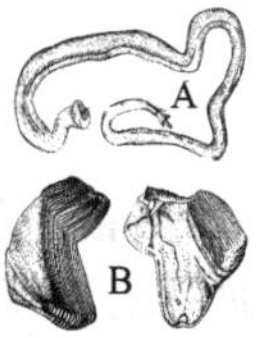

图 2-162　船蛆
A. 虫体；B. 壳

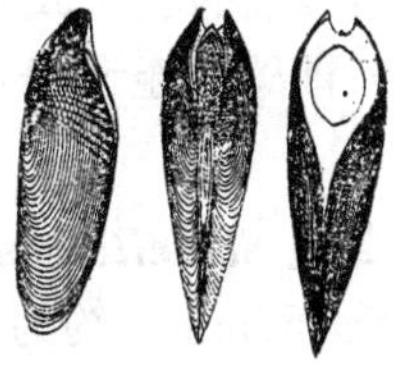

图 2-163　脆壳全海笋

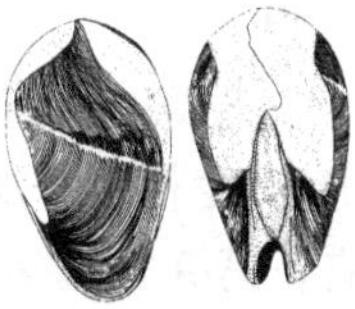

图 2-164　吉村马特海笋

图 2-165　异白樱蛤

图 2-166　粗异白樱蛤

2.4.9.5　头足纲 Cephalopoda

十腕目 Decapoda

十腕目软体动物分科检索

本目动物具腕 5 对，特长 1 对称触腕，末端有吸盘。吸盘有柄、角质环及齿。石灰质或角质内壳。胴部多具鳍。软骨质的闭锁器。雌体具产卵腺。

1　眼球外不具薄膜，与外界相通 ··· 2

1 眼球外具薄膜，不与外界相通 ………………………………………………………… 3
2 吸盘不特化成钩，内壳条状，末端圆锥物中空 ………………… 柔鱼科 Ommastr ephidae
2 吸盘特化成钩，内壳羽状，末端无中空圆锥物 ……………… 武装乌贼科 Enoploteuthidae
3 内壳角质 ………………………………………………………………… 枪乌贼科 Loliginidae
3 内壳石灰质或退化 ……………………………………………………………………… 4
4 内壳石灰质………………………………………………………………… 乌贼科 Sepiidae
4 内壳退化 …………………………………………………………………………………… 5
5 体球形者，中鳍型 ……………………………………………………… 耳乌贼科 Sepiolidae
5 体卵圆形者，端鳍型 ………………………………………………… 微鳍乌贼科 Idiospiidae

常见十腕目软体动物

枪乌贼科 Loliginidae

日本枪乌贼 *Loligo japonica*（Hoyle）（图 2-167）

俗称墨鱼。胴部细长，长为宽的 4 倍，灰白色，背面有紫褐色斑点。胴后两侧三角形肉鳍相连呈菱形。无柄，腕长度相似，顺序为 3>4>2>1，吸盘 2 行。雄性左侧第 4 腕为交接腕，顶部具 2 行肉刺，触腕长超过胴长，穗近菱形，长为触腕长的 1/4，吸盘 4 行，中间吸盘大。角质内壳薄而透明，黄褐色，披针形，中央纵肋向两侧发出微细的羽状放射肋。栖息于近海，产量大。分布于我国北方沿海，大连、烟台、青岛、连云港等地常见。

乌贼科 Sepiidae

曼氏无针乌贼 *Sepiella maindroni*（de Rochebrune）（图 2-168）

胴部长圆形，长 150mm，约为宽的 2 倍，后腹面腺孔明显。胴侧全缘有鳍，向后逐渐加宽。各腕长度相近，顺序为 4>1>3>2 ，吸盘 4 行。雄性左侧第 4 腕为交接腕，基部吸盘小，触腕超过胴长，吸盘小而密。胴背白花斑显著。石灰质内壳椭圆形，后端无针。产量大，为东海四大渔业之一。遍布我国沿海。

金乌贼 *Sepia esculenta* Hoyle（图 2-169）

俗称墨鱼、乌鱼。体大，黄褐色，胴部长扁、卵圆形，棕紫色细斑与白斑相间，具金黄色光泽。鳍位于胴侧全缘，后端不相连。各腕长度相似，顺序为 4>1>3>2，4 行吸盘有角质环。雄性左侧第 4 腕为交接腕，第 9～15 列吸盘处吸盘缩小，数目减少。石灰质内壳长椭圆形，后端有一骨针。生活于近海、浅海中。经济价值高。分布于北方沿海，大连、烟台、青岛等地常见。

耳乌贼科 Sepiolidae

双喙耳乌贼 *Sepiola birostrata* Sasaki（图 2-170）

俗称墨鱼豆，胴体短，近球形，胴背部和头部相连，灰白色。鳍大，薄片状，略呈圆形，位于胴侧如耳，故称双喙耳乌贼；鳍内缘 1/2 与胴体相连、1/2 游离。头大，眼大而凸出。漏斗细长。腕长顺序为 2>3>1>4 ，吸盘 2 行。雄性左侧第 1 腕特化为茎化腕。触腕细长，为第 1 对腕的 2 倍。内壳退化。除鳍及漏斗外，遍布紫褐色斑点。钻穴潜居于海底。分布于全国沿海，以长江口以北为多，大连、青岛等地常见。

玄妙微鳍乌贼 *Idiosepius paradoxa*（Ortmann）（图 2-171）

小型乌贼，一般小于 10mm。胴体卵圆形，上端宽平，后端略尖，长度约为宽度的 2 倍，肉鳍小，略呈四方形，位于胴部两侧末端稍前，仅为胴长的 1/4 左右，故称微鳍。无柄腕长度相近，吸盘 2 行，基部大，向顶端渐小，各腕吸盘大小相近，其角质环外缘具极小的粒状齿，雄性第 4 腕均为茎化腕，特别是右侧腕较长，其外方两侧皮肤稍向外卷，形成凹沟，左侧腕较短，在顶部背侧有一半圆形突起，两交接腕内侧吸盘均很少，仅在基部有 6～8 个。触腕细长，穗尤其长，约占触腕的一半，吸盘大小相近，基部和顶部 2 行，中部 3 行或 4 行。内壳退化。除鳍及漏斗外，遍布紫褐色斑点。栖息于海边低潮线处，在青岛常见。

八腕目 Octopoda

体短腕长，鳍小或无。具 4 对形状相似的腕。腕吸盘无柄、单行或双行，无角质环。头部与胴部背部愈合，内壳退化消失。

蛸科（章鱼科）Octopodidae

短蛸 *Octopus ocellatus* Gray（图 2-172）

俗称短腿蛸、坐蛸。小型章鱼，体褐黄。胴部卵圆形或球形。胴部侧腹面游离。漏斗发达，呈尖形圆筒状。背面第 1 对腕最小，第 4 对腕最长，腕基部宽大、末端尖细，吸盘 2 行。雄性右侧第 3 腕为交接腕。头侧有 1 对发达的眼。第 2、3 对腕基部内侧间、眼前方有 1 个椭圆形金色圈。主要特征是背部两眼间表面有一纺锤形或半月形褐色斑块。底栖于近海，穴居生活于浅海泥沙滩穴洞内或潜居于石隙间。分布于我国各地沿海，北方近海产量较大。

长蛸 *Octopus variabilis*（Sasaki）（图 2-173）

俗称八带蛸、长腿蛸。体形与短蛸相似，但长而大，椭圆形，体肉红色，光滑，两眼前方无金色圈。腕长，其长度相差大，顺序为 1＞2＞3＞4 ，第 1 对腕长为第 4 对腕的 2 倍。雄性右侧第 3 腕为交接腕，长度为对应腕的 1/2，腕顶具端器，大而明显，匙形。掘洞穴居生活于潮间带、浅海泥沙滩，天冷后，移入深水潜入泥沙内。分布于我国各地沿海，为北方沿海常见种。

2.4.10　节肢动物门 Arthropoda——甲壳纲 Crustacea

软甲亚纲 Malacostraca

糠虾目 Mysidacea

糠虾科 Mysidae

糠虾体长，透明。头胸甲薄而软，有额板。复眼具柄。腹肢退化。双枝型胸肢前 2 对为颖足，6 对步足。雌虾后部胸肢形成孵卵片；雄性第 1 对触角具感觉毛，第 2 对具鳞片，最后 1 对步足间有柱状交接器。栖息在近海区，白天近海底、夜间近水上层活动。

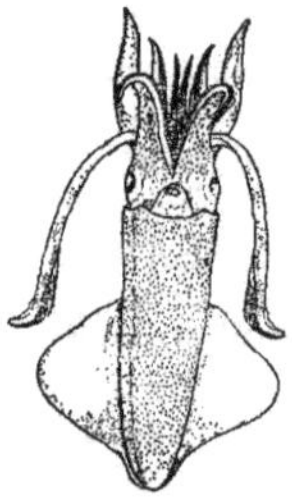

图 2-167　日本枪乌贼

图 2-168　曼氏无针乌贼

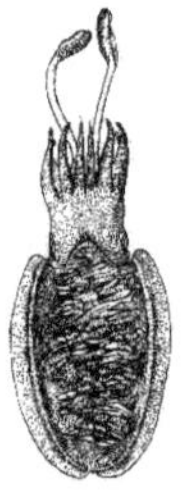

图 2-169　金乌贼

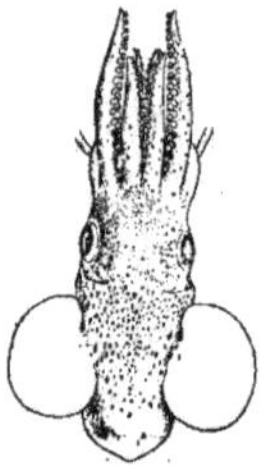

图 2-170　双喙耳乌贼

图 2-171　玄妙微鳍乌贼

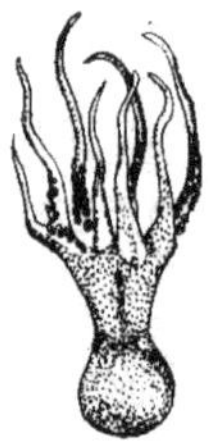

图 2-172　短蛸

图 2-173　长蛸

黑褐新糠虾 *Neomysis awatschensis* (Brandt)（图 2-174）

体形较粗短，最大标本体长约 14mm，甲壳表面光滑，棕黑色，色素斑纹很浓。头胸甲额部突出，形成三角形额角。额板伸至第 1 触角柄第 1 节 1/3 处。触角鞭状。尾节末端具 4 末端刺。渤海沿岸产量大。

端足目 Amphipoda

端足目甲壳动物分科、种检索（赛道建）

1　头部与前 2 胸节愈合，腹部和第 1、2 对步足退化（麦杆虫亚目 Caprena）…………………………………………………………… 麦杆虫 *Caprella* sp.

1　头部仅与第 1 胸节愈合，腹部发达，第 1、2 对步足不退化 …………………… 2

2　眼大几乎占整个头部，颚足简单无触须（大眼亚目 Hyperiidea）…………………………………… 拟长脚蛾 *Parathemisto gracilipes* Norman

2　眼不是特别大，或无眼；颚足须 3～5 节（小眼亚目 Gammaridea）…………… 3

3　眼 2 对有晶体，头窄而突出，第 1、2 对触角相距远 …………… 双眼钩虾 *Ampelisca* sp.

3　眼 1 对或无眼，头部及 2 对触角正常……………………………………… 4

4　头部前端突出形成额角，额角尖……………………………………………… 5

4　头部不突出形成额角 ………………………………………………………………………… 6
5　额角向下弯曲，1 对眼靠拢在一起 …………………………… 独眼钩虾 *Monoculodes*
5　额角宽大向前形成帽檐状，无眼 ………………………… 尖额钩虾 *Phoxocephalus* sp.
6　第 1 触角有附鞭，第 3 尾肢内肢小 ……………………………………………………… 7
6　第 1 触角无附鞭，第 3 尾肢正常或单肢 ………………………………………………… 8
7　眼肾形；腹、尾背部光滑；尾第 1 节背面有横缢痕，各节后缘有成列小棘 ………………
　…………………………………………………………………………… 钩虾科 Gammaridae
7　眼小而圆；腹、尾背有隆脊；尾节无横缢痕和小棘 ……………… 马尔他钩虾科 Melitidae
8　大颚无触须，尾肢单枝，尾节裂开或后端有缺刻 ………………………………………… 9
8　大颚有触须，尾肢正常，尾节完整 ……………………………………………………… 10
9　第 1 触角长于第 2 触角柄，尾节裂开；下唇外叶顶部有横裂 ………… 绿钩虾 *Hyale* sp.
9　第 1 触角短于第 2 触角柄，尾节后端有缺刻：下唇外叶顶部无横裂 …… 跳虾科 Talitridae

常见端足目甲壳动物

跳虾科 Talitridae

跳虾 *Orchesha* sp.（图 2-175）

体长约 10mm ，灰褐色。第 1 对触角短小。7 个胸节各具有 1 对足，后 3 对特别长，故善跳跃。栖于泥沙滩高潮线，以海滨小动物尸体为食，常随潮水涨落而进退，退潮后，藏匿在冲积到沙岸的海藻中，翻动海藻则群起跳跃。分布于我国各地沿岸。

钩虾科 Gammaridae

沙钩虾 *Byblis* sp.（图 2-176）

体侧扁，头部窄而突出。无额角。丝角鞭节细长有毛，第 1 触角鞭 1 条。触角基部具 2 个特殊闪光小眼，眼周及附肢基节上有黑褐色素点。第 5、6 腹节愈合，尾节末缘裂开。第 4 对步足短于第 5 对，第 5 对步足指节针状，基节扩张，宽大于长，膨大部内面有刺。潜伏生活在浅海细沙海滩，可在沙滩挖小坑捕之。

麦杆虫科 Capreilidae

麦杆虫 *Caprella kröyeri* De Haan（图 2-177）

也称海藻虫或竹节虫。头部与前两胸节愈合，呈细长竹节状，第 4、5 胸节具鳃。雄性第 4、8 胸节背面各有 10 多个小棘，雌性棘数 4～6 个。第 1 触角长为体长的 1/2 ，雄性柄部较雌性粗大，鞭部细小。第 2 触角柄部小，雄性为第 1 触角柄部长度的 1/2 。体色随栖息环境而有变化，有浅褐色、乳黄色等不同颜色。在养殖海带、贻贝和扇贝的绳索上生长最多。分布于各地沿海。

图 2-174 黑褐新糠虾

图 2-175 跳虾

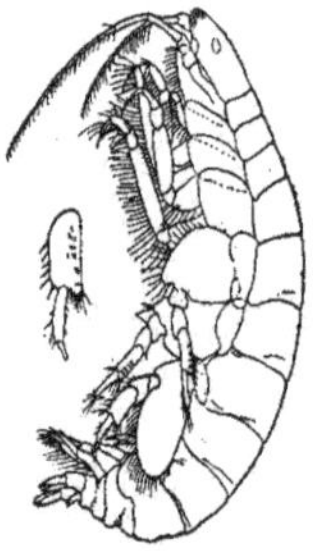

图 2-176 沙钩虾

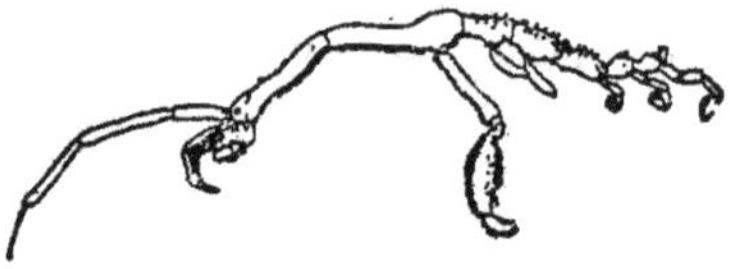

图 2-177 麦杆虫

十足目 Decapoda

体侧扁。颚足 3 对，双枝型；步足 5 对，外肢退化，前 2～3 对螯状。额角、腹部、腹肢发达。雄性第 1 腹肢具交接器。

枝鳃亚目 Dendrobranchiata

对虾总科 Penaeoidea

对虾科 Penaeidae

中国对虾 *Penaeus*（*Fenneropenaeus*）*chinensis*（Osbeck）（图 2-178）

体微带褐色和蓝色，也称青虾、明虾。体长 18～23cm，最大体重 150g。雄虾较小，体长约 20cm ，体重 30～40g，体色微褐而黄。壳薄而透明，从外面可看到内脏和神经系统。重要特点是额剑侧扁，上缘有锯齿状短齿 7～9 个，下缘 3～5 个。栖息于泥沙底质浅海。对虾是一种经济价值很高的虾类，各地沿海都有人工开发养殖对虾，养殖虾比自然个体小。分布于黄海、渤海海域，以及东海和南海北部。

周氏新对虾 *Metapenaeus joyneri* (Miers)(图 2-179)

外形与中国对虾相似，头胸甲平滑，背中线隆起。额角突出，上缘锯齿 8～11 个，下缘 1 个。第 1、2、3 步足钳形。体长 25cm，体色随栖息场所不同而异，常为淡褐、茶褐色，具浓褐色横斑。栖息于静稳内湾泥沙海底。

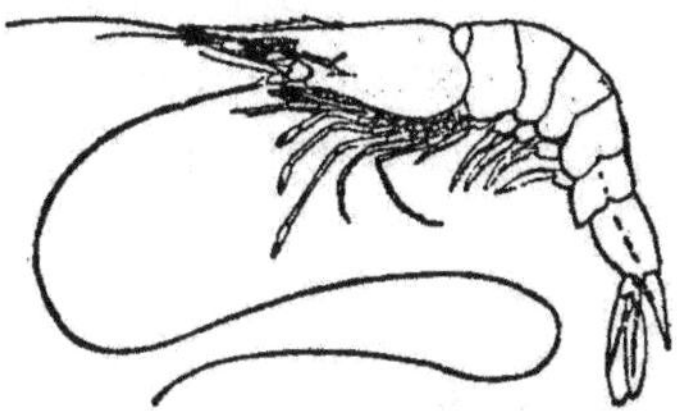

图 2-178　中国对虾

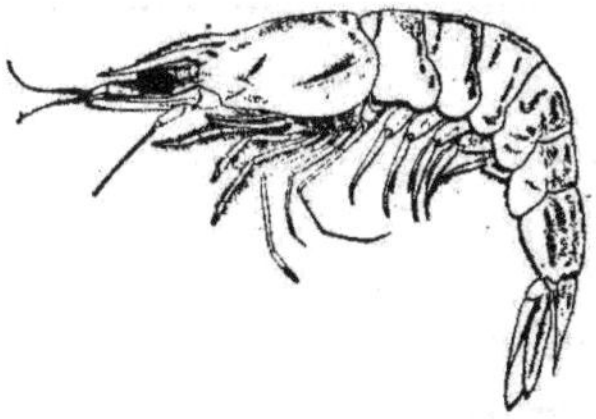

图 2-179　周氏新对虾

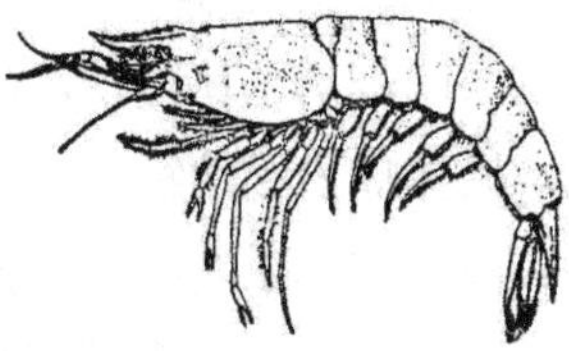

图 2-180　鹰爪虾

鹰爪虾 *Trachypenaeus curvirostris* (Stimpson)(图 2-180)

体长约 110mm，壳厚而粗糙，额角上缘齿 5～7 个，无下缘齿。甲壳肉红色，体棕红色，腹部各节前缘白、后缘棕黄颜色较浓，体弯曲时斑纹像鹰爪。栖于泥沙底质浅海，可制作金钩海米。分布于我国沿海，黄海、渤海产量大。

樱虾总科 Sergestioidea

毛虾是一类小虾，长 20～40mm。体侧扁，壳薄，全身完全透明，有少数红色小点。第 2 对触角有一枝红色长触鞭，似红毛，具"S"形弯曲。步足 3 对，后 2 对步足退化。雌性比雄性肥大，雄性第 1 触角下鞭变形为抱持器。煮熟或将生虾直接晒干即为虾皮，也可加工成虾酱、虾油等。

中国毛虾 *Acetes chinensis* Hansen (图 2-181)

身体极度侧扁，甲壳很薄。身体除小部分具红色点外全部为无色透明，额角短小，上缘具 2 小齿，下缘无齿，眼圆形，眼柄极长。雌雄第 1 触角异形，雄性第 1 触角下鞭常变为抱持器，上鞭基部极粗壮。步足 3 对，每对末端呈极度微小钳状。尾肢的内肢基部有 1 列红色斑点，4～5 个或 7～8 个。喜欢生活于泥沙底质、深度在 30m 以内的浅海。为毛虾中产量最大的一种，以渤海和黄海的产量最高。分布于渤海沿岸。

十足目 Decapoda　腹胚亚目 Pleocyamata　真虾下目 Caridea

真虾下目分科检索

1　第 2 颚足末节接于末 2 节顶端，步足具外肢、无肢鳃……………… 玻璃虾科 Pasiphaeidae
1　第 2 颚足末节较短，接于末 2 节侧面，步足无外肢……………………………… 2
2　第 2 步足的腕由 2～5 、7 或许多节构成 ……………………………………… 4
2　第 2 步足的腕不分节……………………………………………………………… 3
3　第 2 对步足的螯较第 1 对大 ……………………………… 长臂虾总科 Palaemonoidae

3 第 1 对步足半螯状，第 2 对步足螯状或爪状，较前者小……………… 褐虾科 Crangonidae
4 第 1 对步足简单或具特殊小螯 ……………………………………… 长额虾科 Pandalidae
4 第 1 对步足螯状，无特殊小螯………………………………………………………………… 5
5 眼被头胸甲覆盖，额角短小或无，第 1 步足强大，第 2 对步足腕节 4 或 5 节 ……………………………………………………………………………………… 鼓虾科 Alpheidae
5 头胸甲不覆盖眼，额角大，第 1 步足不大，第 2 步足腕节 2、3、7 或多节 ……………………………………………………………………………… 藻虾科 Hippolytidae

常见真虾下目动物

长臂虾总科 Palaemonoidea

葛氏长臂虾 *Palaemon gravieri*（Yu）（图 2-182）

体长 40～65 mm，体短步足细长，体透明，淡黄色具棕红色斑纹。额角长，上缘平直微上翘，上缘 12～17 齿、下缘 5～7 齿。眼柄粗短。第 2 步足长，钳的指节与掌部等长。栖息于泥沙底质浅海、河口附近。分布于浙江以北各省沿海。

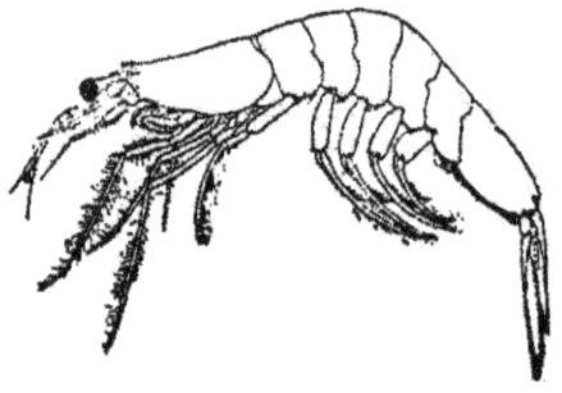
图 2-181 中国毛虾

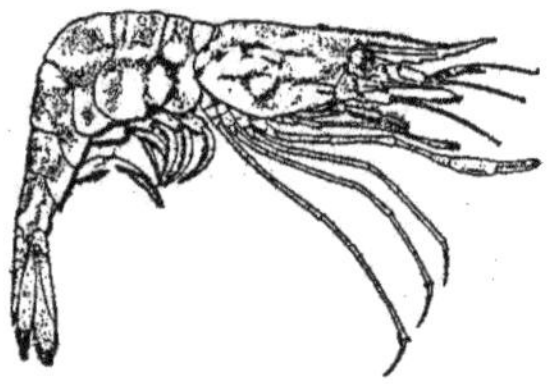
图 2-182 葛氏长臂虾

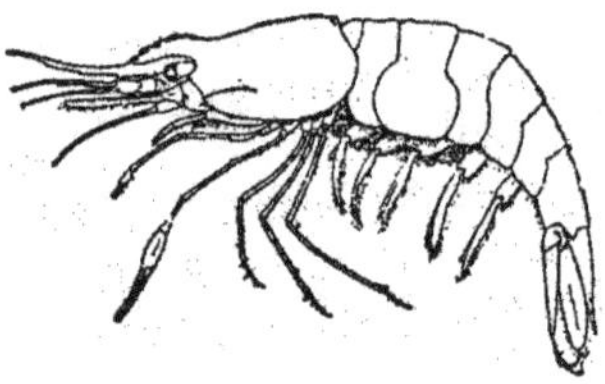
图 2-183 脊尾白虾

脊尾白虾 *Exopalaemon carinicauda*（Holthuis）（图 2-183）

壳薄，体透明，死后白色，故称白虾。脊尾白虾是白虾的一种，第 2 对步足细小，腹部第 3～6 节背面有 1 条纵脊。体长 7～10cm，额角侧扁。尾节背部两侧各具活动刺 2 个，体半透明具蓝色或红色小点，腹部各节后缘色深。可用来干制虾米。生活于沿海各地的泥沙质浅海或河口附近。分布于我国沿海，渤海产量大。

褐虾总科 Crangonoidea

褐虾 *Crangon crangon* Linnaeus（图 2-184）

又叫短枪虾。体背面黑、白色与棕色小点相间，额角短于头胸甲的 1/8，头胸部粗，头胸甲具刺。腹部侧扁，第 5 节后急剧变细，第 6 节腹面中央纵沟明显。第 3 颚足窄，末节长超过宽的 6 倍，第 1 对步足粗壮、钳状，第 3 步足最小。栖息于泥沙底浅海，喜潜伏于沙内。分布于黄海、渤海，江苏北部以北各省沿海常见。

脊腹褐虾 *Crangon affinis* De Haan（图 2-185）

体紫褐色，背面棕黑色小点少，具短毛。额角狭长。腹部第 3～6 节背中央具明显纵脊，第 6 腹节腹面具深纵沟，两侧有细毛。栖息于浅海的泥沙海底。分布于舟山群岛以北海区，渤海、黄海沿岸常见。

鼓虾总科 Alpheoidea

藻虾科 Hippolytidae

海蜇虾 *Latreutes anoplonyx* Kemp（图 2-186）

体棕红色，间以黑、白色斑点，体背具纵斑。额角侧扁，侧面观呈枪头形，上缘 7～22 个小齿，小缘 6～11 个小齿。腹部粗壮，背面圆滑无脊。第 3 对步足最长。尾部尖细。雌性较雄性粗大，额角雌性宽而短，雄性长而窄。栖息于浅海的泥沙海底。抱卵雌虾常成群隐藏在海蜇口腕间，与海蜇共栖。分布于我国各地沿海。

鼓虾总科 Alpheoidea

鼓虾科 Alphaidae

鼓虾体长 10cm 以下，小者十几毫米。体色斑纹美丽，第 1 对步足特别粗壮，大小不同，大的叫大螯，遇敌可两指打出响声，射出水流攻击敌人，发声如同击鼓声，故称鼓虾。喜穴居海底的泥沙中、碎石下 ，在近海岸浅水里较多。广泛分布于我国各地沿海。

鲜明鼓虾 *Alpheus distinguendus* De Haan（图 2-187）

个体较大，体表有美丽棕红色花纹。体粗圆，壳光滑。头胸甲后有 3 个棕黄色半环纹，腹部各节背面有棕黄色纵斑，尾节背面中央纵沟两侧各有 2 个活动刺。

十足目 Decapoda 腹胚亚目 Pleocyamata 蝼蛄虾下目 Thalassinidea

美人虾科 Callianassidae

哈氏美人虾 *Callianassa harmandi* Bouvier（图 2-188）

体长 50mm，头胸部圆稍侧扁，腹部平扁。壳薄、无色透明，可窥见内脏、黄色消化腺及橙红色雌性生殖腺。额角宽，三角形突起不成刺状。头胸甲后 1/4 处有颈沟。第 3 颚足座节及长节很宽，盖住口部。第 1 步足扁螯状，不对称。大螯强大，活动指内缘有 2 个大突起；小螯细弱。穴居生活在潮间带中下区的泥沙质海底。分布于辽宁、河北、山东沿海。

蝼蛄虾科 Upogebiidae

大蝼蛄虾 *Upogebia major*（De Haan）（图 2-189）

体长 100mm 以下，浅棕蓝色。头胸甲中部有颈沟，隆起部分具颗粒状突起，突起周围密生短刚毛。尾肢宽大。雄虾第 1 对胸足半螯状，较雌虾大。第 3、4 胸足瘦长。第 5 胸足末端呈小螯状。雄虾缺第 1 腹肢；雌虾第 1 腹肢细小，单肢型。穴居生活在海湾低潮线附近的泥沙中。分布于辽宁、山东沿海。

十足目 Decapoda 腹胚亚目 Pleocyamata 歪尾下目 Anomura

寄居蟹科 Paguridae

日本寄居蟹 *Pagurus japonicus* (Stimpson)(图 2-190)

头胸甲背面颈沟显著，体长 80mm。橘红色夹有红、黄点。眼柄长，达第 1 触角末端。第 2 触角鞭节长。右螯大，螯足背面密布短毛。腹部大而柔软，不分节，只保存左侧腹肢。栖息于浅海岩岸环境。分布于黄海、渤海沿海。

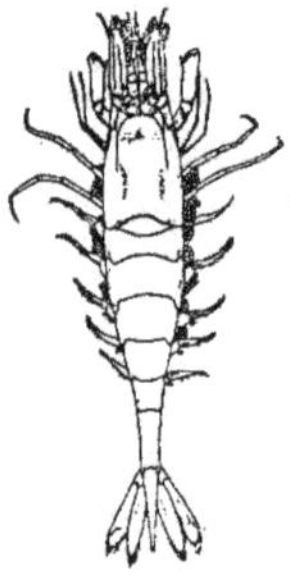

图 2-184 褐虾

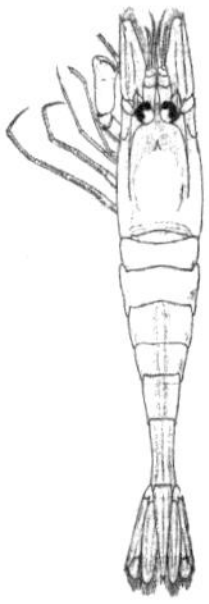

图 2-185 脊腹褐虾

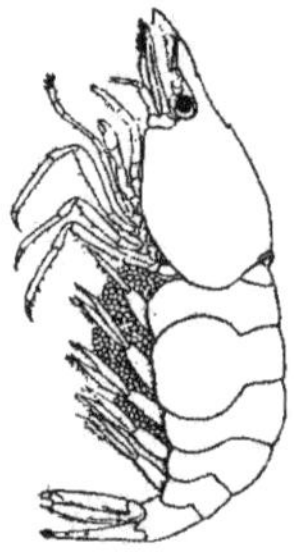

图 2-186 海蜇虾

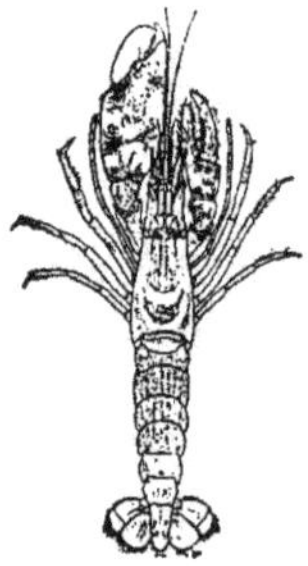

图 2-187 鲜明鼓虾

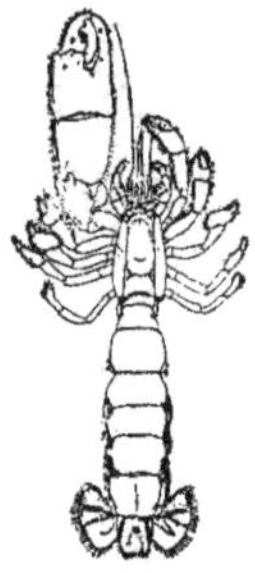

图 2-188 哈氏美人虾

图 2-189 大蝼蛄虾

图 2-190 日本寄居蟹

活额寄居蟹科 Diogenidae

艾氏活额寄居蟹 *Diogenes edwardsii* (De Haan)(图 2-191)

体灰褐色。头胸甲长约 20mm，颈沟前部壳硬，两侧具横皱褶。额角小、尖刺状，能活动。螯肢左大右小，大螯腕节呈三角形，掌节扁平，上下缘具刺状突，小螯指、掌节具长毛。左侧腹肢 4 个。栖息于潮间带中下区沙滩或泥沙滩，居住螺壳常有海葵附着共生。分布于全国沿海。

十足目 Decapoda　腹胚亚目 Pleocyamata　短尾下目 Brachyura

关公蟹科 Dorippidae

日本关公蟹 *Dorippe japonica* von Siebod（图 2-192）

也称鬼脸蟹。头胸甲略呈梯形，表面明的深沟和隆起构成人面形状。雌性螯足左右等大，雄性螯足左右不等，第 4 、5 对步足短小，用第 1 、2 对步足爬行。栖息于潮间带至浅海泥沙或带贝壳的海底。分布于我国沿海各地。

端正关公蟹 *Dorippe polita* Alcock et Anderson（图 2-193）

头胸甲长约 11mm，宽 12mm ，光滑。额短，前缘内面有短毛。雄螯有时不对称。后 2 对步足小，第 4 对在背部，较第 3 对长，指节呈钩状。栖息于潮间带至浅海的细沙滩海岸或软泥海底。后 2 对步足常握住贝壳盖在背上，遇惊停止活动或弃壳逃生。分布于全国沿海。

馒头蟹科 Calappidae

中华虎头蟹 *Orithyia sinica* Linnaeus（图 2-194）

原称乳斑虎头蟹，头胸甲左右鳃区各有 1 个赭红色斑。鳃区侧缘上有 3 枚刺，第 4 对步足指节叶片状。头胸甲及胸足呈褐黄色，并具有赭红色斑点。春夏季拖网中常见。栖息于浅海泥沙底海。中国特产，分布于各地沿海。

红线黎明蟹 *Matuta planipes* Fabricius（图 2-195）

头胸甲浅黄色，红色小点连接形成不完整、形状各异的红色圈。额宽于眼窝，前缘由“V”形缺刻分成 2 齿，前侧缘有小齿。胸足上红点集成红色斑，两侧各有 1 个锐刺。伏居生活于沿海细沙滩中或碎壳泥质海底。分布于全国各地沿海。

梭子蟹科 Portunidae

日本蟳 *Charybdis japonica*（A. Milne-Edwards）（图 2-196）

体长约 50mm，宽约 70mm，体背有青、绿、棕等色。头胸甲横卵圆形，表面一般具软毛，前侧缘有 6 个齿，额缘 6 齿。螯足绿色，长节后缘无棘，前缘具 4 棘，腕节外缘具 3 小棘，内侧 1 大棘，两指外侧紫红色。栖息于底质为软泥或细沙碎壳的低潮线区，生活在潮间带有水草的岩石下，为重要食用蟹类。分布于我国各地沿海。

三疣梭子蟹 *Portunus trituberculatus*（Miers）（图 2-197）

头胸甲梭形，前侧缘有 9 个齿，最后 1 个齿特别长、大而向左右突出；额具 3 齿。头胸甲茶绿色，具紫红色斑，有 3 个隆起。螯肢强大，长节内缘具 4 棘。栖息于 20～30m 浅海泥沙海底，夜间活动。为重要食用蟹类。分布于我国各地沿海。

方蟹科 Grapsidae

绒螯近方蟹 *Hemigrapsus peniciillatus* (De Haan)(图 2-198)

头胸甲近方形，表面隆起，具小凹点。眼眶下脊由 3 个或 4 个大的突起构成，前侧缘具 3 齿。雄性螯足掌部、两指基部内面丛生软毛。栖息于潮间带中、上部，生活在碎石块下或泥沙滩小石下。分布于我国各地沿海。

图 2-191　艾氏活额寄居蟹

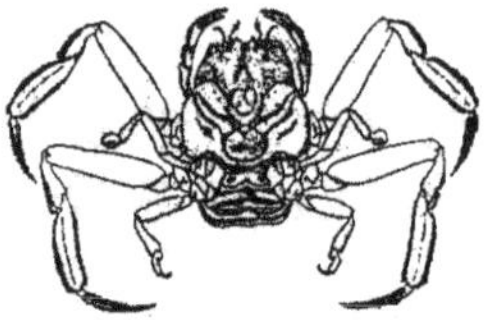

图 2-192　日本关公蟹

图 2-193　端正关公蟹

图 2-194　中华虎头蟹

图 2-195　红线黎明蟹

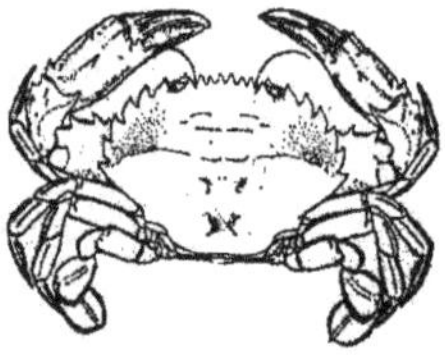

图 2-196　日本蟳

图 2-197　三疣梭子蟹

图 2-198　绒螯近方蟹

肉球近方蟹 *Hemigrapsus sanguineus* (De Haan)(图 2-199)

头胸甲近方形，长 26mm 、宽 30mm ，甲前半部隆起、具颗粒状橘红色斑点，后半部平滑、色浅。前侧缘具有 3 齿。眼窝下脊由小脊排列而成，螯足左右等大，各节背面具红色斑点，腕节内侧有一钝齿，掌部光裸无毛。雄性螯足两指基部内侧有一膜质球。栖息于潮间带岩岸，生活于低潮线岩石下或石缝中。分布于全国沿海。

天津厚蟹 *Helice tridens tientsinensis* Rathbun（图 2-200）

头胸甲方形，宽度略大于长度，前缘具刚毛，雄性下眼眶脊由 50 个突起构成，外侧 30 多颗粒突起稀疏排列，中部 5～6 个较长，呈纵脊状。螯足内侧具一角质隆线。穴居于潮间带上区或潮上带泥滩。青岛附近泥滩常见。

黄道蟹科 Cancridae

两栖黄道蟹 *Cancer amphioetus* Rathbun（图 2-201）

也称矮小黄道蟹，头胸甲略呈扁圆形，长约 17.7mm，宽 24.3mm，表面覆短毛及颗粒，各区均有许多粗大的疣突。前侧缘有 9 齿，大小相近。螯足粗大，左右对称，长节短，腕节具颗粒，背面具 2 疣状突。掌节背面有不规则的 2 列锐齿，两指内缘具 3～4 钝齿，可动指呈三角形，二者第 7 节末端具长刚毛。栖息于低潮线附近岩石间的海藻内。

平背蜞 *Gaetice depressus* (De Haan)（图 2-202）

头胸甲光滑而低平，前部较后部为宽，壳中部有一短而显著的横沟，两端略向外延伸；前部两侧各有 2 条较浅的横沟。前侧缘各具 3 枚齿，第 3 枚齿很小。螯足强大，螯足活动节内缘中部具有显著的齿形突起，雄性两指间空隙大。体色多样，有深咖啡色、青灰色或灰褐色，指端黄色。栖息于低潮线岩石环境，尤其是海藻丰富的岩石环境。分布于各地沿海。

沙蟹科 Ocypodidae

弧边招潮（蟹）*Uca arcuata* (De Haan)（图 2-203）

头胸甲前宽后窄，体后呈元宝状或菱角状。额小，中部有一细缝向后延伸。眼柄细长，为体长的 1/2 。前侧缘具 3 齿，末端向背后有一斜行隆线。雌性两螯小而等大；雄性螯大小悬殊，大螯外侧密布疣状突。穴居生活在近低潮线泥滩上，洞穴高出地平面成短烟筒状，以大螯挡住洞口。分布于山东以南各地沿海。

日本大眼蟹 *Macrophthalmus japonicus* De Haan（图 2-204）

头胸甲长方形，宽不足长的 2 倍，粗糙具颗粒和软毛。体黄绿色，腹面及螯足棕黄色。前缘有 2 个明显缺刻，第 2 齿大于第 1 齿，眼柄长为 1/2 体长，眼眶背缘有大齿。栖息在潮间带泥沙质或软泥质海滩上。分布于全国各地沿海。

宽身大眼蟹 *Macrophthalmus dilatum* (De Haan)（图 2-205）

头胸甲为宽大长方形，宽大于长的 2.5 倍，粗糙有小颗粒突起。体黄绿色，腹面及螯足棕黄色。前侧缘有长毛，具有 2 个尖齿。眼柄长约等于体长。雄性螯足强大，雌性螯足小。栖息于低潮线附近的泥滩上，爬行迅速。分布于全国沿海。

图 2-199 肉球近方蟹

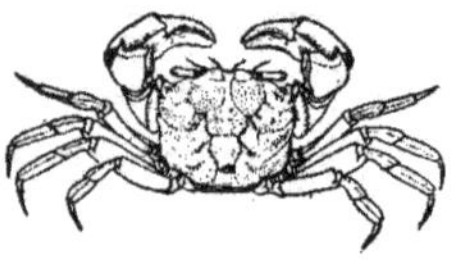

图 2-200 天津厚蟹

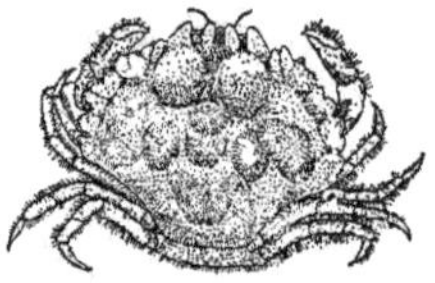

图 2-201 两栖黄道蟹

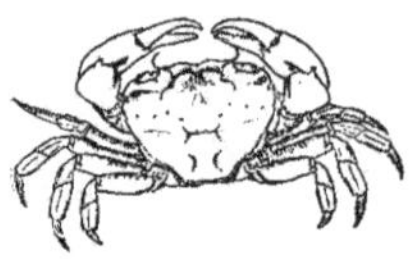

图 2-202 平背蜞

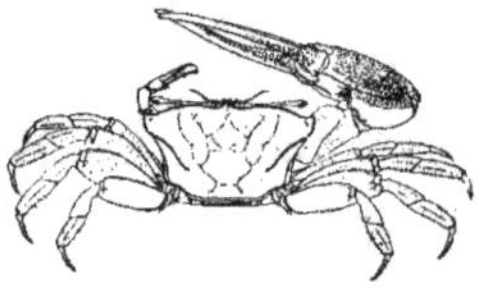

图 2-203 弧边招潮（蟹）

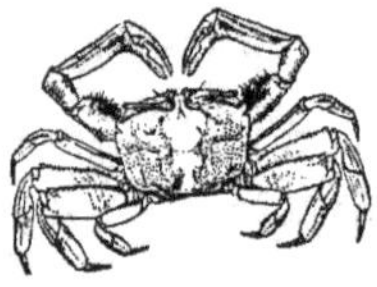

图 2-204 日本大眼蟹

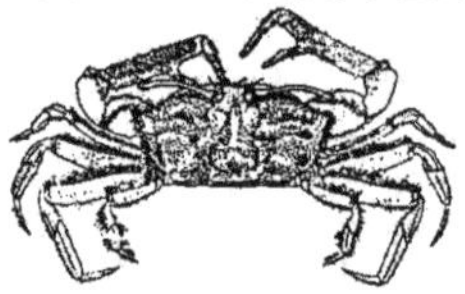

图 2-205 宽身大眼蟹

图 2-206 圆球股窗蟹

圆球股窗蟹 *Scopimera globosa* De Haan（图 2-206）

又称捣米蟹。头胸甲近圆形，背面隆起有颗粒状突起。各足的长节背腹面上都有长卵形鼓膜，像腿上的窗户故名圆球股窗蟹。穴居栖息在细沙滩中潮线附近，退潮后，洞穴外面常堆积小沙团，形状似米粒。分布于我国沿海，山东、广东、福建等地。

双扇股窗蟹 *Scopimera bitympana* Shen（图 2-207）

头胸部厚，头胸甲宽约为长的 1.5 倍，背面隆起，表面光滑。额窄，向下弯曲，有圆形突。螯足对称，雄性比雌性大。各足长节外侧基部有明显长卵圆形鼓膜，内侧面光滑，具 2 个长卵圆形鼓膜。穴居于低潮线泥沙滩上。分布于渤海湾、山东半岛、连云港、海南岛等地。

痕掌沙蟹 *Ocypode stimpsoni* Ortmann（图 2-208）

头胸甲宽略大于长，长约 20mm，宽约 21mm ，呈方形，表面隆起很大，密布颗粒，体色与沙色相似。胃区两旁有细纵沟。眼窝大而深，内、外面的眼窝齿突锐而尖突。两性螯足均不对称。穴居于高潮线沙滩上，穴道斜而深。受惊后迅速遁入洞中，白天隐匿洞中，离洞即在沙岸上奔跑，行动敏捷。分布于全国沿海。

扇蟹科 Xanthidae

特异大权蟹 *Macromedaeus distinguendus* (De Haan)（图 2-209）

头胸甲扇形，有微小颗粒状突组成皱褶状隆起。前侧缘各有 4 个不明显突起，后侧缘具软毛。螯足大，不对称，掌节和腕节背面隆起。栖息在潮间带岩岸或泥沙滩碎石下。分布于全国沿海。

豆蟹科 Pinnotheridae

蓝氏三强蟹 *Tritodynamia rathbunae* Shen（图 2-210）

体紫红色具黑色小点。头胸甲横卵圆形，长约 8.4mm，宽约 15.2mm 。具粗麻点。额宽大于头胸甲宽度约 1/5，具 1 条细纵沟。螯足对称，雄性比雌性大，长节背缘及内腹缘具一丛硬毛。第 1 步足长节的前缘具稀疏短毛，第 2、3

步足长节较宽具短毛，第 4 步足短小。栖息于近岸泥沙滩海底，常与磷沙蚕共生。分布于山东、辽宁沿海。

中华豆蟹 *Pinnotheres sinensis* Shen（图 2-211）

雌雄异形。雌性头胸甲横椭圆形，宽度（11.2mm）大于长度（8mm）。表面光滑稍隆起，后缘中部稍凹，额窄，向下弯曲。眼窝小，圆形，眼柄短。螯足光滑，长节圆柱形；腕节长大于宽；掌节末端宽于基部且较指节长。可动指内缘基部 1/3 处具一齿，不动指基部具 2 小齿。步足光滑，第 3 对最长；腕节、前节几乎等长；其腕节长度为第 4 对足腕节长的 2 倍。前节与第 4 对足的前节张度差不多。前 2 对步足指节较短，圆柱形，第 3 对足指节的长度约为第 2 对的 2 倍。第 4 对足指节最长，末端尖锐，内缘及末端四周均具短毛。腹部较大。雄性头胸甲近圆形，较雌性坚厚。生活在瓣鳃类如褶牡蛎的外套腔内。

玉蟹科 Leucosiidae

豆形拳蟹 *Philyra pisum* De Haan（图 2-212）

头胸甲圆球形，坚厚，表面隆起，具颗粒，长 26.2mm ，宽 25.4mm 。额窄耳短，前侧缘平直，后缘雄性较平直，雌性较突出。螯足强大，长节圆柱形，背面基部及前后缘均密布颗粒，腕节的背、腹面隆起，内缘具粗糙颗粒，外缘具颗粒状隆线，掌节扁平。步足细长，近圆柱形，指节末端尖细。身体背面浅褐色或绿褐色，腹面黄白色。分布于黄海、渤海泥沙滩沿岸。

菱蟹科 Parthenopidae

强壮菱蟹 *Parthenope validus* De Haan（图 2-213）

头胸甲略呈菱形，甲面隆起，额呈三角形突起，背中线沟宽而浅，侧缘锯齿为扁平板状突起。体长约 40mm ，宽约 50mm ，黄褐色，指节呈红褐色。螯足强大且多刺。步足很小。栖息于浅海泥底环境。分布各地沿海。

蜘蛛蟹科 Majidae

四齿矶蟹 *Pugettia quadridens* (De Haan)（图 2-214）

头胸甲梨形，体长 40mm ，宽 30mm 。背部显著隆起，黄褐色，腹面色较淡。额角具有 2 叉，侧缘有三角棘。各步足末端有刚毛束。雄性螯肢很大，第 2 步足长，雌性的小而短。栖息在低潮线泥沙海底和沿岸有海藻的岩礁处。分布于全国沿海。

图 2-207　双扇股窗蟹

图 2-208　痕掌沙蟹

图 2-209　特异大权蟹

图 2-210　蓝氏三强蟹

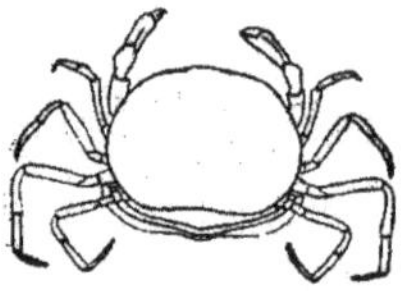

图 2-211　中华豆蟹

图 2-212　豆形拳蟹

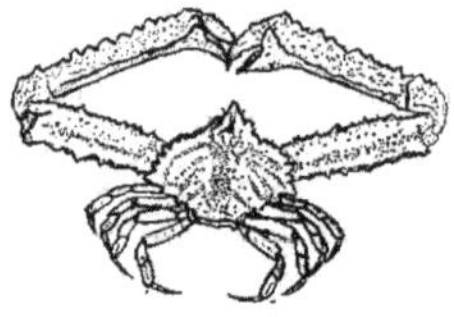

图 2-213　强壮菱蟹

图 2-214　四齿矶蟹

口足目 Stomatopoda

虾蛄科 Squillidae

口虾蛄 *Oratosquilla oratroia* (De Haan)(图 2-215)

背腹扁平，可动头节上附着有柄眼和第 1 触角。头胸甲小，仅覆盖胸部前 4 节。前 5 对胸足是颚足，第 1 对颚足小，第 2 对强大，末节扁平如刀状、螳臂状，具锐齿，3 对步足较小，双枝型。腹部长大发达，宽而扁平，前 5 对腹肢双枝型，外肢具鳃。尾节方形，与尾肢形成尾扇。雄性末对步足基部内侧具 1 对交接器。穴居生活在泥沙底质的浅海、潮间带近低潮线一带。分布于我国各地沿海。

等足目 Isopoda

海岸水虱 *Ligia exotica* (Roux)(图 2-216)

又称海蟑螂、海蛆。体呈扁椭圆形，黑褐色或黄褐色。头部短小，长为宽的 1/2 ，前缘半圆形。第 1 触角小不明显，第 2 触角很长。尾节后缘稍尖，尾节末端的尾肢十分长，内、外肢等长且纤细。生活于高潮线及潮上带的岩石环境，爬行速度快，取食藻类。分布于全国沿海。

北美新团水虱 *Neosphaeroma oregonensis* Dana (图 2-217)

体卵圆形，背腹稍扁，长 6mm，头宽约为长的 3 倍，眼位于后端两侧。触角长，各节均相等。胸部各节附肢均为步足，肢上板和背板分界线明显。腹部各节愈合。尾节半圆形。

拟棒鞭水虱 *Cleantiella isopus* (Miers)(图 2-218)

体扁平而宽，薄片状，长 20～30mm，淡黄色、深绿色或棕褐色，触角粗大。7 对步足末端具爪。腹部 2 节，第 2 节约占全长的 1/3，呈钝三角形。栖息在碎石下、海藻上以及养殖的海带绳索上、扇贝笼上。分布于我国北方沿海。

日本蛀木水虱 *Limnoria japonica* Richardson（图 2-219）

体长椭圆形，约 3～4mm。2 对触角短小，长短约相同。腹部 5 节，尾部后缘呈圆形。胸足为步行足，腹足适宜游泳。穴居于浸水木材中，啃食海中木材。广泛分布于我国北方各省沿海。

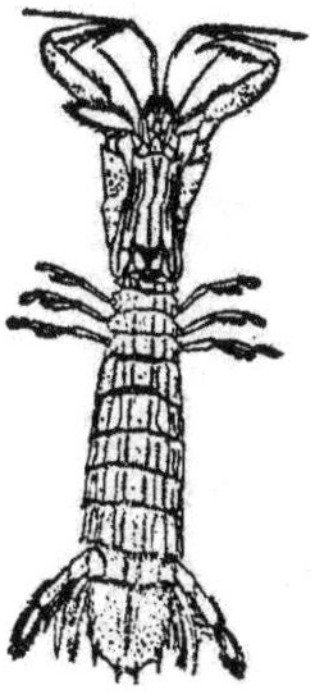

图 2-215　口虾蛄

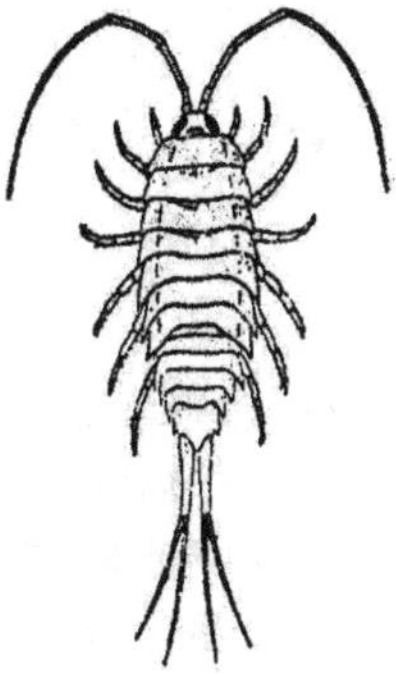

图 2-216　海岸水虱

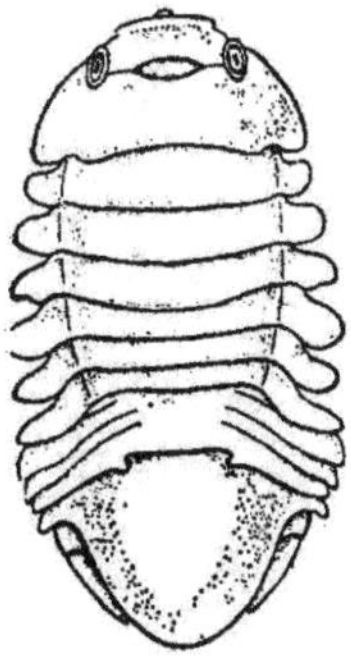

图 2-217　北美新团水虱

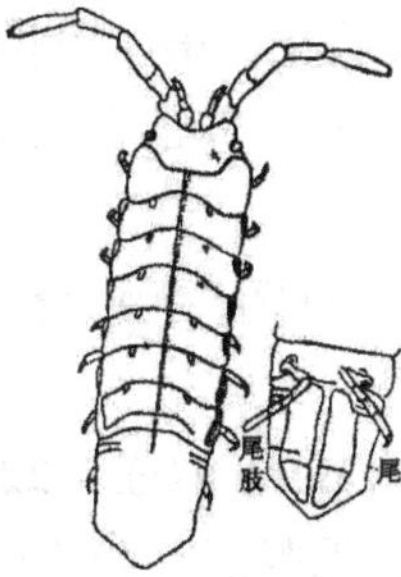

图 2-218　拟棒鞭水虱

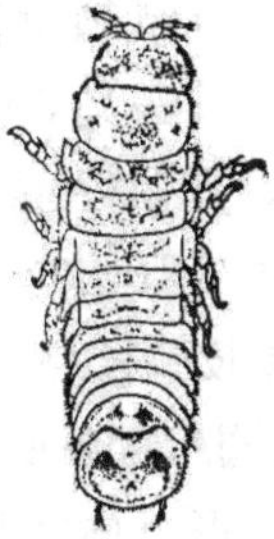

图 2-219　日本蛀木水虱

鳃虱科 Bopyridae

椎野单枝鳃虱 *Bopyroides shiinoi* Rybakov & Andeev（图 2-220）

雌性身体卵圆形，中度扭转。头与胸部分开，头前缘近圆形，后缘弧形，具突出的额板。颚足具分节的具毛的触须，且侧边缘具毛，角突短而尖；头后腹突具 2 对光滑的突起，背前侧突和底节板在前 4 胸节可见，但无背后侧突。育卵囊敞开，第 1 育卵板内脊略弯曲，无后侧角。腹部 5 节，无腹肢和尾肢。

雄性身体长约为宽的 4 倍，两侧边缘近乎平行。头与胸节分开，具黑色眼点，头后缘三角形，胸肢基本一样。无中腹突。腹部完全愈合，近三角形无任何附肢，只是在腹部的末端具毛。

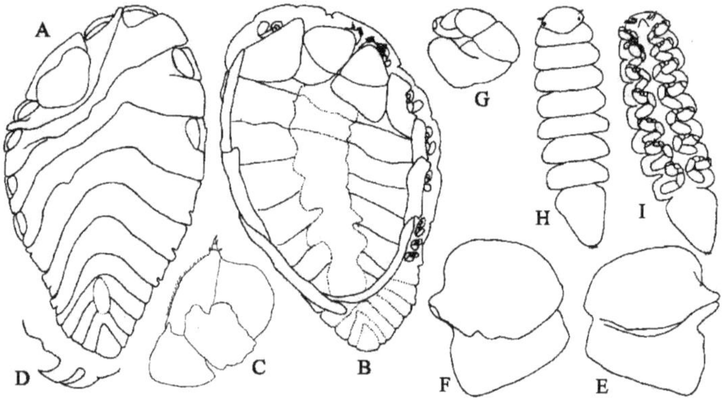

图 2-220　椎野单枝鳃虱

雌性特征（A～G）：A. 雌性背面；B. 雌性腹面；C. 颚足；D. 头后腹突；E. 第 1 育卵板的外表面；F. 第 1 育卵板的内表面；G. 第 1 胸肢。雄性特征（H～I）：H. 雄性背面；I. 雄性腹面

长尾假鳃虱 *Pseudione longicauda* Shiino（图 2-221）

雌性身体较长，分节明显。头椭圆形，额板短，触角分别为 3 节，4 节。颚足具多毛的触须，且触须所在处凹陷。底节板退化；第 1 育卵板具圆形的后侧角，内脊具突起。腹部具 6 腹节，前 5 节具长、略下弯的具锯齿边缘的侧甲，腹肢双枝型，矛形，具颗粒突。

雄性身体从中央开始向两端变细，身体分节明显，无愈合。腹部一般为体长的 1/3。退化的腹肢单枝型。

卵圆扁蝼蛄虾鳃虱 *Gyge ovalis*（Shiino）（图 2-222）

雌性身体略方形，体宽至少是体长的 3/4。无眼点。触角退化。头后腹突两侧具多对突起，突起的边缘和突起的中间部分都有很明显的指状突起。额足无触须。胸部最宽处为第 4 胸节，两侧边缘光滑，前 4 胸节的两侧具显著的底节板。胸肢大小一致。育卵板没有完全包被育卵囊。腹部具 5 节，最后一节中央具缺刻。具 5 对双枝型腹肢，但都没有超过腹节的边缘。单枝型尾肢小，片状。

雄性身体长，头与胸部分节明显，有眼点。胸肢基本一致，前 2 对胸肢指节相对长，胸部 7 节和腹部 1 节，具中腹突，腹部 6 节，最后一节嵌入第 5 节内，腹肢和尾肢无。

普吉特褐虾鳃虱 *Argeia pugettensis* Dana（图 2-223）

雌性身体略扭转，全身分节明显，头前缘二裂型，甚至有些标本头好像两个圆球合并而成，额板短。触角分别为 3 节、5 节；颚足具末端多毛的触须，尖的角突。头后腹突具 2 对简单的突起；胸部分为 7 节，前 4 节具明显的背前侧突，

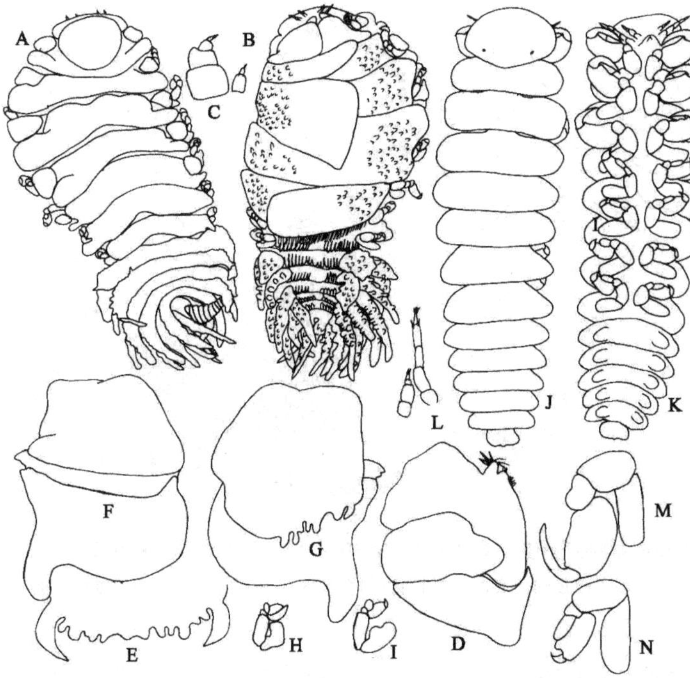

图 2-221　长尾假鳃虱。雌性特征（A～I）：A. 雌性背面；B. 雌性腹面；C. 触角；D. 颚足；E. 头后腹突；F. 第 1 育卵板的外表面；G. 第 1 育卵板的内表面；H. 第 1 胸肢；I. 第 7 胸肢。雄性特征（J～N）：J. 雄性背面；K. 雄性腹面；L. 雄性触角；M. 第 3 胸肢；N. 第 7 胸肢

所有胸节都具背后侧突，但有些标本的背后侧突末端尖。具 5 对育卵板，育卵囊完全敞开。第 1 育卵板的前缘光滑，内脊几乎无突起，后缘具毛。无后侧角。胸肢 7 对，基节具突起；腹部分 6 节，前 5 节具边缘光滑侧甲和 5 对单枝型腹肢，第 6 节无明显侧甲，具单枝型尾肢。

雄性头椭圆形，与胸部分节明显，具黑色眼睛，触角分别为 3 节、4 节末端具毛。胸部分节明显，7 节几乎等宽，7 对胸肢外形基本一致。腹部愈合为 1 节，且腹面光滑无任何腹肢遗迹，在腹部的末端肛突明显可见，为 1 尖突起。

美丽玉蟹鳃虱 *Apocepon pulcher* Nierstrasz & Brender a Brandis（图 2-224）

雌性头与胸部分节明显，头前缘二裂，额板短，无眼点，触角分别为 3 节和 5 节，末端多毛。头后腹突具 2 对镰刀形突起，额足具略弯曲，不分节，尖且多毛的触须，角突钝。胸部底节板无，最宽为第 3 胸节，前 4 胸节具圆形的背前侧突，2～4 节背后侧突发达，无背中突，育卵板没有完全包被育卵囊，第 1 育卵板内脊具突起，后侧角钝圆，胸肢基本一致。腹部圆柱形，前 5 节具长而边缘突起的侧甲和双枝型腹肢，外肢长而边缘具指状突起，内肢退化，具单枝型尾肢。

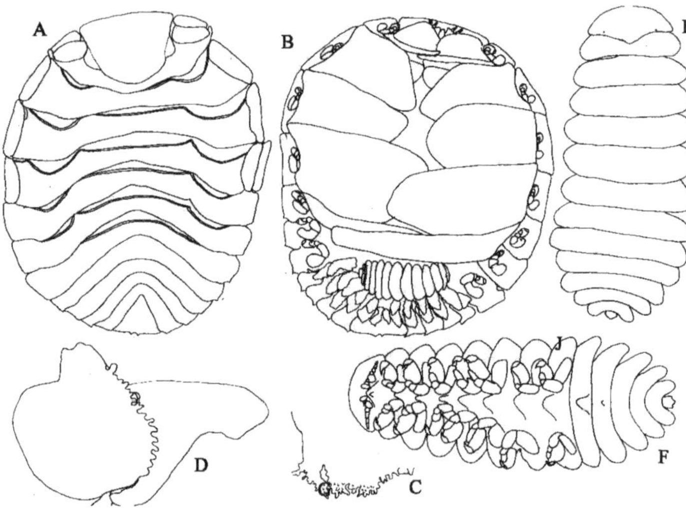

图 2-222　卵圆扁蝼蛄虾鳃虱。雌性特征（A～D）：A. 雌性背面；B. 雌性腹面；C. 头后腹突；D. 第 1 育卵板的内表面。雄性特征（E～F）：E. 雄性背面；F. 雄性腹面

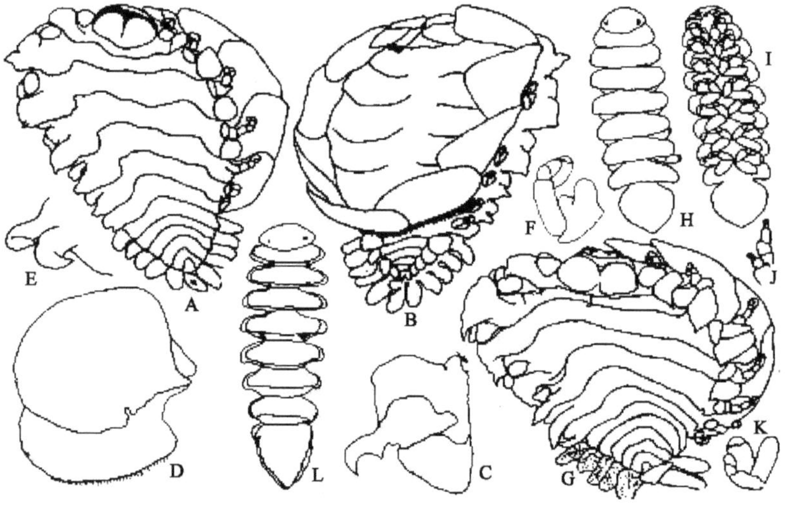

图 2-223　普吉特褐虾鳃虱 。雌性特征（A～G）：A. 雌性背面；B. 雌性腹面；C. 颚足；D. 第 1 育卵板内表面；E. 头后腹突；F. 第 1 胸肢；G. 1 个特殊的雌性个体背面。雄性特征（H～L）：H. 雄性背面；I. 雄性腹面；J. 雄性触角；K. 雄性第 1 胸肢；L. 1 个特殊的雄性个体背面

雄性头近圆形，无眼点，身体分节明显，无愈合，胸肢基本相同。腹肢退化，呈尖的小球形位于发达的腹部侧边扩展面上。无尾肢，第 6 腹节明显倒“V”字形。

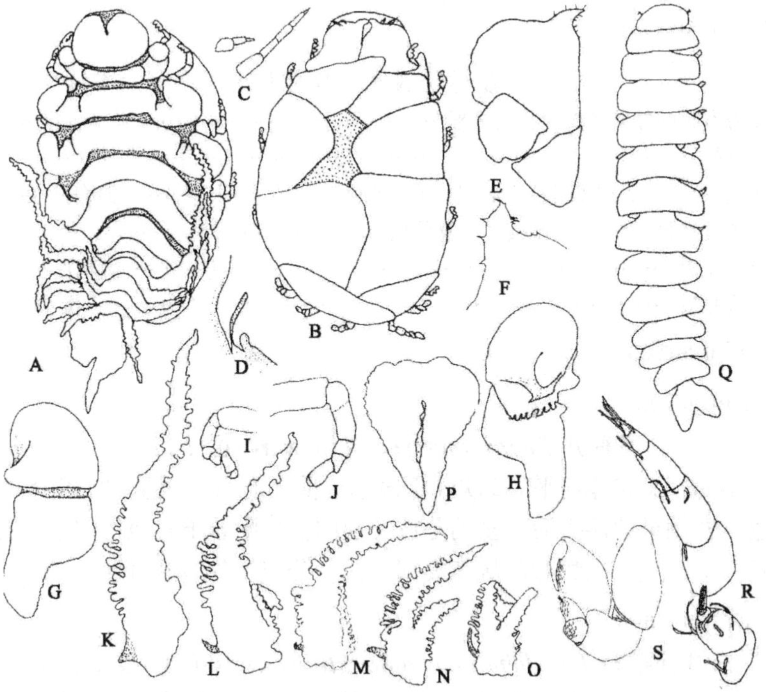

图 2-224　美丽玉蟹鳃虱。雌性特征（A～P）：A. 雌性背面；B. 雌性腹面；C. 触角；D. 头后腹突；E. 颚足；F. 颚足触须放大观；G. 第 1 育卵板的外表面；H. 第 1 育卵板的内表面；I. 第 1 胸肢；J. 第 7 胸肢。K～O，第 1～5 腹肢；P. 尾肢。雄性特征（Q～S）：Q. 雄性背面；R. 触角；S. 第 1 胸肢

涟虫目 Cumacea

亚洲异针涟虫 *Dimorphostylis asiatica* Zimmer（图 2-225）

体型很小，体长只有 5mm 左右。头胸甲宽而圆，前端左右各突出一叶，共同形成尖锐的假额角。眼叶发达，触角缺刻及额角下角不明显。头胸甲上有 4 条皱褶，腹部很细，尾节后部很窄。常潜伏于潮间带泥沙中，胶州湾有分布。

萨氏异涟虫 *Heterocuma sarsi* Miers（图 2-226）

大型种，体圆筒状，体长 19～22mm。头胸甲光滑，长度近体长的 1/4，宽稍大于高，稍大于长的一半。额部前端不形成明显假额角，触角缺刻深，额角下角钝。头胸甲背面具一发达的中央脊，脊后半部分叉。眼叶长度远大于宽度，其前端几乎达头胸甲前缘，眼具黑色素。胸部 5 节，稍长于头胸甲。腹肢 5 对。常潜伏于潮间带泥沙中，胶州湾有分布。

蔓足亚纲 Cirripedia

蔓足亚纲分目检索表

1 身体分为室状的外囊和树根状的吸根………………………………… 根头目 Rhizocephala
1 无上述特征 ……………………………………………………………………………… 2
2 雌性胸肢 3～5 对，在体后端不形成蔓足，雄性缺……………………… 尖胸目 Acrothoracica
2 雌、雄皆具胸肢 3～6 对，胸肢不在身体后端 ……………………………………………… 3
3 无石灰质壳板 ………………………………………………………… 囊胸目 Ascothoracica
3 有石灰质壳板 ……………………………………………………………… 围胸目 Thoracica

围胸目 Thoracica

茗荷科 Lepadidae

茗荷儿 *Lepas anatifera* Linnaeus（图 2-227）

长约 1cm。头状体扁平，5 块壳板发达，前侧左右壳板呈尖三角形，壳板光滑灰白色。营倒悬漂浮生活，多用分枝突起的柄部附着于其他物体上，在三疣梭子蟹的腹部上寄生，采集时可从其腹部寻找。分布于各地沿海。

藤壶科 Balanidae

白脊管藤壶 *Fistulobalanus albicostatus*（Pilsbry）（图 2-228）

壳呈圆锥形或圆筒形。长径 18mm ，高 12mm 。壳板具有许多粗细不等的白色纵肋，靠近基部者特别明显，肋间呈暗紫色。壳表面常被藻类侵蚀，因此纵肋有时模糊不清，肋间紫色也不明显，而全呈灰白色。壳口略呈五角星形或菱形。壳壁内部具有与纵肋相对应的纵隔和管道。幅部稍宽，表面具平行横纹。楯板表面有显著的生长线，中央部稍微低陷而呈暗紫色；内面常有放射状断续脊突；关节脊长而宽，其长度为背缘一半；闭壳肌窝靠近开闭缘的中下部，闭壳肌脊突出而短，侧压肌窝小而深。背板三角形；峰缘短而略曲；底缘斜；与楯板一样，在内面具有放射状断续脊突；关节脊明显；距粗短，末端斜钝；侧压肌脊发达，4～7 条；在距基与基峰角间的底缘多凹凸不平。栖息于潮间带，常附着在岩石、贝壳、码头、浮木、船底上。

纹藤壶 *Balanus amphitrite* Darwin（图 2-229）

壳圆锥形，壳表面光滑，呈白色或灰紫色，有灰褐色纵条纹，无横纹。侧板条纹多 2 束，每束 2～5 条，板中央和边缘常形成较宽的白色纵带。壳口大稍成五角形，边缘呈锯齿形。群聚固着生活在沿岸潮间带、潮下带岩礁上，拥挤时壳呈筒状。分布于我国各地海岸。

东方小藤壶 *Chthamalus challengeri* Hoek（图 2-230）

壳圆锥形，长径 12mm ，高 6mm 。壳表灰白色，受侵蚀则呈暗灰色；少数个体有明显不规则纵肋，但幼体或受侵蚀的个体则不明显。壳内面紫色，幅部很狭，缝合线因侵蚀常不明显。吻侧板不与吻板相愈合，先端非常细狭。壳底膜质。壳口大，略呈四边形。楯板横长三角形；关节脊发达，呈大的钝三角形突出；闭壳肌窝大而深，闭壳肌脊及侧压肌窝很明显。背板成楔形，上宽下窄；关节脊发达，关节沟宽；距与底缘不易区分；具发达的侧压肌脊。分布于北方沿海高潮线附近的岩石上。

图 2-225　亚洲异针涟虫

图 2-226　萨氏异涟虫

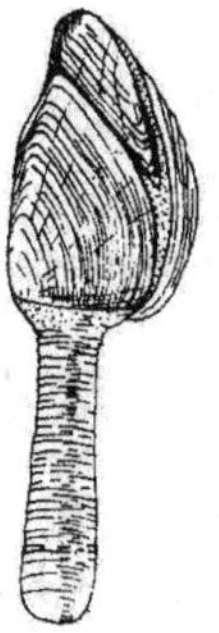

图 2-227　茗荷儿

图 2-228　白脊管藤壶

图 2-229　纹藤壶

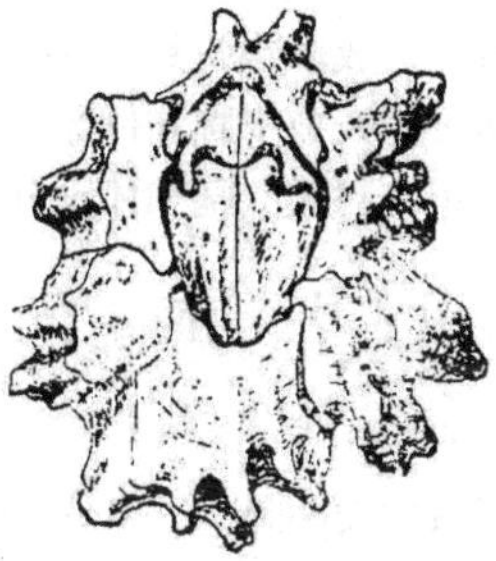

图 2-230　东方小藤壶

2.4.11　腕足动物门 Brachiopoda

2.4.11.1　无铰纲 Inarticulata

鸭嘴海豆芽 *Lingula anatica* Lamarck（图 2-231）

可分体部和细长的柄部两部分。躯体部有背、腹 2 枚形态相似的扁长方形贝壳，壳为绿色或褐绿色，壳表面较平滑，有光泽，生长线分布均匀。腹壳较背壳稍长，壳周外套膜上有许多刚毛，柄部圆筒状，外层为角质层，半透明，具有环形的横纹。生活于潮间带的泥沙滩，沙滩表面留有一裂缝状孔穴。分布于大连、烟台、青岛等地。

墨氏大海豆芽 *Lingula murphiana* Reeve（图 2-232）

与鸭嘴海豆芽相似，贝壳前端近方形，生长线明显，柄部白色。不同点是鸭嘴海豆芽贝壳带有绿色，墨氏海豆芽为淡红色。栖息、分布情况同上种。

2.4.11.2 有铰纲 Articulata

酸浆贝 *Terebratalia coreanica*（Adams et Reeves）（图 2-233）

体被 2 瓣石灰质贝壳，外形似蛤，但壳为背壳和腹壳，并非左右壳。壳椭圆形，腹壳大而色深。壳顶突起，先端有圆形壳顶孔。背壳小，色浅，内部有腕骨以支持腕。铰链部腹壳有 2 个铰链与背壳相连，无韧带。壳表面平滑，生长线细致，红色。有短柄。固着生活在低潮线下浅水区岩石上。冷水性种，分布于北方近海，黄海近岸常见。

2.4.12 棘皮动物门 Echinodermata

1 口朝上，具柄 ………………………………… 海百合纲 Crinoidea
1 口不朝上，不具柄 ………………………………… 2
2 体星形；步带和间步带分离，具腕；管足放射方向排列 ………………………………… 4
2 体呈球形或圆筒形；步带和间步带结合，不具腕；管足子午线方向排列 ……………… 3
3 骨骼形成坚固外壳 ………………………………… 海胆纲 Echinoidea
3 骨骼形成微小骨片 ………………………………… 海参纲 Holothurioidea
4 步带沟开放，腕和体盘分界不明显 ………………………………… 海星纲 Asteroidea
4 步带沟封闭，腕和体盘分界明显 ………………………………… 海蛇尾纲 Ophiuroidea

2.4.12.1 海星纲 Asteroidea

海星纲分科检索（赛道建）

1 缘板大而明显 ………………………………… 2
1 缘板小而不明显 ………………………………… 3
2 上缘板不发达，被小柱体所替代；体缘由下缘板构成；管足无吸盘 … 砂海星科 Luidiidae
2 上、下缘板大而发达，管足具吸盘 ………………………………… 角海星科 Goniasteridae
3 叉棘多而发达，有交叉叉棘 ………………………………… 海盘车科 Asteriidae
3 叉棘少而不发达，或无交叉叉棘 ………………………………… 4
4 口板大，步带沟宽，腕多于 5 个 ………………………………… 太阳海星科 Solasteridae
4 口板小，步带沟窄，腕 5 个 ………………………………… 5
5 骨板明显呈覆瓦状排列，具棘或成簇小棘 ………………………………… 海燕科 Asterinidae
5 骨板不明显呈覆瓦状，排列为纵行和横行，且稍呈网目状；棘发达 ………………………………… 棘海星科 Echinasteridae

常见海星纲棘皮动物

海盘车科 Asteriidae

罗氏海盘车 *Asterias rollestoni* Bell（图 2-234）

体形扁，体盘略宽，5 条腕呈五角形。腕末端变细翘起。反口面蓝紫色，棘、钳棘为浅黄色到黄褐色；口面为浅黄色或黄褐色。栖息在潮间带泥沙质或砂砾海底。分布于大连、烟台、青岛等地沿海。

海燕科 Asterinidae

海燕 *Asterina pectinifera* (Müller et Troschel) **(图 2-235)**

体呈五星形，5 条腕较海星短。生活时口面平坦，橘黄色；反口面隆起，蓝紫色，其间镶有红色斑纹。栖息于沿海岩石环境，生活在近低潮线以下浅海的沙底、碎贝壳和岩礁上。6～7 月为繁殖季节。分布于北方沿海。

太阳海星科 Solasteridae

陶氏太阳海星 *Solaster dawsoni* Verrill（图 2-236）

体盘大而圆，腕短而尖，腕数 10～15 条，多为 11 条，腕长达 20cm，体盘直径达 15cm。生活在沿海 25～40m 沙泥海底。分布于北方沿海。

砂海星科 Luidiidae

砂海星 *Luidia quinaria* von Martens（图 2-237）

体形较大，体盘较小，有 5 个较长的腕，腕长达 150mm，从腕基部至尖端渐渐细尖。口面白色；反口面黄褐色，中央 5 条黑褐色纵带。栖息在近海沙质海底。分布于渤海、黄海岩岸。

2.4.12.2　海胆纲 Echinoidea

海胆纲分科检索（赛道建）

1　肛门在顶系内 ······ 2
1　肛门在顶系外 ······ 4
2　齿器的齿具脊 ······ 疣海胆科 Phymosomatidae
2　齿器的齿不具脊 ······ 3
3　壳板缝合线具刻肋 ······ 刻肋海胆科 Temnopleuridae
3　壳板缝合线不具刻肋 ······ 球海胆科 Strongylocentrotidae
4　壳心形，口在前方 ······ 拉文海胆科 Loveniidae
4　壳非心形，口在中央 ······ 3
5　壳高，不扁平；瓣区不明显 ······ 豆海胆科 Fibulariidae
5　壳低，多扁平；瓣区明显 ······ 盘海胆科 Scutellidae

刻肋海胆科 Temnopleuridae

细雕刻肋海胆 *Temnopleurus toreumaticus* (Leske)（图 2-238）

形状从低半球形到高圆锥形。壳厚而坚固，直径 4～5mm ，黄褐或灰绿色。步带稍隆起，宽度为间步带的 2/3 。口面大棘长，弯曲；反口面大棘针状，短小而尖锐；步带部大棘最长，末端宽扁截形；大棘灰绿色、黑绿色或浅黄褐色。栖息沿海岩石环境，成群生活在潮间带到水深 45m 的沙泥海底。分布各地沿海。

球海胆科 Strongylocentrotidae

大连紫海胆 *Strgylocentrotus nudus*（A．Agassiz）（图 2-239）

又称光棘球海胆。壳半球形，直径为 60～100mm；褐色，壳反口面灰绿色，口面灰紫色。步带区较窄，管足孔 6～7 对排列成弧形；步带板上有 1 个大疣、2～4个中疣和许多小疣。大棘粗壮，长 25～32mm，上端截形，围口部边缘内陷。三叉状叉棘有 3 个瓣。一种细长，3 个瓣全部相邻；另一种粗短，3 个瓣仅上部相接，各瓣下部具细齿。栖息在潮间带以下有较多海藻的岩礁海底。分布于辽宁和山东北部沿海。

马粪海胆 *Hemicentrotus pulcherrimus*（A. Agassiz）（图 2-240）

壳低半球形，坚固呈暗绿色或灰绿色，最大直径可达 6cm，高 3cm。棘短而尖，有 5～6mm 长，颜色变化大，多为暗绿色，间带紫色、灰色、赤褐色或灰白色、白色。栖息在潮间带到水深 4m 的砂砾海底和海藻繁茂的岩礁间，常藏在石下或石缝内，以藻类为食。繁殖季节在 3～4 月。卵可食用。分布于我国沿海。

图 2-231　鸭嘴海豆芽

图 2-232　墨氏海豆芽

图 2-233　酸浆贝

图 2-234　罗氏海盘车

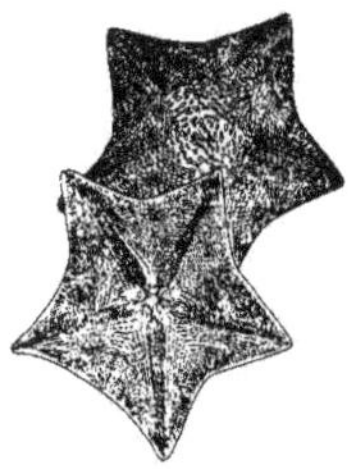

图 2-235　海燕

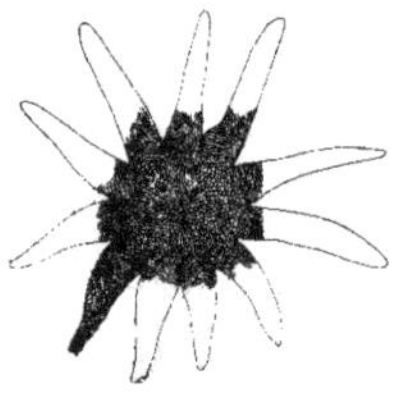

图 2-236　陶氏太阳海星

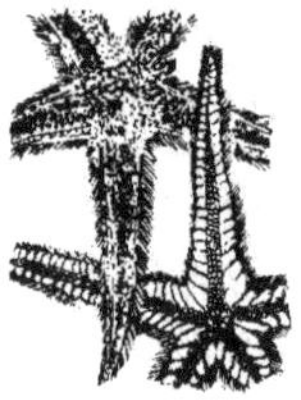

图 2-237　砂海星

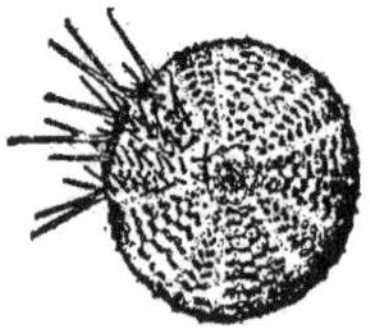

图 2-238　细雕刻肋海胆

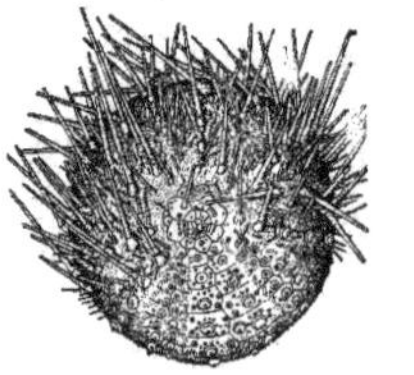

图 2-239　大连紫海胆

图 2-240　马粪海胆

拉文海胆科 Loveniidae

心形海胆 *Echinocardium cordatum*（Pennant）（图 2-241）

壳为不规则心脏形，薄而脆，后端为截形。壳长 3～5cm ，前部 1/3 处最宽。反口面棘很细，内带线范围内的大棘较强大，弯曲构成特殊的棘丛。棘为鲜明的浅黄色。栖息在潮间带到水深 200m 的沙质海底，潜伏在 10～20cm 的沙中。前步足带的管足可从孔道伸出到沙面。分布于我国华北沿海，烟台、威海等地常见。

2.4.12.3　海蛇尾纲 Ophiuroidea

海蛇尾纲棘皮动物分科检索（赛道建）

1　腕分枝多次，具钩刺形成的环状结构 ………………………… 筐蛇尾科 Gorgonocephalidae
1　腕不分枝，不具钩刺形成的环状结构 ……………………………………………… 2
2　具腕栉，口棘多 ………………………………………………… 真蛇尾科 Ophiuridae
2　无腕栉，口棘少 ……………………………………………………………………… 3
3　具齿棘，无口棘 ……………………………………………… 刺蛇尾科 Ophiotrichidae
3　无齿棘，具口棘 ……………………………………………………………………… 4
4　齿下口棘 1 个 ………………………………………………… 辐蛇尾科 Ophiactidae
4　齿下口棘 2 个 ………………………………………………… 阳遂足科 Amphiuridae

刺蛇尾科 Ophiotrichidae

马氏刺蛇尾 *Ophiothrix marenzelleri* Köehler（图 2-242）

体盘呈叶状，腕细长弯曲，末端尖细，背面密生短粗的圆柱状小刺，各小刺上端有 3～4 个或更多的玻璃样细刺。生活时体色变化很大，有绿、蓝、褐、紫等色，并杂有黑色和白色，腕上多有深浅不同的斑纹。常生活于岩石下，海藻间以及石缝内。

金氏真蛇尾 *Ophiura kinbergi*（Ljungman）（图 2-243）

体盘直径 3～12mm ，腕长 12～40mm 。体盘圆而扁，反口面覆有大小不同的圆鳞片。口棘 3～4 个，连续。齿 4～5 个，上下排成一行。背腕板发达，长方形，腹腕板小，三角形。侧腕板大而少突出。生活时背面为黄褐色，杂有黑色斑纹，腹面为白色。栖息于沿岸沙底，水温较高、盐度较低的水域里，水深从 3m 到 70m ，潮间带沙滩上有时也能采到。

2.4.12.4　海参纲 Holothurioidea

海参纲棘皮动物分科检索（赛道建）

1　具管足和疣足 ……………………………………………………………………… 2
1　不具管足和疣足 …………………………………………………………………… 5

2 触手楯形，疣足发达，形成肉刺 …………………………………… 刺参科 Stichopodidae
2 触手枝形，疣足不发达，无肉刺 ………………………………………………………………… 3
3 石灰环简单，缺乏后延部 ……………………………………………… 瓜参科 Cucumariidae
3 石灰环复杂，有后延部 ……………………………………………………………………………… 4
4 后延部复杂，由许多镶嵌小板构成 ………………………………… 沙鸡子科 Phyllophoridae
4 后延部简单，不由镶嵌小板构成 …………………………………… 硬指参科 Scleredactylidae
5 体蠕虫状，无尾部，骨片为锚状体 ……………………………………… 锚参科 Synaptidae
5 体短钝，具尾部，骨片非锚状 ……………………………………………………………………… 6
6 触手有 1 个端指和 1～3 对侧指，骨片为不规则桌形体、纺锤形体等 ……………………… ………………………………………………………………………………… 芋参科 Molpadiidae
6 触手无端指，仅有 1～2 对侧指，骨片为皿状体或圈状 ……………………… 尾参科 Caudinidae

常见海参纲棘皮动物

刺参科 Stichopodidae

刺参 *Stichopus japonicus* (Selenka)（图 2-244）

体长 200～400mm 。体背黄褐色，具 4～6 行肉刺。腹面平坦，管足排列成 3 纵带。围口触手 20 条，末端膨大成总状。生活在水温较低的岩石环境、海藻繁茂和大叶藻丛生的泥沙海底。5 月底至 7 月初为产卵季节，产卵后钻到石下或石缝中“夏眠”，9 月末 10 月初出来活动和摄食。刺参是著名养殖食用参。分布于辽宁、河北、山东沿海。

锚参科 Synaptidae

钮细锚参 *Leptosynapta ooplax* (V. Marenzeller)（图 2-245）

体圆筒状，灰白色或稍具肉色，长约 90mm ，直径约 5mm ，有小棘，口周围有小触手。皮肤内骨片主要在显微镜下才能观察到锚及锚板。栖息于泥沙滩、砾石或碎石环境的海底泥沙中。分布于华北沿海和福建等地。

尾参科 Caudinidae

海老鼠 *Paracaudina chilensis chilensis* (J. Müller)（图 2-246）

又称海棒槌。体长棒槌形，有细长尾部；淡红色，体壁透明，可窥见 5 列纵肌带。无管足。肛门周围有 5 组小疣。口周围 15 个触手末端有 4 个指状小枝。穴居生活在潮间带的泥沙滩中，穴深 20～50 cm ，身体斜卧，尾端穴周围有泥沙粪便，口端泥沙内陷。将手迅速从凹陷处插入握到虫体，可采到完整标本。北方沿海分布普遍。

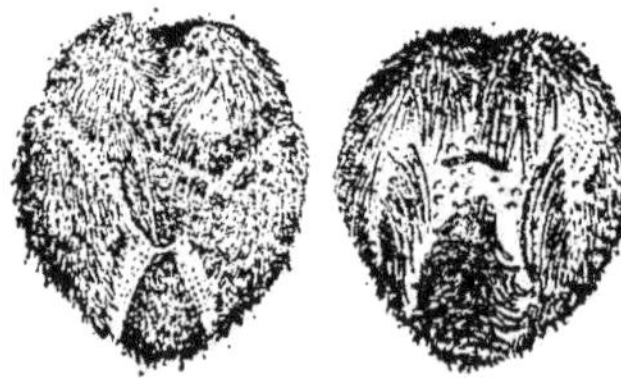

图 2-241 心形海胆

图 2-242 马氏刺蛇尾

图 2-243 金氏真蛇尾

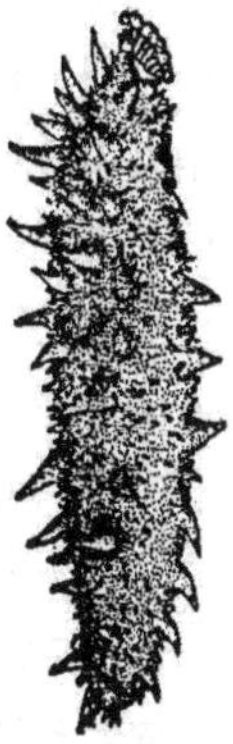

图 2-244　刺参

图 2-245　钮细锚参

图 2-246　海老鼠

2.4.13　半索动物门 Hemichordata

肠鳃纲 Enteropneusta

三崎柱头虫 *Balanoglossus misakiensis* Kuwano（图 2-247）

身体由吻、领和躯干 3 部分组成。体蠕虫状，长为 30～40mm ，但短的只有 20mm ，长的可达 2.5m 。穴居生活于中潮带到浅海的细泥沙滩中，借吻的伸缩在海底泥沙中挖穴和蠕动，以浮游生物和泥沙中沉着的有机物质为食物。分布于黄海、东海岩岸。

黄岛长吻虫 *Saccoglossus hwangtauensis*（Tchang et koo）（图 2-248）

体蠕虫状，由吻、领和躯干 3 部分组成。吻部背腹侧扁，呈扁圆锥形，背腹两中线上各具一条纵沟。吻长为 15.6mm，宽 5.6mm。领部表面光滑，中部有一条浅而宽的沟线，后侧则有一非常清晰的深沟。吻长为领长的 3～9 倍。躯干部具鳃和生殖翼。生活时为浅橘黄色，肝盲囊褐绿色，分布于黄岛西北部。

2.4.14　尾索动物亚门 Urochordata

尾索动物分纲、科检索（赛道建）

1　成体底栖固着 ……………………………… 3.1 海鞘纲 Ascidiacea
1　成体浮游生活 ……………………………… 2
2　形如蝌蚪，脊索、神经管存在，海洋中自由生活 ……………… 尾海鞘纲 Appendiculariae
2　体樽形，被囊上有环状肌肉带 ……………………………… 海樽纲 Thaliaca
3.1　生殖腺位于肠环间 ………… 4.1　内性海鞘目 Enterogona（扁鳃亚目 Phlebobranchiata）
3.1　生殖腺位于体侧肌肉层内 ………………………………
……………………………… 5.1　侧性海鞘目 Pleurogona（刚鳃亚目 Stolidobranchiata）

4.1 消化器官位于鳃囊后部 ……………………………… 玻璃海鞘科 Cionidae
4.1 消化器官不位于鳃囊后部 ……………………………………………… 4.2
4.2 消化器官位于鳃囊左侧 ……………………………… 科里海鞘科 Corellidae
4.2 消化器官位于鳃囊右侧，鳃内纵走血管存在 …………………… 海鞘科 Ascidiidae
5.1 群体，鳃囊无褶 ……………………………………… 菊海鞘科 Botryllidae
5.1 群体或单体，鳃囊有褶 ……………………………………………… 5.2
5.2 鳃囊具褶 4 个，触指指状 ……………………………… 柄海鞘科 Styelidae
5.2 鳃囊褶多于 5 个，触指树枝状 ……………………………………… 5.3
5.3 鳃孔平直 …………………………………………… 脓海鞘科 Pyuridae
5.3 鳃孔螺旋状 ………………………………………… 皮海鞘科 Molguidae

常见尾索动物

海鞘纲 Ascidiacea

柄海鞘科 Styelidae

柄海鞘 *Styela clava* Herdman（图 2-249）

体似球棒形，长 40～45mm，宽 12～20mm。身体顶端具有入水、出水两个孔。被囊薄但具强韧性。体上半部有不规则瘤状隆起，下半部逐渐细成一个长柄。黄褐色微带绿色。柄基部固着在岩石、海藻、贝壳等动物上，以人工养殖海带、扇贝的绳索、笼网上最多。分布于山东省各地沿海。

玻璃海鞘科 Cionidae

玻璃海鞘 *Ciona intestinalis* Linnaeus（图 2-250）

体略成长柱形，长 50～70mm，宽 15～25mm。体外具柔软光滑而富有弹性的透明胶质背囊，故名玻璃海鞘。顶端 2 孔高者为入水孔，低者为排水孔；前者边缘有 8 个裂瓣，后者 6 个，裂瓣间皆有一红色眼点。空口周围有括约肌控制口孔的开关。2 孔张开好像美丽的花朵。生活时，口孔深黄色，体微黄色，幼体多为白色。固着生活在各地较深海水中，在养殖绳索、笼网及海带跟上尤多，也是采集玻璃海鞘的好场所。分布于青岛、香港等地沿海。

菊海鞘科 Botryllidae

紫拟菊海鞘 *Botrylloides violaceum* Dka（图 2-251）

群体海鞘，以出芽生殖方式形成一个扁平肉质群体。一对对个体埋在共同的背囊中组成弯弯曲曲不规则的花纹。个体结构大体上与单体海鞘相似，每一个体具有一个单独入水孔，一个或数个共同的排泄孔。生活时有橙黄色、暗紫色、黄褐色等颜色。固着于沿海的岩石或其他物体上，如养殖笼网等。分布于大连、烟台、青岛等地。

2.4.15　头索动物亚门 Cephochordata

具脊索，位于身体背面，贯穿身体全长；神经管状，位于脊索背面，无脑分化。咽两侧壁具鳃裂多对，表皮细胞单层。口位于身体前端腹面，肛门位于身体后端腹面尾鳍的左侧。无心脏，血液无色。肌节呈横“V”字形排列。体半透明，两侧尖，侧扁，鱼形，海生，自由游泳或底栖。

青岛文昌鱼 *Branchiopstoma belcheri tsing tauensis* Tchang et Koo（图 2-252）

体长约 55mm。身体侧扁，两端尖。分头、躯干部和尾部。头部不明显，腹面有一漏斗状凹陷，为口前庭，其周围有口须 33～59 条。身体背中线有一背鳍，腹面自口向后有两条平行且成对的腹褶，腹褶延伸到腹孔前汇合，末端为尾鳍。在胶州湾口、沙子口、北戴河等地，生活于近海带有碎贝壳的细沙海底。

图 2-247　三崎柱头虫

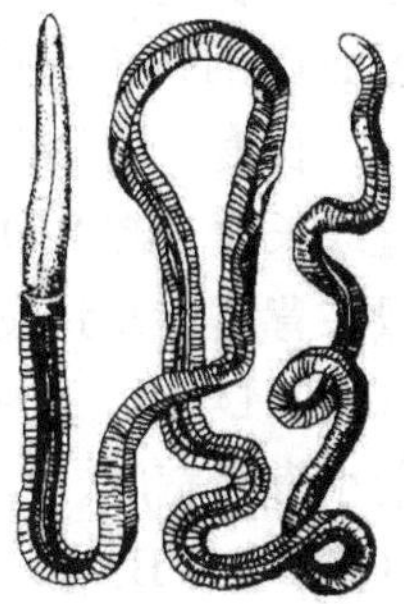

图 2-248　黄岛长吻虫

图 2-249　柄海鞘

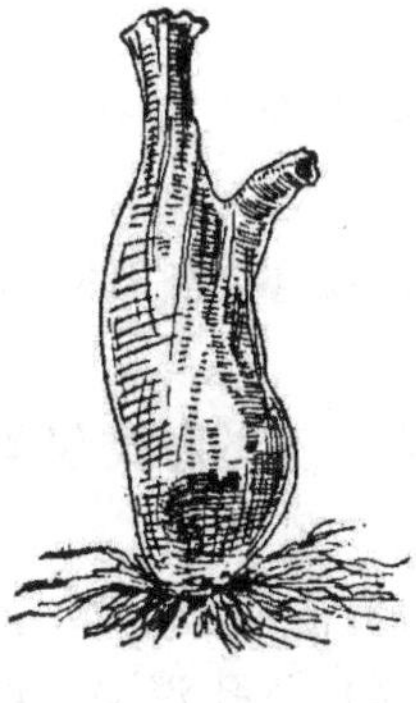

图 2-250　玻璃海鞘

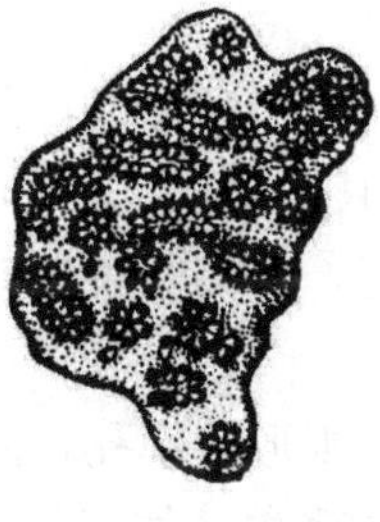

图 2-251　紫拟菊海鞘

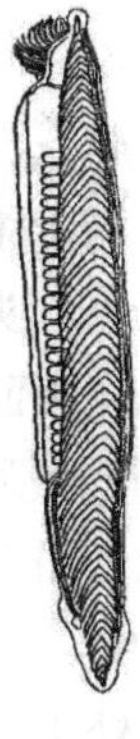

图 2-252　青岛文昌鱼

2.5 海滨常见脊椎动物

2.5.1 近海鱼类

2.5.1.1 鱼类分类常用术语

鱼类种类繁多，生活环境不同，形态上变异很大，典型的外形特征，不可能一一概括。现仅以软骨鱼的鲨和鳐，硬骨鱼鲈为代表，分别绘图说明如下。

软骨鱼类

头部：软骨鱼类由上颌前端至最后鳃孔，其长度为头长［图 2-D：A～D；图 2-E（b）：A～G］。

躯干部：从最后鳃孔至泄殖腔的长度［图 2-D：D～E；图 2-E（b）：G～I］。

尾部：泄殖腔至尾末端［图 2-D：E～H；图 2-E（b）：A～J］。

全长：由吻端至尾末端的直线长度［图 2-D：A～H；图 2-E（a）：A～E］。

体长：吻端至最后椎骨的直线长度［图 2-D：A～G；图 2-E（b）：A～J］。

体高：从背缘最高点（一般在背鳍前）到腹缘的垂直距离（图 2-D：23）。

眼径：眼前后缘间的距离（图 2-D、B：B～C）。

眼间距：两眼眶上缘间的最小直线宽度。

吻长：眼前线至吻端长度（图 2-D、B：A～B）。

眼后头长：从眼后缘至最末鳃孔长（图 2-D：C～D）。

口：鲨类的口横裂，呈弓形，一般皆在头的腹面（须鲨科和扁鲨科在头前端）。

唇褶：口角的裂缝沟状，种类不同，或有或无。

鼻孔：一对，在头的腹面（图 2-D：29；图 2-E：14）。

前鼻瓣：在鼻孔前的瓣膜状构造（图 2-D：28），有的种类鼻孔与鼻口沟（图 2-E：15）相通连。

外鳃孔：头侧的裂缝状开口（图 2-D：4；图 2-E：17）。鲨类在体侧，5～7对；鳐类在腹面，均分别开口于体外。

瞬膜：在眼睑下缘的皮褶，即第三眼睑（图 2-D：27）。有的种类仅留痕迹，称为瞬褶（图 2-D：26）。

喷水孔：眼后的一对不规则形状小孔，内通口咽腔。有的鲨类（如星鲨）此孔甚小，处于退化状态；有的鲨类（如真鲨属、斜齿鲨属）此孔消失（图 2-D：3；图 2-E：2）。

泄殖腔：在躯干腹面，两腹鳍之间，雌雄泌尿和生殖孔开口于腔内（图 2-D：31）。

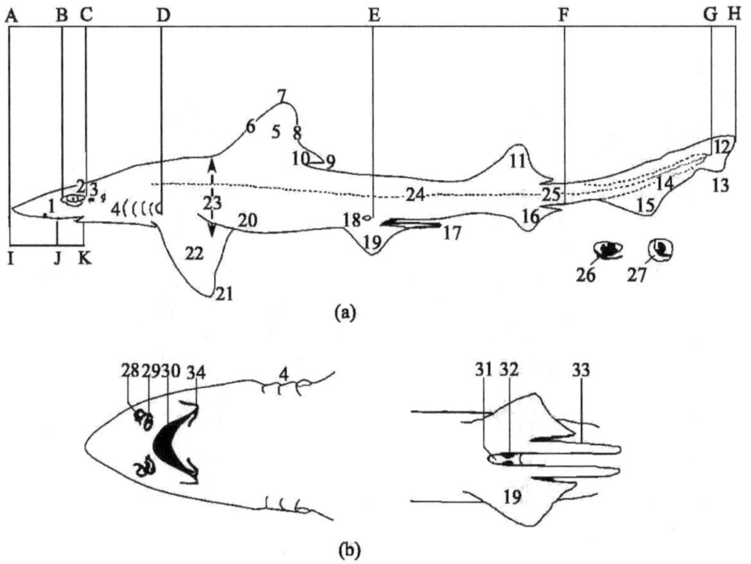

图 2-D　鲨鱼的外形侧视和腹视图

(a) 鲨鱼的外形，侧视；(b) 鲨鱼的外形，腹视

A～H. 全长；A～G. 体长；A～B. 吻长；B～C. 眼径；A～D. 头长；D～E. 躯干长；C～D. 眼后头长；E～H. 尾长；F～H. 尾鳍长；J～K. 口长；I～J. 口前吻长

1. 鼻孔 2. 眼 3. 喷水孔 4. 鳃孔 5. 第一背鳍 6. 背鳍前缘 7. 背鳍上角 8. 背鳍后缘 9. 背鳍下角 10. 背鳍下缘 11. 第二背鳍 12. 尾鳍上叶 13. 尾鳍下叶后部 14. 尾鳍下叶中部 15. 尾鳍下叶前部 16. 臀鳍 17. 鳍脚 18. 泄殖腔 19. 腹鳍 20. 胸鳍里角 21. 胸鳍外角 22. 胸鳍 23. 体高 24. 侧线 25. 尾柄 26. 瞬褶 27. 瞬膜 28. 前鼻瓣 29. 鼻孔 30. 口 31. 泄殖腔 32. 腹孔 33. 鳍脚 34. 唇褶

背鳍：鲨类和鳐类通常 2 个，六鳃鲨科和皱鳃鲨科则为一个，魟类背鳍消失。虎鲨科和角鲨科背鳍前方各有一硬棘。背鳍前后各缘的形状及长度，常作为分类特征之一。

臀鳍：位于腹面肛门之后，但锯鲨科和扁鲨科臀鳍消失，下孔总目（鳐类、鲼类）没有臀鳍。

胸鳍：躯干前方的一对鳍。鲨类正常，鳐类胸鳍扩大，其前缘与吻部相愈合，与头、躯干三者构成扁平的体盘。

体盘长：由吻端到胸鳍后角的长度（图 2-E（a）：A～D）。

体盘宽：体盘的最宽处（图 2-E：5）。

鳍脚：在雄性腹鳍的内侧（图 2-D：33；图 2-E：11），为部分鳍条演变而成，是雄性的交配器。

腹鳍前瓣：鳐类腹鳍分裂呈瓣状，外前缘称为腹鳍前瓣（图 2-E：9），后缘称腹鳍后瓣（图 2-E：10）。

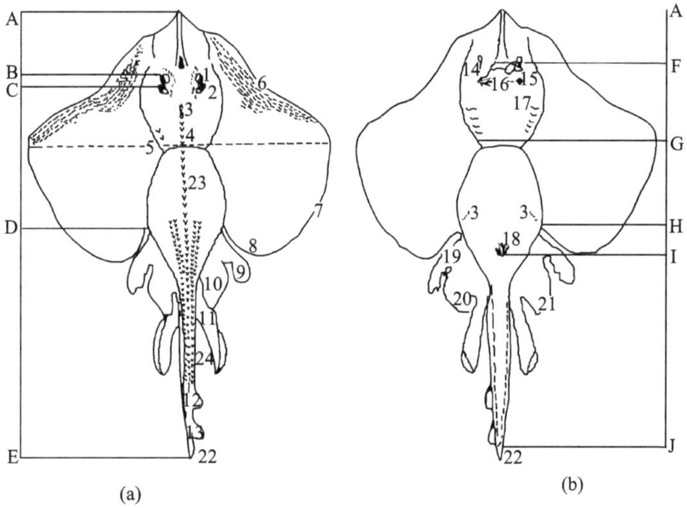

图 2-E 鳐的外形背视、腹视图

（a）鳐的外形，背视；（b）鳐的外形，腹视

A～E. 全长；A～J. 体长；A～G. 头长；G～I. 躯干长；I～J. 尾长；A～B. 吻长；A～F. 口前吻长；B～C. 眼径；A～D. 体盘长

1. 眼 2. 喷水孔 3. 黏液孔 4. 头侧小刺 5. 体盘宽 6. 胸鳍前缘 7. 胸鳍后缘 8. 胸鳍内缘 9. 腹鳍前瓣 10. 腹鳍后瓣 11. 鳍脚 12. 第一背鳍 13. 第二背鳍 14. 鼻孔 15. 鼻口沟 16. 口宽 17. 鳃孔 18. 泄殖腔 19. 腹鳍前缘 20. 腹鳍内缘 21. 腹鳍后缘 22. 尾鳍 23. 椎上结刺 24. 尾上结刺

歪尾：鲨类尾鳍上叶长于下叶，尾椎末端伸入上叶内，称为歪尾。

硬骨鱼类

口端位：硬骨鱼类的口依上、下颌长短而有不同，上、下颌等长，口开于头的前方，叫端位（或前位）。

口上位：下颌长于上颌，口开于头的背面。

口亚上位：下颌稍突出，口稍向头背面裂开。

口下位：上颌长于下颌，口开于头的腹面，叫下位，变称腹位。

口亚下位：上颌稍突出，口稍向腹面裂开。

角质线：有些鱼类上下颌边缘表皮角质化，形成坚硬锋利的边缘。

口吸盘：下唇向颏部扩张形成一圆形或扇形的盘状，称为吸盘。其中央常有肉质垫，边缘薄而游离，上有乳突，如鲤科的墨头鱼属。

乳突：着生于上唇或下唇的肉质突起。

脂眼睑：硬骨鱼的一些种类眼常多少为皮膜所覆盖，有的为发达的脂膜所盖

(如鲻属)，称为脂眼睑。

颏部：在下颌缝合的后方，即左右齿骨向正中的联合处，亦称颐部。

颊孔：一些鱼类下颌颏部的小孔。为侧线管通入齿骨、关节骨的分支向外的开口。石首鱼科鱼类比较发达。

峡部：颏部之后，头腹面在两侧鳃盖膜之间的部分。一些种类左右鳃盖与峡部相连，另一些不相连。

喉部：鱼体腹面在两侧鳃盖骨之间的部分（图 2-F：23)。

颊部：在眼的后下方至鳃盖骨之前的部分（图 2-F：6)。

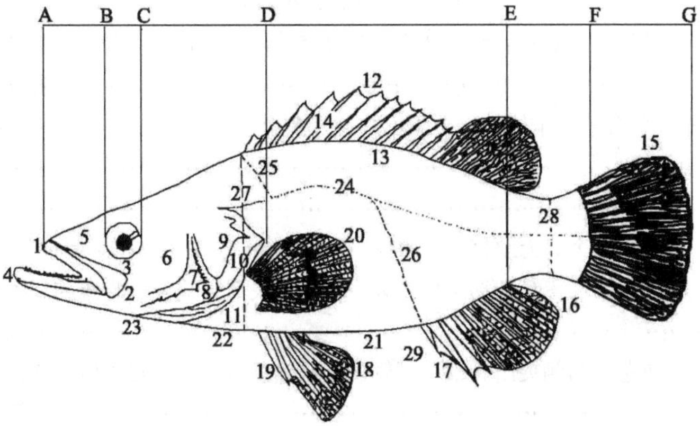

图 2-F　鳜的外形，侧视

A～G. 全长；A～F. 体长；A～D. 头长；A～B. 吻长；B～C. 眼长；C～D. 眼后头长；E～F. 尾柄长；F～G. 尾鳍长

1. 前颌骨 2. 上颌骨 3. 辅上颌骨 4. 下颌 5. 鼻孔 6. 颊部 7. 前鳃盖骨 8. 间鳃盖骨 9. 鳃盖骨 10. 下鳃盖骨 11. 鳃盖条 12. 背鳍 13. 背鳍条 14. 背鳍棘 15. 尾鳍 16. 臀鳍 17. 臀鳍棘 18. 腹鳍 19. 腹鳍棘 20. 胸鳍 21. 腹部 22. 胸部 23. 喉部 24. 侧线鳞 25. 侧线上鳞 26. 侧线下鳞 27. 体高 28. 尾柄高 29. 肛门

鼻须：生于鼻孔边缘的触须（如鲶科)。

吻须：着生于吻部的触须。

颌须（口角须)：着生于上颌两口角的触须（如鳅科)。

颏须：颏部的触须，称颏须。

圆鳞：一些有鳞鱼类，其鳞片后区露出部边缘光滑，叫做圆鳞。

栉鳞：有的鳞后部边缘呈锯齿状，叫做栉鳞。但有的鱼体光滑无鳞（如鲇)；有的鱼鳞变形成为刺状，有的变成骨板，被覆体外。

侧线鳞：从鳃孔后方到尾基部的一纵行鳞片，其上有孔或短管。

侧线上鳞：从背鳍前外侧向后下方斜数到侧线上的一横行鳞片（图 2-F：25)。

侧线下鳞：从臀鳍或腹鳍前端起点向前上数至侧线下的一横行鳞片（图2-F：26）。

尾鳍长：由最后椎骨（即尾鳍基底）到尾鳍末端的直线长度（图D：F～G）。

尾柄长：由臀鳍基底后端至尾鳍基底（即最后脊椎骨）的部分叫尾柄，其直线长度为尾柄长（图2-F：E～F）。

尾柄高：尾柄的最低高度（图2-F：28）。

2.5.1.2　山东沿海习见鱼类检索表

A　习见软骨鱼类分科检索表

1　膜质鳃盖，后缘具一总鳃孔；背鳍2个，第2背鳍前有一强大硬棘；吻圆锥形，侧线下方有一黑色纵带 ………………………………………………………… 银鲛科 Chimaeridae

1　鳃孔5～7对，各自开口于体外；上颌不与颅骨愈合 ……………………………… 2

2　体形梭形 ……………………………………………………………………………… 3

2　体形盘形 ……………………………………………………………………………… 5

3　眼有瞬膜；背鳍有2个，无硬棘；有臀鳍 …………………………………………… 4

3　眼无瞬膜；第1和第2背鳍各具1根硬棘，臀鳍消失；眼侧位；胸鳍前缘不伸越最后鳃孔 ……………………………………………………………………… 角鲨科 Squalidae

4　头颅的额骨不向左右两侧突出；第1背鳍位于腹鳍前方，在胸鳍和腹鳍之前 …………… ……………………………………………………………………… 皱唇鲨科 Triakidae

4　头颅的额骨向左右两侧突出，眼位于两端 ……………………… 双髻鲨科 Sphyrnidae

5　腹鳍正常，前部不分化为足趾状构造，体盘团扇形；胸鳍前延达吻端 ……………… ………………………………………………………………… 团扇鳐科 Platyrhinidae

5　腹鳍前部分化为足趾状构造，体盘亚圆形或近斜方形；尾平扁，具侧褶；背鳍2个，位于尾的后半部，牙细小而多，铺石状排 …………………………………………… 鳐科 Rajidae

B　习见硬骨鱼类分科检索表

1　有鳔时具鳔管；各鳍无真正鳍棘 ……………………………………………………… 2

1　有鳔时无鳔管 ………………………………………………………………………… 7

2　脊柱前端4节椎骨形成韦伯氏器；体无鳞或被骨板；上、下颌有齿；背鳍2个，具硬刺，第2背鳍脂鳍；须3对，无鼻须 ………………………………………… 海鲇科 Ariidae

2　脊柱前端4节正常 …………………………………………………………………… 3

3　体呈鳗形；无腹鳍 …………………………………………………………………… 4

3　体不呈鳗形；有腹鳍 ………………………………………………………………… 5

4　体被小鳞，鳞片呈席纹排列，埋于皮下 ……………………………… 鳗鲡科 Anguillidae

4　体裸露无鳞，口后方伸越眼后 ………………………………… 海鳗科 Muraenesocidae

5　有脂鳍；侧线存在；口上缘由上颌骨组成；腹鳍亚胸位或腹位，具6～13根鳍条 ……… ……………………………………………………………… 龙头鱼科 Harpodontidae

5　无脂鳍；无侧线，体被圆鳞 ………………………………………………………… 6

6　口端位，口裂达于眼的前方或下方 ………………………………………… 鲱科 Clupeidae

6　口下位，口裂达于眼后缘的后方 …………………………………………… 鳀科 Engraulidae

7　背鳍无鳍棘……………………………………………………………………………… 8

7　背鳍具鳍棘……………………………………………………………………………… 9

8　腹鳍腹位；背鳍 1 个，胸鳍高位，特别长大 ………………………… 飞鱼科 Exocoetidae

8　腹鳍胸位或喉位；背鳍 1～3 个；犁骨具牙；颏部具须 1 条 ………………… 鳕科 Gadidae

9　鳃孔位于胸鳍基底后方，胸鳍基呈柄状；头平扁，头的周缘上具发达的皮质触突起 ……
…………………………………………………………………………………… 鮟鱇科 Lophiidae

9　鳃孔位于胸鳍基前方，胸鳍基不呈柄状 ……………………………………………… 10

10　两腹鳍合成一小鳍棘，背鳍 2～3 根棘；前颌骨与上颌骨愈合………… 革鲀科 Aluteridae

10　腹鳍存在，上颌骨不与前颌骨愈合 ………………………………………………… 11

11　体两侧不对称，两眼位于头的左侧或右侧 ………………………………………… 12

11　体两侧对称，眼在头的左右两侧 …………………………………………………… 15

12　前鳃盖骨边缘不游离；无后匙骨 …………………………………………………… 13

12　前鳃盖骨边缘游离；有后匙骨 ……………………………………………………… 14

13　两眼均位于头部右侧 ………………………………………………………… 鳎科 Soleidae

13　两眼均位于头部左侧……………………………………………………… 舌鳎科 Cynoglossidae

14　两眼均位于头部左侧；右眼神经位于背方 ……………………… 牙鲆科 Paralichthyidae

14　两眼均位于头部右侧；左眼神经位于背方 ………………………… 鲽科 Pleuronectidae

15　腹鳍腹位或亚胸位、或无腹鳍 ……………………………………………………… 16

15　腹鳍胸位或喉位 ……………………………………………………………………… 18

16　吻部管状；背鳍 1 个，无鳍棘；无腹鳍，尾鳍发达 ……………… 海龙科 Syngnathidae

16　吻不呈管状；背鳍 2 个，腹鳍具 1 根棘 5 根鳍条 …………………………………… 17

17　胸鳍具游离丝状鳍条，低位；侧线完整 ……………………………… 马鲅科 Polynemidae

17　胸鳍无游离丝状鳍条，中上位；无侧线 ……………………………………… 鲻科 Mugilidae

18　第二眶下骨向后突出，与前鳃盖骨相连形成眶下骨架 ……………………………… 19

18　第二眶下骨不向后突出，不与前鳃盖骨相连形成眶下骨架 ………………………… 20

19　头、体侧扁，眶前骨具棘 ……………………………………………… 鲉科 Scorpaenidae

19　体平扁，上、下颌骨、犁骨及腭骨均具绒毛状牙群 …………………… 鲬科 Platycephalidae

20　左右腹鳍不显著接近，也不愈合成吸盘 ……………………………………………… 21

20　左右腹鳍显著接近，愈合成吸盘 ……………………………………………………… 33

21　食道侧囊，囊内具牙 …………………………………………………… 鲳科 Stromateidae

21　食道无侧囊 …………………………………………………………………………… 22

22　上颌骨不固着于前颌骨 ……………………………………………………………… 23

22　上颌骨固着于前颌骨 ………………………………………………………………… 31

23　腹鳍喉位或不存在 …………………………………………………………………… 24

23　腹鳍一般胸位，具 1 根鳍棘 5 根鳍条；腭骨、犁骨无牙…………………… 绵鳚科 Zoarcidae

24　腹鳍喉位；上颌骨宽大，外露；侧线完全，高侧位 ……………………… 䲢科 Uranoscopidae

24 腹鳍胸位 …… 25
25 上颌骨外露，一般不为眶前骨遮盖 …… 26
25 上颌骨全部或大部为眶前骨所遮盖 …… 29
26 臀鳍具有 3 根鳍棘 …… 27
26 臀鳍具有 2 根鳍棘 …… 28
27 鳞不坚厚粗糙；犁骨与腭骨具牙 …… 鮨科 Serranidae
27 鳞坚厚粗糙 …… 大眼鲷科 Priacanthidae
28 有腹鳍，臀鳍具棘，前方沿有 2 根游离鳍棘 …… 鲹科 Carangidae
28 无腹鳍 …… 乌鲳科 Formionidae
29 臀鳍具 2 根鳍棘，头骨黏液腔发达 …… 石首鱼科 Sciaenidae
29 臀鳍具 3 根鳍棘 …… 30
30 两颌后方具臼牙，前方牙细尖，有时呈犬牙状 …… 鲷科 Sparidae
30 两颌后方无臼牙，上颌前部牙不扩大呈犬牙状 …… 石鲈科 Pomadasyidae
31 体延呈带状，无尾鳍 …… 带鱼科 Trichuridae
31 体不延长呈带状，有尾鳍，无皮肤血管系统 …… 32
32 背鳍 2 个，距离较远；尾柄两侧只有 2 条隆起嵴，无中央隆起嵴 …… 鲭科 Scombridae
32 背鳍 2 个，距离较近；尾柄两侧具有 3 条隆起嵴，中央隆起嵴大 …… 鲅科 Cybiidae
33 前后背鳍连续，背鳍、臀鳍均与尾鳍相连，体呈鳗形 …… 鳗鰕虎鱼科 Taenioidae
33 前后背鳍分离或第 1 背鳍消失；背鳍、臀鳍均与尾鳍不相连 …… 34
34 眼正常，不外突于头的背缘，无眼睑；胸鳍基部不呈柄状 …… 鰕虎鱼科 Gobiidae
34 眼突出于头的背缘，下眼睑发达；胸鳍基部呈柄状 …… 弹涂鱼科 Periophthalnidae

2.5.2 习见鱼类

皱唇鲨科 Triakidae

皱唇鲨 *Triakis scyllium* Müller et Henle（**图 2-253**）

一般体长 1m 左右。牙细小，排列紧密，三齿尖型。唇褶发达。喷水孔位于眼后。体侧具有 9 条白色环带。尾细长。卵胎生。栖息于近岸浅海一带。分布于北太平洋西部。我国产于东海、黄海和渤海。

图 2-253 皱唇鲨

白斑星鲨 *Mustelus manazo* Bleeker（图 2-254）

一般体长 1m 以内。牙细小，平扁，铺石状排列。沿侧线及侧线上方有许多不规则白斑。背鳍 2 个，无硬棘。卵胎生。我国黄海和渤海习见种。

图 2-254　白斑星鲨

双髻鲨科 Sphyrnidae

路氏双髻鲨 *Sphyrna lewini*（Griffith）（图 2-255）

一般体长 1m 左右。头的额骨区向左右两侧突出，眼位于其侧面前部。吻前缘波曲状，中部凹入。鼻孔平扁。口弧形，口宽小于口前吻长。卵胎生。为我国沿海习见种。

图 2-255　路氏双髻鲨

角鲨科 Squalidae

长吻角鲨 *Squalus mitsukurii* Jordan et Fowler（图 2-256）

一般体长 1m 左右。第 1 背鳍与第 2 背鳍各具 1 根硬棘。上下颌牙都为单齿头型，齿头低平外斜。吻较尖突，口前吻长大于口宽。卵胎生。我国沿海较习见。

图 2-256　长吻角鲨

团扇鳐科 Platyrhinidae

中国团扇鳐 *Platyrhina sinensis*（Bloch et Schneider）（图 2-257）

一般体长在半米以内。体背部中央自头后至第 2 背鳍前方有一纵行棘刺，两侧肩区有 2 对棘刺。暖温性小型鳐类，喜栖息于泥沙海底。为我国沿海习见种。

图 2-257　中国团扇鳐

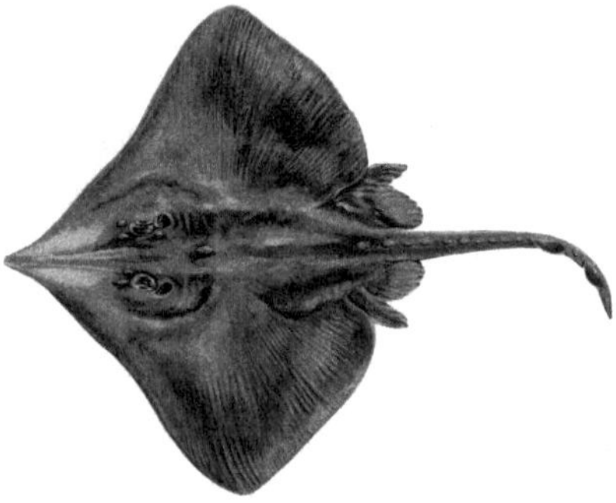

图 2-258　美鳐

鳐科 Rajidae

美鳐 *Raja pulchra* Liu（图 2-258）

一般体长 30cm 左右。尾上具结刺 1 行。两颌牙多于 40 个。体盘前部斜方形，在吻侧与眼后外侧缘凹入。我国见于东海和黄海。

孔鳐 *Raja porosa* Günther（图 2-259）

一般体长 30～50cm。尾背部棘刺多行，雌鱼为 5 纵行，雄鱼为 3 纵行。栖息于浅海沙质底海域，常将身体半埋于沙中，白天潜伏，夜间活动。我国产于东海、黄海和渤海。

银鲛科 Chimaeridae

黑线银鲛 *Chimaera phantasma* Jordan et Snyder（图 2-260 ）

体长一般为 600～800mm。体侧扁，向后渐细。口腹位，上颌与脑颅愈合。外鳃孔 1 个，位于胸鳍基部前方。背鳍 2 个，以低膜相连；第 1 背鳍具 1 根硬棘，后缘上部具锯齿；第 2 背鳍低平，与尾鳍上叶以凹相隔。胸鳍宽大。尾鳍鞭状。我国沿海习见种。

图 2-259　孔鳐

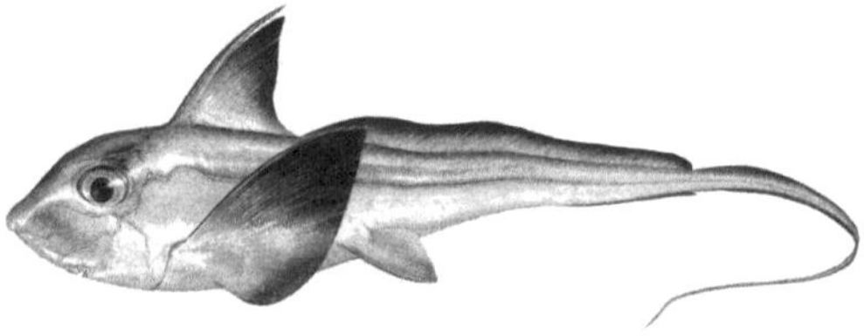

图 2-260　黑线银鲛

鲱科 Clupeidae

青鳞鱼 *Harengula zunasi* Bleeker（图 2-261）

体侧扁。头小，吻短。上颌骨中间无凹陷。缘有锯齿状棱鳞 32 个。为黄海和渤海习见种。

图 2-261　青鳞鱼

鲥 *Macrura reevesi*（Richardson）（图 2-262）

前颌骨中央有一显著凹陷。两颌无牙。体被圆鳞，无侧线。背鳍 17～18 个；臀鳍 18～20 个；纵列鳞 43～46 个。平时栖息于近海，每年春末溯河做生殖洄游进入长江、钱塘江和珠江。

图 2-262　鲥

斑鰶 *Clupanodon punctatus*（Temminck et Schlegel）（图 2-263）

上颌中间缺刻不明显。体被圆鳞，无侧线。背鳍后 1 根鳍条延长为丝状。纵列鳞 53～56 个。腹部具棱鳞 32～36 个。

鳓鱼 *Ilisha elongata*（Bennett）（图 2-264）

体侧扁，体被圆鳞。无侧线。腹部有锯齿状棱鳞 36～42 个。背鳍短。臀鳍基底长约为背鳍的 3 倍。腹鳍很小。暖水性中上层鱼类。生殖季节集群游向近海。

图 2-263　斑鰶

图 2-264　鳓鱼

鳀科 Engraulidae

鳀 *Engraulis japonicus* Temminck et Schlegel（图 2-265）

口大，下位。吻钝圆，下颌短于上颌。体被圆鳞，无侧线。腹部圆，无棱鳞。尾鳍叉形。产于东海、黄海和渤海。

图 2-265　鳀

黄鲫 *Setipinna taty*（Cuvier et Valenciennes）（图 2-266）

胸鳍上部第一鳍条延长为丝状。腹缘棱鳞 25～29 个。体被圆鳞。无侧线。臀鳍基底长，有 50～57 根鳍条。栖息于泥沙底海区。为我国沿海习见种。

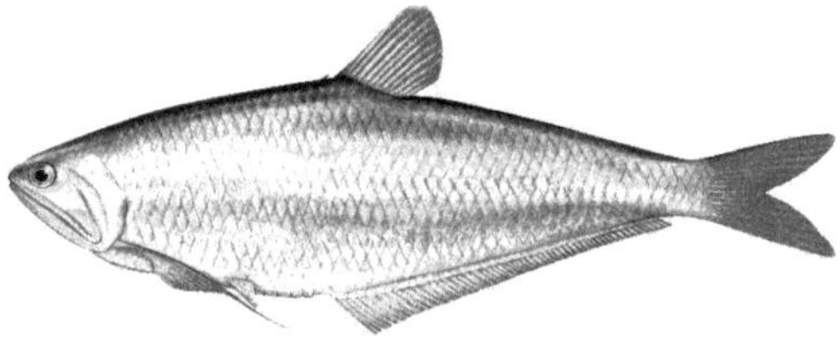

图 2-266　黄鲫

刀鲚 *Coilia ectenes* Jordan et Seale（图 2-267）

胸鳍上部有丝状游离鳍条 6 根，臀鳍鳍条 95～123 根。体被圆鳞，无侧线，纵列鳞 70～82 个。脊椎骨 76～77 个。平时栖息于浅海河口一带，于春、夏季节进入淡水做生殖洄游。我国产于东海、黄海和渤海。

图 2-267　刀鲚

龙头鱼科 Harpodontidae

龙头鱼 *Harpodon nehereus*（Hamilton）（图 2-268）

眼很小，前位。口大。两颌牙密生，细尖，能倒伏。体柔软，大部光滑无鳞。体侧面有 1 行大鳞。脂鳍小。为暖水性近海鱼类。我国沿海皆有分布。

图 2-268　龙头鱼

鳗鲡科 Anguillidae

日本鳗鲡 *Anguilla japonica*（Temminck et Schlegel）（图 2-269）

两颌及犁骨皆具细牙。鳞小，编席状排列，埋于皮下。侧线完整。有胸鳍。背鳍、臀鳍与尾鳍相连。平时生活于淡水中，生殖期洄游入海。我国产于沿海及江湖中。

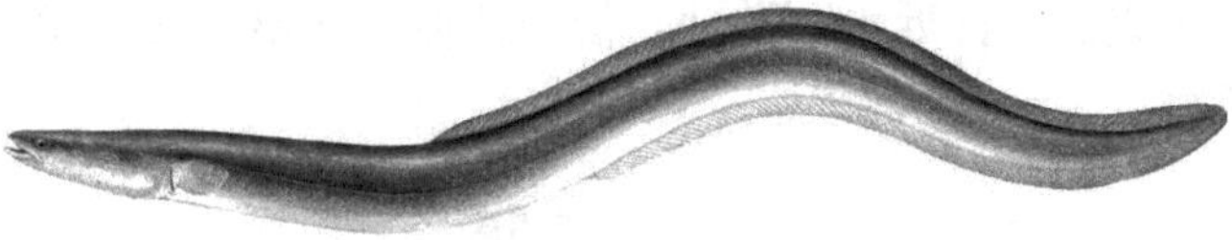

图 2-269　日本鳗鲡

海鳗科 Muraenesocidae

海鳗 *Muraenesox cinereus*（Forskäl）（图 2-270）

两颌牙强大，每侧牙均为 3 行。下颌第一行牙不向外倾斜；犁骨牙 3 行，中央 1 行 3 尖头。体无鳞。有胸鳍。通常栖息于水深 50～80m 泥沙底海区。我国沿海习见经济种类。

图 2-270　海鳗

海鲇科 Ariidae

大海鲇 *Arius thalassinus* (Rüppell) (图 2-271)

体前部圆筒形，后部侧扁，无鳞。头大，平扁。眼间隔宽而平坦。口大，下位，在口角外形成较厚褶。触须 3 对，上颌 1 对，下颌 2 对。腭骨牙每侧 3 群，呈绒毛状。背鳍、胸鳍各有 1 根硬棘。脂鳍短小。体裸露无鳞，侧线明显。生殖季节结成大群，游向近海。

图 2-271 大海鲇

飞鱼科 Exocoetidae

真燕鳐 *Prognichthys agoo* (Temminck et Schlegel) (图 2-272)

胸鳍特别长大，可达臀鳍末端。腹鳍长，后位。尾鳍叉形，下叶长于上叶。上下颌具圆锥状牙。腭骨有牙。具圆鳞。侧线位低，侧线鳞 54～66 个。暖温性中上层鱼类。常成群，喜近水面游泳，借胸鳍伸展跃出水面。我国产于东海北部、黄海和渤海。

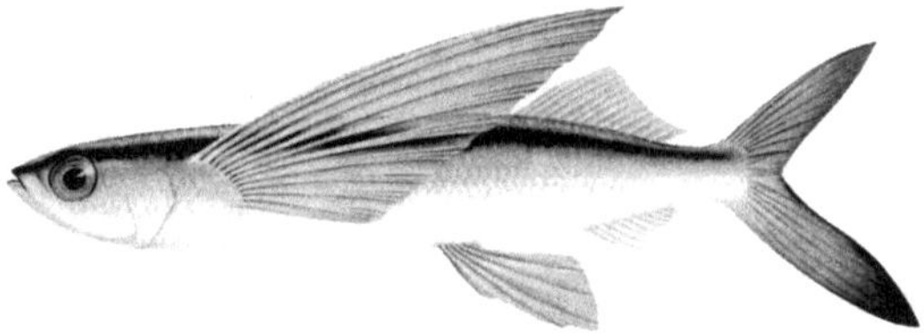

图 2-272 真燕鳐

鳕科 Gadidae

大头鳕 *Gadus macrocephalus* Tilesus (图 2-273)

各鳍均无硬棘，完全由鳍条组成。背鳍 3 个，臀鳍 2 个。下颌颏部有 1 须，须长等于或略长于眼。两颌及犁骨均具绒毛状牙。鳞很小，侧线鳞不显著。为我国北方海区经济鱼类之一。

图 2-273　大头鳕

海龙科 Syngnathidae

日本海马 *Hippocampus japonicus* Kaup（图 2-274）

体长一般 45～100mm。无尾鳍，尾部卷曲。头部变曲与躯干部垂直。背鳍有 16～17 根鳍条。体无鳞，完全为骨环所包被。口小，位于吻管顶端。无牙。吻短，头长为吻长的 3 倍。顶冠甚低。通常以尾部卷在海藻上。雄鱼尾部腹面有育儿囊。为我国沿海习见种，是药用鱼类。

图2-274　日本海马

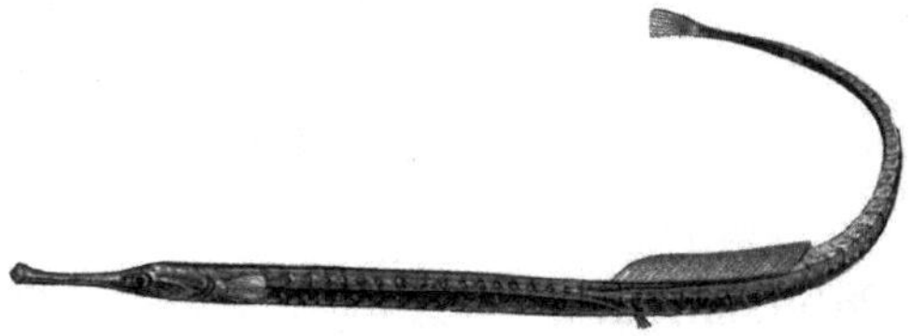

图 2-275　尖海龙

尖海龙 *Syngnathus acus* Linnaeus（图 2-275）

体长 110～190mm。有尾鳍，尾部不能卷曲。背鳍鳍条 35～45 根。头与体轴在同一直线上。鳃盖上线状嵴很短小，在基部 1/3 处。体无鳞，完全包被于骨环中。躯干中棱与尾上棱相连接。雄鱼尾部腹面有由左右两片褶开成的育儿囊。是药用鱼类。我国南海、东海、黄海和渤海均产之。

鲻科 Mugilidae

鲻 *Mugil cephalus* Linnaeus（图 2-276）

身体粗壮，前部平扁，自胸鳍后渐侧扁。体被圆鳞。胸鳍不具腋鳞，背鳍前方具纵列鳞 14～15 个。臀鳍鳍条 8 根。栖息于浅海或河口淡水交界处。

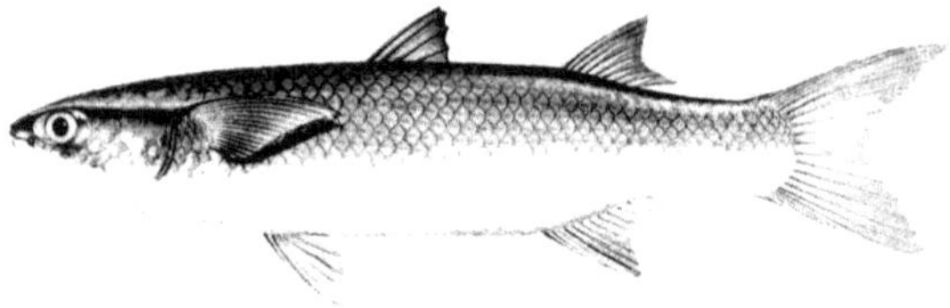

图 2-276　鲻

鲅 *Liza haematocheila*（Temminck et Schlegel）（图 2-277）

体纺锤形。脂眼睑不发达，仅遮盖眼边缘。体被圆鳞，胸鳍无腋鳞，背鳍前方纵列鳞 22 个。臀鳍鳍条 9 根。为近海鱼类，喜栖息于江河口和海湾内。分布于我国沿海。

图 2-277　鲅

马鲅科 Polynemidae

四指马鲅 *Eleutheronema tetradactylum*（Shaw）（图 2-278）

口大，下位。两颌牙细小，绒毛状，并延伸至颌的外侧，只在口角具唇。犁骨牙丛呈三角形，腭骨牙为 2 条带状。体被栉鳞。角鳍位低，下方有 4 条游离的丝状鳍条，其长与胸鳍条相等。喜栖息于沙底海区，有时亦进入淡水区。我国沿海均产之。

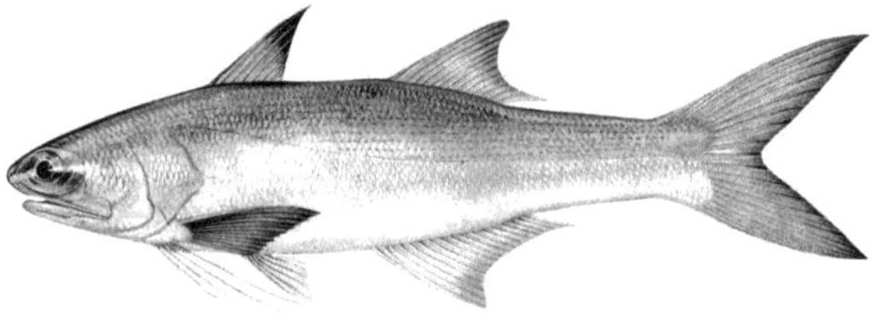

图 2-278　四指马鲅

鮨科 Serranidae

花鲈 *Lateolabrax japonicus*（Cuvier et Valenciennes）（图 2-279）

口大，下颌稍长于上颌。两颌、犁骨及腭骨均具绒毛齿。前鳃盖骨后缘有细锯齿，隅角及下缘有钝棘。体被小栉鳞。侧线完全。腹鳍位于胸鳍始点稍后方。体侧及背鳍鳍棘部散布黑色斑点。近岸浅海鱼类。为我国沿海习见经济鱼类。

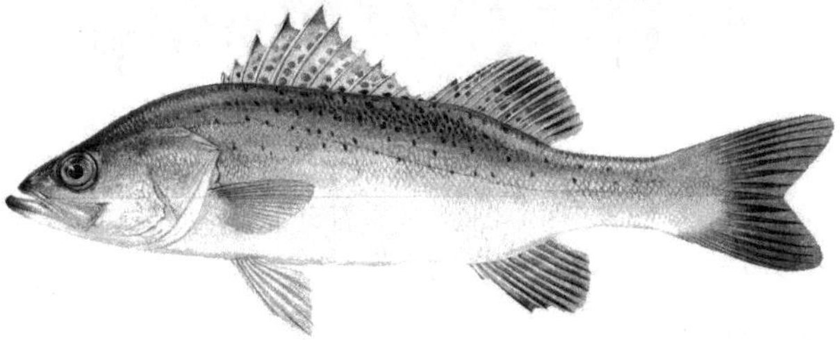

图 2-279　花鲈

宝石石斑鱼 *Epinephelus areolatus*（Forskäl）（图 2-280）

体侧无纵带与横带。体部以及除胸鳍外的各鳍上布满宝石斑点。胸鳍上具赤色条斑；尾鳍浅凹形，边缘呈白色。喜栖息于岩礁底质海区。为广东沿海习见经济种类。

图 2-280　宝石石斑鱼

青石斑鱼 *Epinephelus awoara*（Temminck et Schlegel）（图 2-281）

全体散布橙色小点。体侧有 5 条暗色横带，第 1 与第 2 条紧相邻，第 3 与第 4 条位于背鳍鳍条部与臀鳍鳍条部之间，第 5 条位于尾柄上。背鳍鳍条部及尾鳍边缘黄色。喜栖息于岩礁底质海区。为广东沿海习见经济种类。

图 2-281　青石斑鱼

赤点石斑鱼 *Epinephelus akaara* (Temminck et Schlegel)(图 2-282)

体侧无纵带与横带。头部、体侧以及背鳍与尾鳍上皆具赤色斑点。尾鳍圆形。喜栖息于岩礁底质海区。为广东沿海习见经济种类。

图 2-282　赤点石斑鱼

大眼鲷科 Priacanthidae

长尾大眼鲷 *Priacanthus tayenus* Richardson (图 2-283)

眼甚大，约占头长的 1/2。前鳃盖骨隅角处具一带锯齿缘的强棘。体被细小而粗糙的栉鳞。侧线鳞 58～62 个。腹鳍长大，鳍膜间有褐色斑点；尾鳍上下叶呈线状延长。常栖息于底质为沙泥、水深 25～27m 的海域中。为南海习见经济种类。

图 2-283　长尾大眼鲷

短尾大眼鲷 *Priacanthus macracanthus* Cuvier (图 2-284)

眼甚大，约占头长的 1/2。前鳃盖隅角处有一带锯齿的强棘。体被细小而粗糙的栉鳞。侧线鳞 89～102 个。背鳍、臀鳍和腹鳍鳍膜间有黄色斑点。尾鳍上下叶均不延长。通常栖息于沙泥质海域。为广东沿海习见经济种类。

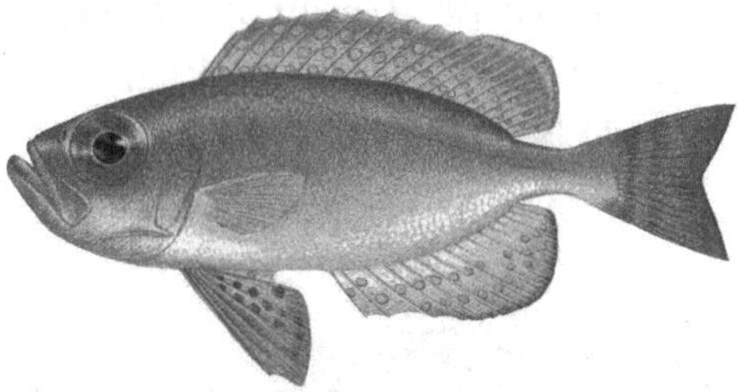

图 2-284　短尾大眼鲷

鲹科 Carangidae

蓝圆鲹 *Decapterus maruadsi*（Temminck et Schlegel）（图 2-285）

脂眼睑发达，前后均达眼中间。上下颌各具 1 列细牙，犁骨牙群呈箭头形。侧线真线部的全部或绝大部分被棱鳞 32～38 个。第 1 背鳍和臀鳍后各有 1 个小鳍。第 2 背鳍前部顶端有一个白斑。暖水性中上层鱼类，洄游显著，喜结群。为我国南海与东海重要经济鱼类之一。

图 2-285　蓝圆鲹

大甲鲹 *Megalaspis cordyla*（Linnaeus）（图 2-286）

脂眼睑非常发达。棱鳞强而高，被于侧线弯曲后部及直线部全部，在尾柄处连接形成一隆起嵴。第 2 背鳍后部有 7～10 个游离小鳍，臀鳍后部有 6～8 个游离小鳍，小鳍的数目随鱼的大小而异。暖水性中上层鱼类。游泳迅速。我国产于南海和东海。

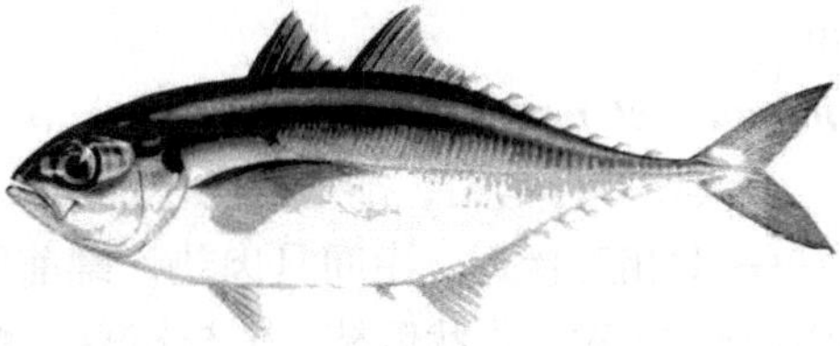

图 2-286　大甲鲹

竹筴鱼 *Trachurus japonicus*（*Temminck et Schlegel*）（图 2-287）

侧线上全被棱鳞。棱鳞高而强，侧线直线部上的棱鳞各具一向后的锐棘，形成一锋利的隆起嵴。中上层洄游鱼类，喜结群。我国产于南海、东海、黄海和渤海。

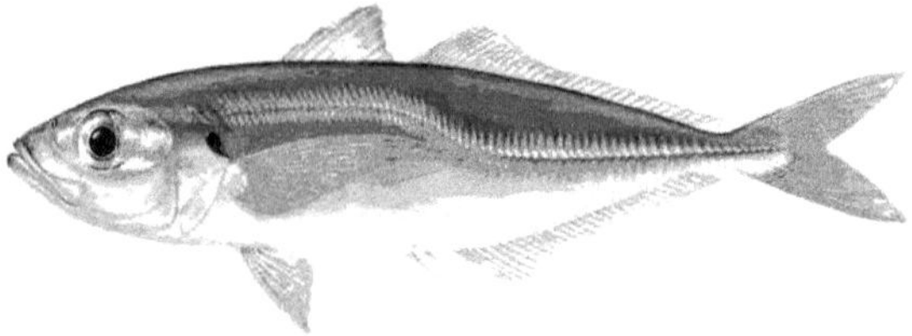

图 2-287　竹筴鱼

黄条鰤 *Seriola aureovittata* Temminck et Schlegel（图 2-288）

上颌骨宽，其生上角较圆。侧线上无棱鳞。幽门盲囊呈指形，约 120～213 个。脊椎骨 11＋14 根。从吻至尾柄有一明显的黄色纵带。生长迅速，可作为养殖鱼类。我国产于黄海与渤海。

图 2-288　黄条鰤

乌鲳科 Formionidae

乌鲳 *Formio niger*（Bloch）（图 2-289）

体高而侧扁，卵圆形，背腹缘甚凸出。口小。鳃耙短粗。侧线鳞在尾柄处较大，形成一隆起嵴。鱼小时，第 1 背鳍鳍棘明显，腹鳍喉位；鱼大时，第 1 背鳍鳍棘埋于皮下，腹鳍消失。为我国南海与东海的经济鱼类之一。

石首鱼科 Sciaenidae

皮氏叫姑鱼 *Johnius belengerii*（Cuvieret Valenciemes）（图 2-290）

吻突出。口下位。上颌牙外行稍大，排列稀疏，内行及下颌牙都很细小。颏孔为“似五孔型”，中央一对相互接近，中间具肉垫。鳔前侧向外突出成球形侧囊，后端细尖，鳔两面约有 14 对缨须状侧枝。体被栉鳞，侧线鳞 44～45 个。喜栖息于泥沙底和岩礁附近海域。一般能发出较大叫声。为我国沿海习见种。

图 2-289　乌鲳

图 2-290　皮氏叫姑鱼

黄姑鱼 *Nibea albiflora*（Richardson）（图 2-291）

吻短钝。颏孔为“似五孔型”。中央颏孔一对相互接近，中间有一肉垫；内侧颏孔和外侧颏孔均存在。无颏须。鳔大，前端圆形，无向外突出的侧囊，鳔侧具缨状侧枝，约 22 对。脊椎骨 25 个。暖温性近海中下层鱼类。鳔具有发声能力，特别在鱼群密集的生殖盛期。我国沿海均产之。

图 2-291　黄姑鱼

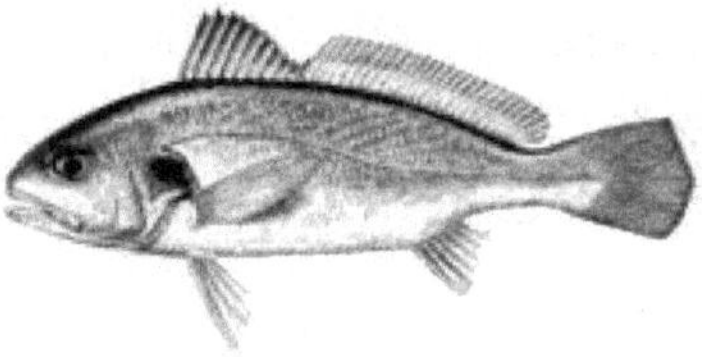

图 2-292　白姑鱼

白姑鱼 *Argyrosomus argentatus*（Houttyn）（图 2-292）

口大，上下颌略等长。上颌牙细小，排列呈带状；下颌牙 2 行，内行牙较大。颏孔 6 个，细小。鳔大，前端圆形，不向外突出成侧囊，鳔每侧具侧枝 25 对。体被栉鳞，侧线鳞 48～51 个。我国沿海均产之。

鮸鱼 *Miichthys miiuy*（Basilewsky）（图 2-293）

头中等大，尖突。颏孔 4 个，中央颏孔及内侧颏孔呈四方形排列。无颏须。上颌外行牙和下颌内行牙扩大，呈犬牙状。鳔圆锥形，后端尖细；鳔侧具 34 对侧枝，小枝细密，交叉成网状。体被栉鳞。侧线完全。喜栖息于底质为泥沙海域。为我国海产经济鱼类。

图 2-293　鮸鱼

小黄鱼 *Pseudosciaena polyactis* Bleeker（图 2-294）

头较大，头颅具发达黏液腔。尾柄长为尾柄高的 2 倍余。臀鳍第 2 鳍棘长小于眼径。鳞较大，在背鳍与侧线间具鳞 5～6 行。鳔腹分枝中前小枝长于后小枝。脊椎骨一般为 29 个。底层结群性洄游鱼类，喜栖息于软泥或泥沙底质海区。

图 2-294　小黄鱼

大黄鱼 *Pseudosciaena croea*（Richardson）（图 2-295）

与小黄鱼主要区别：尾柄长为尾柄高的 3 倍余；臀鳍第二鳍等于或大于眼径；鳞较小，背鳍与侧线间有鳞 8～9 行；鳔的腹分枝的下分枝中前小枝与后小枝等长；脊椎骨一般为 26 个。分布于我国南海、东海和黄海南部。为我国主要经济鱼类之一。

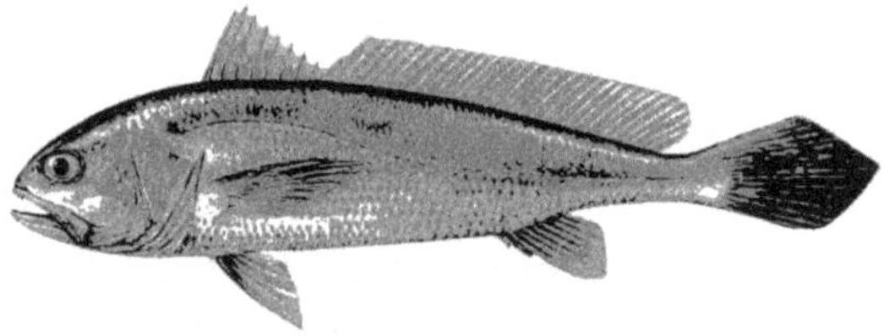

图 2-295　大黄鱼

鲷科 Sparidae

黄鲷 *Taius tumifrons*（Temminck et Schlegel）（图 2-296）

上下颌两侧无臼齿，外列为圆锥齿，内列为颗粒状齿。前鳃盖骨被鳞。左右额骨愈合成一块，前端圆形。背鳍鳍棘不特别延长。犁骨、腭骨及舌上无牙。体侧上部有 3 个大黄斑。暖水性底层鱼类。为南海和东海经济鱼类之一。

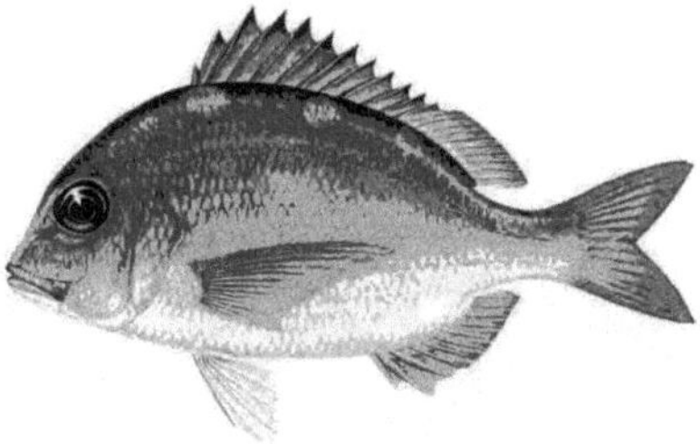

图 2-296　黄鲷

图 2-297　真鲷

真鲷 ***Pagrosomus major*** **(Temminck et Schlegel)(图 2-297)**

左右额骨愈合成一块，前端圆形。背鳍鳍棘不延长成丝状。两颌前端具 4～6 个犬牙，两侧为 2 行臼齿。犁骨、腭骨及舌上无牙。前鳃盖骨后半部被鳞。暖温性底层鱼类。常栖息于底质为沙泥或砂砾的近海。为黄海和渤海名贵经济种类。

黑鲷 ***Sparus macrocephalus*** **(Basilewsky)(图 2-298)**

侧线上鳞 7 个，侧线鳞 51～54 个。头部外缘轮廓平直，在眼上方不隆起。背鳍鳍棘强硬。臀鳍第 2 鳍棘特别强大。腹鳍和臀鳍暗黑色。暖温性底层鱼类。喜栖息于沙泥质或多岩礁底的浅海。幼鱼有雌雄同体现象。为我国沿海习见经济种类。

图 2-298　黑鲷

图 2-299　横带髭鲷

石鲈科 Pomadasyidae

横带髭鲷 ***Hapalogenys mucronatus*** **(Eydoux et Souleyet)(图 2-299)**

头和体侧具 7 条深褐色横带。垂直鳍鳍条边缘黑色。体被硬栉鳞。侧线鳞 40～80 个。上颌骨无鳞。下颌骨前部密生小髭，腹面有 4 对小孔。鳍棘强。背鳍前方具一平卧向前棘。暖温性中下层鱼类。栖息于多岩礁海区。我国沿海均产之。

花尾胡椒鲷 ***Plectorhynchus cinctus*** **(Temminck et Schlegel)(图 2-300)**

体侧有 3 条黑色斜带，在第 2 条斜带上方，背鳍和尾鳍上散布许多黑色圆点。唇厚，下颌腹面有 3 对小孔。背鳍鳍棘 12～13 根。常栖息于多岩礁海区。

我国南海、东海和黄海均产之。

图 2-300　花尾胡椒鲷

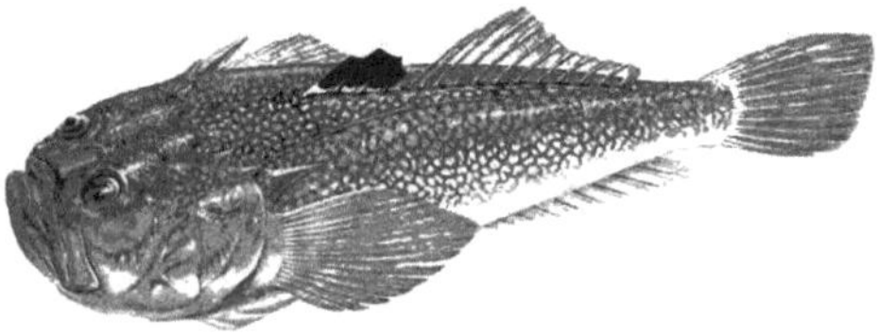

图 2-301　日本鰧

膡科 Uranoscopidae

日本鰧 *Uranoscopus japonicus* Houttuyn（图 2-301）

头大，被骨板。下颌内侧有 1 个三角形皮瓣。前鳃盖骨下方有 4～5 个尖棘。肱棘 2 根，后棘尖长。体被小圆鳞，排列成斜行；项背无鳞。背鳍 2 个，第 1 背鳍有 4 根鳍棘。胸鳍宽大。腹鳍喉位。为我国沿海习见鱼类。

青鰧 *Gnathagnus elongtaus*（Temminck et Schlegel）（图 2-302）

体前部平扁，向后渐侧扁。眼较小，上位。眼间隔宽。口宽，直立形。下颌下侧向前伸出 2 个尖骨突。后肩部无羽状皮膜。背鳍 1 个，仅有鳍条；臀鳍基底长于背鳍基底；腹鳍喉位。暖温性底层鱼类。我国沿海习见种类。

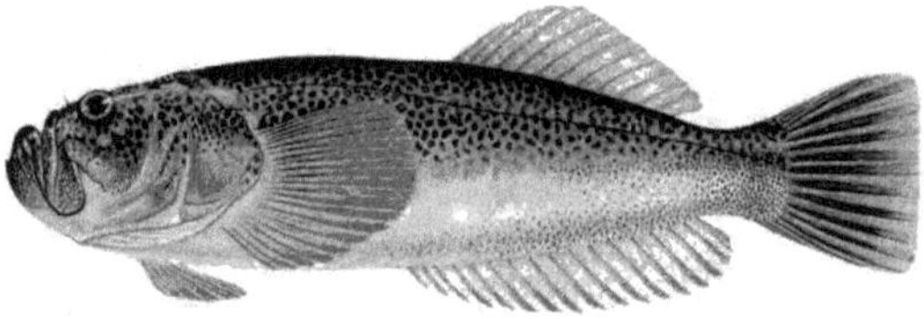

图 2-302　青鰧

绵鳚科 Zoarcidae

长绵鳚 *Enchelyopus elongatus* Kner（图 2-303）

体鳗形，有埋于皮下的细小圆鳞。背鳍、臀鳍与尾鳍相连。背鳍前部具 88～94 根鳍条，其后为 12～18 根短小鳍棘，近尾端又有 16～28 根鳍条。腹鳍短小，喉位。鳃盖与颊部相连。体侧有十几个褐色斑块。背鳍第 4～7 根鳍条上具一黑斑。我国产于黄海，渤海及东海北部。

图 2-303　长绵鳚

带鱼科 Trichuridae

带鱼 *Trichiurus haumela*（Forskäl）（图 2-304）

眼隔平坦，中间微凹。侧线在胸鳍上方处向下弯曲，折至腹部并向后延伸。无腹鳍。臀仅微露棘尖。上下颌前主牙均为钩状尖牙，两侧为扁尖牙。暖水性中上层鱼类。常栖息于水深 20～100m 的近海，生殖期游至水深 15～20m 海域。有明显垂直移动现象。我国沿海均产之。

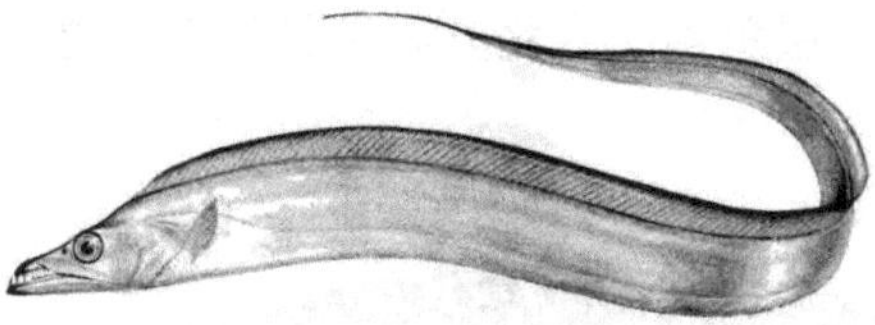

图 2-304　带鱼

小带鱼 *Eupleurogrammus muticus*（Gray）（图 2-305）

眼间隔凸起，中央形成嵴棱。侧线几近水平，在胸鳍上方不显著弯曲。腹鳍为 1 对圆形鳞状突起。臀鳍在开始处有 1 个鳞状突起。上颌前端牙尖直。通常栖息于近岸浅海、淡水及河口附近。为沿海习见种类。

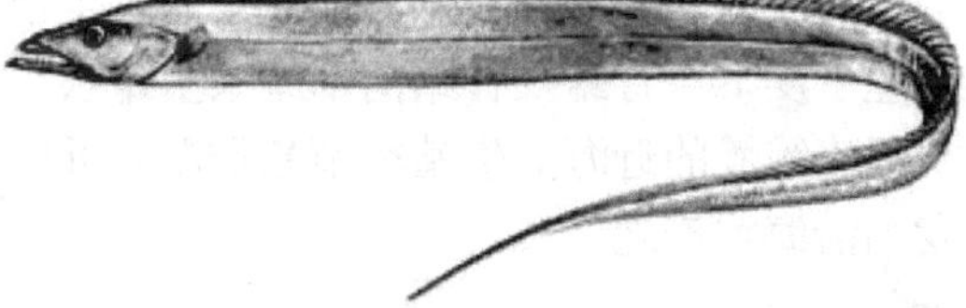

图 2-305　小带鱼

鲭科 Scombridae

鲐鱼 *Pneumatophorus japonicus*（Houttuyn）（图 2-306）

第 1 背鳍鳍棘 9～10 根。侧线鳞 205～235 个。尾鳍基部有 2 条隆起嵴，无中央隆起嵴。鳃耙正常。犁骨及腭骨有牙。具鳔。体侧有深蓝绿色横纹 ，腹侧一般不具有斑点。为北太平洋西部主要经济鱼类之一。我国沿海均产之。

图 2-306　鲐鱼

鲅科 Cybiidae

蓝点马鲛 ***Scomberomorus niphonius*** **(Cuvier et Valenciennes)(图 2-307)**

第 1 背鳍有 19～20 根鳍棘；第 2 背鳍起点位于体中部以后。头长大于体高。上颌骨长度超过头长的 1/2。侧线微弯曲，在第 2 背鳍下不显著下弯。鳃耙少，12～13 个。暖温性中上层鱼类。为北方海区经济鱼类之一。我国产于东海、黄海和渤海。

图 2-307　蓝点马鲛

鲳科 Stromateidae

银鲳 ***Pampus argenteus*** **(Euphrasen)(图 2-308)**

体被细小圆鳞，极易脱落。食道囊长椭圆形，囊内密生带角质棘的乳突。成鱼的背鳍及臀鳍鳍棘埋于皮下。背鳍及臀鳍前部鳍条呈镰状。无腹鳍。尾鳍分叉深。平时分散栖息于潮流缓慢的近海，生殖季节集群游向近岸及河口附近。是名贵海产经济鱼类。我国沿海均产之。

图 2-308　银鲳

图 2-309　褐菖鲉

鲉科 Scorpaenidae

褐菖鲉 *Sebastiscus marmoratus*（Cuvier et Valenciennes）（图 2-309）

头部背面具棱棘。眼间隔凹深，较窄，为眼径的一半。眼眶骨下缘无棘；眶前骨下缘有一钝棘。上下颌、犁骨及腭骨均有细齿带。背鳍鳍棘 12 根；胸鳍鳍条常为 18 根。体侧有 5 条暗色不规则横纹。栖息于近岸岩礁海区。

鰕虎鱼科 Gobiidae

矛尾复鰕虎鱼 *Synechogobius hasta*（Temminck et Schlegel）（图 2-310）

第 2 背鳍鳍条 19～21 根，臀鳍鳍条 16～18 根；鳞较小，纵列鳞 66～75 个；尾鳍末端尖矛状。栖息于近岸浅海或河口处。

图 2-310　矛尾复鰕虎鱼

弹涂鱼科 Periophthalnidae

大弹涂鱼 *Boleophthalmus pectinirostris*（Linnaeus）（图 2-311）

眼较小，突出于头背缘之上，下眼睑发达。两颌各有牙 1 行；上颌牙呈锤状，均呈直立状，前方每侧 3 牙呈犬牙状；下颌牙斜向外方，呈平卧状，末端截形或微凹；下颌连接部内侧有犬牙 1 对。第 1 背鳍鳍棘 5 根，各鳍棘末端呈丝状延长。腹鳍较短，后缘完整。多栖息于泥沙滩上，受惊时借尾柄弹力，迅速入海中，以逃避敌害。我国沿海均产之。

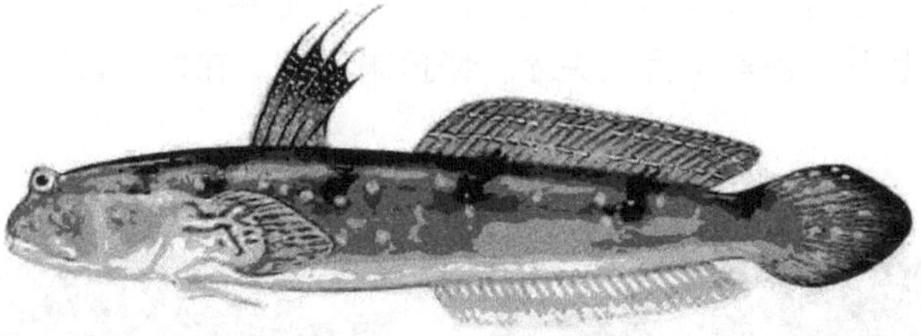

图 2-311　大弹涂鱼

鳗鰕虎鱼科 Taenioidae

红狼牙鰕虎鱼 *Odontamblyopus rubicundus*（Hamilton）（图 2-312）

两颌外行牙尖锐弯曲，排列稀疏，闭口时外露；内行牙细小，1～2 行。眼极小，埋于皮下，体裸露无鳞。背鳍、尾鳍与臀鳍相连。栖息于浅海及河口附近，常在泥沙中钻穴营居。我国沿海均产之。

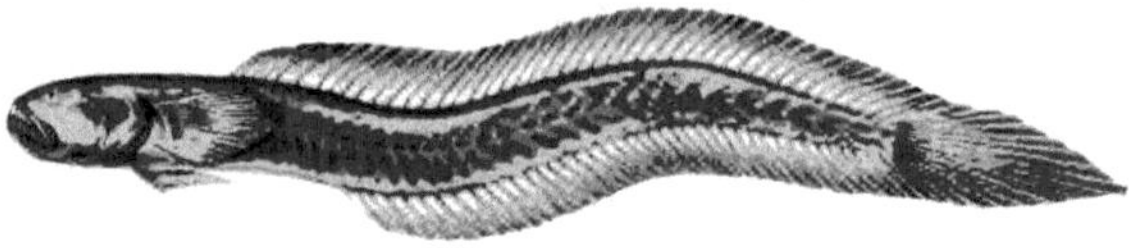

图 2-312　红狼牙鰕虎鱼

鲬科 Platycephalidae

鲬鱼 *Platycephalus indicus*（Linnaeus）（图 2-313）

头宽，平扁，背面及两侧有带小棘的骨棱。体被小而不易脱落的栉鳞。前鳃盖骨后缘有 2 尖棘。左右犁骨齿带连接，腭骨齿 1 列纵行。腹鳍始于胸鳍后方。背鳍 2 个，分离，第 1 鳍前后各有一游离短鳍棘。背鳍和臀鳍各有 13 个鳍条。栖息于沙底质海区。为我国沿海习见经济鱼类之一。

图 2-313　鲬鱼

牙鲆科 Paralichthyidae

牙鲆 *Paralichthys olivaceus*（Temminck et Schlegel）（图 2-314）

两眼均在头左侧。有眼侧深褐色，被栉鳞；无眼侧白色，被圆鳞。口大，两侧口裂等长。上下颌各具 1 行大尖牙。仔鱼眼对称，在发育过程中进行变态。我国沿海均产之。

图 2-314　牙鲆

图 2-315　高眼鲽

鲽科 Pleuronectidae

高眼鲽 *Cleisthenes herzensteini*（Schmidt）（图 2-315）

两眼均在头右侧。有眼侧深褐色，大部被栉鳞；无眼侧白色，被圆鳞。上眼位高，位于头背缘中线上。两侧口裂不等长。两颌均具细尖牙。前鳃盖边缘游离。为黄海及渤海习见经济鱼类。

鳎科 Soleidae

带纹条鳎 *Zebrias zebra*（Bloch）（图 2-316）

体舌状。背鳍、臀鳍和尾鳍全相连接。无眼侧胸鳍退化状。两眼均在头的右侧。有眼侧深褐色横带。体两侧均被小栉鳞。眼间隔被鳞，宽度稍小于眼径。口小，两侧口裂不等长，仅无眼侧两颌有绒毛齿带。我国沿海均产之。

舌鳎科 Cynoglossidae

宽体舌鳎 *Cynoglossus robustus* Günther（图 2-317）

体舌状，两眼均在头的左侧。有眼侧淡褐色，被栉鳞，有两条侧线；无眼侧白色，被圆鳞，无侧线。鳞较大，中侧线上有鳞 8＋73～74 个。上中侧线间鳞 10～11 行。无胸鳍。我国沿海习见鱼类。

图 2-316　带纹条鳎

图 2-317　宽体舌鳎

革鲀科 Aluteridae

绿鳍马面鲀 *Navodon septentrionalis*（Günther）（图 2-318）

体侧扁。体长大于体高的 2 倍。鳞细小，鳞面绒状。无侧线。口小，牙门齿状。鳃孔小，位于眼下方。第 1 背鳍 2 根鳍棘，第 1 鳍棘强大，有 3 行倒刺。腹鳍只有 1 个，成为一短棘。附于腰带骨末端，不能活动。体蓝灰色，各鳍绿色；小鱼体上有暗斑。我国沿海均产之。

黄鳍东方鲀 *Fugu xanthopterus*（Temminck et Schlegel）（图 2-319）

体背部和腹部各有一群密生小刺。体上部具有蓝白两色相间的波状条纹。各鳍艳黄色。为我国沿海习见的有毒鱼类。

图 2-318　绿鳍马面鲀

图 2-319　黄鳍东方鲀

虫纹东方鲀 *Fugu vermicularis*（Temminck et Schlegel）（图 2-320）

体光滑无刺，上半部褐色，有许多圆形成蠕虫状淡蓝色花斑。臀鳍和尾鳍下缘白色。栖息于近海及河口。我国沿海均产之。

图 2-320　虫纹东方鲀

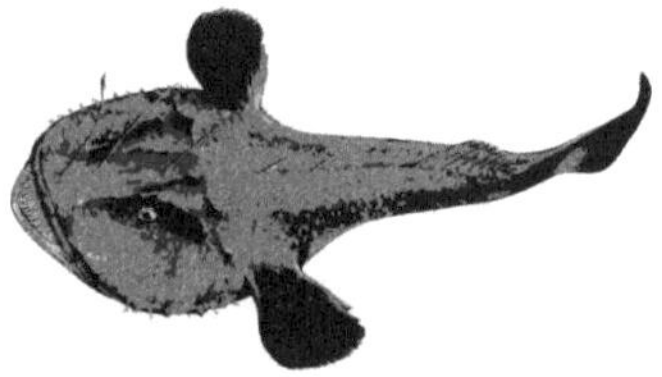

图 2-321　黄鮟鱇

鮟鱇科 Lophiidae

黄鮟鱇 *Lophius litulon*（Jordan）（图 2-321）

体柔软，无鳞，头和体的边缘有许多皮质突起。头大，平扁，呈圆盘状。口宽大，口底前部黄色，下颌有可倒伏尖牙 1～2 行。第 1 背鳍 6 根鳍棘，第 2 棘位于吻背部，顶端有皮质穗。臀鳍具 8～11 根鳍条。胸鳍臂状。脊椎骨 29～30 个。我国产于东海北部、黄海及渤海。

2.5.3　习见海洋龟鳖类

2.5.3.1　习见海洋龟鳖类分科检索表

背甲扁平，略呈心脏形；四肢桨状，指、趾骨扁平而长，有 1～2 爪 …… 海龟科 Cheloniidae

背甲外覆革质皮肤，无角质盾片。背甲上有 7 条纵棱，全部纵在体后汇合成一个尖形的末端。四肢桨状，无爪 ………………………………………………………… 棱皮龟科 Dermochelyidae

2.5.3.2　见习龟鳖类

龟鳖目 Testudinata

海龟科 Cheloniidae

肋骨长，末端游离与缘板相连；腹甲各板均小。背、腹甲之间藉韧带相连。

头、颈和四肢不能缩入壳内。

蠵龟 *Caretta gigas* (Deraniyagala)（图 2-322）

背甲长 1m 左右，体重达 100 公斤以上。头背具对称大鳞，前额鳞两对，吻突出，上、下颌钩状，颌缘无锯齿，上颌稍长，中央有一嵴棱。背甲边缘齐整，在后段 1/3 处骤然窄长，盾片平铺排列，纵棱不显。颈盾短宽（约 1∶3），椎盾 5～6 枚，肋盾 5 对。腹甲中部沿纵轴凹入，间喉盾小或没有，有 3 枚下缘盾，腋盾多枚，无胯盾，在肛盾后面有一枚小鳞片。四肢桨形，各具二爪。背面棕色、杂以黄色纹，腹面黄色。分布于山东、浙江、台湾、广东等省沿海，海南岛、西沙群岛。南海海域较为常见。国外分布于太平洋、大西洋。

图 2-322　蠵龟

图 2-323　海龟

海龟 *Chelonia mydas* (Linnaeus)（图 2-323）

吻甚短，略圆，上喙不钩曲，边缘锯齿微弱，下喙则甚发达；头部有对称鳞片，前额鳞 1 对，额鳞单枚，呈六角形。背甲略成心形，盾片镶嵌排列，颈盾宽短，正中微凹；椎盾 5 枚，腋盾 4 对，具臂盾 1 对，边缘齐整。腹甲前后缘圆，纵轴中部凹入，后叶较低小；间喉盾基部有一短裂缝，下缘盾 4 对，腋盾多枚，胯盾 1 枚。四肢桨形，各具二爪，雌龟尾不超出背甲，雄龟尾长。背面棕黄，腹面黄色，脂肪绿色，亦称绿海龟。分布于山东、浙江、福建、台湾、广东。

玳瑁 *Eretmochelys imbricata* (Linnaeus)（图 2-324）

体形大，大者长达 1m。吻略长，侧扁，上颌钩曲，头部有对称光滑鳞片，前额鳞 2 对，后一对大，颈前端背面、颏和喉部被小鳞。背甲略呈心形，嵴棱明显，盾片复瓦状排列；肋盾左右不愈合。腹甲前缘圆，有一小的间喉盾，后叶较短为腹甲 1/4。肛盾后方有一小盾片，下缘盾 4 对，略成方形，腋盾多枚，胯盾 1 枚，腹甲中央有一纵沟。四肢桨形，外侧各具二小爪。尾甚短。背甲棕褐色，有深浅环状斑及浅黄小花斑，头部粟色，每个鳞缝间黄色，具光泽；喉部及四肢末端深棕色。分布于山东、江苏、浙江、福建、台湾、广东沿海。

图 2-324 玳瑁

图 2-325 棱皮龟

棱皮龟科 Dermochelyidae

棱皮龟 *Dermochelys coriacea* (Linnaeus)(图 2-325)

体大，长者达 2m，喙缘锐利，上喙中部有两个三角形突起，形成三个深窝；下喙正中强钩恰可纳入上喙正中深窝；颈短，不能缩入壳内。背甲心形，后端尖出，背面纵棱 7 条，腹面 5 条，纵棱间平阔而略凹，被覆革质皮肤。四肢桨形，前肢长大，后肢短小，指、趾无爪。幼龟头部有排列复杂而很不规则的鳞片，体表及四肢均有多角形鳞片，随个体成长，头、体四肢鳞片模糊或隐没。背部黑褐色、腹部色浅，幼龟背面带黑色，纵棱及四肢边缘黄白色，腹面白色，有黑斑。

2.5.4 习见海洋鸟类

2.5.4.1 习见海洋鸟类分科检索表

习见海洋鸟类分科检索表

1 上嘴尖端略下曲覆盖下嘴而嘴形侧扁，或上下嘴近等长而嘴形直尖。胫下端裸出。前趾具满蹼或凹蹼，拇趾小而高起。铗尾、叉尾或方尾，个别楔尾 …………………………………………………… 鸥科 Laridae

1 鼻孔呈管状。上下缘由数枚角质片构成。上缘尖端有钩。前 3 趾间具满蹼，头部具有发达的鼻腺 … 2

2 嘴峰基部两鼻孔合为一孔，无中隔外露。尾多为叉形，似燕。腿细，有后趾 …… 海燕科 Hydrobatidae

2 两鼻孔并列于嘴峰基部，两孔间有中隔显露。后趾残存 ……………………… 鹱科 Procellariidae

2.5.4.2 习见海洋鸟类

鸥形目 Lariformes

鸥科 Laridae

黑尾鸥 *Larus crassirostris* Vieillot(图 2-326)

全长 420～485mm，脸缘沾朱红色；背、腰、两翅覆羽暗灰色；外侧初级飞羽黑褐色，其羽端缀以白色；次级和三级飞羽具白端；尾白色，具一宽阔的黑色近端斑。冬羽，后头和后颈有深色小斑。栖于有礁石的海滨及内陆大面积的水域。以鱼类、水生昆虫或动物尸体等为食。分布于沿海一带。

图 2-326　黑尾鸥

图 2-327　海鸥

海鸥 *Larus canus* Linnaeus（图 2-327）

全长 430～435mm。夏羽，头、颈部纯白色；肩羽、背、腰上部淡青灰色。第 1、2 枚初级飞羽黑色，先端处有白色带；第 3 枚以下大部分灰色，先端黑色。尾和下体纯白色。冬羽，头和后颈有灰褐色小纵斑。栖于港湾、河口和湖泊上空。多集群活动。

银鸥 *Larus argentatus* Pontoppidan（图 2-328）

全长 598～690mm。背部和两翅深灰色，翼端黑色。夏羽，头、颈深灰色，眼周黄色，肩羽有宽阔白色羽端。初级飞羽黑褐色，端部白色，第 1 枚初级飞羽内甲羽灰白色，内侧初级飞羽转为深灰色，最内侧数枚呈深灰色，下体纯白色。冬羽，头、颈部上面密布以灰褐色细纵纹。嘴黄色。栖于港湾、岛屿、岩礁和近海沿岸以及湖泊、江河附近。

灰背鸥 *Larus schistisagus* Stejneger（图 2-329）

全长 570～600mm，头白，额、颈灰白色，上体自肩、背至尾上覆羽均为灰白色；初级飞羽黑色，次级飞羽末端灰白色；大、中覆羽与飞羽相同，末端亦具灰白色斑。下体纯白色。栖于海岸的岩礁、海湾、港口和渔场。以小鱼、虾、螺、蛤类为食。

图 2-328　银鸥

图 2-329　灰背鸥

红嘴巨鸥 *Hydroprogne caspia*（Pallas）（图 2-330）

全长 455～450mm。额、头顶和枕部白色，杂有细密的黑色纵纹。后颈纯白色。上体肩、背、腰灰白色。尾上覆羽白色。尾羽黑褐色。初级飞羽灰黑色，羽干粗壮，乳白色。肋白色。栖于港湾、沿海一带。以鱼、甲壳动物等为食。分布于我国沿海各省（夏候鸟）。

白额燕鸥 *Sterna albifrons* Pallas（图 2-331）

全长 210～250mm，前额白色，头顶至后颈黑色；背、肩及两翼表面为珠灰色。最外侧 2 枚初级飞羽黑灰色，羽干白色，内甲羽具宽阔白缘；其余初级飞羽珠灰色，而具白色内缘；尾羽和下体纯白色。栖于湖泊周围沼泽芦苇丛以及沿海和岛屿。常集群活动。以鱼、虾、水生昆虫等为食。分布于东部各省、海南岛、台湾（繁殖鸟）。

大凤头燕鸥 *Thalasscus bergii*（Lichtenstein）（图 2-332）

全长 446～450mm，额白色，头顶和枕黑色；颈白色。上体的肩、背、腰和尾上覆羽灰褐色；尾羽灰褐色，羽干白色；翼上覆羽、飞羽和上体羽色相同，羽干白色；颊、眼下、颈侧和下体均呈纯白色。栖于港湾、河口以及岛屿周围。以鱼、虾和昆虫为食。分布于福建、广东、浙江及台湾、海南岛（留鸟）。

图 2-330　红嘴巨鸥

图 2-331　白额燕鸥

海燕科 Hydrobatidae

黑叉尾海燕 *Oceanodroma monorhis*（Swinhoe）（图 2-333）

全长约 180mm。全身灰褐色。额和翅上覆羽色泽较淡。栖于海洋。以水生动物为食，分布于山东、福建、广东（繁殖鸟、夏候鸟）。

鹱科 Procellariidae

白额鹱 *Puffinus leucomelas*（Temminck）（图 2-334）

全长 420～490mm，前额、头顶及颈侧白色，具褐色纵纹。上体暗褐色，中央各羽和尾上覆羽羽缘白色；翅黑褐色；下体白色。栖于海洋。多集群活动。以鱼为食。分布于辽宁、山东、江苏、浙江、福建、台湾（留鸟）。

图 2-332　大凤头燕鸥

图 2-333　黑叉尾海燕

图 2-334　白额鹱

2.5.5　习见海洋哺乳动物

2.5.5.1　习见海洋哺乳动物分科检索表

习见海洋哺乳动物分科检索表

1　四肢鳍状，趾间有蹼 ········ 2
1　前肢鳍状，后肢退化 ········ 3
2　耳壳明显；四肢裸露无毛，后肢能向前弯，有在地面行走的功能 ········ 海狮科 Otariidae
2　无耳壳；四肢被毛，后肢朝后，不能向前弯曲，没有步行功能 ········ 海豹科 phocidae
3　皮肤多皱褶，体表几乎无毛；唇周围多硬的触须；尾为扁平桨状的鳍，后缘内凹，呈新月形 ········ 儒艮科 Dugongidae
3　体形似鱼，皮肤裸露；唇周围无触须；尾端扩大成扁平尾鳍，后缘有或无缺刻。鼻孔位于头顶 ········ 4
4　头部大，前端钝。仅下颌牙齿有功能 ········ 抹香鲸科 Physeteridae
4　头前端不钝；上、下颌都有牙齿 ········ 5
5　上下颌几乎等长，无喙；额部不隆起 ········ 鼠海豚科 Phocoenedae
5　喙短或无喙；额部有一个相当大的额隆 ········ 海豚科 Delphinidae

2.5.5.2　习见海洋哺乳动物

鳍脚目 Pinnipedia

海狮科 Otariidae

海狗 *Callorhinus ursinus*（Linnaeus）（图 2-335）

雄性明显大于雌性。四肢鳍状，前肢用于游泳，后肢能朝前弯，可在陆上步行。耳略露出毛外。体被粗毛和绒毛。鳍状肢毛稀少，内侧完全裸露。背部银灰色，腹部红棕色。胸部有一白色或灰色斑，成年雄兽毛色深灰或近乎黑色。捕食鱼类和软体动物。在我国黄海、南海偶有发现。

北海狮 *Eumetopias jubatus*（Schreber）（图 2-336）

较海狗大，雄性个体大，雌性小，四肢鳍状，后肢能朝前弯，可在陆上步行。耳壳长约 5cm，明显露出周围的毛外。体毛黄褐色，胸至腹部色深；雌性色浅。在我国江苏启东黄海海域和辽宁大洼县曾有发现。

图 2-335　海狗

图 2-336　北海狮

海豹科 phocidae

斑海豹 *phoca largha* Pallas（图 2-337）

雄性略大于雌性。鳍状肢上均被毛，尾短小。成体灰黄色或深灰色，腹面乳黄色，背部多斑点。捕食鱼类、乌贼和甲壳类动物。分布于渤海、黄海。

图 2-337　斑海豹

鲸目 Cetacea

鼠海豚科 Phocoenedae

江豚 *Neophocaena phocaenoides*（G. Cuvier）（图 2-338）

头尾长 120～160cm。头圆，无喙，体粗。鳍肢较大，略呈三角形，无背鳍，只在相应部位有宽 3～4cm 皮肤隆起。全身蓝灰色，腹面色较浅或淡红色。栖息于热带及温带港湾及海岸附近，常在咸淡水交界处活动。

图 2-338　江豚

海豚科 Delphinidae

中华白海豚 *Sousa chinensis*（Osberk）（图 2-339）

头尾长 160～250cm。喙与额“V”形沟相隔。全身乳白色，背部有明显灰黑色色斑，腹部略带粉红色。幼体背部灰黑色，腹部白色。南海海域常发现。

图 2-339　中华白海豚

糙齿海豚 *Steno bredanensis*（Lesson）（图 2-340）

头尾长 200～275cm，背鳍高，略呈三角形，后缘内凹。上体呈黑色，布满白色、淡红色小斑点，腹面有不规则的大型白斑。喙狭长，其长度为宽度的 3 倍。上下颌每侧齿 20～27 枚，齿大，齿冠有纵行皱纹而显粗糙。分布南海。

图 2-340　糙齿海豚

宽吻海豚 *Tursiops truncates*（Montaga）（图 2-341）

头尾长 250～310cm，雄性略大于雌性。喙明显。背鳍位于身体中部，略呈三角形。背部蓝灰色，向腹部逐渐过渡为淡色。前额有深色带。见于我国沿海海海域。

图 2-341　宽吻海豚

真海豚 *Delphinus delphis*（ Linnaeus）（图 2-342）

头尾长 150～250cm，喙细长，额隆不明显。背鳍呈三角形，鳍肢末端尖。背部蓝黑灰色，体侧前部黄土色或灰白色，尾侧部灰色，腹面白色。从眼至肛门之间有 2 条灰色带纹，鳍肢基部至下颌有一条黑色带。我国沿海均有发现。

图 2-342　真海豚

灰海豚 *Grampus griseus* (G. Cuvier)(图 2-343)

头圆、无喙。吻宽，吻端变窄。上颌无齿，下颌前端每侧各有 2～7 枚齿，齿形大。全身灰色，仅背部蓝灰色，腹面浅灰色，有斑纹。见东海、南海及台湾海域。

图 2-343　灰海豚

虎鲸 *Orcinus orca* (Linnaeus)(图 2-344)

头圆，无喙，背鳍处身体最粗。背鳍高大，鳍肢宽大，末端圆形。体背黑腹白，界线分明。眼的后上方有卵圆形白斑，背鳍后有鞍形淡色斑，后腹部白，向体侧突入黑色区。上下颌一般都有 12 枚齿。

抹香鲸科 Physeteridae

抹香鲸 *Physeter macrocephalus* Linnaeus (图 2-345)

头部特大，约占体长的 1/3。鳍肢长 2m 左右。无背鳍，尾鳍宽 400～450cm。成体上下颌齿每侧 20～28 枚。全身灰蓝色。腹部稍淡，口角附近灰白色。栖息于热带及亚热带海域。见于东海及南海，台湾以南海域。

图 2-344　虎鲸

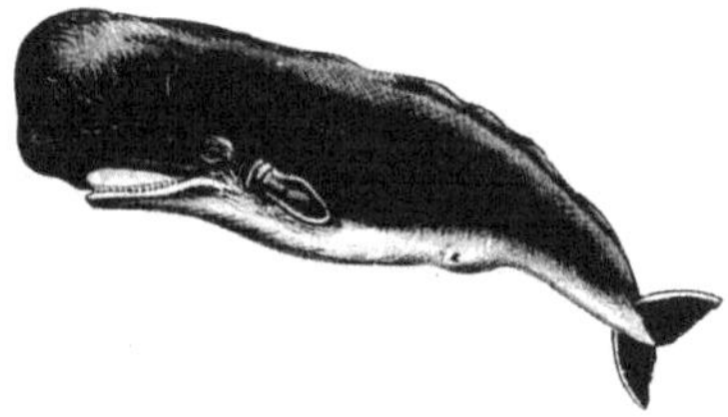

图 2-345　抹香鲸

第 3 章　淡水动物实习

淡水水域由泉、溪涧、河流、沼泽、湖泊、水库及坑塘等组成。有的是开放型的永久性水域，有的则可能是封闭型的暂时性水塘。淡水实习多选择湖泊、水库、河流等环境。

3.1　淡水动物实习环境简介

3.1.1　河流

河流不仅有大小、长短之分，有季节性与长期河流之分，而且河流分为上游、中游和下游三部分。河流上游地处山地森林区，无污染，人类干扰少，动物栖息活动生境多样，中游和下游常存在着环境污染和人类活动的严重干扰。河流由于水的流动性，水体的水温上下相近，溶氧量高，水体和水底质也经常的变动，河流中的水生生物具有与静水水体完全不同的生活环境，其动物区系也不同于其他水域。水深的河槽各项生态条件比较稳定，动植物最丰富；而浅滩由于生态条件极不稳定，动植物也最贫乏；由于沉积作用在河口地带，常形成广大的三角洲，此处也分布着一些动植物。因此，水流形式影响淡水水域中的动物群落区系，影响动物类群的生态分布，也决定着实习季节和地点的选择。华北地区主要的河流有滦河、海河、黄河等。

3.1.2　湖泊、水库

全国面积较大的淡水湖有洞庭湖、鄱阳湖、五大连池、艾定湖、镜泊湖、滇池以及高原湖区的青海湖等。华北有衡水湖、北五湖及密云水库、青铜峡水库、三门峡库区等用途及库容大小不同的各种水库。根据营养情况可将这些水域分为贫营养湖、富营养湖和腐殖质营养湖三种基本类型。贫营养湖多分布在瘦瘠的高原或山区；富营养湖分布在肥沃的平原上，湖的深度不大；腐殖质营养湖分布在森林地带，湖中腐殖质多，腐殖质溶解在水中可吸收无机盐类。湖水的类型决定和影响水域内的动物群落区系，决定并影响动物的区系分布。密云水库、青铜峡水库、豫北黄河故道、三门峡库区、衡水湖、北五湖、白洋淀、黄河三角洲和莱洲湾等是华北重要的淡水水域。在这里有形形色色水生动物，是进行淡水实习的好地方。

3.1.3 淡水水域环境的分区及特征

为了便于研究和了解水域及其中栖居的生物，人们根据水域各部分的物理、化学和生物特点，可以在一个水域中划分成若干级生活区，水域中最基本的生活区为水底区和水层区。前者包括所有水底部分，后者包括整个水层。下面以湖泊为例扼述各生活区的情况和特征如图 3-1。

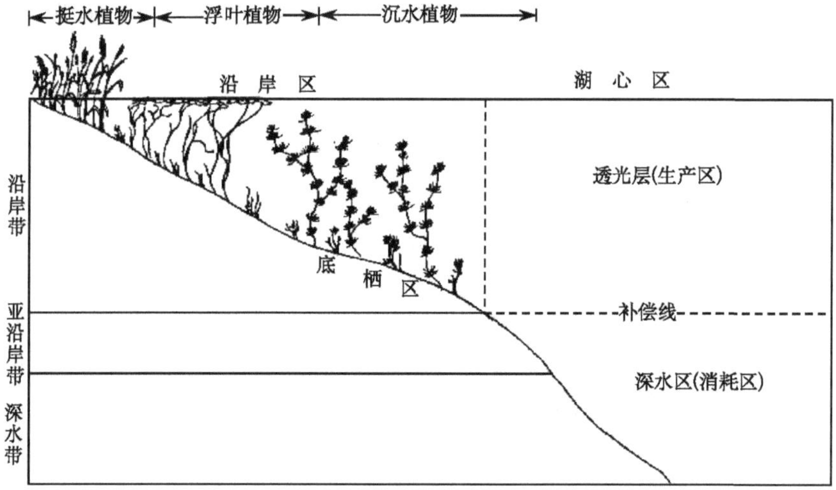

图 3-1 湖泊或水库的分区

3.1.3.1 水底区

自水边开始，沿水底直至湖泊最深处的整个湖盆底部都属于水底区。就其理化和生物学特性，又可划分为三个生态带：

(1) 沿岸带——由水边向下延伸到沉水植物生长的下限，深度一般为 6～8m。沿岸带具有：①水位常有变动；②波浪作用较强烈（水生植物多时可以减弱）；③水温变化幅度较大（在北方冬季通常冰冻）；④光照条件较好；⑤水中含氧量和溶解盐类较丰富等特点。

上述特点，有利于生物的生活。因此，这一带生物的种类、数量都较多，其中以软体动物和水生昆虫占绝对优势。就整个水底区而言，沿岸带是生物量最大的地带。

(2) 亚沿岸带——这一带为沿岸带以下至深水带的过渡区，一般没有大型植物生长，只生长有少数轮藻。有些老龄湖泊，这一带由死亡贝壳堆积，就光照条件、氧气状况与上一带相比都较差。因此，这一带生物的种类、数量都较少，但这一带波浪作用小，接近消失，温度变化幅度相对也小。在冬季沿岸带有些生物会移到亚沿岸带来越冬。

（3）深水带——亚沿岸带以下，全部深水部分的底部。这一带大都堆积着富含有机质的软泥。湖龄愈老底部愈平坦。光照条件微弱或没有光线；温度较低；氧气条件更差；环境稳定，周年变化小。这一带几乎没有植物生长，动物种类也十分贫乏，仅有少数昆虫（如摇蚊幼虫）、水蚯蚓等可以生活。

3.1.3.2　水层区

指整个水层部分。大而深的湖泊，按其水平方向又可分为两个区：

（1）沿岸区——指沿岸带以上的浅水部分。在沿岸区，光线透射到水底。

（2）湖心区——指沿岸区以外的开阔部分。

以上的分区，适合于大型的深水湖。在浅水湖就没有深水带及典型的湖心区。我国的湖泊，大都为浅水湖泊，平均水深不到 2m 因此没有深水带及典型的湖心区的理化条件及生物特性。

3.1.4　淡水水域常见动物

淡水水域常见动物有许多，低等动物包括各种轮虫、环节动物、软体动物和桡足类、枝角类、甲壳动物、昆虫等节肢动物。常见的淡水鱼类有青鱼、草鱼、鲢鱼、鳙鱼、鲤鱼、鲫鱼、鳊鱼、鲂鱼、黄鳝、泥鳅、麦穗鱼、鲇鱼、鳜鱼及乌鳢等。常见两栖类有泽蛙、金线蛙、黑斑蛙、中国林蛙、花背蟾蜍、中华蟾蜍、饰纹姬蛙等。常见爬行类有鳖、乌龟、虎斑游蛇和火赤链蛇等。鸟类主要是游禽和涉禽，常见种类有绿头鸭、斑嘴鸭、针尾鸭、白骨顶、红骨顶、苍鹭、白鹭、池鹭、白腰草鹬等。

3.1.5　淡水动物生态学调查方法

进入实习地，首先可将实习环境区分为河流、湖泊、水库；确定是静水还是流水，了解水生植物的分布概况；然后确定要进入的环境和实习内容，并选择需要的交通和调查工具，例如，进入水域不仅需要有小船，而且调查鱼类需要鱼网，调查桡足类等需要浮游生物网，调查底栖动物需要挖泥器等。用每网或数网（作为样方）捕获的动物种类数和生物量表示整个水域的动物群落结构；结合邻近水域的动物区系的调查结果进行分析，了解不同水域中动物的分布情况。既可评价不同调查方法及其结果的价值，还可以了解河流、湖泊、水库动物群落的变化规律，从而以动物群落结构变化作为显而易见的指标评价水质状况。依赖淡水生活的动物群落和环境的动态变化，评价周围工农业生产是否符合淡水水域保护和可持续发展的要求，为淡水水域的环境保护提供科学依据。

3.2　淡水水域常见无脊椎动物

3.2.1　原生动物门 Protozoa

3.2.1.1　鞭毛纲 Mastigophora

绿眼虫 *Euglena viridis* Ehrenberg（图 3-2）

体长 50～60μm，纺锤形，前端钝圆，后端稍尖，前端有一凹陷，即胞口，从中伸出一条鞭毛。近前端处有红色眼点。在虫体中部稍后有一大而圆的核。体表覆以具弹性的、带斜纹的表膜。生活时，体呈绿色。

喜生活在有机质丰富的水沟、池塘、湖沼或缓流中，是动物学的重要实验材料，也可作为有机物污染环境的指示生物，以确定污染程度。是一种最常见的世界性分布的鞭毛虫。大量繁殖时可使水体变绿。

梭形眼虫 *Euglena acus* Ehrenberg（图 3-3）

体长 50～170μm，长纺锤形，前端平截，从中部后端高度尖削，鞭毛较短，运动迟缓且形状较固定。

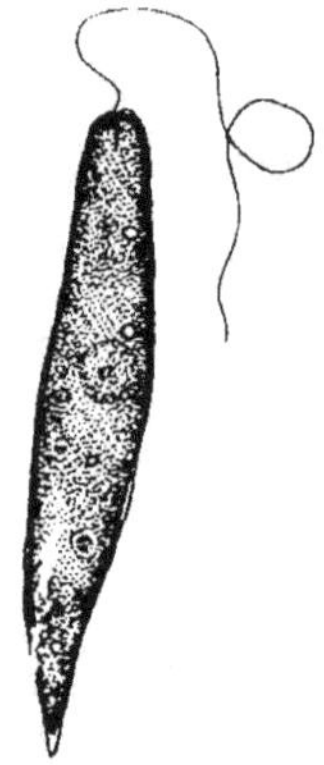

图 3-2　绿眼虫

图 3-3　梭形眼虫

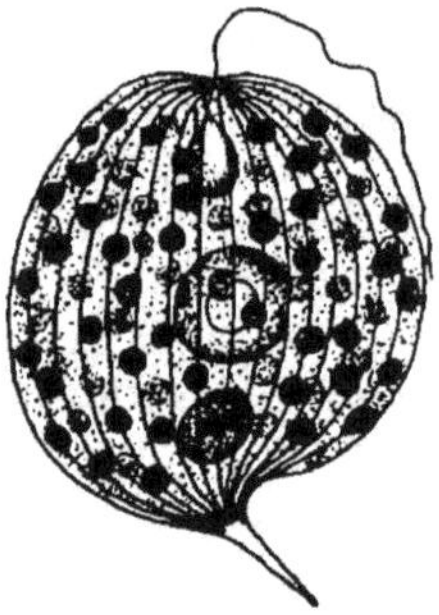

图 3-4　短尾扁眼虫

图 3-5　长尾扁眼虫

短尾扁眼虫 *Phacus pleuronectes* Müller（图 3-4）

体极扁不对称，长 40～100μm，宽 30～70μm，形态固定。鞭毛与身体等长，体后端突起短而略弯。体色黄绿色。表膜具纵向或螺旋形排列的线纹、点纹或颗粒。色素体多呈圆盘形，多数。副淀粉粒大，环状、圆盘形或球形，单鞭毛，具眼点。

长尾扁眼虫 *phacus longicauda Ehrenberg*（图 3-5）

体形似上种但个体较大，体长可达 82～160μm，宽 54～70μm，后端具细长尖尾。

莱哈衣滴虫 *Chlamydomonas reinhardi* Dangerard（图3-6）

体呈卵形或椭圆形，体长5～20μm，不超过体宽的3倍，鞭毛2根，与身体几乎等长，具杯状叶绿体，喜生活在较污的池坑中，尤以夏秋为多见，常在沟池中水面上漂浮的一层新黄色的泡沫即为莱哈衣滴虫。莱哈衣滴虫常与盘藻生活在同一环境中。

聚盘鞭虫 *Gonium sociale* Dujardin（图3-7）

为单细胞群体，常有4、16、32个衣藻型细胞排列成扁平状群体。细胞长10～22μm，宽6～16μm。

盘藻虫 *Gonium pectorals* Müller（图3-8）

为单细胞群体，常有4、16、32个衣藻型细胞排列成扁平状群体。群体径70～90μm；细胞长5～14μm，宽10μm。

图3-6 莱哈衣滴虫

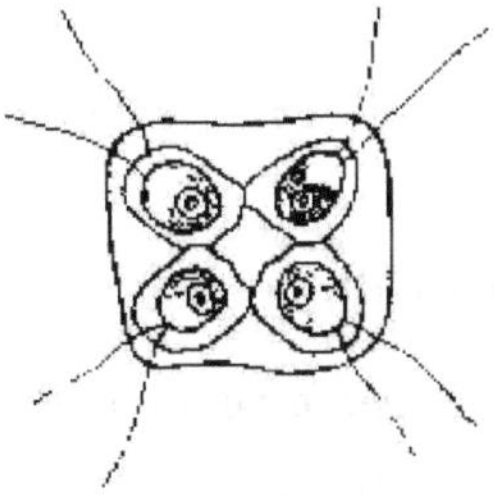

图3-7 聚盘鞭虫

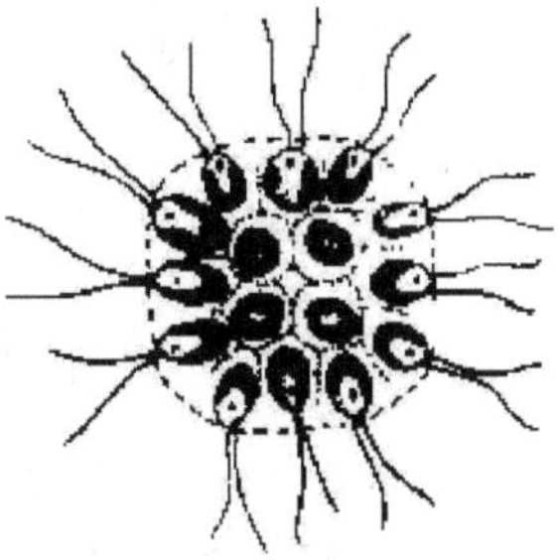

图3-8 盘藻虫

桑椹实球藻虫 *Pandorina morum* Müller（图3-9）

群体具胶被球形、椭圆形，由4、8、16、32（常为16个）细胞组成。群体径250μm，细胞径9～17μm。群体细胞彼此紧贴，位于群体中心，细胞与细胞之间常无空隙，或仅在群体的中心有小的空间。细胞球形、倒卵形、楔形，前端中央具2条等长顶生的鞭毛，其基部具2个伸缩泡。色素体多数为杯状，具1个或几个蛋白核，有1个眼点。实球藻属的种类是养鱼池塘等有机质含量较多的小水体及浅水湖泊中最常见种类之一，有时可成为优势种群。

秀丽空球藻虫 *Eudorina elegans* Ehrenberg（图3-10）

群体球形或卵形，由16、32、64个细胞组成，群体径50～200μm；细胞径12～24μm。群体细胞彼此分离，有规则地排列于群体胶被的周边，群体胶被表面平滑，个体胶被彼此溶合。细胞球形，前端向群体外侧，中央具2条等长，顶生的鞭毛，鞭毛基部具备2个伸缩泡。眼点1个位于细胞前端。该属种类同实球藻属一样，属常见种属之一，尤以含有机质较丰富的小水体内更易大量出现，可在鱼池中形成优势种群。

金团藻虫 *Volvox aureus* Ehrenberg（图 3-11）

由数百个至数千个衣藻型细胞构成的群体。群体径 500～800μm。喜欢生活在小水洼中，但维持时间较短。在夏末秋初季节中午时的阵雨之后，乡间路旁沟洼处积水经几天曝晒后，可能有团藻的发生。

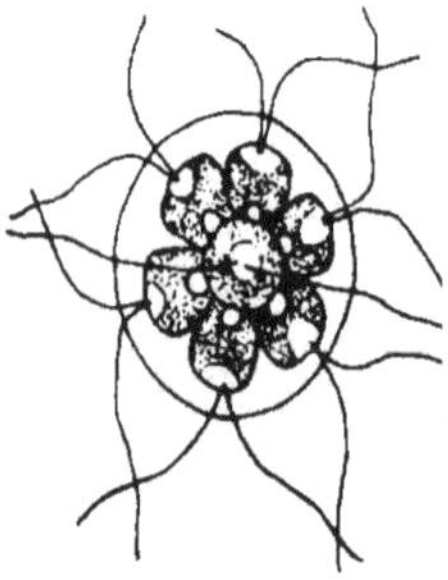
图 3-9　桑椹实球藻虫

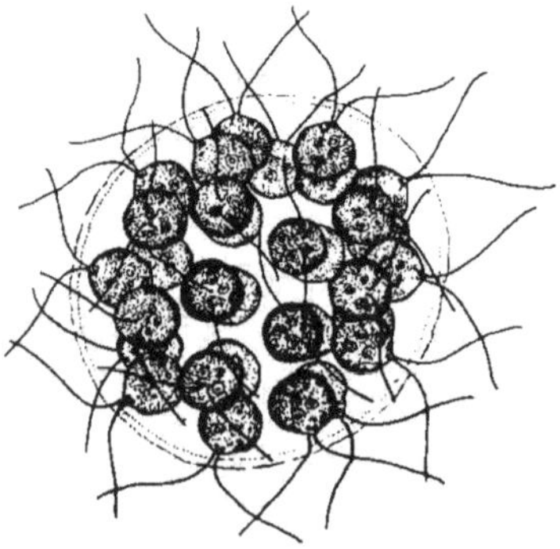
图 3-10　秀丽空球藻虫

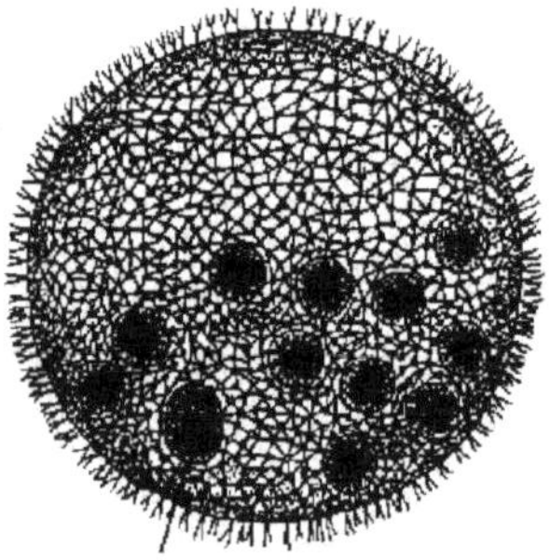
图 3-11　金团藻虫

3.2.1.2　肉足纲 Sarcodina

大变形虫 *Amoeba proteus* Pallas（图 3-12）

体形较大 200～600μm，宽 100～120μm。体形不断改变，伪足指状。细胞核 1 个，盘状。

辐射变形虫 *Amoeba radiosa* Dujardin（图 3-13）

体形小，体直径 15～30μm，伪足 3～10 个针状或辐射状，伪足最长者超过体长 4～5 倍，常漂浮于水面，有时伪足稍缩短甚至失去放射状特征而与一般小变形虫相似，但时间稍长又会恢复放射状特征。

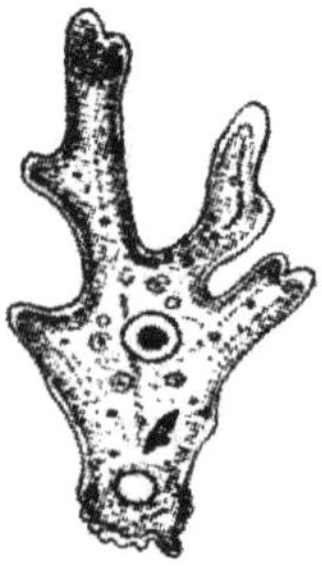
图 3-12　大变形虫

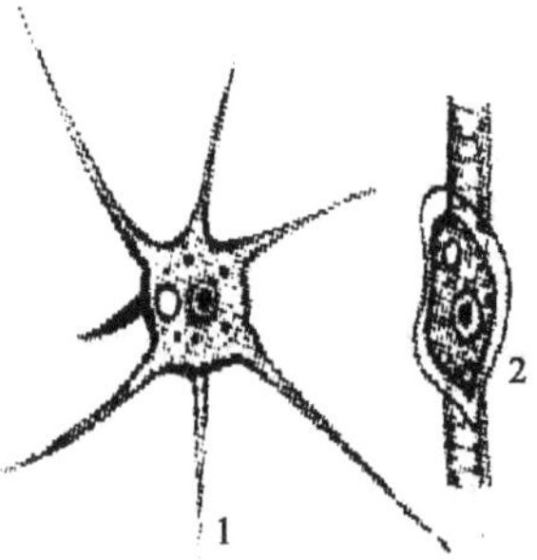

图 3-13　辐射变形虫

1. 正常状态 2. 摄食时伪足已收缩

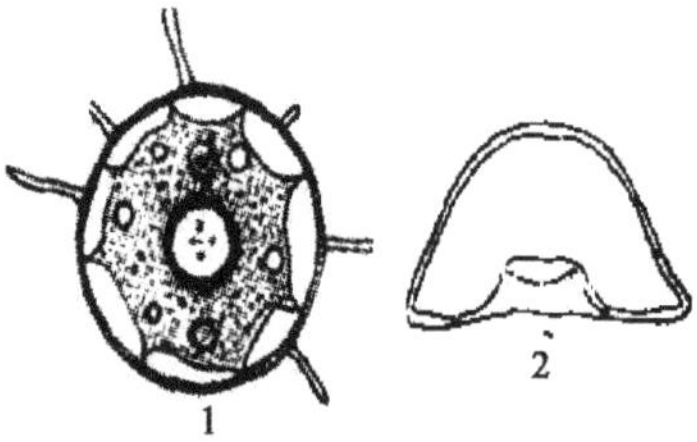

图 3-14　普通表壳虫

1. 顶面观 2. 侧面观

普通表壳虫 *Arcella vulgaris* Ehrenberg（图 3-14）

体具外壳半圆形，背面隆起，腹面稍平，壳直径 100～150μm，壳高 50～75μm，壳高约为直径的 1/2。壳腹面中央有一孔，壳孔直径 30～45μm，透明的叶状伪足由此孔伸出捕食，伪足 5～6 个。伸缩泡 4～6 个。细胞核 2 个。成虫多为黄色，老熟者呈深褐色，为世界性分布的最常见类群。

放射太阳虫 *Actinophrys sol* Ehrenberg（图 3-15）

体圆形，直径 25～50μm。细胞核 1 个，位于体中央，原生质分化不明显，呈泡沫状，伪足放射状，每一伪足内有一根坚硬轴丝贯穿足的全长，常见种。放射太阳虫是浮游生物的重要组成部分，为鱼类的自然饵料。

珊瑚变形虫（蝙蝠变形虫）*Amoeba gorgonia* Penard（图 3-16）

体形稍纵长但多变化，体长静止时 50～60μm，行动时 60～100μm。指状伪足从"圆球"本体伸出，伪足末端浑圆。生活于沉水植物较多的水体。分布广泛。

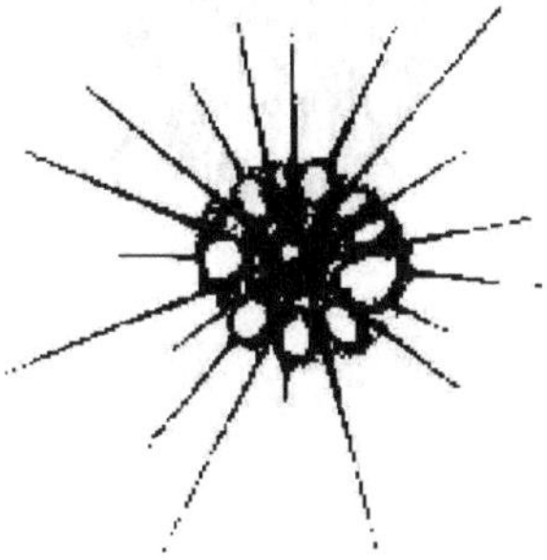

图 3-15　放射太阳虫

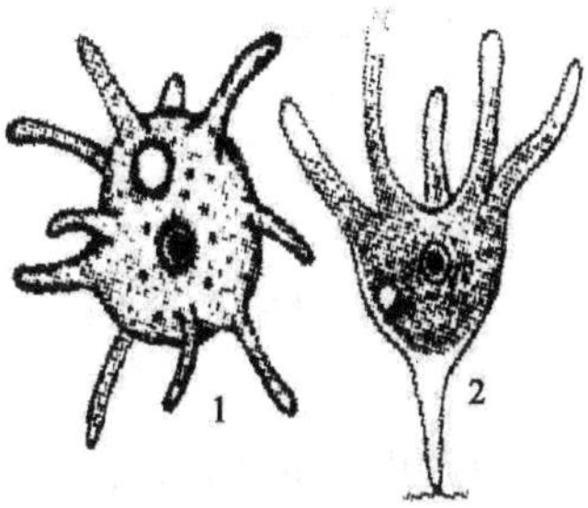

图 3-16　珊瑚变形虫
1. 平面观 2. 直立观

图 3-17　尾草履虫

3.2.1.3　纤毛纲 Ciliata

尾草履虫 *Paramecium caudatum* Ehrenberg（图 3-17）

体形似草鞋底。体长 180～300μm，宽 42～75μm，宽为长的 1/4～1/3。伸缩泡 2 个，位于体长 1/2 和 3/4 处。食物泡多。大核椭圆形，小核圆形。位于大核凹处。

双小核草履虫 *Paramecium aurelia* Ehrenberg（图 3-18）

体短圆筒形，个体较小，后半部稍许膨大。末端钝圆，大核 1 个，小核 2 个，附着于大核的一侧或两侧。体长 150～180μm，宽 45～54μm。

苔藓膜袋虫 *Cylidlum muscicola* Kahl（图 3-19）

体呈宽短卵圆形。口围达体长的 2/3，伸缩泡在中部略偏后，大核在虫体前半部。体后端钝圆，有尾纤毛伸出。

尖毛虫 *Oxytricha* sp.

体椭圆形，具伸缩性，腹面扁平，背面隆起，具 8 根前棘毛，5 根腹棘毛，5 根肛棘毛和若干尾棘毛。大核通常 2 个，生活环境与草履虫相似，以细菌和鞭毛虫为食。

栉毛虫 *Didinium* sp.

体圆桶形，体长 60～200μm，具一层或数层栉状纤毛。前端呈圆锥形突起，形成胞吻。口位于突起吻之顶端。大核 1 个马蹄形，伸缩泡位于体后端，捕食其他纤毛虫。栉毛虫为淡水中常见属之一。

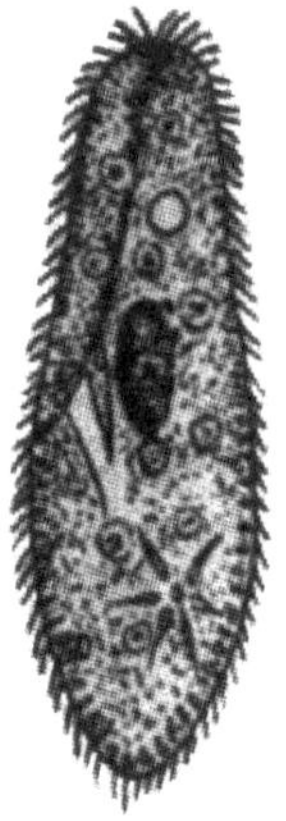

图 3-18　双小核草履虫

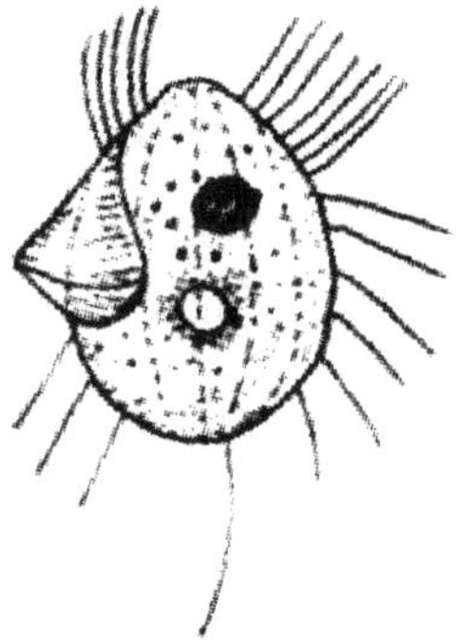

图 3-19　苔藓膜袋虫

图 3-20　游仆虫

漫游虫 *Litonotus* sp.

体纵长而扁，前端有一伸长的颈部，胞口位于体侧，呈狭长裂缝状，伸缩泡 1 个，位于体后，大核通常 2 个，圆形，且并列在一起。该属种类在淡水中常见。

游仆虫 *Euplotes* sp.（图 3-20）

体卵圆形，腹面扁平，体长 40～120μm，腹面有坚硬的刺状触毛，前触毛 6～7 根，腹触毛 2～3 根，臀触毛 5 根，尾触毛 4 根。大核一个，长带形。

喇叭虫 *Stentor* sp.（图 3-21）

体喇叭状，体长 200～300μm，具高度伸缩性，除漂浮生活外还能用尖削后端附着于他物上，唇带位于前端，身体其他部分纤毛短而细，伸缩泡位于胞口左侧，大核念珠状。

梨形四膜虫 *Tetrahymena pyriformis*（Ehrenberg）

体小，梨形，体长 40～60μm，前端稍尖，后端浑圆，长宽之比约为 2∶1，全身纤毛分布均匀。大核圆形，位于体中部，小核一个，附着于大核上。以细菌为食。分布十分广泛，为世界性种类。尤以被人畜粪便污染的水体数量更多。

钟形虫 *Vorticella* sp.（图 3-22）

体形似倒置的钟，口缘常向外扩展成“缘唇”，具一个可伸缩的柄，大核带状，伸缩泡 1～2 个。单体丛生，附着生活。

单缩虫 *Carchesium* sp.（图 3-23）

体形似钟虫，但已形成群体，群体的柄分枝，个体附着于柄末端。由于群体柄内的肌丝在分枝处不相连，因此受刺激时仅受刺激的个体才会发生收缩，单缩虫类大的可达 6～7mm。常见的有螅状单缩虫 *Carehesium polypinum* Linné。

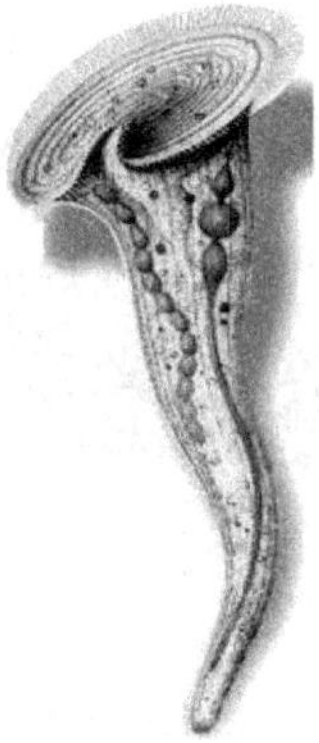

图 3-21　喇叭虫

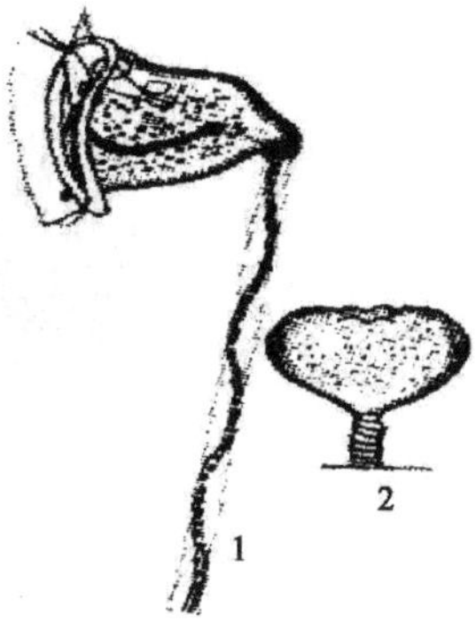

图 3-22　钟形虫

1. 伸展的个体 2. 收缩的个体

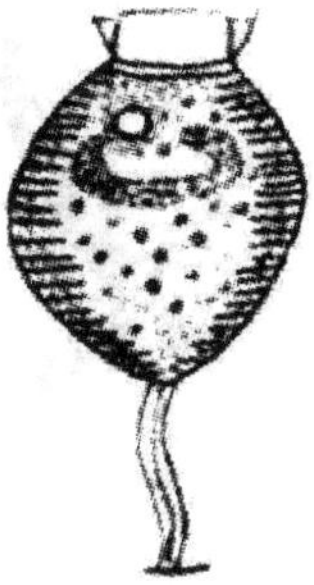

图 3-23　单缩虫

3.2.2　腔肠动物门 Coelenterata

水螅 *Hydra* sp.（图 3-24）

身体圆柱状，体壁由 2 层细胞构成，内部为消化循环腔。下端被称为基盘，富于黏腺，借以附着于水中物体上，另一端游离，中央有星形口位于圆锥形垂唇上，口的周围有 6～10 条细长触手，为捕食器官。

生活在水草丰富、水流较缓的清澈淡水中。分布广，常采集、培养用作实验材料。

寡柄水螅 *Pelmatohydra oligactis*（pallas）

属于柄水螅属。体形似普通水螅。触手数目一般为 5～8 条，具有明显的柄，但从组织结构上看，柄部细胞和组织与体部有明显的差异，且柄部不生芽体，也无生殖腺发生。生活环境与普通水螅相同。

绿水螅 *Chlorohydra viridissima* Trembley

属于绿水螅属。水螅体较粗壮，触手 6～7 条，因内胚层细胞中有绿藻共生，故体显淡绿色。绿水螅在我国南、北方均有分布。生活环境与上面两种相同。

沙瓦桃花水母 *Craspedacusta sowerbyi* Lankester（图 3-25）

属于水螅纲，淡水水母目 Limnomedusae。在我国各地均有分布。水螅体很小，极不发达，仅 1.5mm 长；水母体发达，伞的直径为 15～22mm。4 条辐管下具有粉红色生殖腺，伞周围有较厚的缘膜，触手依其长度可分为 7 级，数目在 50～300 条不等。

图 3-24　水螅

图 3-25　沙瓦桃花水母

3.2.3　扁形动物门 Platyhelmintes

日本三角涡虫 *Dugesia japonica* Ichikawa et kawakatsu（图 3-26）

前端钝，尾端尖。背面黄褐到棕红褐色，腹面色浅。头三角形，两侧耳状突发达。眼点 1 对。腹面中间稍后有口和咽，咽长为体长的 1/5～1/6。一条前肠干有 10～20 个侧支，两条后肠干各有 15～18 个侧支。生殖孔位于口和尾尖的中间。卵巢 2 个，位于肠的第 2、3 突膨部之间；睾丸位于卵巢后部。

分布于我国中部、北部和台湾。

山地细涡虫 *Phagocata vivida*（Ljima et kaburaki）（图 3-27）

体前端呈截状，中央稍弓形，两侧耳突十分显著。尾部钝尖或圆形。背面浅灰色到黑色。2 个眼点。前肠干有 10～12 分支，两后肠干各有 10～12 侧支。咽内肌带由宽内环肌层连接咽腔内上皮和一窄的外纵肌层组成，外肌带由薄的外纵肌层和内环肌层组成。1 对卵巢，较大，位于肠第 2 分支的下部。睾丸位于卵巢到体后端的腹部和背部。栖息于终年常流水的河川源头和冷泉溪流中的石块下。分布于我国北方。

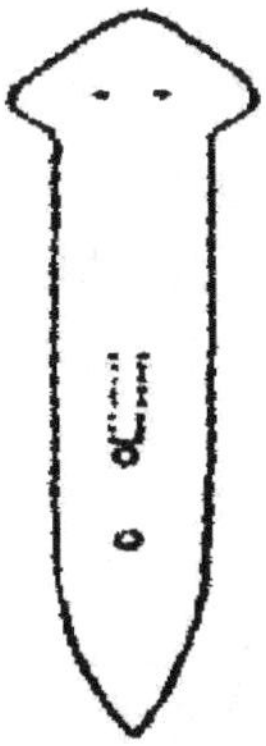

图 3-26　日本三角涡虫

图 3-27　山地细涡虫

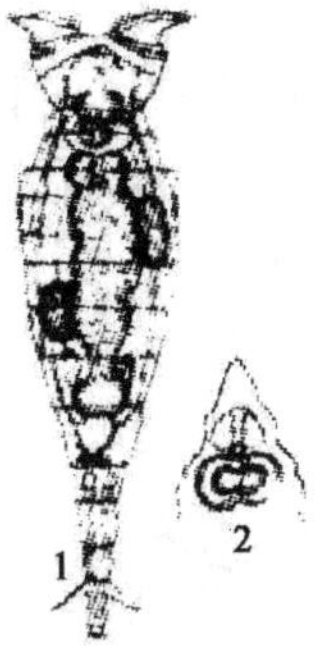

图 3-28　转轮虫
1. 背面 2. 吻伸出的状态

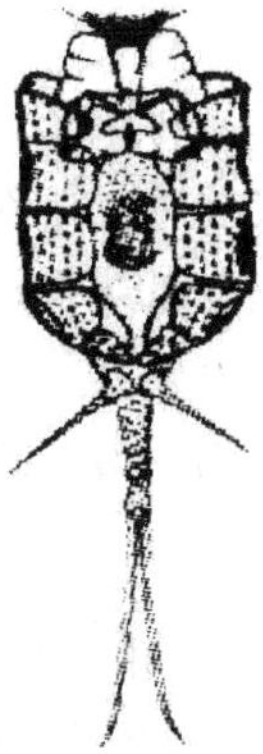

图 3-29　台杯鬼轮虫

3.2.4　轮虫动物门 Rotifera

转轮虫 *Rotaria rotatoria* Pallas（图 3-28）

体长 450～1050μm，刺戟 28～40μm。头冠有 2 个明显轮盘，向前展开；头冠缩入时吻可伸出。足末端的 3 个趾比较长。

栖息于沼泽、池塘及浅水湖泊的沉水植物之间，底栖爬行，也可自由游动。分布较广。

台杯鬼轮虫 *Trichotria pocillum*（O. F. Müiller）（图 3-29）

头与躯干圆筒形，长 155～176μm，侧缘光滑无锯齿，躯干后半部柱形。第 1 足有 2 根长刺，长 38～42μm，趾长 69～84μm。末节下端中央有小刺。

广栖于沼泽、池塘及浅水湖泊中。

裂足简尾轮虫 *Schizocerca diversicornis*（Daday）（图 3-30）

被甲光滑而透明，长卵形，前半部较后半部阔，不包括前后两端的棘状突起在内。前端具有 2 对棘状突起，中间 1 对突起小而短，侧边 1 对较粗长，于身体后端足孔两旁伸出 1 对不对称的棘状突起，右侧 1 根突起长，左侧的很短。足伸出后很长，足表面具环纹，在后端略为全长的 1/4 部分裂开呈叉形，每个叉的末端具有 1 对大小稍有不同的爪状趾。该属仅 1 种。尤以坑塘等浅水水域最为常见，是典型的浅水优势种，春、秋两季常大量出现。

花箧臂尾轮虫 *Brachionus capsuliflorus* Pallas（图 3-31）

被甲宽 150μm，长 135μm。棘突 3 对。足孔位于一个显著管状突上，后端棘状突长 63μm。广泛分布于各类水体内，能适应生活于碱性水体。

龟甲轮虫属 *Keratella*（图 3-32、图 3-33）

背甲隆起，腹甲扁平，背甲上具有线条纹，把表面隔成有规则的中块，背甲前端总有 3 对棘刺，后端浑圆，或具有 1～2 个棘刺。无足。本属种类虽不多，但分布却很广，且数量多，为普通常见种，它们都是典型的浮游种类。常见螺形龟甲轮虫 *Keratella cochlearis*（Gosse）（图 3-32），矩形龟甲轮虫 *Keratella quadrata*（Müller）（图 3-33）。

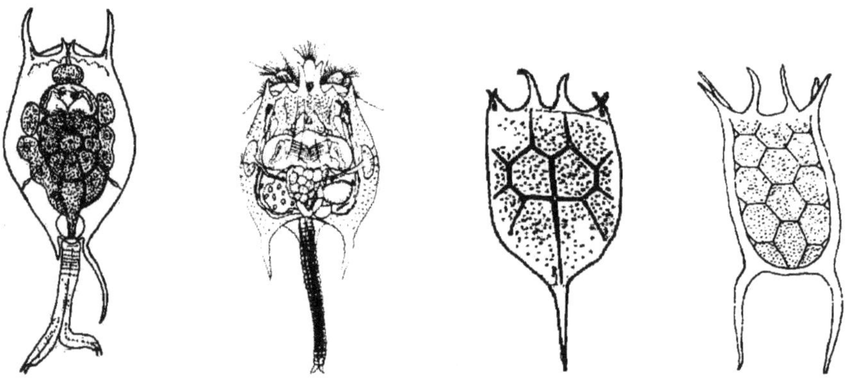

图 3-30　裂足臂尾轮虫 图 3-31　花箧臂尾轮虫 图 3-32　螺形龟甲轮虫 图 3-33　矩形龟甲轮虫

龟纹轮虫属 *Anuraeopsis*

被甲由 1 片背甲和 1 片腹甲愈合而成，光滑，前、后两端均无棘刺，无足。在被甲后端，由泄殖腔口突出一大而呈薄膜的泡状结构，这不仅生在足的位置上，且具有足的功能。常见裂痕龟纹轮虫 *Anuraeopsis fissa*（Gosse）。

3.2.5　环节动物门 Annelida

日本医蛭 *Hirudo nipponia* Whitman（图 3-34）

体狭长，长 30～50mm，宽 4.0～5.0mm。眼 5 对。背面有 6 道纵纹，中间 2 条最阔。体环 103 个。后吸盘碗状。栖息于水田、沼泽、鱼塘等水体。可吸吮人血，应注意防除。分布较为广泛。

腹平扁蛭 *Glossophonia complanata* Linnaeus（图 3-35）

体长 15～30mm，宽 5.0～9.0mm。眼 3 对，第 2 对最显著。背中线两侧各有 1 条棕褐色的纵行斑点构成的线。体环 68 条。前、后吸盘小，圆形。多栖息于池塘、河川等静水流中，受惊后蜷成球形。世界性分布。

宽体金线蛭 *Whitmania pigra* Whitman（图 3-36）

体长 60～130mm，宽 13～22mm。眼 5 对。背暗绿色，有 5 条由黑色和淡黄色相间组成的纵行斑纹，背中线 1 条较深。腹两侧各有 1 条淡黄色纵纹。体环数

107 条。能刺伤皮肤，但不吸血。分布普遍，水田及湖沼中常见。

水丝蚓 *Limnodrilus* sp.（图 3-37）

本属种类体长 35～65mm，口前叶圆锥形，体褐红色，后部呈黄绿色，背部仅具钩状刚毛，末端有两叉，腹刚毛形状相似，环带明显，在Ⅺ～1/2Ⅻ节，呈戒指状。

图 3-34　日本医蛭

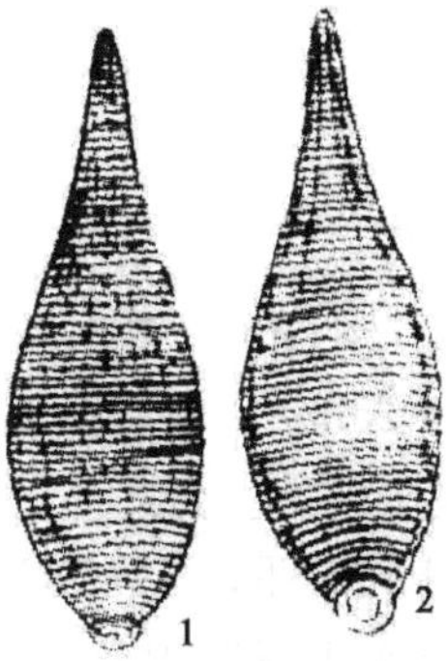

图 3-35　腹平扁蛭
1. 背面观 2. 腹面观

图 3-36　宽体金线蛭

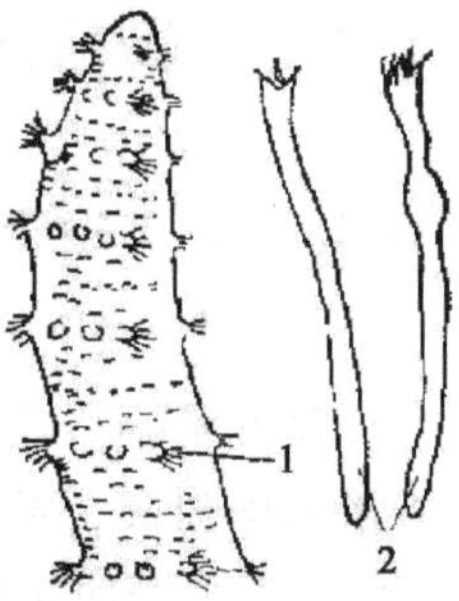

图 3-37　水丝蚓身体一部分
1. 刚毛 2. 刚毛放大

正颤蚓 *Tubifex tubifex*（Müller）（图 3-38、图 3-39）

本属种类体微红，体长一般在 10mm 左右，口前叶稍圆。自第 2 节开始出现背刚毛、发状，腹刚毛每束 3～6 条，针状刚毛有两个长叉，中间有 2～12 个细齿。分布广，能耐受高度缺氧，常为严重污染区的优势种群，如中华颤蚓。分布广。

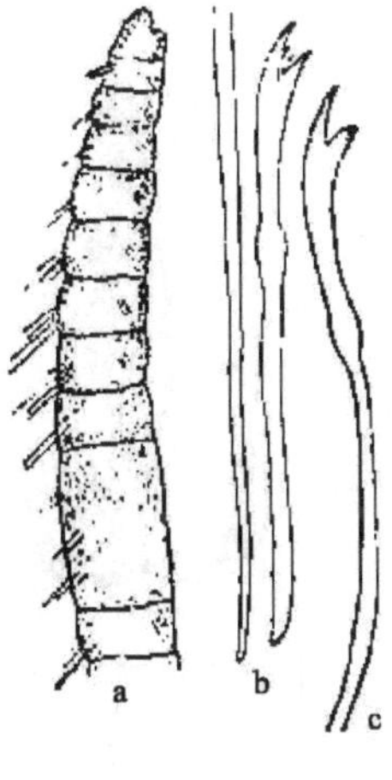

图 3-38　正颤蚓
a. 虫体前端侧面观；
b、c. 背及腹刚毛

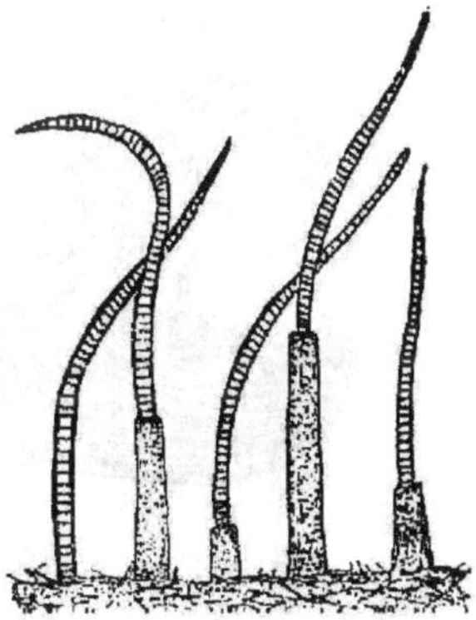

图 3-39　颤蚓的生栖状态

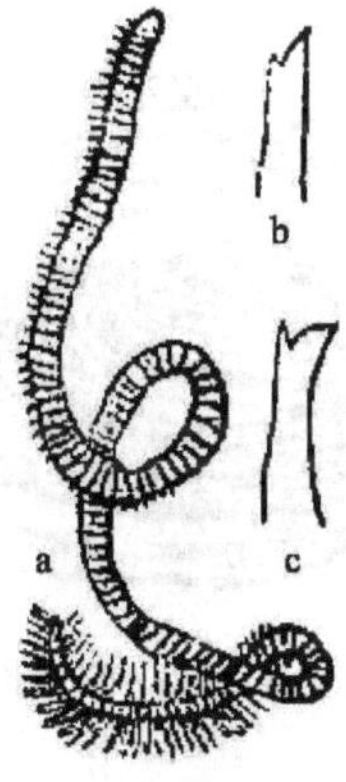

图 3-40　苏氏尾鳃蚓
a. 整体；
b、c. 体前和体后刚毛

苏氏尾鳃蚓 *Branchiura sowerbyi* Beddard（图 3-40）

为颤蚓科中最大的种类，体长达 150mm 以上，虫体淡红或淡紫色，自体后部约 1/3 处开始，每一体节有 1 对丝状鳃，着生于背腹两面，且体节最前面的最短，向后依次渐增长，约 60～160 对。其寿命可长达一年之久，如苏氏尾鳃蚓。世界性分布。

3.2.6 软体动物门 Mollusca

3.2.6.1 瓣鳃纲 Lamellibrachia

圆顶珠蚌 *Unio douglasiae* Gray（图 3-41）

又称蛤蜊、杜氏蚌。壳长 55mm，高 25mm，长约为高的 2 倍，宽 18mm。外形长椭圆形，壳质薄而坚硬。贝壳两侧不对称。壳前部短而圆，后部伸长，末端稍窄扁。壳顶部大，略突出于背部，位于壳前部，壳顶位于壳前部 1/3～1/4 处。栖息于湖泊、河流、水库及池塘沿岸。分布于我国中东部大部分省区，是常见种类。

三角帆蚌 *Hyriopsis cumingii*（Lea）（图 3-42）

又称水壶、江贝、翼蚌。贝壳大而扁平，壳长 190mm，高 90mm，宽 31～240mm。前背缘短小，尖角状，与前缘相连，形成后背缘向上突起呈三角形帆状后翼，约占全面 1/4。韧带长，铰合部发达。栖息于常年水位不大、水质清、水流急、底质硬或沙底的湖泊及河流中。为我国特有种，也是我国淡水育珠的优良品种，分布于河北、山东、安徽、江苏、浙江、江西、湖北、湖南等省。

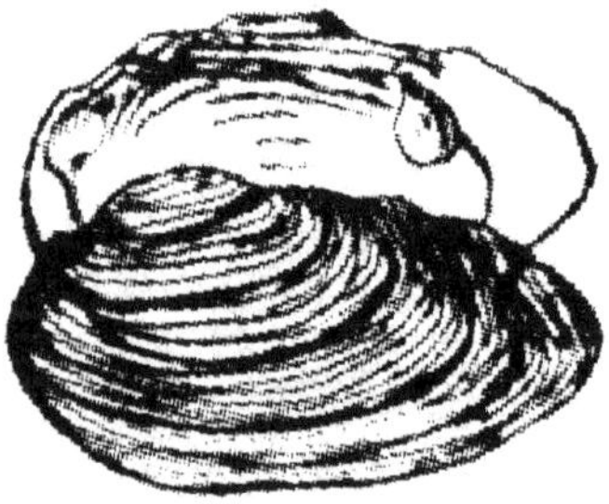

图 3-41　圆顶珠蚌

图 3-42　三角帆蚌

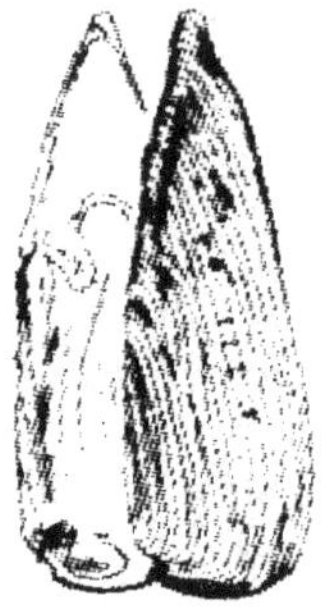

图 3-43　剑状矛蚌

剑状矛蚌 *Lanceolaria gladiola* Heude（图 3-43）

壳长 110mm，高 30mm，宽 20mm，壳厚、膨胀，两侧不对称，外形剑状。铰合部发达，左壳有拟主齿及侧齿各 2 枚，右壳有 2 枚拟主齿，1 枚侧齿。栖息于湖泊、河流、池塘内。分布于河北、山东、安徽、江苏、浙江、江西、湖北、湖南等省。

圆背角无齿蚌 *Anodonta woodiana pacifica*（Heude）（图 3-44）

壳长可达 180mm，高 115mm，宽 65mm。壳两侧不对称。后背缘有一钝角突起。韧带坚固。分布于我国东部、东北各省区。

河蚬 *Corbicula fluminea*（Müller）（图 3-45）

壳长为 40mm，高 37mm，宽 20mm。贝壳中等大小，成体壳长 40mm，高 37mm，宽 20mm 左右。壳质厚而坚硬，两壳膨胀，外形为正三角形。壳面黄绿或黑褐色，并有光泽，具有同心圆排列的较粗的生长轮脉。壳两侧略对称。铰合部发达。左右两壳各有 3 枚主齿及弧形片状的前、后侧齿。左壳有前、后侧齿各 1 枚，右壳有前、后侧齿各 2 枚。分布广、数量大。栖息于我国大部分省区的淡水、咸淡水的江河、湖泊、沟渠、池塘内，尤以江河入海咸淡水交汇的江河中量大。分布于黑龙江、吉林、辽宁、河北、河南、山东、安徽、浙江、江苏、江西、湖北、湖南、福建、台湾、广东、广西、云南、四川、陕西、山西、甘肃、宁夏及内蒙古等省区。为人工养殖对象。

湖球蚬 *Sphaerium lacustre*（Müller）（图 3-46）

壳长 11mm，高 9mm，宽 4mm。肩部薄而脆。贝壳两侧略对称。壳内部呈白色，无珍珠层。铰合部弱，壳有 1 枚主齿，2 枚片状侧齿，左壳有 2 枚主齿，前、后侧齿各 1 枚。栖息于沼泽地区水塘、沟渠、河流及湖泊内，尤喜生活于近郊污水河道内。分布于内蒙古、新疆、黑龙江、河北、山东、江苏、江西等省区。

图 3-44　圆背角无齿蚌

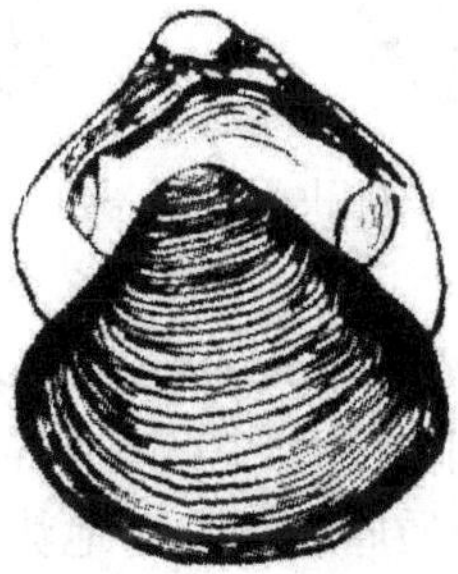

图 3-45　河蚬

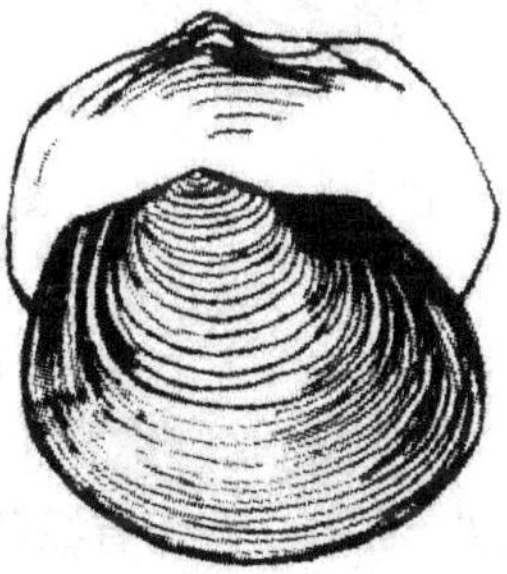

图 3-46　湖球蚬

3.2.6.2　腹足纲 Gastropoda

中国圆田螺 *Cipangopaludina chinensis*（Gray）（图 3-47）

又称螺蛳、蜗螺牛。壳高约 60mm，宽 40mm，贝壳薄而坚固，壳体圆锥形，螺层 6～7 个，缝合线明显。螺旋部高起呈圆锥形，其高度大于壳口高度。生长线细密而明显。缝合线极明显。壳口卵圆形，壳口上方有一锐角，脐孔呈缝状。厣角质，黄褐色。栖息于湖泊、水库、河流、沟塘等多水草处。卵胎生。分布于我国大部分省区。

中华圆田螺 *Cipangopaludina cathayensis*（Heude）（图 3-48）

本种较中国圆田螺略小，成体壳高 50mm，宽 35mm 左右，外形卵圆形。有 6～7 个螺层，各螺层宽度增长迅速，壳面膨胀，螺旋部短而宽，体螺层极膨大。脐孔缝状。厣与前种相同。栖息环境与习性皆与中国圆田螺相同。

静水椎实螺 *Lymnaea stagnalis*（Linnaeus）（图 3-49）

壳薄，半透明，体螺层膨胀，无厣。

方形环棱螺 *Bellamya quadrata*（Benson）（图 3-50）

又称湖螺、石螺、金螺、豆田螺。壳高约 28mm，宽 15mm，壳质厚而坚固，外形呈长圆锥形，螺层 7 个。壳顶尖。螺旋部高为 2/3 壳高。体螺层螺棱显著。脐孔不明显，有角质厣。栖息于水深 0.7～1.5m 的湖泊、河流、沟渠及池塘中。分布于我国东南各省区。

图 3-47　中国圆田螺

图 3-48　中华圆田螺

图 3-49　静水椎实螺

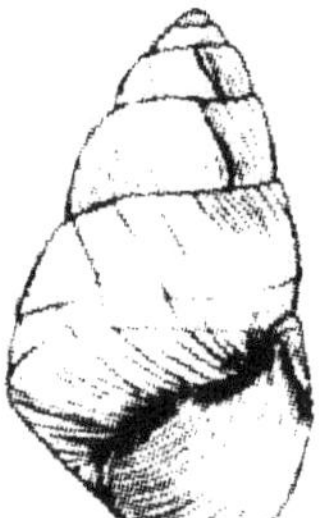

图 3-50　方形环棱螺

钉螺 *Oncomelania hupensis* Gredler（图 3-51）

又称湖北钉螺。小型，壳高 7.0～10.0mm，宽 3.0～4.0mm，厚而坚，螺层 6～9 个。壳面有纵肋。有角质厣。栖息于地势低洼水流缓慢的平原地区，如安徽、江苏、浙江、江西、湖北、湖南、广西、山东等地。

耳萝卜螺 *Radix auricularia*（Linnaeus）（图 3-52）

又称响螺、痕螺。壳高 24mm，宽 18mm，壳口高 21mm，壳质薄或略透明，有 4 个螺层。螺旋部极短而尖锐，体螺层极膨大。壳口极大，向外扩张呈耳状。螺轴略扭转呈“S”形，有脐孔，位于轴褶后边。本种为肝片吸虫的中间宿主。栖息于 pH6.0～9.0 的水域环境中。分布于我国大部分省区。

纹沼螺 *Parafossarulus striatulus* (Benson)(图 3-53)

贝壳中等大小，成体壳高 9mm，宽 6mm 左右，壳质厚，宽卵圆形。螺层 5～6 个，各层缓慢均匀增长，壳面外凸。螺旋部宽圆锥形，体螺层略膨大，缝合线浅。壳面淡褐色，具细的生长纹和螺棱。壳口卵圆形，厣为石灰质薄片，无脐孔，或呈缝状。本种生活于河流等水域，为华枝睾吸虫主要的第一中间宿主。

尖口圆扁螺 *Hippeutis cantori* (Benson)(图 3-54)

壳大，极端右旋，壳径 8.0～10.0mm，高 1.5～2.0mm，壳薄，外形扁圆盘状，螺层 4.5～5 个。栖息于小溪、沟塘、稻田内，有时大量附着于水生植物根茎上。分布于我国东南各省区。

图 3-51　钉螺

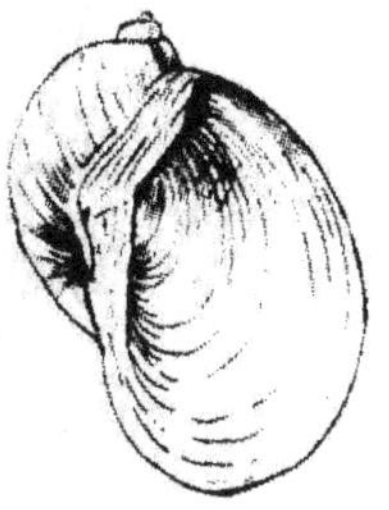

图 3-52　耳萝卜螺

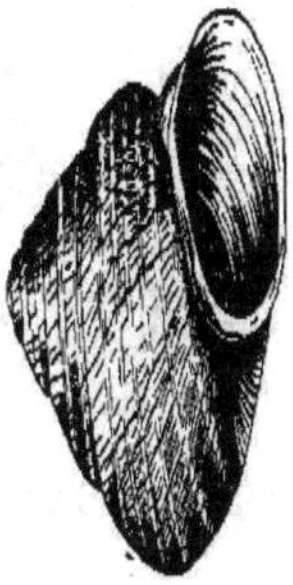

图 3-53　纹沼螺

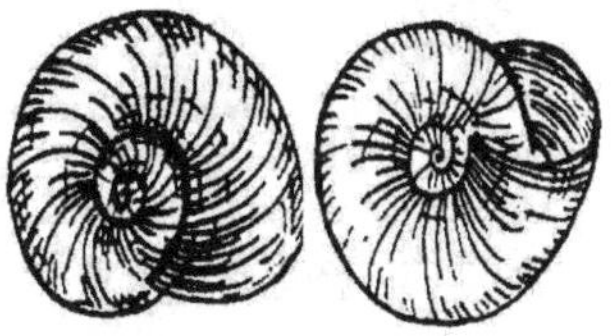

图 3-54　尖口圆扁螺

半球多脉扁螺 *Polypylis hemisphaerula* (Benson)

贝壳中等大小，壳质厚，坚实，外形呈厚圆盘状。直径 7～9mm，高 2.5～3.5mm，有 4.5～5 个螺层，各螺层缓慢增长，体螺层增长迅速，几乎包围前一螺层的一部分。螺层上下两层周缘圆，无龙骨，周缘底部钝角状。壳面光滑。壳口呈斜心脏形，壳口内面具有三块半圆形及一块较小的隔板，在轴部和底部各有一块隔板，贝壳外壁有大小二块，体螺层内壁有 3～4 付横隔板，这些隔板在贝壳外部可以看到。本种多栖息于湖泊、沟渠、池塘、稻田等水域。分布于我国的新疆、吉林、辽宁、黑龙江、河北、河南、山东、安徽、浙江、江苏、江西、湖北、湖南、福建、台湾、广东、广西、云南、四川、陕西、山西、甘肃及宁夏。

3.2.7　节肢动物门 Arthropda

3.2.7.1　桡足类 Copepoda

汤匙华哲水蚤 *Sinocalanus dorrii* (Brehm)(图 3-55)

雌体长 1.44～1.73mm，尾叉长为宽的 6 倍，内外缘有刚毛。内、外肢 3 节。雄体长 1.30～1.69mm，执握肢 23 节。第 5 右胸足第 2 基节内缘有匙状突；

外肢 2 节，第 1 节外末角有刺，第 2 节基部内侧有突起，末端有钩状刺；内肢第 2 节有 1 根羽状刚毛，第 3 节 6 根刚毛。左胸足第 2 基节粗短，外末角有细刚毛；外肢第 1 节内缘有隆起，外末角有一短刺；内肢第 2 节基部突出，内缘末部附一长刚毛，第 3 节有 6 根长羽状刚毛。

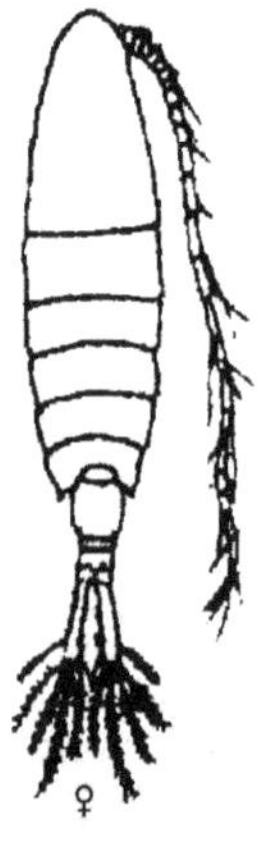

图 3-55　汤匙华哲水蚤

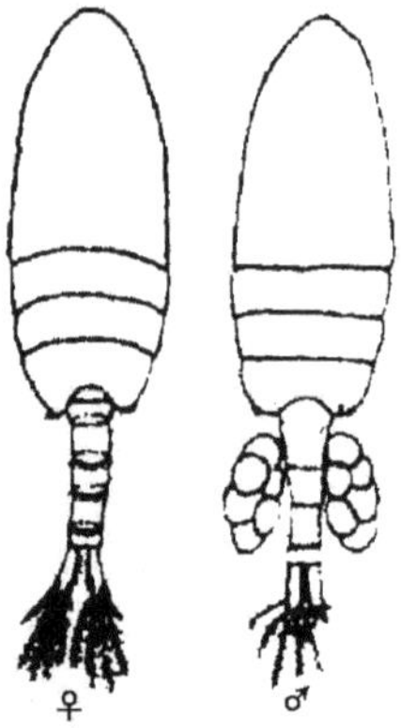

图 3-56　球状许水蚤

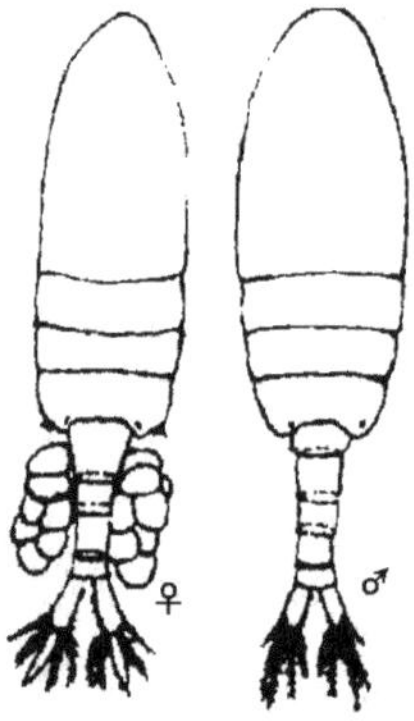

图 3-57　指状许水蚤

纯淡水种类。栖息于亚热带和温带的湖泊、池塘和河流中。分布于我国福建、江西、湖南、湖北、浙江、江苏、上海、安徽、山东、河北、北京、天津、内蒙古。

球状许水蚤 *Schmackeria forbesi* Poppe et Richard（图 3-56）

尾叉长为宽的 3 倍，内缘具细毛。雌体长 1.15～1.40mm，生殖节长、大，第 5 对胸足为单肢型，左右对称。雄体长 1.06～1.20mm，第 5 对胸足单肢型左右不对称。栖息于我国东部省区的湖泊、池塘及江河中，咸水中也可生活栖息。分布于山东、福建、湖南、湖北、浙江、上海、安徽、山东、河南、河北、天津、内蒙古。

指状许水蚤 *Schmackeria inopinus* Burckhardt（图 3-57）

雌体长 1.25～1.40mm，尾叉本部较基部宽大，内缘有细长刚毛；尾刚毛 5 根，居中 1 根膨大；外肢第 1 节内末角有刺状突、背面有棘刺；第 2 节内末角有膨大棘，末端有一棘状长刺，基部背、腹面有小棘刺。雄体长 1.15～1.36mm；无刺状毛，尾刚毛不膨大；左足第 2 基节内缘镰刀状突起的后缘中部有 1 根三角形锐刺。外肢第 1 节呈长方形，内缘基部有细刚毛，第 2 节外缘末部有 1 短棘，内基角有 1 列细毛，内缘中部有指状突起。生活在淡水、咸淡水及低盐度海水中。分布于山东、河北、天津、江苏、安徽、上海、浙江、广东、福建等省市。

模糊许水蚤 *Schmackeria dubia*（Kiefer）（图 3-58）

雌性体长 1.05～1.28mm，尾叉宽短，长约为宽的 2.5 倍。A_1（第一触角后面相同）可达腹部的 2 或 3 节。雄体长 1.00～1.10mm，执握肢 20 节，第 14～

17 节膨大。右第 5 胸中第 2 基节内基角有一棒状突，末端尖锐，有 1 根刺状毛。节内线有 3 个齿突。外肢第 1 节短小，有一突起及 1 根刚毛。左足第 2 基节向内的片状突短而宽。外肢第 1 节的内线突出呈三角形。生活于咸淡水海港及沿海池塘中。分布于浙江、广东、海南、福建等东南各省。

翼突舌镖水蚤 *Ligulodiaptomus alatus* Shen et Sung（图 3-59）

雌体长 1.85～1.89mm，第 5 胸节后侧角向外扩展呈翼状，两角顶间距大于头胸中部的宽度；$A_1$25 节，向后转时末 2 或 3 节超越尾刚毛的末端。雄体长 1.63～1.66mm。第 4、5 胸节分界明显。执握肢 22 节，第 8、10～13 和第 15 节上各有一刺；第 5 右胸足内肢的末端钝圆。生活于池塘中。分布于广西等地。

披针纺锤水蚤 *Acartia southwelli* Sewell（图 3-60）

雌体长 0.80～1.00mm，P_5（第 5 胸足后面相同）第 1 节短，第 2 节呈长方形，外末角有一刺状长刚毛。第 3 节钩状刺基半部较宽大、末部尖细向内曲折。雄体长 0.75～0.87mm，第 5 右胸足第 3 节有长刚毛 2 根。第 4 节内缘呈马蹄形。左胸足第 2 节长，外缘中部有 1 根刚毛。节末端有 1 根锐刺。生活于盐水或咸淡水中。分布于广东、天津、海南等地。

秀刺小节猛水蚤 *Microarthridion litospinatus* Shen et Tai（图 3-61）

雌性体长 0.49mm，头胸部卵圆形，较腹部宽，各体节含生殖节的第 1 节在内，后缘均具微细小刺。A_1 粗壮，分 6 节；A_2（第二触角后面相同）分 4 节，外肢分 2 节。雄体长 0.45mm，A_1 分 6 节。栖息于沿海淡水中。分布于福建等地。

同形拟猛水蚤 *Harpacticella paradoxa*（Brehm）（图 3-62）

雌体长 0.75mm。A_1 分 7 节，A_2 分 3 节，外肢分 2 节。P_5 末节长条状，长度为宽度的 3 倍。雄体长 0.67mm，A_1 分 7 节，A_2 及第 1～4 胸足与雌性的相似。P_5 分 2 节，P_6（第 6 胸足后面相同）节短小，末缘具刚毛 3 根。栖息于泉水、水池及稻田中。分布于云南等地。

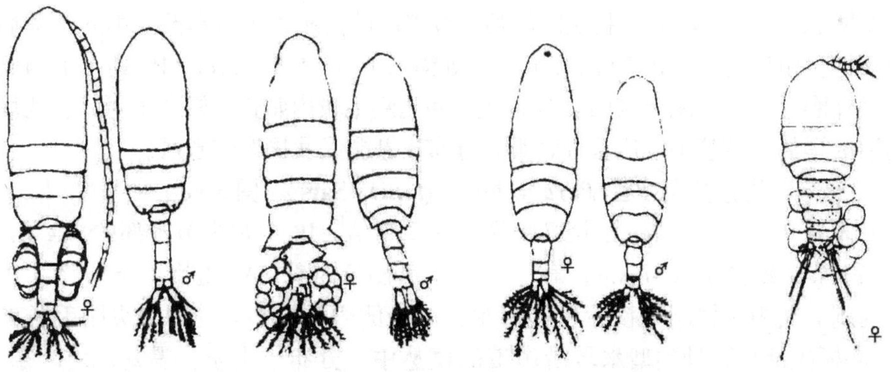

图 3-58 模糊许水蚤 图 3-59 翼突舌镖水蚤 图 3-60 披针纺锤水蚤 图 3-61 秀刺小节猛水蚤

锯缘真剑水蚤 *Eucyclops serrulatus*（Fischer）（图 3-63）

雌体长 0.80～1.12mm。P_4（第 4 胸足后面相同）内肢第 3 节末端内刺为外刺的 1.4～1.5 倍。尾叉长为宽的 5 倍，外缘锯齿明显。A_1 分 12 节，末 3 节细长，有宽的透明膜。雄体长 0.6～0.8mm，P_6 内缘具一壮刺。栖息于湖泊沿岸带及流动的江河、沟渠中，pH5.0～9.2 均可适应。世界性分布的广温性种类，分布于我国大部分省区。

大尾真剑水蚤 *Eucyclops macruroides*（Lilljeborg）（图 3-64）

雌体长 1.12～1.34mm，A_1 分 12 节，最末节外线具锯齿，末端锯齿细且密。P_4 内肢第 3 节末端的刺正常，内肢第 3 节长为宽的 3 倍。P_5 的内刺长为节本部的 1.3 倍。雄体长 0.84～0.85mm，尾叉长为宽的 5～7 倍；P_6 内刺长、大约与中间及外侧的刚毛等长。栖息于各种浅小类型水域及湖泊沿岸的水草丛中，pH5.2～9.8 均可适应。分布于新疆、西藏及我国东部省区。

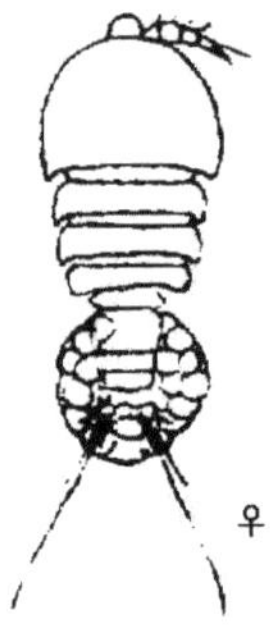

图 3-62　同形拟猛水蚤

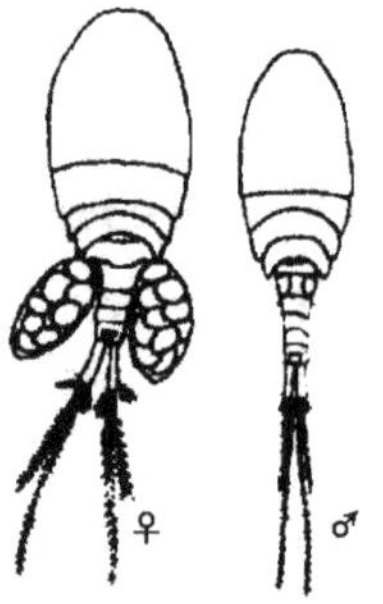

图 3-63　锯缘真剑水蚤

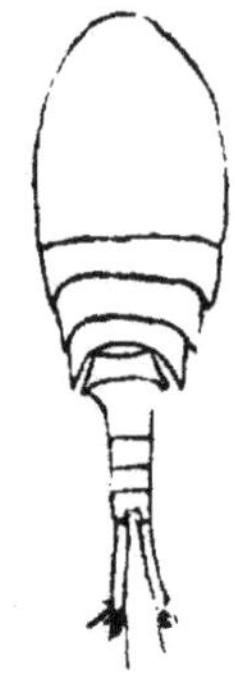

图 3-64　大尾真剑水蚤

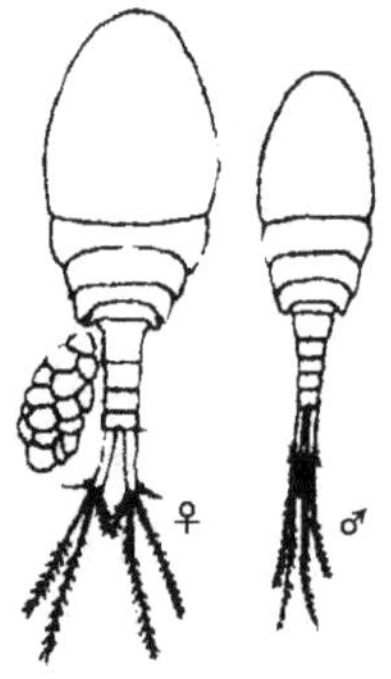

图 3-65　锯齿真剑水蚤

锯齿真剑水蚤 *Eucyclops macruroides denticulatus*（Graeter）（图 3-65）

雌体长 1.16mm，第 4 胸足内肢第 3 节末端的内刺大于节本部，第 5 胸节后侧角环抱生殖节前部。P_5 节长大于宽。雄体长 0.67～0.74mm，P_6 具 1 个内刺及 2 个外刚毛，居中刚毛较内刺短而细，外侧刚毛较内刺长。栖息于河流、池塘及湖泊沿岸的水草丛中。广温性种类，分布于新疆及我国东部省区。

近亲拟剑水蚤 *Pararyclops affinis*（Sars）（图 3-66）

雌体长 0.57～0.80mm，尾叉长为宽的 2.5 倍。P_5 内刺为节本部的 3.4 倍。A_1 分 11 节。雄体长 0.57mm，第 2～5 胸节后侧角钝圆。A_1 粗壮，分 15 节；P_6 具一内刺，居中一根刚毛粗壮且较内刺长，外侧刚毛短小，约为中央刚毛长的 1/2。底栖生活于各种类型水域沿岸带的草丛中。分布于山东、黑龙江、广东、福建、云南、江西、新疆等省区。

3.2.7.2 枝角类 Cladocera

短尾秀体溞 *Diaphanosoma brachyurum*（Liéien）（图 3-67）

雌体长 0.85～1.20mm。A_1 能动，不分节。雄体长 0.68～0.84mm。A_1 基部粗壮，鞭状。多生活于湖泊敞水区。为世界性分布种类。

长肢秀体溞 *Diaphanosoma leuchtenbergianum* Fischer（图 3-68）

雌体长 0.84～1.23mm。A_2 向后伸展时，外肢末端超过或达壳瓣后缘。额顶凸出锥形。生活于湖泊敞水区及池塘。为世界性广布种。

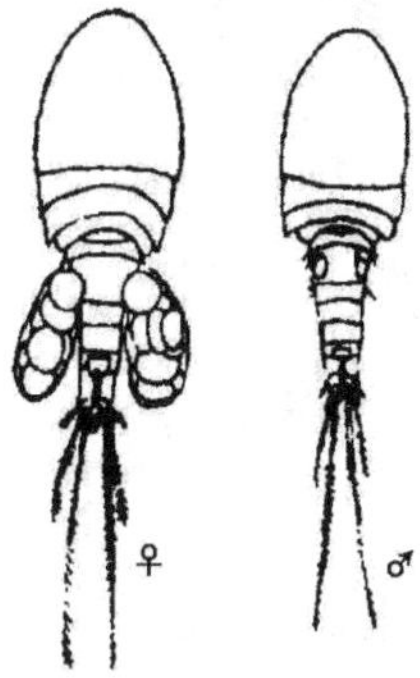

图 3-66 近亲拟剑水蚤

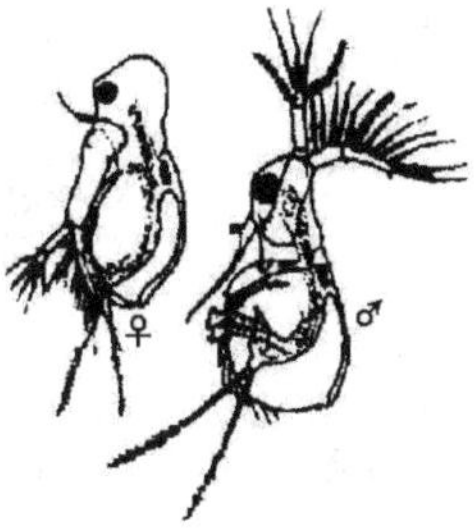

图 3-67 短尾秀体溞

图 3-68 长肢秀体溞

图 3-69 寡刺秀体溞

寡刺秀体溞 *Diaphanosoma paucispinosum* Brehm（图 3-69）

雌体长 0.63～1.01mm，褶片长，缘有 7～9 根羽状刚毛，后方棘齿不超过 13 个。A_1 短，顶端有一根长触毛；A_2 外肢末端达壳瓣的后缘。雄体长 0.65～0.88mm；A_1 长、大。栖息于湖泊及池塘内。分布于广东、台湾、江苏、湖北、四川等我国东南省区。

大型溞 *Daphnia*（*Ctenodaphnia*）*magna* Straus（图 3-70）

雌体长 2.20～6.00mm，头顶浑圆，无盔。壳刺短，壳面有菱形花纹，后腹部大，肛刺分前后 2 列，凹陷前列有 9～12 个刺（有时为 5～6 个），凹陷后列有 6～10 个刺。雄体长 1.75～2.50mm，A_1 长，前末角有 1 根长刚毛，后末角有 9 根嗅毛。P_1 有一钩和 1 根长鞭毛；肛刺 10 枚。栖息于水草繁茂富营养的小水域、池塘水坑及海边低盐度的积水中。分布于我国大部分省区。

僧帽溞 *Daphnia*（*Daphnia*）*cucullata* G. O. Sars（图 3-71）

雌体长 0.80～3.00mm。壳刺长。A_2 长，肛刺 6～9 枚。雄体长 0.70～1.50mm，壳刺很长，A_1 长圆柱形，肛刺 6 枚。头形随季节不同而异，有圆顶形 f. hermanni Daday、凸额形 f. berolinensis Schoedler、尖盔形 f. kahlbengensis Schoedler、前曲形 f. procurva Poppe、不定形 f. incerta Richard。生活于湖泊、

水库敞水区和流速小的江河及池塘，酸性或碱性淡水域中。分布于山东、江苏、安徽、四川和云南等省区。

直额裸腹溞 *Moina rectirostris*（Leydig）（图 3-72）

雌体长 1.20～1.40mm；后背角稍凸，壳面网纹清晰；头大而短，第 1 触角长棒状；肛刺 9～15 枚。雄体长 0.8～1.00mm，后背角钝，复眼大，充满头顶，第 1 触角长达 1/2 体长，后腹部与雌性相同。栖息于小型水域中，常在水质混浊并有淤泥的水域中大量出现。分布于我国大部分省区。

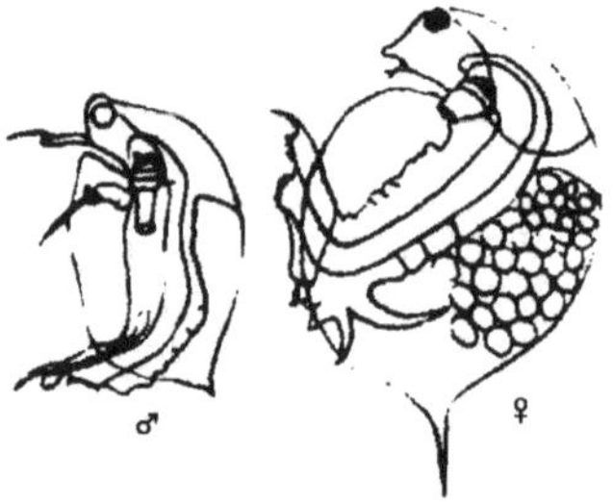

图 3-70　大型溞

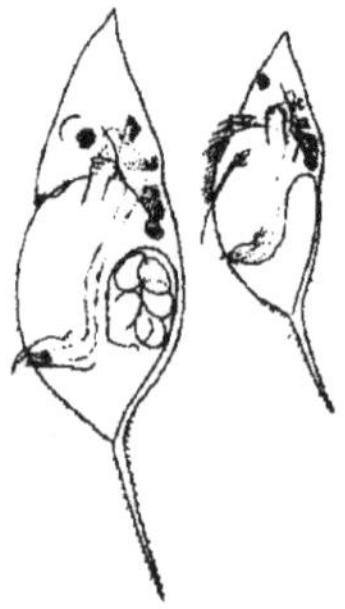

图 3-71　僧帽溞

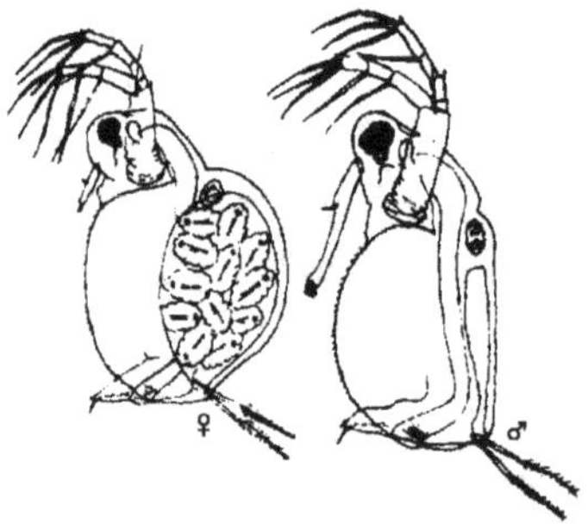

图 3-72　直额裸腹溞

镰角锐额溞 *Alonella excise*（Fischer）（图 3-73）

雌体长 0.31～0.54mm。后腹角有 2～3 个波状齿刻，壳面有网纹。胸肢 5 对。肛刺 9～11 枚。尾爪基部有 2 个爪刺。雄体长约 28mm。无肛刺。栖息于湖泊或浅水池塘等的水草丛生处。分布于除我国华南和西北外的各省区。

小型锐额溞 *Alonella exigua*（Lilljeborg）（图 3-74）

雌体长 0.29～0.38mm，后腹角有 2 个锯齿，壳面有规则的多角形网纹；肛刺 6～9 枚，尾爪基部有 2 个爪刺。雄体长约 0.27mm，无肛刺，侧面有稀疏刚毛。栖息于湖泊、池塘等的水草丛生处。分布于云南及长江中下游地区。

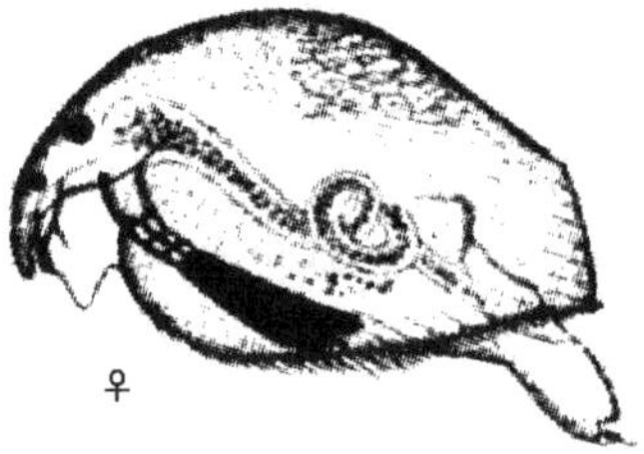

图 3-73　镰角锐额溞

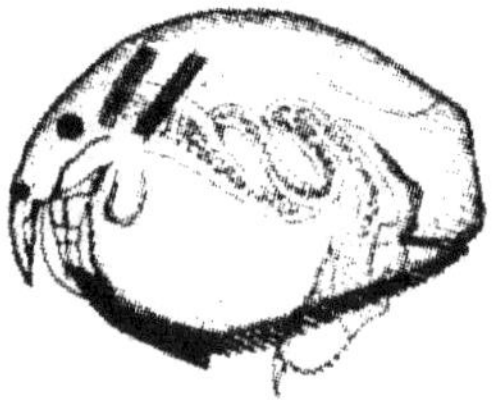

图 3-74　小型锐额溞

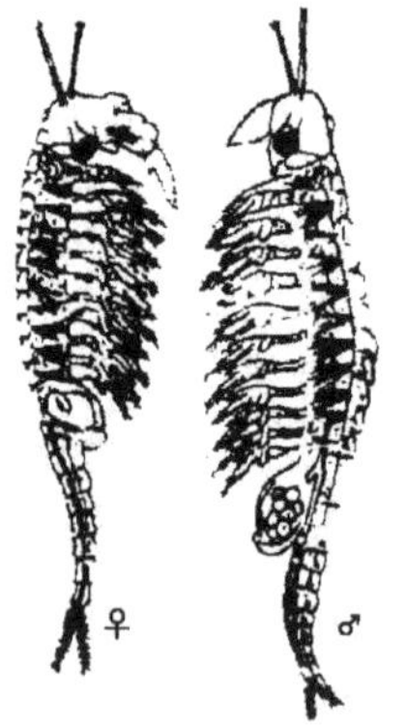

图 3-75　南京丰年虫

3.2.7.3　甲壳纲 Crustacea

鳃足亚纲 Branchiopoda

南京丰年虫 *Chirocephalus nankinensis*（Shen）（图 3-75）

雄体长 13.5～16mm，第二触角末节呈犁刀状。胸部 11 节，各附一叶状鳃足。腹部 7 节。尾叉瘦长，内、外缘具长刚毛。雌体长 10.6～20mm。无额附肢。尾叉短。胸部最后 5 节各有一背刺，最后 3 胸节和腹部（除尾节）各节两侧均有侧刺。栖息于淡水中，常以腹面朝上游动。分布于太湖水域南京、杭州、苏州等地。

丰盛鲎虫 *Triops granaries*（Lucas）（图 3-76）

雄性背壳小而圆，长 11～13.5mm，背面中央纵行隆线短，前缘圆弧形，侧缘凸出，后缘内凹。裸出后体部约为背壳长的 1.5 倍。无肢后体部共 13～15 节。尾叉长 11～15mm，长于背壳，腹面具颗粒状突起。雌性背甲长 10～14mm，无肢后体部 10～11 节。尾叉长 12～15mm。栖息于沼泽、稻田、鱼池及雨后临时积水洼中。分布于我国北方大部分省区。

鲎虫 *Triops* sp.（图 3-77）

俗称王八鱼。背壳后缘凹入，棘刺 58 枚。背部前端有复眼 1 对。雌性背壳长 29mm，宽 27mm；雄性背壳长 25mm，宽 19mm，尾叉长 27.5mm。体节与尾叉的柱形表面周生黄色小刺。栖息于水坑、池塘底部，以爬行为主。雌性成体携卵，主要行孤雌生殖，越向南方雄体越多。分布北京、天津、河北、山东等地。

莱阳原蚌虫 *Eocyzicus laiyangensis* Hu（图 3-78）

壳具 18～20 条生长线。腹缘生短刺毛。具感觉乳突 22 个。内、外肢均 14 节。躯干肢 23 对。雄体壳长 10.8～12.5mm，高 6.7～7.7mm，尾节背面具 8 枚小齿，尾刚毛位于 2、3 齿之间。雌体壳长 9～10.8mm，高 5.5～7.0mm，躯干肢 23 对，第 9、10 对躯干肢为携卵肢，尾节背线生有 18 个齿，尾刚毛自第 4 齿处伸出。生活于鱼苗培育池及邻近水域。分布山东等东部省区。

图 3-76　丰盛鲎虫

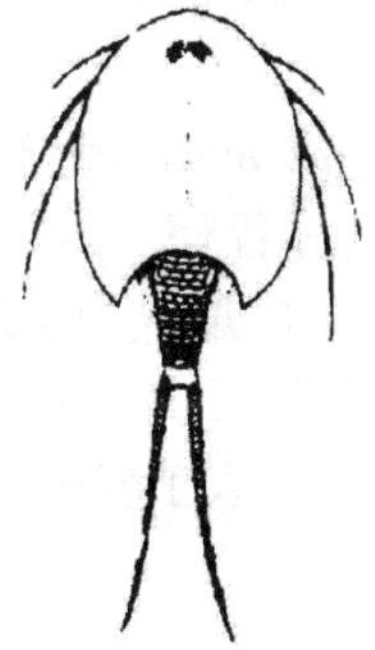

图 3-77　鲎虫

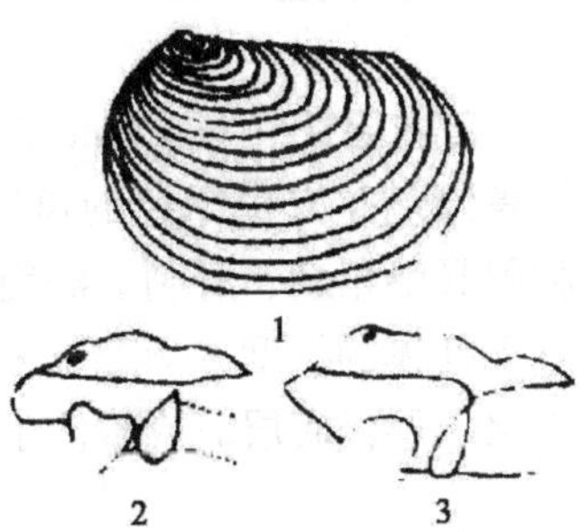

图 3-78　莱阳原蚌虫

1. 雄壳 2. 雄性头部 3. 雌性头部

软甲亚纲 Malacostraca

端足目 Amphipoda

长臂虾科 Palaemonidae

短腕白虾 *Palaemon annandalei* Kemp（图 3-79）

又称安氏白虾。体长 30～40mm，额角上缘末端无齿，鸡冠状隆起长于细尖部分。第 2 对步足指节长约为掌部的 2 倍，腕节不到 1/2 掌部长度。栖息于通海之河的下游或河口的咸淡水中。分布于浙江以北省区。

秀丽白虾 *Palaemon modesdus* Heller（图 3-80）

体透明，有棕色小点，额角上缘基部鸡冠状隆起具 8～13 枚齿，下缘 2～4 齿。腹部各节背面圆滑无脊。栖息于湖泊及河流中，重要淡水经济虾。全国性分布。

图 3-79　短腕白虾

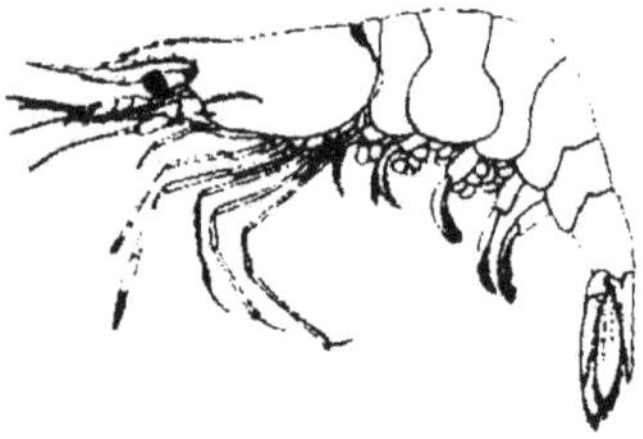

图 3-80　秀丽白虾

锯齿米虾 *Caridina denticulata*（De Haan）（图 3-81）

又称草虾、小虾米。体长 20～30mm。浓绿色，背面中央有一道不规则棕色纵纹。额角伸至或超过第 1 触角柄末端，下缘具 2～8 齿，上缘平直，具 11～24 齿，有 3～4 齿在头胸甲上。头胸甲有触角刺、颊刺。雄性第 1 腹肢内肢膨大，呈卵圆形薄片。栖息于湖沼、沟渠中，喜于水草丛中攀爬。分布于我国多个省。

日本沼虾 *Macrobrachium nipponense*（de Hann）（图 3-82）

虾体青绿色并有棕绿色的斑纹，又称青虾。体长 4.0～8.0 cm，头胸部粗大。头胸甲具触角刺、肝刺，额剑上下缘有锯齿。前 2 对步足钳状，雄性第 2 对可超过整个虾体的长度。栖息于多水草的湖沼、河川水域，可在草丛中攀爬，冬季栖息于水下层或底层，或蛰伏于泥中。已人工养殖。各地均有分布。

图 3-81 锯齿米虾

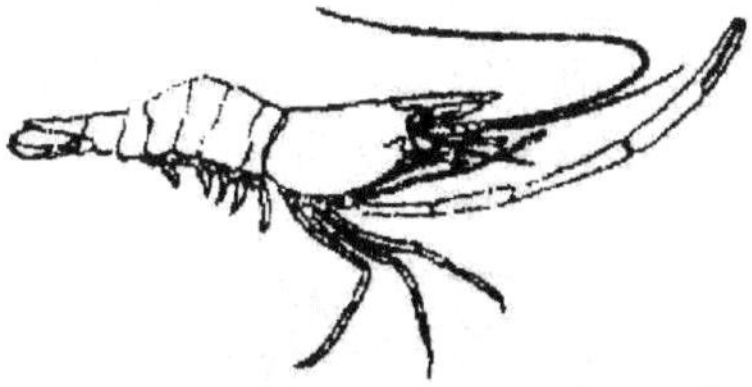

图 3-82 日本沼虾

克氏螯虾 *Cambarus clarkia* Girard（图 3-83）

俗称耗水虾。壳厚坚韧。雌虾体长 16.5cm，雄虾 9.9cm。体血红色，雌体鲜艳，头上方有黑色条纹相间。头部大，三角形，占体长的 1/2。额剑两侧有触角 2 对。第 1 对步足蟹形，自切再生后的螯肢一大一小。5 对步足中的前 3 对先端有小钳，后 2 对尖端呈爪状。末端腹节的附肢和尾节形成扇形。栖息于河流、池沼，在河堤营穴，一穴可栖居 8～10 只虾。原产北美淡水中，我国江苏、安徽、山东等省有分布。

跳钩虾科 Talitridae

钩虾 *Gammarus* sp. （图 3-84）

体分头、胸、腹，但无头胸甲，复眼无柄，胸部由 7 节组成，腹部 6 节。体侧扁，弯曲呈钩状。以底栖为主，水深时也可腹面朝下游泳。有时在岸边跳跃，故又称其为跳虾。

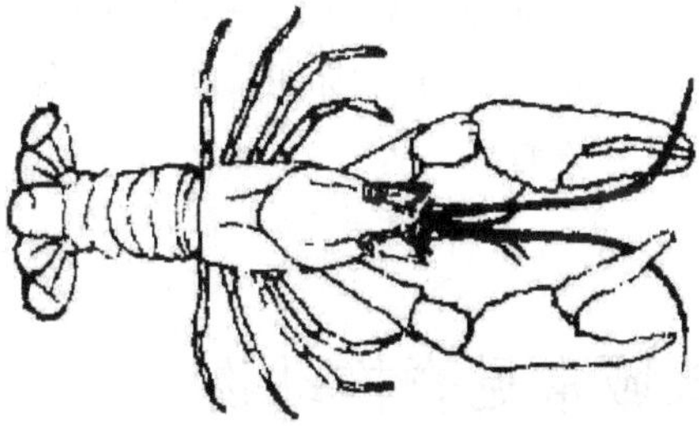

图 3-83 克氏螯虾

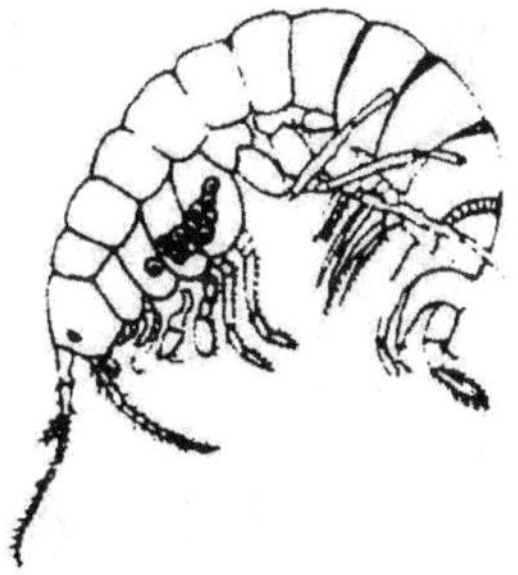

图 3-84 钩虾

十足目 Decapoda

中华绒螯蟹 *Eriocheir sinensis* H. Milne Edwards（图 3-85）

俗称河蟹、毛蟹、螃蟹。头胸甲长 60mm，呈圆方形，背隆起，后半部较高。胃区前有对称颗粒状突 6 个。额宽，额齿 4 个。雄蟹螯足大，掌节和指节基部密布绒毛，腕节内末角、长节背缘和步足长节具锐刺；最后 3 对步足背缘和第

4 步足背、腹缘具刚毛，腹甲呈三角形，第 7 节有 1 对交接器。雌蟹腹甲圆形，第 5 节有 1 对生殖孔。栖息于水质清新、水草旺盛的泥岸或浅滩洞穴里，我国特有。分布于我国东部诸省。

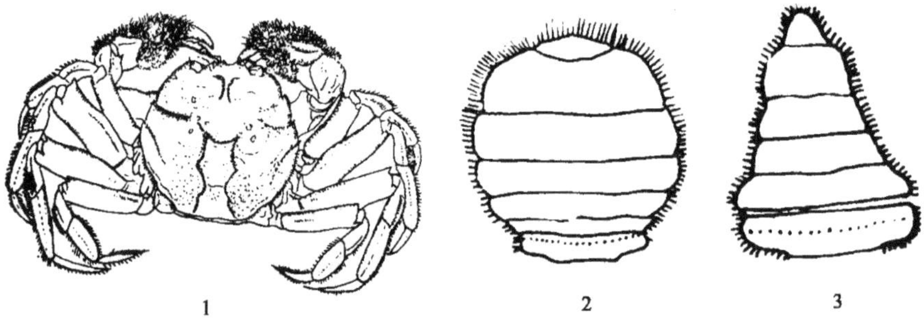

图 3-85　中华绒螯蟹

1. 成体 2. 雌性腹部 3. 雄性腹部

红螯相手蟹 *Sesarma haematocheir* de Haan（图 3-86）

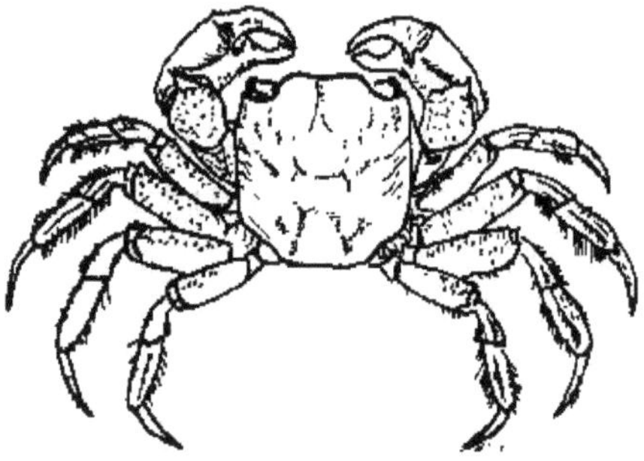

图 3-86　红螯相手蟹

头胸甲方形，胃、心区以横沟相隔。额后隆脊锋锐，外眼窝三角形。雄性螯足大，掌部高，鲜红色。步足末 3 节具黑色硬毛，末端弯向背外方。腹部三角形，尾节长方形。雌性腹部圆大，尾节嵌入第 6 节。栖居于近海淡水河流泥岸或沼泽洞穴中。分布于山东、江苏、浙江、福建、台湾、广东等省区。

3.3　淡水水域常见脊椎动物

3.3.1　淡水鱼类

3.3.1.1　淡水鱼类分目检索

1　体被硬鳞或裸露，歪形尾 ………………………… 鲟形目 Acipenseriformes

1　体被圆鳞、栉鳞或裸露，正形尾 ………………………… 2

2　体呈鳗形，左右鳃孔在喉部连为一，无偶鳍，奇鳍不明显…… 合鳃鱼目 Synbranchiformes

2　体非鳗形，有偶鳍，左右鳃孔不联合 ………………………… 3

3　背鳍1个，无鳍棘，侧线正常，两颌无牙，具咽喉齿，无脂鳍 …… 鲤形目 Cypriniformes
3　背鳍无鳍棘，两颌具牙，具脂鳍，体被骨板或裸露无鳞，具口须 … 1 鲇形目 Siluriformes
3　背鳍具鳍棘，体对称，眼在头两侧 …………………………………………………… 4
4　第2眶下骨不后延为骨突，不与前鳃盖骨相连 ……………………… 鲈形目 Perciformes
5.1　背鳍小或缺，有须2～6条 …………………………………………… 6.1 鲇科 Siluridae
5.1　背鳍长，有须8条 ………………………………………………………… 胡子鲇科 Clariidae
6.1　第1背鳍特化为分离的鳍棘 ……… 刺鳅亚目 Mastacembeloidei 刺鳅科 Mastacembelidae
6.1　第1背鳍存在时，不特化成吸盘或分离的鳍棘，眶下骨扩大 … 攀鲈亚目 Anabantoidei

3.3.1.2 常见淡水鱼类

鲤形目 Cypriniformes

背鳍1个，腹鳍腹位，鳍具假棘。体背圆鳞或裸露。具鳔管、韦伯氏器。多数具咽齿而无颌齿，多为淡水鱼类。

A　鲤形目鱼类分科检索

1　吻部无须或仅有1对吻须 ………………………………………………………………… 2
1　口前部具2对或更多吻须 ………………………………………………………………… 5
2　偶鳍前部不分枝，鳍条1根 ……………………………………………………………… 3
2　偶鳍前部不分枝，鳍条2根以上 ……………………………… 裸吻鱼科 Psilorhynchidae
3　无下咽齿，头侧具有2对鳃孔……………………………………… 双孔鱼科 Gyrinocheilidae
3　有下咽齿，头侧仅有1对鳃孔 …………………………………………………………… 4
4　下咽齿1行，数十个；背鳍基长，分枝鳍条超过50根 …………… 亚口鱼科 Catostomidae
4　下咽齿1～4行，每行不超过7个；背鳍分枝鳍条少于30根 ………… 6.1 鲤科 Cyprinidae
5　头和体前部侧扁或圆筒形，偶鳍正常 …………………………………… 鳅科 Cobitidae
5　头和体前部平扁，偶鳍扩大向腹面两侧平展 ………………… 平鳍鳅科 Homalopteridae
6.1　鳃膜与峡部相连；鳃耙正常，无鳃上器；眼位于头纵轴偏上方 ……………………… 6.2
6.1　鳃膜不与峡部相连；鳃耙多，有鳃上器；眼位于头纵轴偏下方 ……………………………………………………………………… 鲢亚科 Hypophthalmichthyinae
6.2　臀鳍长，15～25根鳍条；腹中线有皮棱（无皮棱，则鳍条19～21根） ………………………………………………………………………… 鳊亚科 Abramidinae
6.2　臀鳍短或适中，至多14根鳍条；无纵皮棱（华鲫属除外） ……………………… 6.3
6.3　臀鳍具锯齿状鳍棘，背鳍至少11根鳍条 ……………………………… 鲤亚科 Cyprininae
6.3　臀鳍无锯齿状鳍棘，背鳍至多14根鳍条 ………………………………………………… 6.4
6.4　臀鳍基部及肛门两侧有特大鳞 ……………………………… 裂腹鱼亚科 Schizothoracinae
6.4　臀鳍基部及肛门两侧无特大鳞……………………………………………………………… 6.5
6.5　臀鳍具7～14个分枝鳍条…………………………………………………………………… 6.6
6.5　臀鳍通常具5～6个至多7～8个分枝鳍条………………………………………………… 6.7
6.6　口周缘为特殊软骨质，下颌横直锐利；背鳍具一光滑鳍棘……… 鲴亚科 Xenocyprininae
6.6　口周缘无特殊软骨质，下颌不横直锐利…………………………………………………… 6.8

6.7 体细长；背鳍、臀鳍无鳍棘；臀鳍起点在背鳍基部之后 ……………………………………………………………………………… 雅罗鱼亚科（青草亚科）Leuciscinae

6.7 体卵圆形；背鳍、臀鳍常具鳍棘；臀鳍起点在背鳍基部之下 ……… 鳑鲏亚科 Rhodeinae

6.8 咽齿3行（少数为2行）；臀鳍5根分枝鳍条（少数6条以上），背鳍具鳍棘 ……………………………………………………………………………………………… 鲃亚科 Barbinae

6.8 咽齿1～2行（少数3行）；臀鳍常具6根分枝鳍条（少数5条），背鳍无鳍棘 ……………………………………………………………………………………………… 鮈亚科 Gobioninae

鲤形目鱼类

鲤科 Cyprinidae

青鱼 ***Mylopharyngodon piceus*** **（Richardson）（图3-87）**

体长筒形，体背部、体侧上半部及各鳍青黑色，腹部灰白。吻尖，口端位，上颌较下颌略长。咽喉齿1行。鳞大，鳞式：39-45，6-7/4-5。雌鱼鳍条光滑，鳍尖稍短，腹部松弛，稍膨大；雄鱼鳍棘有粗糙感，鳍尖稍长，腹部较收紧，不膨大。栖息于中下层水域，嗜食螺、蛤蜊等，为我国四大家鱼之一，几乎遍及全国各水系。

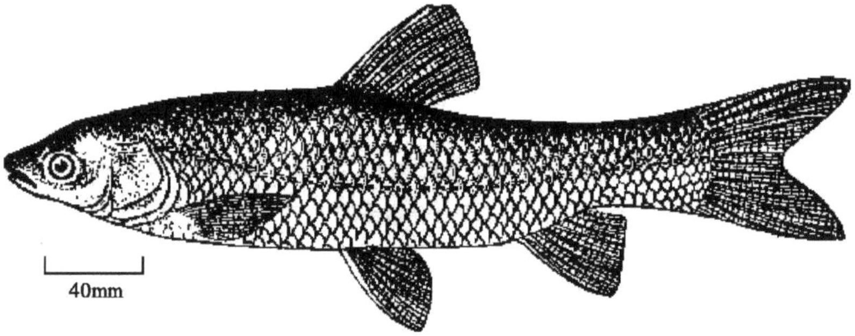

图3-87 青鱼

草鱼 ***Ctenopharyngodon idellus*** **（Cuvier et Valenciennes）（图3-88）**

体圆筒状。全身茶黄色，背部青灰，腹部灰白，偶鳍灰黄色，其余各鳍淡灰色。吻宽钝，口端位，额面较平，上颌较突出。咽喉齿2行呈梳状。鳞大，鳞式：39-46，6-8/4-6。雌鱼腹部松弛，膨大，鳍尖稍钝，鳍条光滑；雄鱼腹部收紧，鳍尖稍尖，鳍条有珠星。栖息于各层水域，食物以水草为主，为我国四大家鱼之一。分布几乎遍及全国各水系。

鲢 ***Hypophthalmichthys molitrix*** **（Cuvier et Valenciennes）（图3-89）**

俗称鲢子、白鲢。体侧扁，背部淡青色，腹下方银白色，鳍灰色。头较大，约为体长的1/4。眼小，位于头侧中轴之下，胸部至肛门间有发达腹棱。口端位，口裂稍斜，末端不达眼前缘下方。鳞细小，鳞式：101-128，28-32 /16-20。

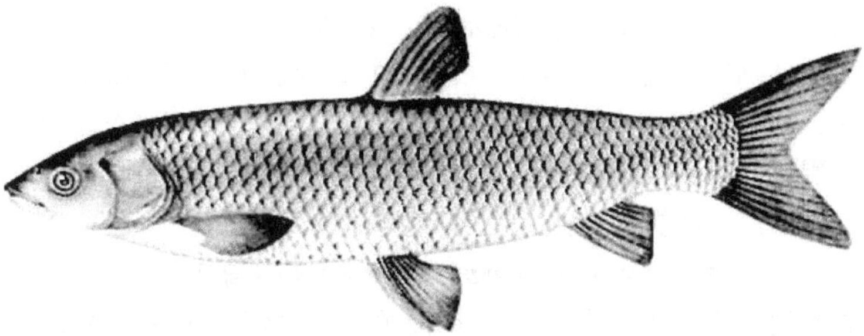

图 3-88　草鱼

胸鳍较小，胸鳍末端不超过腹鳍基部。雌鱼腹部膨大，呈卵巢轮廓，鳍条光滑；雄鱼鳍条中、基部锯齿状。栖息于中上层水域，嗜食浮游生物，为我国四大家鱼之一。分布于我国东部主要水系。

图 3-89　鲢

鳙鱼 *Aristichthys nobilis*（Richardson）（图 3-90）

俗称花鲢、胖头鱼。体侧扁，背微黑，体侧有黑色斑点，腹面银白色。各鳍均为淡灰色。头大，约占 1/3 体长。口端位，口裂倾斜末端达眼前缘之下。腹鳍至肛门间有腹棱。鳞细小，鳞式：95-115，20-24/13-16。胸鳍末端超过腹鳍基部。雌鱼腹部膨大，鳍条光滑；雄鱼腹不膨大，内侧鳍条呈钝刀口状。栖息于中上层水域，结群游动捕食浮游生物，为我国四大家鱼之一。分布于我国各水系。

图 3-90　鳙鱼

中华鳑鲏 ***Rhodeus sinensis*** **Günther**

体侧扁，卵圆形，长4～15cm。口角有时具须，侧线完全或不完全，背鳍和臀鳍均较长。体侧上部每个鳞片后缘都有小黑点。自最后第三个侧鳞开始沿尾柄中线有一条黑色的纵纹，向前直伸至臀鳍起点的正上方。雌鱼具产卵管，插入蚌体内产卵。分布广，我国各地淡水中均产。

鲤鱼 ***Cyprinus carpio*** **（Linnaeus）（图3-91）**

体长而侧扁，腹部圆。背灰黑或黄褐色，体侧带金黄色，腹灰白色。口下位，须两对。鳞式：34-38，5-6/5-6。背鳍硬棘有锯齿，尾鳍下叶常带橘红色。雌鱼腹部饱满，肛门及生殖孔略红突出，胸鳍光滑；雄鱼光泽鲜艳，腹部较小，胸鳍、腹鳍及鳃盖有珠星。肛门及生殖孔下凹。栖息于下层水域。杂食性，为池塘、稻田养鱼重要对象。分布遍及全国各主要水系。

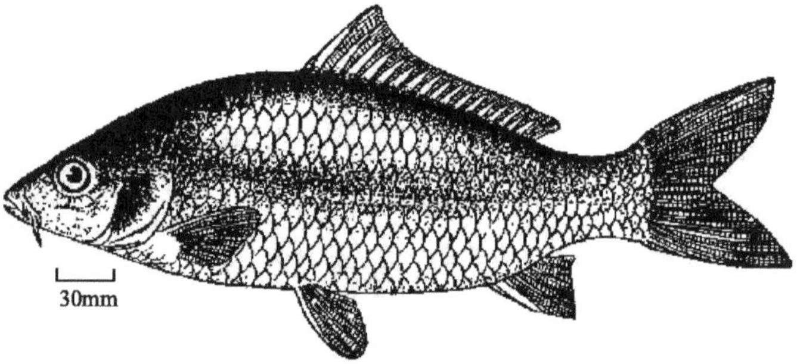

图3-91 鲤鱼

鲫鱼 ***Carassius auratus*** **（Linnaeus）（图3-92）**

体侧扁，宽而高。体为银灰色，背部较深，下部较白，大鱼有金黄色光泽。头小吻短，口端位，无口须。背鳍、臀鳍具硬刺，最后一刺的后缘具锯齿。鳞大，鳞式：27-30，5-6/5-6。雌鱼腹部膨大，可见卵巢轮廓；雄鱼身体狭长，胸鳍和鳃盖上有白色珠星，腹部扁平。栖息于下层水域，杂食性，适应性强，为我国主要养殖鱼种。分布遍及全国各水系。

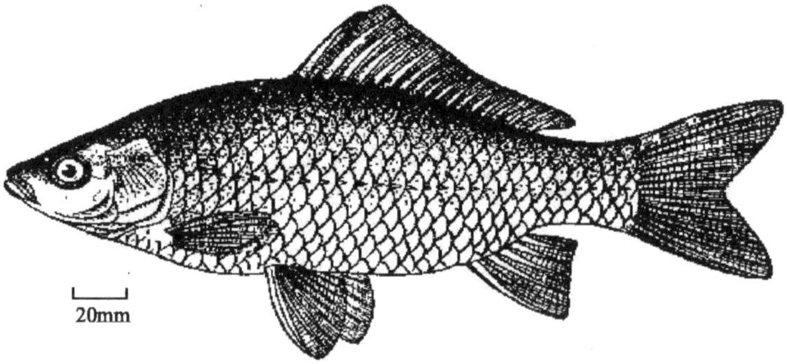

图3-92 鲫鱼

鳊 *Parabramis pekinensis* Basilewsky（图 3-93）

又称长春鳊。体略高而侧扁，长菱形，全身银白色，背部青灰而有绿色光泽。头尖小，胸鳍基部至肛门间有腹棱。背鳍起点约位于体中，后于腹鳍。鳞式：51-62，11-12/9。雌鱼腹部膨大，柔软，泄殖孔常稍突出；雄鱼腹部较小，成熟时挤压腹部有白色精液流出。栖居于水域底层，喜食水草、螺蛳等，为重要人工养殖鱼类。全国江河、湖泊均有生产。

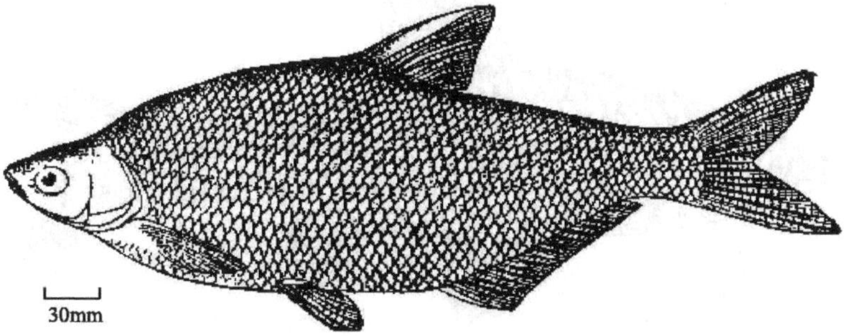

图 3-93　鳊

团头鲂 *Megalobrama amblycephala* Yih（图 3-94）

俗称武昌鱼。体长菱形，背前部特别隆起，体灰黑，有几条灰白色条纹。腹棱不完全，自腹鳍至肛门。鳞式：50-58，11-13/9。雌鱼腹部膨大，柔软，泄殖孔常稍突出，有时红润，第 1 鳍条薄而直；雄鱼腹部较小，第 1 鳍条较肥厚，呈波浪形弯曲。栖居于敞水区中下层，杂食性，为我国重要人工养殖对象。已经移殖到全国各地。

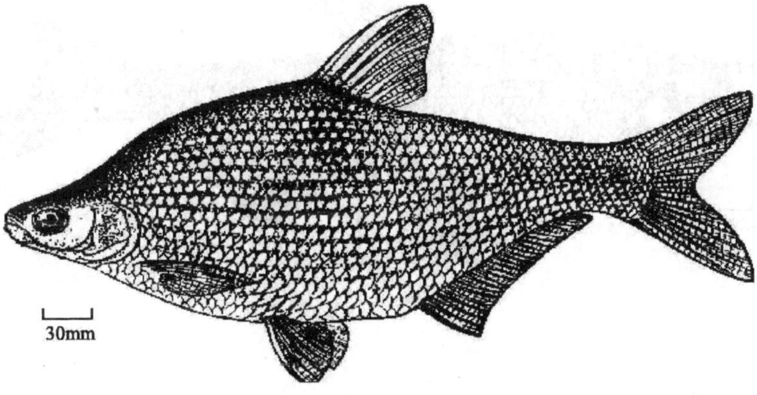

图 3-94　团头鲂

麦穗鱼 ***Pseudorasbora parva*** **(Temminck et Schelegel)(图 3-95)**

又称罗汉鱼。体长 50～70mm，长而侧扁，腹部圆而无棱。体上部稍黑，下部较淡，鳞片后缘有黑色小点。头上下平扁。口小，无须，吻上有许多角质点。背鳍短，无硬棘，起点约与腹鳍相对。栖居于池塘、河流较静水域底层，喜结群活动。遍布于全国各地的池塘、河沟中。

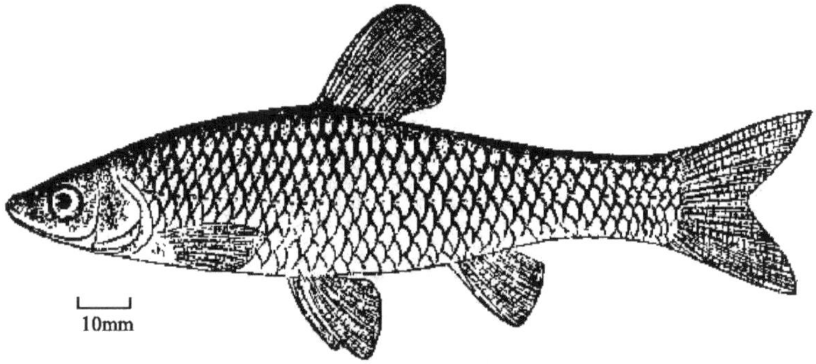

图 3-95　麦穗鱼

红鳍鲌 ***Culter erythropterus*** **Basilewsky (图 3-96)**

又称巴刀。体长，侧扁，银白色，臀、尾鳍红色。头背面平直，下颌突出并上翘，口上位，口裂呈垂直状。胸鳍至肛门间有腹棱。胸鳍长，末端可达腹鳍。繁殖期，雄鱼头部珠星明显。栖居于江河、湖泊中，捕食小鱼等小型动物和水生植物。食用鱼类。分布于全国各地。

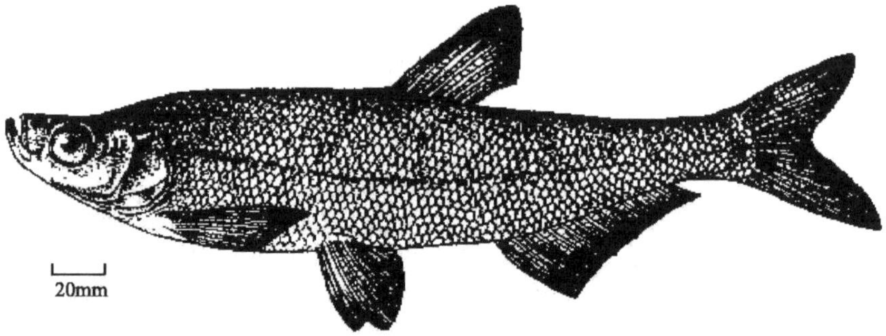

图 3-96　红鳍鲌

鳅科 Cobitidae

泥鳅 ***Misgurnus anguillicaudatus*** **Cantor (图 3-97)**

体长圆柱形。体上部灰色，下部白色，体侧有不规则的小黑点，尾鳍和背鳍斑点小，尾柄基部上方有一显著小黑点。头小而尖。口下位，具 10 个小须，4 个在下唇上。常栖居于河湖及池沼的泥底中，以小虾、昆虫幼虫和藻类为食。分布遍及全国。

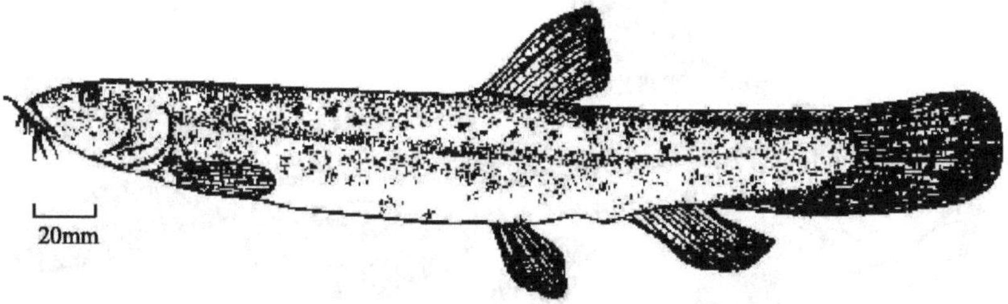

图 3-97　泥鳅

鲇形目 Siluriformes

体裸露无鳞。有触须数对。一般脂鳍、胸鳍和背鳍常各有 1 个强棘。

鲇科 Siluridae

鲇鱼 *Silurus asotus* Linnaeus（图 3-98）

又称鲶鱼。体长形，前部圆胖、后部侧扁。口宽，颌须 2 对，上颌须较下颌须长。体表无鳞，背鳍短小，臀鳍长，与尾鳍下叶相连，鳞式 D4-5；A66-90；PI-12-14；V11-13。栖居于中下层水域，肉食性，喜潜伏于水底。为食用鱼类。几乎遍及全国各主要水系。

图 3-98　鲇鱼

鲿科 Bagridae

黄颡鱼 *Pseudobagrus fulvidraco*（Richardson）（图 3-99）

又称革牙。体青黄色杂有黑斑块，前部半扁，后部侧扁。头部 4 对触须，无鳞，侧线平直。胸鳍、背鳍各有 1 硬刺。背鳍后方有 1 短于或等于臀鳍的脂鳍。DII-6-7；A19-23；PI-7-9；V6。尾鳍分叉。鼻须，一半为白色，另一半为黑色。栖居于淡水中，以鱼虾、水生昆虫等为食。雄鱼有营窝、孵卵习性。分布于我国东部各水系中。

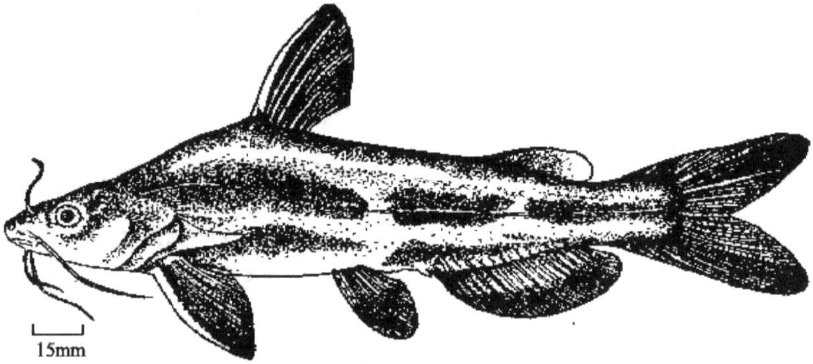

图 3-99　黄颡鱼

合鳃鱼目 Synbranchiformes

体形似鳗。背鳍、臀鳍和尾鳍相连，无鳍棘和偶鳍。左右鳃裂移至腹面合成1条横缝。

合鳃科 Synbranchidae

黄鳝 *Monopterus albus*（Zuiew）（图 3-100）

体长圆柱形，无鳞，黄褐色，身体布满黑色小斑点。尾侧扁。鳃孔在头下部联合成横裂，鳃小不发达，用咽壁呼吸。无胸鳍和腹鳍。背鳍和臀鳍退化为皮褶与尾鳍相连。栖息池塘、小河、稻田等处，常潜伏泥洞或石缝中，捕食小动物。幼雌鱼性逆转后为雄鱼。除青藏高原外遍布我国各水系，是我国最普通的淡水食用鱼类之一。

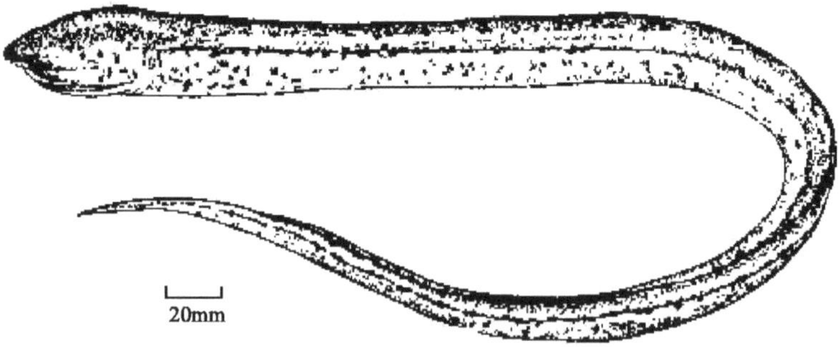

图 3-100　黄鳝

鲈形目 Perciformes

鲈科 Percidae

鳜 *Siniperca chuatsi*（Basilewsky）（图 3-101）

又称桂花鱼。体侧扁，背部隆起，棕黄色，腹灰白色，体侧有褐色斑点和斑块。自吻端穿过眼眶至背鳍前下方有一条斜向上的棕黑色带纹，侧面有 2 条黑纵纹。头大吻尖。口大，下颌向上突起，牙齿密。鳃盖骨有 2 根扁平棘。鳞片细小，圆形。侧线在尾柄部呈月状弯曲。背鳍具 13 根硬棘和 13～15 根软鳍条，腹鳍胸位，胸鳍、臀鳍、尾鳍圆形；2～4 条暗棕色圆斑连成带纹；鳍式 DXⅡ-14；AⅢ-9；PI-13；VI-6。栖息于河、湖和溪流中。为我国特产鱼类，肉食性。夜晚在干流和支流流水处产卵。

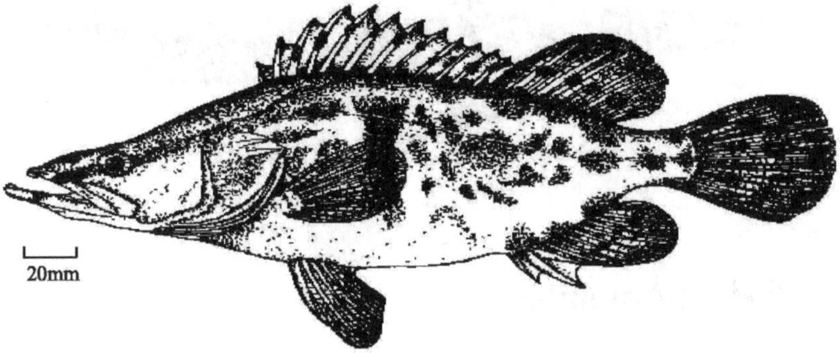

图 3-101　鳜

鳢科 Channidae

乌鳢 *Channa argus*（Cantor）（图 3-102）

又称黑鱼、乌鱼。体灰黑色，前部略呈圆筒形，头尖，稍平扁。体侧有 3 纵行黑色斑块。有鳃上器，咽头上方具一宽大鳃上腔，能呼吸空气。体后部稍侧扁。头、躯干鳞片相似，鳞式：62-67，7-8/17。背鳍和臀鳍均延长，尾鳍圆形。淡水底层栖息。性凶猛，肉食性。分布于我国东部个各水系中。

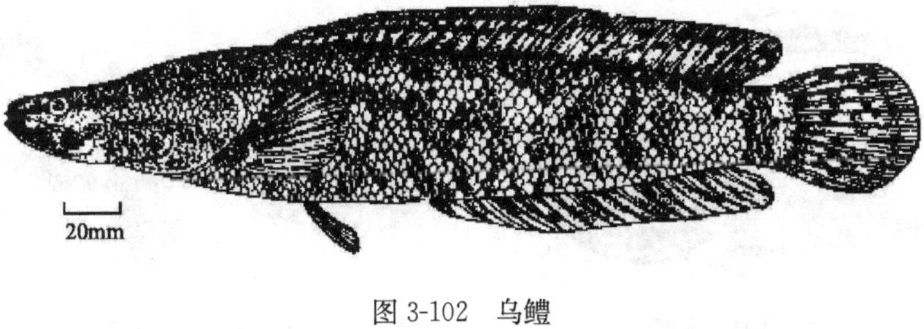

图 3-102　乌鳢

鲟形目 Acipenseriformes

吻发达，口腹位。歪形尾。体裸露或被硬鳞。仅尾上具背鳍。

鲟科 Acipenseridae

中华鲟 *Acipenser medirostris* Ayres（图 3-103）

体形似鲨。有喷水孔。口内无齿，口前触须 4 条。体被 5 纵行大型骨板，背鳞 10～17，侧鳞 31～42，腹鳞 10～12+2。背鳍位于腹鳍后方。

图 3-103　中华鲟

3.3.2　两栖纲 Amphibia

有尾目 Caudata

隐鳃鲵科 Cryptobranchidae

大鲵 *Megalobatrachus davidianus*（Blanchard）（图 3-104）

俗称娃娃鱼。全体可分头、躯干、尾 3 部。头部疣粒显著，头扁平而宽阔，长宽约相等，吻长而钝圆；鼻孔小在吻端；眼小，无眼睑；口裂大，通常伸至眼后角的下后方；上下颌有细齿。体大而扁平，长 600～700mm。皮肤光滑，棕褐色，背面有深色大黑斑，腹面色较浅。体侧有肋沟 12～15 条。尾侧扁，尾长为 1/3 体长。四肢短而粗壮，4 指，第 2、3 指略长于 1、4 指；5 趾，趾长顺序为 3、2、4、5、1；趾间有微蹼。

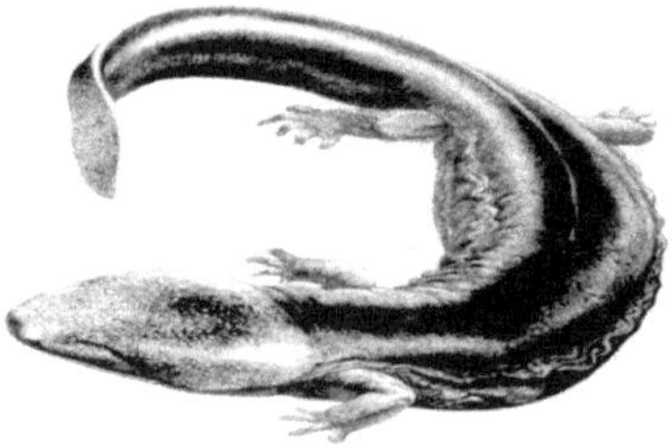

图 3-104　大鲵

图 3-105　东方蝾螈

生活于清澈山谷溪流中。分布于安徽、河北、陕西、四川、广西、山西、青海、湖南、河南、甘肃、浙江、江西、贵州、湖北、福建、广东等地。

蝾螈科 Salamandridae

东方蝾螈 *Cynops orientalis* (David)（图 3-105）

体长约 70mm。头扁平，长大于宽。吻钝圆，唇褶显著，鼻孔近吻端，口裂在眼后角下方，颌有细齿。体背和体侧黑而有蜡光，满布小痣粒。趾长顺序 3、4、2、5、1，无蹼。尾侧扁稍黑色，尾长约等于 1/2 体全长。喜欢生活于清寒无污染的静水中。分布于河南、湖北、安徽、江苏、浙江、江西、湖南、福建等省区。

无尾目 Anura

1. 两栖类常见科检索

1　弧胸型肩带 ………………………………………………………… 2
1　固胸型肩带 ………………………………………………………… 4
2　脊椎骨后凹型，有肋骨 ……………………………… 盘舌蟾科 Discoglossidae
2　脊椎骨前凹型，无肋骨 ……………………………………………… 3
3　尾杆骨骨髁 2 个，趾蹼发达 ………………………………………… 4
3　趾、指末 2 节间无间介软骨，上颌无齿，有耳后腺 ……………… 蟾蜍科 Bufonidae
3　趾、指末 2 节间有间介软骨，上颌有齿，无耳后腺 ……………… 雨蛙科 Hylidae
4　荐椎横突柱状 ……………………………………………………… 5
4　荐椎横突宽大……………………………………………… 姬蛙科 Microhylidae
5　趾、指末 2 节间无间介软骨 ………………………………………… 蛙科 Ranidae
5　趾、指末 2 节间有间介软骨，指末节背面可见“Y”形骨迹……… 树蛙科 Rhacophoridae

常见无尾两栖类

蟾蜍科 Bufonidae

花背蟾蜍 *Bufo raddei* Strauch（图 3-106）

体长 60mm，皮肤粗糙，头及背满布疣粒，四肢及腹平滑。头宽大于头长。吻钝圆，吻棱显著。耳后腺大而扁。鼓膜明显。前肢粗短，指、趾端黑色，两掌突外大内小，指长顺序 3、1、2、4；后肢短，趾间半蹼。雄蟾背橄榄黄色，灰色疣粒上有红点，故名花背蟾蜍；雌蟾背浅绿有酱色花斑，疣粒上有红色点。黄昏时活动觅食，捕食害虫。分布于我国东北、山东、山西、陕西、内蒙古、河北、甘肃、新疆、宁夏、江苏等地。

中华蟾蜍 *Bufob gargarizans* Cantor（图 3-107）

俗称癞蛤蟆。皮肤粗糙，体背布满瘰疣。头宽大于头长；耳后腺大而长，鼓膜明显。无齿。前肢无蹼，指长顺序 3、1、4、2，两掌突外大内小；趾间有蹼。雄性较小，内侧 3 指有黑色婚垫；雌性色浅，瘰疣乳黄色，腹面乳黄有棕色或黑色花斑。大蟾蜍在我国还有华西和岷山亚种。白天隐居，夜出觅食，对农业有益。早春产卵于静水中。广泛分布于全国各地。

图 3-106　花背蟾蜍

图 3-107　中华蟾蜍

盘舌蟾科 Discoglossidae

东方铃蟾 *Bombina orientalis*（Boulenger）（图 3-108）

体长 45mm。皮肤粗糙，背灰棕色或绿色，有黑色斑点和绿色刺疣花纹；腹面黑色，有醒目的橘红色或橘黄色斑。头扁平，长宽相等。吻圆无棱。鼓膜不明显。舌短圆，有犁骨齿。指短，指长顺序 3、4、2、1，趾短扁。雄性趾间具蹼，前肢粗壮，内侧 3 指基部有婚刺；雌性趾间缺刻深。栖息于山溪中，遇敌则露出腹面红黑的斑纹，作为为警戒色。生活于山区溪流、静水附近。分布于我国东北、山东、河北、江苏等地。

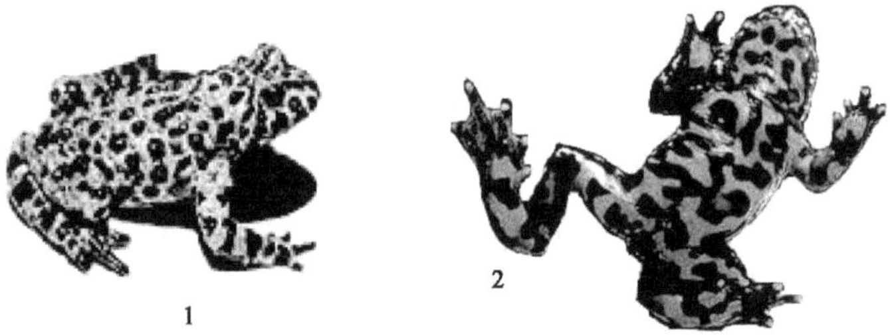

1

2

图 3-108　东方铃蟾

1. 背面观 2. 腹面观

蛙科 Ranidae

黑斑（侧褶）蛙 *Rana nigromaculata* Hallowell（图 3-109）

或称青蛙。体长 70～80mm，头扁，吻钝圆。眼圆突出。鼓膜大，鼻孔小。有 2 条背侧褶，其间有 4～6 行短肤褶，背脊线浅色，背面黄绿、深绿或带灰褐色，有黑斑，后肢黑斑显著。腹面白无斑。前肢短，指长顺序 3、1、2、4，关节下瘤明显；趾间几为全蹼。雄性有 1 对咽外声囊，第 1 指基部有婚垫。栖息于池塘、河岸边草丛中，捕食昆虫。为常见蛙类。我国大部分省区均有分布。

金线（侧褶）蛙 *Rana plancyi* Lataste（图 3-110）

体长约 50mm，雄性略小。头略扁，长宽几乎相等。吻钝圆，吻棱不明显。鼓膜大，金黄色。体背侧有疣粒，有 2 条宽厚的黄色背侧褶，背面绿色或橄榄绿色，股后有黄色和酱色纵纹各 1 条；腹面光滑，鲜黄色，肛部有疣粒。指、趾端尖圆，指长顺序 3、1、4、2，第 1、3 指几乎等长，关节下瘤明显。后肢粗短，趾间近全蹼。雄蛙第 1 指基部有婚垫。栖息于池塘或池沼附近。分布于山东、河北、河南、山西、安徽、浙江、湖南等地。

图 3-109　黑斑（侧褶）蛙

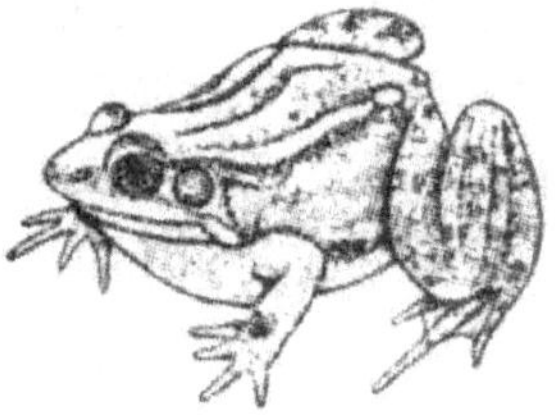

图 3-110　金线（侧褶）蛙

图 3-111　泽蛙

泽蛙 *Rana limnocharis* Boie（图 3-111）

体长 50mm，雄蛙略小。头长宽相等；吻尖圆，吻棱圆。背皮纵褶分散、长短不一，无背侧褶；体侧有圆疣，后肢背面有小疣。背棕灰或灰橄榄金色，有深棕色斑纹；腹面白色。四肢有横斑纹；前肢短，指长顺序 3、1、4、2，关节下瘤及掌突发达；后肢短，趾间有半蹼。上下唇缘有 6～8 条深色纵纹。雄性咽部黑，有单一咽下外声囊，鸣声似敲木梆声。第 1 指上婚垫发达。栖息于池沼、田野，昼夜活动觅食。分布于山东、河南、长江流域及以南地区。

中国林蛙 *Rana temporaria chensinensis* David（图 3-112）

俗称“哈士蟆”。成蛙体长 46～57mm，两性无大小差别。头长宽几乎相等；吻钝圆，吻棱、颌腺明显。有细小疣粒。颞部背侧褶曲折明显，在鼓膜上方斜向外侧折向中线向后伸达胯部。背棕灰色，有黑色斑点，鼓膜处三角斑明显。腹部乳白色，有灰色斑点。四肢横纹清晰，前肢短壮，指端圆，指长顺序 3、1、4、2，关节下瘤及内外掌突明显，后肢长，趾端钝圆，蹼发达。雄性较小，第 1 指上婚垫发达。栖息于阴湿树丛、山溪和农田中。集群冬眠于河水深处。分布于我国东北、山东、河北、河南、山西、陕西、内蒙古、甘肃、青海、四川、江苏等地。

日本林蛙 *Rana japonica* Güenther（图 3-113）

头长大于宽，吻尖圆，吻棱明显，鼓膜为眼径的 2/3。有少量扁圆疣，背侧褶窄而明显，自眼后直达胯部。背及体侧草黄、绿黄或浅棕色，有深灰色小点，鼓膜处三角黑斑明显。四肢有横纹。腹面光滑，乳黄色或乳白色。指趾端圆，指长顺序 3、1、4、2，关节下瘤及掌突发达。后肢细长，胫跗关节向前达鼻、吻之间或超过吻端，左右跟部重叠，内跖突发达，外跖突缺或极小。雄蛙几乎为全蹼，第 1 指上灰白色婚垫发达；雌蛙蹼缺刻大。栖居于山区池边草丛间。分布于河南、江苏、安徽、浙江、湖北、贵州、江西、湖南等地。

沼蛙 *Rana guentheri* Boulenger（图 3-114）

体长 70mm，头长大于宽，吻钝圆，吻棱明显，口角后端有浅色颌腺。鼓膜明显。背面棕色，沿背侧褶有黑色纵线，后端有小疣，体侧有黑斑，腿部细粒成行，有黑色横纹，股后方有灰黑色花斑，腹面白色。指长顺序 3、1、4、2，关节下瘤及掌突发达，指端无横沟；趾端有横沟，除第 4 趾外为全蹼。雄性有 1 对外声囊，上臂基部前方有肾形腺体，婚垫不明显。生活于稻田、静水附近。国内分布于四川、云南、湖北、安徽、江苏、江西、海南、广西等地。

图 3-112　中国林蛙

图 3-113　日本林蛙

图 3-114　沼蛙

棘腹蛙 *Rana boulengeri* Güenther（图 3-115）

体大而肥壮；头宽略扁，吻端圆，吻棱不显著；鼻孔略近眼前角；眼间距与鼻间距等宽而小于上眼睑宽；鼓膜不显著。皮肤较粗糙，背面有若干成行排列的窄长长疣；趾间全蹼。雄性胸腹部满布大小黑刺疣，雌性腹面皮肤光滑。雄性有单咽下内声囊。栖息于华南高山深谷、阴凉安静、清水长流的山溪水坑或洞穴中。食用价值高，医用前景广阔，以被人工养殖。

虎纹蛙 *Rana tigrina rugulosa* Wiegmann（图 3-116）

俗称水鸡。成体长 100mm。吻端钝尖，下颌前缘有 2 个齿状骨突。鼓膜明显。体背多为橄榄色，个别浅黄色。背部皮肤粗糙，有多条长短不一的纵行肤棱，无背侧褶。胫跗关节向前可伸达眼或肩部，指、趾末端钝尖，趾间全蹼。雄性具 1 对咽侧外声囊。栖息于平原及半山区稻田、库塘、沟渠或沼泽地。捕食昆虫。4～8 月产卵于静水中，漂浮孵化。分布于河南、安徽、江苏、浙江、四川、湖北、福建、广东、香港等地。

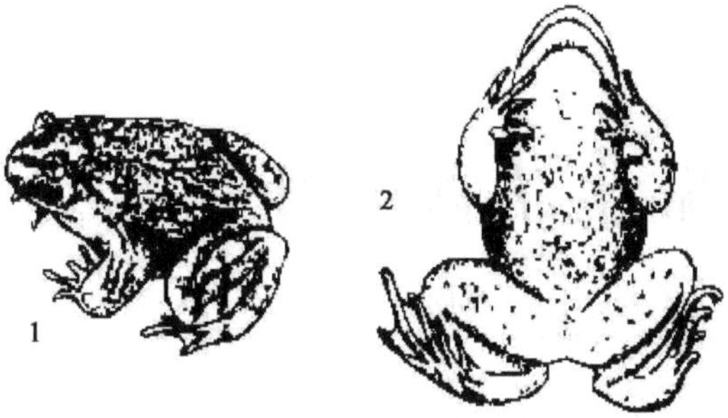

图 3-115　棘腹蛙
1. 背面观 2. 腹面观

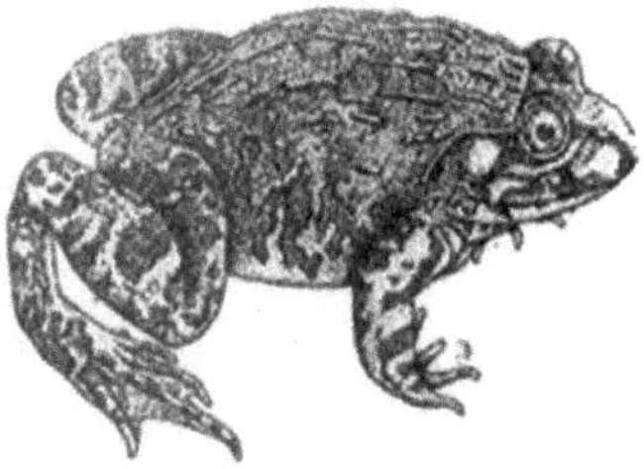

图 3-116　虎纹蛙

姬蛙科 Microhylidae

北方狭口蛙 *Kaloula borealis* (Barbour)(图 3-117)

俗称“气蛤蟆”。体长 40mm。头小，吻短圆。皮肤光滑，背浅棕或橄榄棕色，有黑色斑点。腹面淡肉色。体侧、咽、前后肢有圆形花纹。枕部有横肤沟。肛周有颗粒。前肢细长，指长顺序 3、4、2、1，关节下瘤及掌突发达；后肢粗短，趾短，具半蹼。雄性有单一咽下外声囊，胸部皮肤腺大。终年穴居于土壤中，夏季聚集到临时水坑中产卵繁殖。分布于我国的黑龙江、吉林、辽宁、山东、河北、陕西、湖北、江苏、浙江等地。

饰纹姬蛙 *Microhyla ornata* (Duméril et Bibron)(图 3-118)

体长 25mm，头略呈三角形，长宽几乎相等，吻尖圆，吻棱、鼓膜不明显。皮肤光滑。背部灰棕色，有小疣粒。对称深棕色斜花纹由两眼睑向后延伸到体后端呈“八”字形斑。四肢背面有横纹，腹面白色。眼后枕部有横肤沟。前肢细弱，指长顺序 3、4、2、1，关节下瘤及内外掌突显著；后肢长、趾细长，趾间具蹼。雄性咽部色深，有单一咽下外声囊。在国内见于河南、陕西、四川、云南、贵州、湖北、安徽、江苏、浙江、江西、湖南、福建、台湾、广东、广西、山西、海南岛。

图 3-117　北方狭口蛙

图 3-118　饰纹姬蛙

第 4 章 陆生动物实习

4.1 昆 虫 纲

昆虫属节肢动物门（Arthopoda）的昆虫纲（Insecta），是动物界最大的一纲。不仅种类多，数量大，而且分布广泛。其主要特征是躯体分为头、胸、腹 3 部分。头部有 1 对触角，1 对复眼。胸部由前、中、后 3 个胸节组成，每一胸节有 1 对附肢，即胸足。多数昆虫在中、后胸上还各有 1 对翅，但也有的仅有 1 对，或完全退化为无翅，腹部包藏着脏器。附肢在成虫时多已消失，仅留有 1 对尾须和外生殖器。昆虫以气管系统呼吸，以马氏管排泄。雌雄异体直接发育或间接发育。人类和昆虫之间有密切关系，因此，通过野外实习和对昆虫采集、标本的制作、对有害有益种类的鉴别，使我们掌握在不同的环境中采集各类昆虫，了解昆虫与环境的关系，学会制作处理昆虫标本及鉴定昆虫的方法。

4.1.1 昆虫的生态环境

不同种类的昆虫地理分布不同，了解各大类昆虫的生态环境和分布范围，有利于采集。一般说来，在生态环境复杂的地区，昆虫的种类丰富。水中、空中、森林、草原、沙漠、室内、仓库等都是昆虫栖居的理想场所；土壤石块下、木材堆、动物尸体下亦为多种昆虫生存的地方。山区的平原、草原与森林的昆虫种类截然不同，即使是同一山麓带的南坡或北坡，坡地与沟谷的昆虫种类也不尽相同，常能反映山坡的区系性质及昆虫垂直分布的变化。高山上昆虫种类虽少，但稀有种类常栖息于山顶。

昆虫由于种类不同，所生存的环境也不相同，所以，在这个环境中可以采集到某类昆虫，在另一种环境下可采到另外一种昆虫，更多地了解一些昆虫的栖居环境，熟悉昆虫与环境的关系，可帮助我们有目的地进行实习采集。

4.1.1.1 植栖性昆虫

大多数昆虫以植物为食，但是，各种昆虫都有其偏爱的食物，因此，多种植物全生的环境，是昆虫栖居的好场所。一种植物就可能有多种昆虫为害。因此，凡有植物生长的地方，就会有昆虫生存。在这种环境下采集，就应观察植物枝干有无枯萎现象；有无枯心白穗；有无卷叶、缀叶现象；枝叶上有无畸形，变色、生斑；叶片上有无缺刻破洞、有无虫瘿；果实、种子有无蛀食痕迹；地上有无昆虫粪便；枝叶上有无刺吸式口器昆虫排泄的蜜露等。

4.1.1.2　地栖性或土栖性昆虫

除寄生性昆虫和幼虫期完全水生的蜉蝣目、蜻蜓目昆虫外，几乎所有昆虫中的各目都生活在地面或土中，不过只限于不同种类的不同虫态。有些种类也可在同一物体下同时生活着几个虫态。地面的环境是极其广泛复杂的，尤其是石块、砖头下等较潮湿的环境最宜于昆虫的生存。多种鳞翅目昆虫的蛹、虎甲、芫菁幼虫、蝉的若虫、多种直翅目昆虫卵以及蝼蛄的各个虫态都栖居于土中。土居的蚜虫和介壳虫则生活在植物基部或根部。在蚁巢中可生存多种共栖昆虫。

4.1.1.3　寄生性昆虫

有许多昆虫寄生在动物和人体上，吸食血液，如虱目；或嚼食其皮毛，如食毛目。另外，双翅目、鞘翅目及半翅目中的少数种类，也寄生在动物体外或动物体内。

4.1.1.4　水生性昆虫

水域也是多种昆虫的生活场所。鞘翅目的龙虱、水龟虫、豉豆甲，半翅目中的划蝽、斧蝽、固头蝽以及蜻蜓目、毛翅目、广翅目、蜉蝣目昆虫的幼虫期都生活在水中。

4.1.1.5　腐生性昆虫

有些双翅目的蝇类，喜欢在垃圾及各种腐烂物质等场所产卵繁殖；有的在枯枝落叶、动物的粪便、尸体下面的腐烂物质中生活；也有在朽木、树皮下和树洞中栖居，如大多数鞘翅目昆虫。

4.1.2　昆虫生活习性的观察

为了取得完整的研究数据以及不同虫态的标本，这就要观察昆虫的生活习性。防治害虫是需要彻底了解昆虫生活史的发生发展过程，掌握其生活规律和发生的季节，根据实地观察材料，预测害虫的发生时期。对人类有益的昆虫通过研究其繁殖规律及适应性，使其为人类造福。要对昆虫进行生理、生态、毒理、抗药性能和生物防治等试验研究，必须饲养观察以作为材料。

在饲养昆虫时，首先选择好饲料。昆虫不同，需要的食物也不同。不论对狭食性或是广食性种类，都应选择其最喜爱的寄主植物作食料。因为昆虫在人为控制下饲养，没有选择食物的余地。这就需要饲养观察人员代为选择。

4.1.2.1 室内饲养观察

优点是便于工作与观察，可同时饲养比较多的种类。缺点是室内环境尽管可以人为控制，但食料与活动范围以及生态平衡等大环境往往不易模拟得与大自然十分相像。

室内饲养昆虫，大多是用玻璃器皿和各种不同形状的饲养笼。当昆虫从野外采来后，首先进行登记编号，然后按昆虫的种类分别饲养，但每一个饲养器中不能饲养昆虫太多，要看饲养器的大小与昆虫的种类而定。在饲养过程中，必须注意饲养器中温湿度和昆虫活动情况，将观察结果记录下来。之后再观察一次，同样记录，并给食量大的种类加新的食料。工作时，尽量不要触及虫体。如有必要更换昆虫栖居的枝条时，只能将昆虫栖居的一段用剪刀剪切，轻放在新换的食料上，若遇有正在脱皮或有其他变化情形时，最好不惊动昆虫。

4.1.2.2 自然环境中的饲养观察

室内饲养终究和自然环境中的各项指标是有差别的。同时，室内饲养的昆虫经过几十代后往往会发生发育不甚正常的现象。为此，最好将采集来的昆虫分作两部分：一部分放在室内饲养；另一部分作为对照，放置在自然环境中饲养观察。

自然环境饲养的观察方法要因昆虫种类习性而定，善飞喜跳的昆虫，可放在自然环境中的植物上，再用大纱笼同植物一起罩住，笼子上挂上记录牌，注明饲养昆虫种类、笼号、放置年月日。观察记录同室内饲养观察记录相同。如果在原寄主上发生的昆虫，为观察生活情况，不必采集上来，可用各种叶笼或纱笼套养，每日也同样观察记载，但这种方法对入土化蛹的昆虫不适合。对入土化蛹昆虫最好用花盆在自然环境中饲养。

4.1.2.3 观察记录方法

饲养昆虫中，及时详细地记录昆虫的生活习性，是一项主要工作。每饲养一种昆虫，首先要编一个号码，今后有关这种昆虫的生活史记录，以及饲养完成的标本也都用这个号码。

观察记录的内容，除了记载植物的被害情况外，可分别观察记录该种昆虫的各个期态。

成虫期：何时羽化，羽化后何时交配，交配的状况、时间；雌雄虫一生各交配几次；交配后多长时间产卵、产多少，是一次产完还是分多次产，日间产还是晚间产；是否有不需交配而产卵的；成虫的生活期各有多长，成虫羽化后是否取食，吃什么；成虫有无向光性，喜夜间活动还是白天活动。

卵期：卵产于何处或何种寄主上，在寄主的哪个部位；卵的形状、是块、团、排、还是单粒；卵量多少，卵的外面有无掩蔽物；卵有无寄生物，寄生率是多少；所产的卵几时孵化，孵化期多长，卵的孵化率怎样。

幼虫期：卵几时孵化为幼虫，一日之内何时的孵化率最高；孵化后几时取食，白昼取食还是夜间取食，取食寄主何部位；群居还是散居，刚孵化以及其后的颜色变化如何；孵化后要经过多长时间蜕第一次皮，共蜕几次；蜕皮过程中的表现及刚蜕过皮的颜色怎样，每次皮后身体各部位量的变化；蜕皮前后是否有若干时间不食、不动，有无休眠状态；有无互相残杀习性，有无天敌，幼虫的成活率及化蛹率各是多少等。

蛹期：幼虫老熟后在什么时候化蛹；是否入土、入土多深；是否结茧，茧结于何处；有无其他掩护物；是土茧还是丝茧，茧的形状；蛹期时间、蛹期中发现的天敌或寄生虫及蛹的羽化率等。

越冬期：这种昆虫是以何虫态越冬，有无天敌，死亡率及死亡原因等。

凡是以上这些，以及其他所能观察到的情形，都要尽量详细记录下来，记录时要求整齐清楚，文字通顺。并一一填入印好的表格内。

4.1.2.4　记录表格的形式

常用的有两种：一种是昆虫生活史记录卡片，表的上面注明昆虫名称、寄主、号码、页数，下面注明年月日及记录人等。这种表格是专用来记录采集时以及饲养过程中观察到的所有情况，每日按顺序记录下来。第二种是昆虫生活史记录卡片，大小与第一种相同，表的上面所注同前表，为记录时方便，表的下面注有各种不同符号，以此代替各个不同虫期和变化等。这种表格是在饲养、观察昆虫生活史时做记录用的。

4.1.3　昆虫标本采集与制作

4.1.3.1　昆虫标本的采集

1. 采集的方法

要想得到大量而理想的研究材料，首先必须学会采集。但是，由于昆虫的栖息环境多种多样，加之生活习性差别很大，因此采集标本要讲究方法，注意季节和时间，以及地点和环境，否则，事倍功半，达不到应有的效果。这对初学者来说尤其重要。

观察法：采集昆虫时，首先要找到昆虫的生活场所，随时耳听目看。有许多能发声的昆虫，如蝉、蝈蝈等，可凭听觉找到。有许多昆虫在生活的地方，常留有一定的踪迹，依照这些踪迹也可采到。比如，根据植物叶卷缩，茎叶变畸形，或有成群蚂蚁集中在植物上的情形去寻找蚜虫。钻蛀形昆虫可根据粪便、孔洞和寄主变形等情况去采集。有保护色的昆虫也可根据粪便和被害状去寻找。

搜索法：在观察法的基础上，根据昆虫的生活习性，在发现有昆虫存在迹象附近的植物上、砖石下、土中、腐烂植物下、树皮下、树洞里、动物的尸体下、粪便下以及昆虫可能栖居的地方，可以搜索到很多种类的昆虫。

击落法：许多昆虫有假死性的特点，猛然震击寄主植物，使其自行落下。趁早上或晚上温度较低，昆虫不甚活动或当昆虫专心取食时，趁其不备，猛然震动寄主植物，也会被击落下来。有时猛击植物寄主后，使其受到错觉而爬动或解除拟态，暴露了目标而被发现后采到。

引诱法：利用昆虫的趋附于食性、趋光性、趋化性、趋附于异性等天然习性，可采到许多种类的昆虫。如将马粪、杂草、糖渣、酒糟在田间堆成小堆，可诱集到蝼蛄、金针虫及多种地老虎的幼虫等。用糖浆、蜜水等有甜酸发酵气味的浆液诱集蛾类和双翅目等昆虫。大多数昆虫可利用其趋光习性，使用诱虫灯来采集捕杀等。

网捕法：这是采集时最普通且最常用的一种方法。利用捕虫网可在陆地及水中捕捉各类昆虫。

2. 采集的季节和时间

一般而论，一年四季都可采集。每年晚春到秋末，是昆虫活动的适宜季节，是采集的最好时期，但在华南地区，由于植物能继续生长，昆虫有着丰富的食物，因此不少种类的昆虫没有明显的冬眠阶段，故四季都可采集。但有一些不适应炎热的种类，夏季进入夏眠，反而不如冬季容易采到。在北方每到冬季昆虫虽少，可是，如果认真观察，仔细搜寻，往往也能得到许多宝贵材料。如果要有目的地收集某些种类的昆虫，尤其是一年只发生一代的种类，这就要根据它们的发生期进行采集。所以，采集的季节要根据目的和需要来决定。

采集的时间，一般白天活动的昆虫，多在上午10时至下午3时活动最频繁。有些喜欢夜间活动的昆虫，就必须在太阳下山后或太阳初升前才能采到。有些昆虫只有在它活动的时间才容易发现。

3. 采集的地点和环境

熟悉、掌握和了解各种昆虫的生态环境、分布范围，是采集标本的前提。如作为昆虫种类及分布的调查采集，不但要采集到数量较多的个体，而且要考虑到不同地区各种环境的代表性种类。作为区系调查采集，应考虑到采集地区的自然条件、气候、植被类型及分布地理特点等，必要时还应依据上述要求将要采集的范围分区、设点。

采集地点因昆虫种类及习性不同而有区别。田间、果园、菜园的作物上，杂草、石块、仓库、森林、高山、戈壁、土中等都可采到不同种类的昆虫。

4. 采集的要求

第一，采集时不要只采成虫，应将遇到的昆虫卵、幼虫、蛹全部采集。颜色不同的雌雄个体都要采。一般采集时常把个体较小、形状丑陋、不易采到的单个标本，或在野外粗略观察似是同一种类的，或目前并不严重为害的种类忽略掉，这是不对的。因为，这些昆虫不但在分类上有一定价值，并且有时其中一些种类往往可能转变为严重危害甚至成灾的类群。

第二，扩大采集昆虫的深度。为此要求采集人员，既要从数量上着眼，又要在质量上下功夫，普查与重点调查相结合，采到昆虫后，最好能随时就进行细心观察，并对其生活习性、寄主、环境、场所进行记载。凡是不同日期、不同环境、不同海拔高度、不同寄主上采到的昆虫，要求分开存放，分别编号记录。

第三，做好记录。外出采集，应随身携带记录本，凡是能观察到的事项，都要按照要求记录下来。对于那些在浸泡后或干存后容易脱色、变色的昆虫标本，在野外要及时记录体色。

第四，对鳞翅目的蝶蛾类标本，在采集时应注意保护其鳞片，存放毒杀时，不能和其他类昆虫混装。较为简便的方法是，采到蝶蛾后，仔细将其前后翅展开，用拇指和食指夹其胸部，轻轻挤压，直接保存于三角纸袋中，然后放入毒瓶再行毒杀。对极易损坏的附肢、翅和触角等应格外加以保护。

4.1.3.2　昆虫标本的制作

为使昆虫标本能够长久而完整地保存下来，备研究比较以及教学和展览使用，便于工作，要做进一步整理，制作成标本。制作的标本除了要强调虫体的完整外，还要求外表的美观。

1. 干制昆虫标本的制作

针插法：用昆虫针固定标本时，一般是将昆虫针直刺虫体胸部中央。为保证分类上的重要特征不受损坏，并使同一大类的昆虫标本制作规格化，针插鞘翅目昆虫时，要避开胸部腹面的胸足基节窝，将针穿刺在右鞘翅的内前方，使针恰好穿过右侧中、后足之间。半翅目昆虫，虫针应穿插在小盾片略偏右方，这不但保护了小盾片的完整而且也不会损坏胸部腹面的喙及喙槽。直翅目昆虫，如蝗虫及蠡斯等，要将虫针插在前胸板中隆线的偏右侧，这样不会破坏背板及腹板上分类特征的完整性。膜翅目，鳞翅目等昆虫，是在中胸背板的正中央插入，通过中胸足基节的中间穿出。

三级板法：要使昆虫标本或虫体下方的标签在昆虫针上的高度完全一致，符合国内外交换标本的要求，又方便插入标本盒中保存，并增加整齐美观，使用三级板作为尺度最为相宜。使用方法是，将昆虫针穿刺虫体后，再把针倒过来，将有针帽的一端插入三级板的第一级小孔中，使虫子体背上虫针的高度等于三级板第一级的高度；然后用虫针插入三级板的第二级的小孔中，使标签下方的高度和三级板第二级的高度相等；记载标本寄主及采集人的第二个标签在标本的下方，高度与三级板第三级的高度相等。身体较大的昆虫可使两个标签之间的距离适当靠近。

展翅法：有些昆虫，如鳞翅目、双翅目、膜翅目、蜻蜓目、脉翅目等，在进行研究、教学工作中，需要观察其翅脉构造、身体两侧的特征，所以在制作标本时，一定要把翅展开。为此，必须借助展翅板来伸展昆虫的翅。

展翅时把用昆虫针插好的标本，插在展翅板沟内的软板上。较大的昆虫先用另一昆虫针，将左右两翅拨到适当位置并固定在展翅板上，然后用纸条压在翅上，并用针固定好纸条。身体较小昆虫，展翅时必须用小号针轻轻拨动翅的腹面，使其托伏在展翅板上后，再用纸条压平，用针固定纸条。

制作展翅标本时要特别小心，不要将身体上的任何部位损坏，尤其是蝶、蛾昆虫。展翅的姿势正确与否，不但在美观上，而且在应用上关系极大。鳞翅目、蜻蜓目、直翅目等前翅后缘较直的种类，一般以两个前翅后缘左右成一直线为准。脉翅目呈圆形，则以后翅的前缘左右成一直线为准。双翅目和膜翅目昆虫要以前缘的顶角与头左右成一直线为准。展翅完毕后要把昆虫的头摆动，触角呈倒“八”形平伸在头的前方，或尽量使它与天然姿势相同。有些体型较大的昆虫，在展翅中，腹部容易下垂，须用坚硬的纸片或昆虫针交叉支撑在腹部下面。为了使标本迅速干燥防止腐烂，可在展翅前将腹部剖开，取出内脏，塞入适量的脱脂棉。

2. 浸渍昆虫标本的制作

用液体浸泡保存昆虫标本，大部分属于无翅亚纲以及有翅亚纲的蜻蜓目、蜉蝣目等生活在水中的稚虫和完全变态昆虫的卵、幼虫、蛹等。为使虫体经浸泡后不致变形，首先要放在开水中煮一下。煮的时间要视虫体的大小、老幼及种类而定，一般要求煮至虫体伸直稍硬便可。

野外采集用开水煮虫若有困难，也可将采到的标本先投入 75% 的乙醇中，待回到驻地时将标本瓶密闭放入注有开水的茶杯或饭盒中，将盖密闭，使虫体热浴也可达到使虫体伸直的目的。经过水煮或热浴处理的标本，立即投入保存液中保存。但对虫体内含水过多的种类，经浸泡一段时间后要换液几次，才能长久保存，不然会因带入保存液中的水分过多而使标本腐烂或污染。

身体柔软型，仅供研究用的种类或一般昆虫的卵、幼虫、蛹，多保存在玻璃指形管中。作为教学实习用或交换的大量浸泡标本，可用玻璃缸等大型容器密封保存。采用何种保存液为好，应根据需要来选用。

4.1.3.3 展览昆虫标本的制作

供展览用昆虫标本，主要用作教学、普及参观等使用。制作过程是将通过上述介绍的各种方法做好的昆虫标本集中起来，按照昆虫的一生发育顺序，安放在特制的标本盒内。同时将与此种昆虫有关的材料同样放入盒内，如被害植物的叶片，天然敌害、防治或利用情况等。使其通过参观一盒展览标本，就能了解一种昆虫一生的概貌，及其与外界环境和天敌的关系。为增加感染力，可在盒中衬托上天然背景。展览盒内的被害植物及昆虫标本的排列，都应尽可能保持其天然姿势和形状，以期达到既美观又生动的效果。

制作展览盒内的成虫标本时，需展翅的种类，则不需要用昆虫针刺穿固定，而是将标本背面向下，用针的尖端钉在胸部展翅整姿。干燥后将针拔下，按照设计要求粘贴在展盒中的适当位置，或在盒底铺上棉花、泡沫塑料等柔软物质，将标本平放在上面，盖上盒盖压紧即可。展览盒中的幼虫、卵或蛹，均尽量恢复自然状态，然后按照需要固定在展览盒中。

4.1.3.4 标本上的标签

标签是标本的最原始记录。没有标签的标本，无论制作得多么完整美观，均失去应有的科学价值和用途。因此，制作好的标本，要及时插上标签，一般初做好的标本，要插两个标签：上面的一个标签为采集地点、海拔高度、采集时间；下面的一个写上寄主、环境和采集人姓名。在实习或进行昆虫普查时，也可写一个标签但必须写采集地点、采集日期和采集人姓名。经过研究查对，已经过前人鉴定有学名的和经过系统研究有中文名称的昆虫标本，下面还要加上写有中名、学名及鉴定人姓名的标签；经过研究以前还从未发现过的新种，在标本下面还要加上新种或新亚种标签。

标签是用比较硬、表面光滑的白纸，排版印刷成长 1.5cm，宽 1.0cm 的黑框，内印有采集地点、采集日期和采集人姓名等，以便于将来具体填写。标签要用绘图墨水书写清楚，防止日久褪色或不易识别。浸泡在液体标本瓶中的标签，要用质地好、经过长久浸泡后不致损坏的光面纸，一定要用耐水墨水或软铅笔书写，以免字体脱色和褪落。

4.1.3.5 昆虫标本的临时保存

在野外实习或采集标本，有很多标本来不及整理，就得临时妥善保管，严防虫害、发霉。

经常使用的杀死昆虫和浸泡标本的液体是75%～80%的乙醇。含脂肪较少的昆虫种类，用干燥保存法也不易污染，所以可用毒瓶杀死。

用乙醇杀死并保存的昆虫标本，或将来需要做成玻片的标本有虱目、弹尾目、食毛目、蚤目、双尾目、缨翅目、同翅目的一部分，如蚜虫、介壳虫和粉虱等。经杀死并保存在乙醇中的昆虫标本，除各种幼虫外，还有啮虫目、蜉蝣目、等翅目及纺足目等。

在毒瓶中杀死的昆虫，干燥保存并可用昆虫针穿插作成标本的有鞘翅目、革翅目、双翅目、半翅目、膜翅目、鳞翅目、长翅目、脉翅目、蜻蜓目、直翅目及毛翅目等。微小昆虫需要用乙醇杀死后，然后干燥保存的有双翅目中的小蝇类、半翅目、同翅目的若虫、膜翅目中的蚂蚁、寄生蜂及瘿蜂。若是正在寄主上寄生的，必要连同寄主同时保存的有介壳虫及粉虱等。

在野外采集标本，用作临时保存标本的工具常用的有三角纸袋和棉层纸。三角纸袋也叫三角纸包。用毒瓶杀死将做针插标本的种类，可趁肢体柔软时略做整理。如蝶蛾类，尽量使双翅背面双并，起到保护鳞片的作用；其他目昆虫，要把触角顺在背上，三对胸足紧贴腹部向后伸直。身体含水量较大的昆虫，要用较厚而柔软、吸水性能好的新闻纸，便于吸收和蒸发水分，防止发霉。身体含水量少、害怕磨损的种类，如蝶蛾及蜻蜓等，可用半透明的油光玻璃纸。标本装入三角纸袋前，先对标本进行初步分类，尽量将同一种的或同一科的放在一个袋中。一个袋所放的多少要依种类的个体大小而定（只有同时同地所采的标本才能在一个纸袋中）。在三角纸袋子上，要写好采集地点、日期、海拔高度、寄主及采集人等。累积多了把纸袋放入通风的铁网笼内做临时保存。

棉层纸包是用剪裁成10cm×15cm大小的脱脂棉（压平后约5mm厚），平铺在用牛皮纸或较厚吸水纸剪成的宽“十”字形纸包中间。使用时可将标本按大小、目科分类，从左向右依次平摆在棉层上。同一环境同时采到的标本要装在一起，如一个棉层内。同一时间地点的标本放不满，中间要有标记隔开，并加上编号纸条，以免混淆。一个棉层装满后，上面盖上一张按编号次序写有详细记录的吸水性能好的白纸，然后将下面垫的牛皮纸按先左右后上下压好。这样一个棉层包可存放大量的标本。

4.1.4 昆虫纲的分类

昆虫的分类：自然界昆虫种类很多，在野外采集标本时，通常使用检索表来鉴定昆虫的种类和区别不同等级分类单元的所属地位。检索表的编制是用对比分析和归纳的方法，按不同种类昆虫的特征，从中选定比较重大而稳定的特征，做成简单的文字条文排列而成。因此，检索表的运用和编制，是野外昆虫实习的目的之一，也是今后开展昆虫分类工作重要的基础。

通常把世界上已知的昆虫分为 34 个目。

4.1.4.1　昆虫分目检索表

1　无翅，或有极退化的翅 ………………………………………………………… 2

有翅 ………………………………………………………………………… 27

2　有足，头胸愈合；寄生于其他昆虫体内，仅有胸部露出寄主腹节外 ………………………………………………………………… 捻翅目（雌）Strepsiptera

有足，头和胸部不愈合；不寄生昆虫体内 ……………………………………… 3

3　腹部除外生殖器和尾须外，无其他附肢 ……………………………………… 7

有其他附肢 …………………………………………………………………… 4

4　无触角，腹部 12 节，第 1～3 节各节有 1 对短小附肢 ……………… 原尾目 Protura

有触角，腹部最多 11 节 ……………………………………………………… 5

5　腹部 6 节或少，第 1 腹节有腹管突，第 3 节有握钩，第 4 节或第 5 节有叉弹器 ………………………………………………………… 弹尾目 Collembola

腹部多于 6 节，无上述 3 对附肢，但有成对的针突或突胞等附肢 ……………… 6

6　有 1 对长而分节的尾须或坚硬不分节的中尾须，无复眼 …………… 双尾目 Diplura

除 1 对尾须外，还有 1 条长而分节的中尾须，有复眼 ……………… 缨尾目 Thysanura

7　头延长呈喙状 ……………………………………………………… 长翅目 Mecoptera

头正常形 ……………………………………………………………………… 8

8　口器为咀嚼式 ………………………………………………………………… 9

口器为刺吸式、舐吸式或虹吸式等 ………………………………………… 22

9　腹部末端有 1 对尾须（或呈铗状） ……………………………………… 10

腹部无尾须 ………………………………………………………………… 19

10　尾须呈坚硬不分节的铗状 ……………………………………… 革翅目 Dermaptera

尾须不成铗状 ……………………………………………………………… 11

11　前足第 1 跗节特别膨大，能纺丝 …………………………… 纺足目 Embioptera

前足第 1 跗节不特别膨大，不能纺丝 ……………………………………… 12

12　前足为捕捉足 ………………………………………………… 螳螂目 Mantodea

前足非捕捉足 ……………………………………………………………… 13

13　后足为跳跃足 ………………………………………………… 直翅目 Orthoptera

后足非跳跃足 ……………………………………………………………… 14

14　体扁 ……………………………………………………………………… 15

体不扁，长筒形 …………………………………………………………… 16

15　前胸背板大，常盖住头的全部；尾须分节 ……………………… 蜚蠊目 Blattaria

前胸背板不盖住头部，尾须长不分节，啮齿类体表寄生虫 ………… 重舌目 Diploglossata

16　触角念珠状 ……………………………………………………………… 17

触角丝状，非念珠状 ……………………………………………………… 18

17 跗节 4～5 节，尾须 2～6 节。社群性昆虫 …………………………… 等翅目 Isoptera
跗节 2 节，尾须不分节 …………………………………………………… 缺翅目 Oraptera
18 体细长杆状；尾须短小，不分节 ………………………………… 竹节虫目 Phasmida
体非杆状；尾须长，8～9 节 ……………………………………… 蛩蠊目 Grylloblattodea
19 跗节 3 节以下 …………………………………………………………………… 20
跗节 4 节或 5 节 ………………………………………………………………… 21
20 触角 3～5 节，外寄生于鸟类和兽类体上 ……………………… 食毛目 Mallophaga
触角 13～15 节，非寄生性 …………………………………… 啮虫（啮）目 Corrodentia
21 第 1 节并入后胸，第 1 节和第 2 节紧缩或呈柄状 ……………… 膜翅目 Hymenoptera
腹部第 1 节不并入后胸，也不紧缩 ……………………………… 鞘翅目 Coleoptera
22 体密被或密生鳞片，口器为虹吸式或退化 ……………………………………… 23
体无鳞片，口器为刺吸式、舐吸式 ……………………………… 鳞翅目 Lepidoptera
23 跗节 5 节 ………………………………………………………………………… 24
跗节 3 节以下 …………………………………………………………………… 25
24 体左右侧扁 ……………………………………………………… 蚤目 Siphonaptera
体不侧扁 ………………………………………………………………… 双翅目 Diptera
25 跗节端部有能伸缩的泡，爪很小 ……………………………… 缨翅目 Thysanoptera
跗节端部无能伸缩的泡 …………………………………………………………… 26
26 足具 1 爪，适于攀附在毛发上，外寄生于哺乳动物………………… 虱目 Anoplura
足具 2 爪，1 爪则寄生在植物上，体球状、介壳状，常被蜡质胶质等分泌物 ……………
……………………………………………………………………… 同翅目 Homoptera
27 有翅 1 对 ………………………………………………………………………… 28
有翅 2 对 ………………………………………………………………………… 36
28 前翅或后翅特化成平稀棒 ……………………………………………………… 29
无平稀棒 ………………………………………………………………………… 31
29 前翅形成平稀棒，后翅很大 …………………………… 捻翅目（雄）Strepsiptera
后翅形成平稀棒，前翅很大 ……………………………………………………… 30
30 跗节 5 节 ……………………………………………………………… 双翅目 Diptera
跗节 1 节 …………………………………………………………… 同翅目 Homoptera
31 腹部末端有 1 对尾须 …………………………………………………………… 32
腹部末端无尾须 ………………………………………………………………… 34
32 尾须细长多节或另有 1 条多节的中尾须，翅竖立 ………… 蜉蝣目 Ephemeroptera
尾须不分节，多短小，翅平覆背 ………………………………………………… 33
33 跗节 5 节，后足非跳跃足，体细长如杆或扁宽如叶片 ………… 竹节虫目 Phasmida
跗节 4 节以下，后足跳跃足 …………………………………… 直翅目 Orthoptera
34 前翅角质，口器为咀嚼式 ……………………………………… 鞘翅目 Coleoptera
前翅膜质，口器非咀嚼式 ………………………………………………………… 35
35 翅上有鳞片 …………………………………………………… 鳞翅目 Lepidoptera

翅上无鳞片 …………………………………………………… 缨翅目 Thysanoptera
36 前翅全部或部分较厚，为角质或革质，后翅为膜质 …………………………… 37
前翅与后翅均为膜质 ………………………………………………………… 44
37 前翅基部为角质或革质，端部膜质 …………………………… 半翅目 Hemiptera
前翅基部与端部质地相同，或某部分较厚但不如上述 ……………………………… 38
38 口器为刺吸式 …………………………………………………… 同翅目 Homoptera
口器为咀嚼式 ……………………………………………………………… 39
39 前翅有翅脉 ……………………………………………………………… 40
前翅无明显翅脉 ……………………………………………………………… 43
40 跗节4节以下，后足为跳跃足或前足为开掘足 ………………… 直翅目 Orthoptera
跗节5节，后足非跳跃足，前足非开掘足 ………………………………………… 41
41 前足为捕捉足 …………………………………………………… 螳螂目 Mantodea
前足非捕捉足 ……………………………………………………………… 42
42 前胸很大，盖住头的全部或大部 ……………………………… 蜚蠊目 Blattaria
前胸很小，头部外露，体似杆状或叶片状 ………………………… 竹节虫目 Phasmida
43 腹部末端有1对尾铗，前翅很小，不能盖住腹部中部 …………… 革翅目 Dermaptera
腹部末端无尾铗，前翅一般较长，盖住大部或全部腹节 …………… 鞘翅目 Coleoptera
44 翅面全部或部分披有鳞片，口器为虹吸式或退化 ……………… 鳞翅目 Lepidoptera
翅上无鳞片，口器非虹吸式 …………………………………………………… 45
45 口器为刺吸式 ……………………………………………………………… 46
口器为咀嚼式、嚼吸式或退化 …………………………………………………… 47
46 下唇形成分节的喙，翅缘无长毛 ……………………………… 同翅目 Homoptera
无分节的喙，翅极狭长，翅缘有长缘毛 ……………………… 缨翅目 Thysanoptera
47 触角极短小而不显著，刚毛状 ………………………………………………… 48
触角长而显著，非刚毛状 ……………………………………………………… 49
48 腹末端有1对多节的长尾须或另有一多节中尾须，后翅很小………… 蜉蝣目 Ephemerida
尾须短而不分节，后翅与前翅大小相似 …………………………… 蜻蜓目 Odonata
49 头部向下伸呈喙状 ……………………………………………… 长翅目 Mecoptera
头部不延伸呈喙状 …………………………………………………………… 50
50 前足第1跗节特别膨大，能纺丝 ………………………………… 纺足目 Embioptera
前足第1跗节不特别膨大，也不能纺丝 ……………………………………………… 51
51 前、后翅相等，翅基各有1条横肩缝（翅易沿此缝脱落） ……………… 等翅目 Isoptera
前、后翅不相似或相差很多，无肩缝 ……………………………………………… 52
52 后翅前缘有1排小的翅钩列，用以和前翅相连 ……………… 膜翅目 Hymenoptera
后翅前缘无翅钩列 …………………………………………………………… 53
53 跗节2～3节 ……………………………………………………………… 54
跗节5节 …………………………………………………………………… 56
54 触角念珠状，翅脉退化 ………………………………………… 缺翅目 Zoraptera

触角丝状，翅脉显著 …………………………………………………………………… 55
55 前胸很小如颈状，无尾须………………………………………… 啮虫目 Corrodentia
前胸不小于头部，腹末有1对尾须 ……………………………………… 襀翅目 Plecoptera
56 翅面上密被明显的毛，口器（上颚）退化……………………………… 毛翅目 Trichoptera
翅面上无明显的毛，有毛则生在翅脉和翅缘上，口器（上颚）发达 …………………… 57
57 后翅基部宽于前翅，休息时后翅于发达臀区折起；头为前口式 …… 广翅目 Megaloptera
后翅基部不宽于前翅，无发达的臀区，休息时也不折起；头为下口式 ………………… 58
58 头长；前胸圆筒形，很长；前足正常；雌虫针状产卵器伸向后方 … 蛇蛉目 Raphidiodea
头短；前胸如长则前足为螳螂样捕捉足；雌虫无针状产卵器，如有，则弯在背上 ……
……………………………………………………………………… 脉翅目 Neuroptera

4.1.4.2 常见昆虫

原尾目 Protura

体微小，约2mm，缺触角及眼，口器的上、下颚均陷入头部。腹部细长，初为9节，胚后发育过程增加3节，共12节。腹部第1～3节各具针突1对，腹末无尾须。喜生活于潮湿土壤、石砾及树皮下。

蚖科 Acerentomidae

腹部背板各有1～3条横缝，1对侧背板，各腹节有2列完整的横列背刺。如：

无管蚖 *Acerentomon doderoi* Silvestri（图4-1）

双尾目 Diplura

体小而纤长，无鳞片无复眼及单眼，触角长而多节，呈丝状。口器咀嚼式，大部陷入头内，胸部构造原始，前胸小；3对胸足相似，跗节1节。腹部11节，腹部腹面具针突，腹部2～7节有成对的翻缩泡，腹末端有尾须1对。

双尾虫科 Campodeidae

第1腹节无腹刺；尾须1对，丝状多节，先端不开口。

毛双尾虫 *Campodea folsomi*（Schaffer）（图4-2）

原铗尾虫科 Projapygidae

第1腹节有腹刺；尾须短而多节，且先端开口。

石铗尾虫 *Anajapyx vesiculosus*（Silvestri）（图4-3）

铗尾虫科 Japygidae

第1腹节有腹刺；尾须铗形。

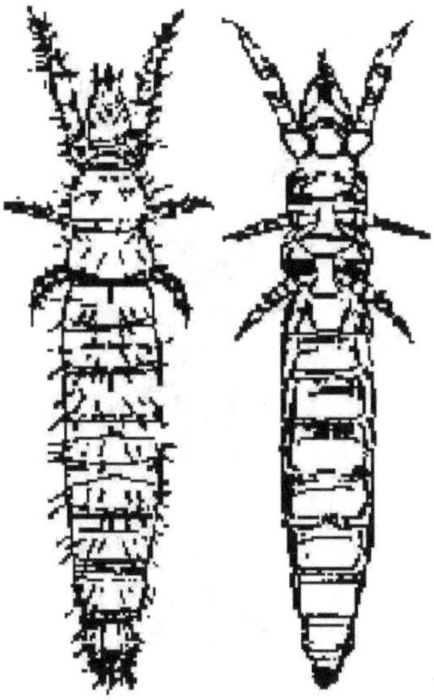

图 4-1　无管蚖

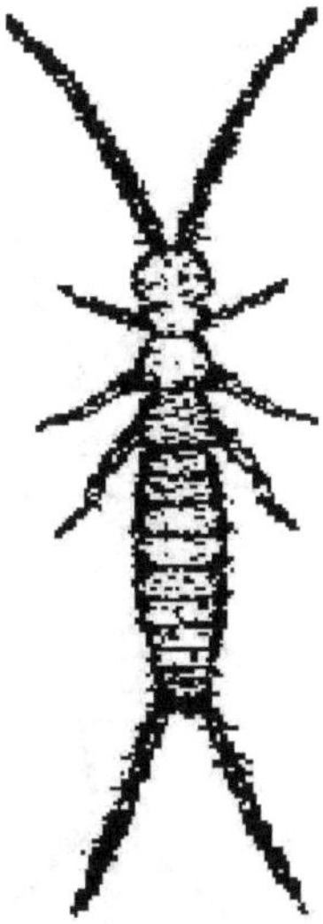

图 4-2　毛双尾虫

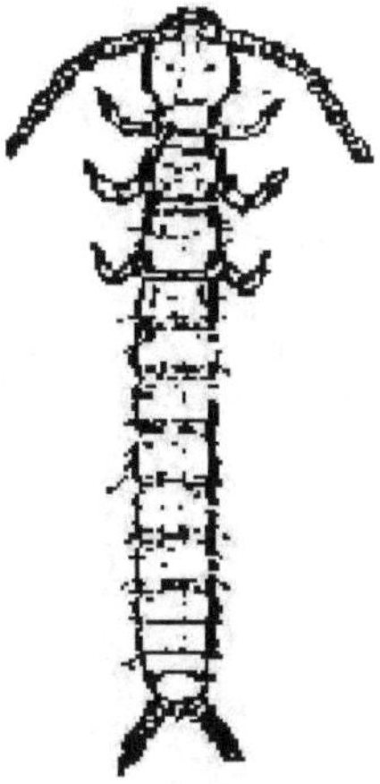

图 4-3　石铗尾虫

铗尾虫 *Iapyx divorsiungus* Silvestri（图 4-4）

缨尾目 Thysanura

体形小细长，银白色。触角由 20～40 或更多的环节组成，呈细丝状。复眼发达，有时退化，无单眼。口器咀嚼式，前口式。腹部 11 节，第 11 节背板延长成中尾丝。在 2～9 节具针突。在腹部各节腹面常生有翻缩胞。

石蛃科 Machilidae

体长 10～12mm，圆柱形，被鳞毛。触角、尾须各 1 对；中尾丝长于尾须。复眼发达，在背侧左右可接触。前胸小于中胸，中、后足基节有针突。受惊后能跳跃。

石蛃 *machilis maritimus* Leach（图 4-5）

衣鱼科 Lepismatidae

体长扁，胸部阔，体被鳞毛。触角、尾须及中尾丝长。复眼由一群小眼聚集而成；无单眼。前胸与中胸等大；中、后足基节无针突。不能跳跃。

西洋衣鱼 *Lepisma saccharina* Linnaeus（图 4-6）

蜻蜓目 Odonata

体细长。触角短、刚毛状。咀嚼式口器。翅膜质，翅脉多，前、后翅大小、形状相似。稚虫水生。半变态。如蜻蜓、豆娘等。

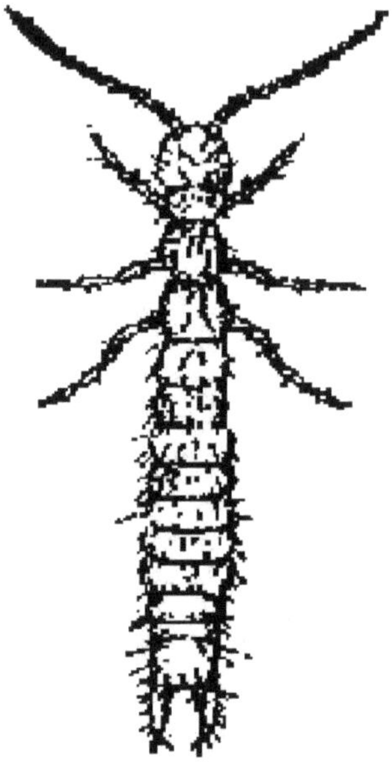

图 4-4　铗尾虫

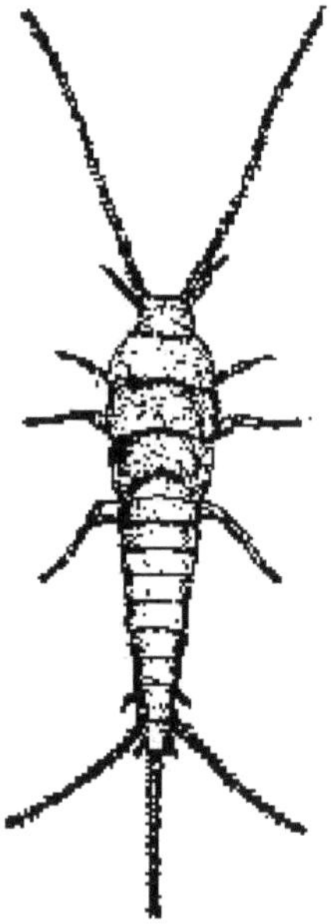

图 4-5　石蛃

图 4-6　西洋衣鱼

大蜓科 Cordulegasteridae

成虫大型，体黑，粗壮，具宽彩色条纹。复眼接近或接触。生活在山谷溪流间。

双斑圆臀大蜓 *Anotogaster kuchenbeiseri* (Foerster)(图 4-7)

腹与后翅长，雄虫为 63mm 和 49mm，雌虫为 73mm 和 57mm。雄虫唇前缘黑色，有 2 个小斑。头顶、触角黑，额黑近前缘有 1 个黄白色横斑。复眼褐色。合胸黑色具黄色毛，两侧有黄色条纹，上端膨大、圆形、接近合胸脊，下端尖、斜向两侧大于合胸领端。翅透明，翅痣及翅脉黑色，翅下方黄色条纹宽而倾斜。足黑色，基节外侧具黄色长斑。腹部第 10 节及肛附器黑色，第 2～8 节前半部环状斑纹黄色。交合器前钩片扁阔，后钩片细长、向后弯曲。栖息于近水岸边草丛中。分布于我国东部大部分省区。

蜻科 Libellulidae

体中小型，体色变化大。眼在头上方接触。翅痣无支持脉。后翅三角室近于弓脉。

异色灰蜻 *Orthetrum melania* Selys(图 4-8)

前、后翅基具深褐色或黄色斑，后翅斑大、近三角形。雄虫灰色，颜面、后头黑，胸部深褐色、背灰色。前胸后叶片状，缘具长毛。翅透明，翅脉黑色，翅痣黑褐色。足黑具刺。腹部第 1～7 节灰，其余腹节、肛附器黑色。雌虫黄色。颜面褐色。上唇黑、基缘具 2 个斑；合胸背侧面黄色，胸脊黑色，前方两侧黑色，宽条纹与合胸侧面第 1 条纹合并。腹部第 1～6 节黄色，两侧有黑色斑，第 7、8 节黑色。肛附器白色。栖息于近水岸边的各种生境中。分布于我国东部各省区。

图 4-7　双斑圆臀大蜓

图 4-8　异色灰蜻

图 4-9　半黄赤蜻

半黄赤蜻 *Sympetrum Croceolum* Selys（图 4-9）

雄虫唇基赤黄色；额黄褐色、后部淡褐色具黑色毛；具一黑色窄条纹，中央有 1 个黄褐色突起。胸部黄色或黄褐色；合胸背前方赤黄色具长细毛，侧面淡黄色具黄褐色短毛。翅透明；前缘区金黄色、后缘区白色；翅痣、翅褐色。足赤褐色具黑刺。第 1～3 腹节黄色，第 2 腹节具褐色横纹。肛附器黄色。腹部赤褐色，雌虫比雄虫色深；雌虫额部和腹部褐色部分明显。寄主为蛾蝇等，分布于山东、北京、江苏、福建等省区。

箭蜓科 Gomphidae

成虫大型，黑色，具黄色或绿斑纹交织排列。复眼较小，离眼型。翅透明，翅痣前下方具支持脉。雄性交合器大型外露位于第 2、3 腹节的腹面。

箭蜓 *Gomphus* sp.（图 4-10）

头三角形，复眼发达，单眼 3 个。触角短，刚毛状，口器咀嚼式具竖齿。前胸小，中、后胸愈合。足较短有刺，跗节 3 节。膜翅狭长，网状脉，具翅结和翅柄。休息时，翅平置两侧或竖立于背，不能折叠。腹部细长，末端较粗。成虫捕食昆虫，为农业益虫。分布于我国东部省区。

豆娘科 Coenagriidae

体形小，细长。翅窄长，有翅柄，端部圆。翅痣多为菱形，有支持脉。具方形、五边形翅室。第 8～10 腹节比第 1 节短。

六色螅 *Agrion sexlineaton* Selys（图 4-11）

体瘦长。头横宽。翅基窄，前后翅的翅形、脉序相似，休息时 4 翅直立体背。体色有蓝、绿、黄等金属光泽。

色（螅）科 Agriidae

体形较大，具深的色彩和绿色光泽。翅宽透明，黑、金黄或深褐色。翅痣不发达或缺。方室长，向前凸。Cu_2 脉在方室后；M_{1a}与 M_2 脉平行。

黑色螅 *Agrion atratum* Selys（图 4-12）

体形较大，具深色或绿色光泽。额头暗绿色，中央凹陷；单眼两侧各具褐色斑；触角基部有褐色斑。胸部褐绿色、腹背紫褐色；翅宽而透明，黑色、金黄色或淡褐色，翅脉密集。足细长黑色，具长刺。7～10 腹节蓝绿色；腹面黑色。肛附器黑色，上肛附器端部及后胸后侧边缘黄色。飞翔活动在池、沼、河流附近。分布较广。

图 4-10　箭蜓

图 4-11　六色螅

图 4-12　黑色螅

螳螂目 Mantodea

咀嚼式口器；头三角形，能活动。前胸长。前足为捕捉足。前翅为覆翅。通称螳螂。

螳螂科 Mantidae

螳螂 *Mantis religiosa* Linnaeus（图 4-13）

体长 45～55mm，淡绿色或茶褐色。头三角形。单眼 3 个，复眼卵圆形、突出，暗褐色。丝状触角细长，雄性的比雌性的粗。前胸背板侧缘齿列不明显，前端中央无脊。腹部细长。后翅长于前胸背板后半部，内侧基部黑色长圆形斑约 1/3 基节长度；腿节内侧有 1 个黄色圆斑，周围淡黄色。生活在植物上，捕食松毛虫、蛾类等昆虫，分布于山东、吉林、河北、福建等省区。

大刀螂 *Paratenodeva sinensis* Saussure（图 4-14）

又称中华螳螂。体大型，长 83～104mm，黄褐或绿色。头小、三角形。复眼发达。口器咀嚼式。触角丝状。前翅革质，后翅膜质，平叠在腹部上。前足捕捉足，基节长，腿节膨大，侧面有脊，脊两侧有1列棘刺，胫节腹侧有刺，跗节5节爪1对。中、后足适于步行。栖息生活在植物上，捕食性益虫。分布较广。

广斧螳螂 *Hierodula patellifera* Serville（图4-15）

又称巨斧螂。体长50～70mm，绿色。胸、腹部宽阔。前翅前缘较平滑。其余特征同中华螳螂。栖息在植物上。为捕食性益虫。分布于我国东北各省、山东、河北、江苏、云南、福建等省区。

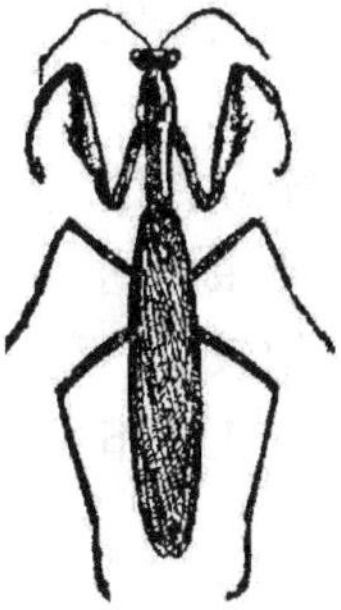

图4-13 螳螂

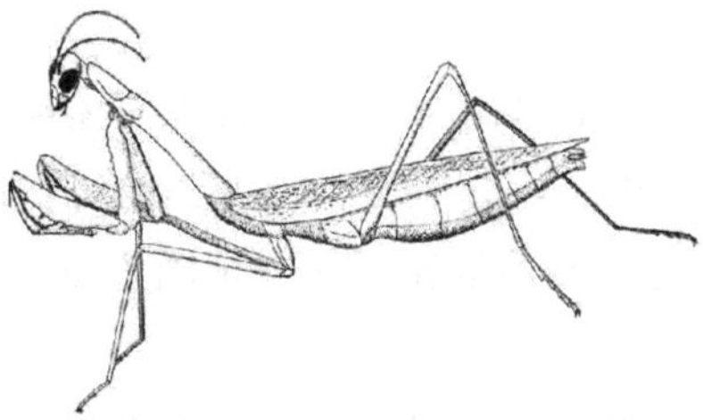

图4-14 大刀螂

图4-15 广斧螳螂

襀翅目 Plecoptera

此类昆虫俗称石蝇，中或大型昆虫，体软而扁。头部宽，触角长丝状，单眼2～3个或缺，口器咀嚼式，前口式。胸部3节等长，前后翅膜质，后翅具有宽大的臀叶。胸足发达，跗节3节。腹部11节。上颚痕迹状，左右前基节远离，第3跗节长于第1、2两节之和。

石蝇 *Kiotina thoracica* Okamoto（图4-16）

体长5～90mm，体长扁而柔软。头宽阔，复眼发达，单眼2～3个或无；触角丝状；口器咀嚼式。翅膜质，后翅臀区发达，翅脉多，中肘脉间多横脉，休息时翅折叠成扇状，平叠在胸腹部背面。跗节3节。腹部11节，常有丝状多节的尾须。雌虫无产卵器。

竹节虫目 Phasmida

体呈竹节状，中后胸极长；或叶状，中后胸不长。头小。触角长丝状。口器咀嚼式，复眼小。体绿色或褐色，高度拟态。

棒䗛科 Bacunculidae

体较大，细长，缺翅。前足与触角长。中、后足胫节末端缺三角区。跗节5节。

细皮䗛 *Phraotes Confucius* Westwood（图4-17）

体长70～90mm，细长光滑，黄绿色。头顶平滑，长方形，比胸背长。触角细长，淡绿色，长达前足胫节末端。前胸短，宽、长相等，中间有向后曲的弧形横沟；中胸长为前胸的 5 倍；后胸粗短，为中胸长的 2/3。中胸前方至腹部第 9 节有明显脊隆起线。足细长，腿、胫节为绿色，跗节末端暗褐色；中、后足腿节下缘有齿状刺。腹末端腹瓣下长上短，向上翘如船。分布于山东、河南、江苏、安徽等省的山丘地区。

蜚蠊目 Blattaria

鳖蠊科 Corydiidae

体背面隆起，胸部有毛。如有翅，后翅臀域小，翅 1 或 2 次褶叠。适于旱生。

地鳖虫 *Eupolyphaga sinensis* Walker（图 4-18）

雌雄异形。雄虫有革质和膜质翅 2 对，胸、背部 3 条月牙形横纹中的 2、3 条弧角为 40°，腹部有 6 条横纹，腹末端尾须间有 1 条横纹连接。雌虫无翅，腹部宽扁，胸背部横纹弧角为 70°，腹部 4 条横纹，腹末端横纹离尾须较远。爬行时，雄虫 6 足竖起，雌虫 6 足伏地。雌虫腹部较宽。全国各地进行人工养殖。

直翅目 Orthoptera

体形粗壮。咀嚼式口器，触角短，丝状或剑状。前胸背板发达，常盖住中胸背板。前翅为覆翅，革质；后翅膜质。跗节 3 节，爪间有垫；后足多为跳跃足。

蝗科 Acridiidae

触角较体短，丝状或剑状。前胸背板发达，盖住中胸。跗节 3 节，爪间有中垫。

图 4-16 石蝇

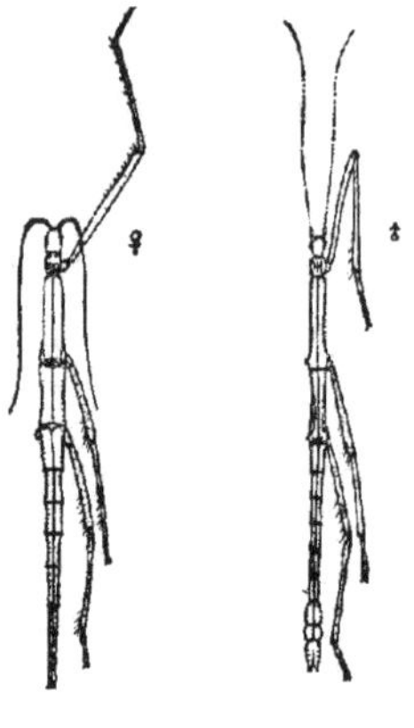

图 4-17 细皮蝽

图 4-18 地鳖虫

日本黄脊蝗 *Patanga japonica* I. Bolivar（图 4-19）

体长 36～56mm。体黄褐色或草褐色。前翅长，后翅基部呈红色。前胸背板沿中隆线处有明显的黄色纵纹，向后延伸到前翅的臀脉域。前胸背板侧片具 2 个明显的黄色斑点，底缘黄色。后足腿节外侧沿上隆线具黑色纵纹。胫节无外端刺。农业害虫。分布于山东、河北、江苏、安徽、浙江、广东、福建、云南等省区。

东亚飞蝗 *Locusta migratoria manileusis* Meyaen（图 4-20）

体形较大，褐色或绿褐色。前胸背板马鞍形，盖及中、后胸。体腹面具细绒毛。触角短，丝状。跗节 3 节，第 1 跗节具足垫。翅发达，前翅革质，后翅膜质折叠于前翅下。栖息于农田和灌丛草丛中，群居迁飞易引起蝗灾。分布于我国中东部许多省区。

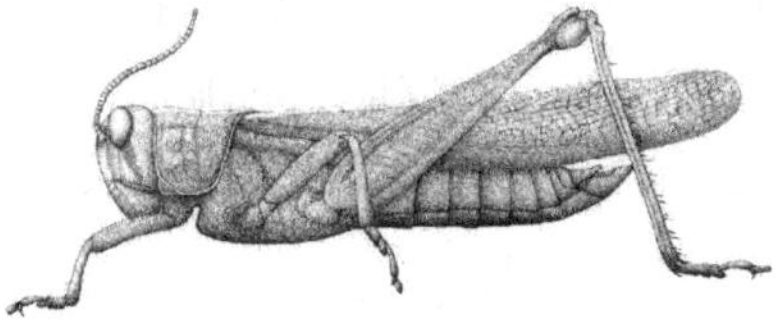

图 4-19　日本黄脊蝗

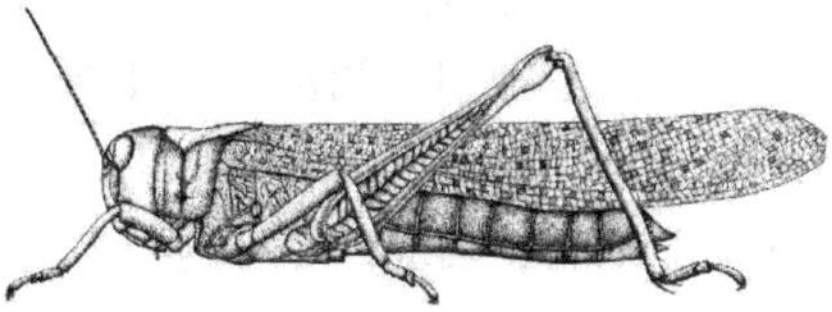

图 4-20　东亚飞蝗

棉蝗 *Chondracris rosea* De Geer（图 4-21）

体大型、粗壮，墨绿色，触角丝状，细长。复眼长卵形。脊纵纹黄色。前胸背板中隆线明显、被第 3 横沟切断；前胸腹板突长圆锥形。后翅基部玫瑰红色，后足胫节红色。栖息于棉田和山冈地区，危害棉花和树木分布于我国东部各省区 。

黄胫小车蝗 *Oedaleus infernalis* Saussure（图 4-22）

体小型，黄褐色。头比前胸背板短，前胸背板中部缩窄有“X”形斑纹，后部较前部钝宽。雄虫后足腿节内侧红色，胫节基部黄色常杂红色；雌虫的后足腿节底侧及胫节黄褐色。前翅具黑色斑纹；翅发达。危害禾本科植物。分布于我国北方部分省区。

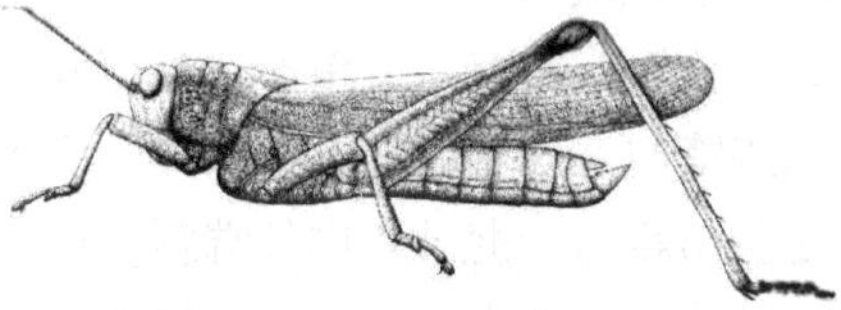

图 4-21　棉蝗

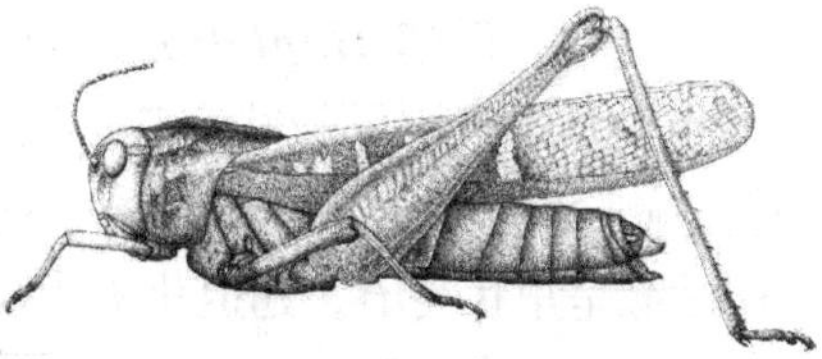

图 4-22　黄胫小车蝗

云斑车蝗 *Gastrimargus marmoratus* Thunberg（图 4-23）

雄性体长 26.0～33.0mm，雌性体长 36.0～51.5mm。体通常绿色、枯草色或黄褐色，具有大块黑色或白色斑纹。前胸背板中隆线具宽黑纵纹，背板两侧具黑纵纹。前翅前缘绿色，其余部分褐色，密布暗色斑纹。后翅基部鲜黄色，中部具宽的黑褐色轮状纹，其余部分透明。后足胫节上侧绿色，外侧黄褐，内侧和底侧污黄色。一年发生一代，卵在土中越冬。危害水稻和甘蔗等。分布于广东、河北、陕西、山东、江苏、安徽、浙江、江西、福建、四川、云南、台湾。

大垫尖翅蝗 *Epacromius* coerulipes（Ivanov）（图 4-24）

雄体长 14.5～18.5mm，雌 23～29mm，一般灰褐色，也有绿色、紫褐色。头顶略圆，稍高于前胸背板，头顶窝为不等边六角形，前后两边较短，头侧窝三角形，颜面倾斜。前胸背板常有不明显的淡色“X”纹，中隆线较低，侧隆线消失。前翅狭长，有暗色小斑点，翅长超过后足股节。后足股节下方红色，外侧下隆线上有 4～5 个黑点，上缘有 3 个暗斑，其中基部 1 个较不明显。主要发生在盐荒地、低洼地和湖、河沿岸等土壤潮湿、地面反碱、植被稀疏的地方。成虫在一定的气候条件下，能在夜间趋光迁飞。危害禾本科作物、苜蓿、大豆及多种杂草。分布于华北、西北、华东地区。

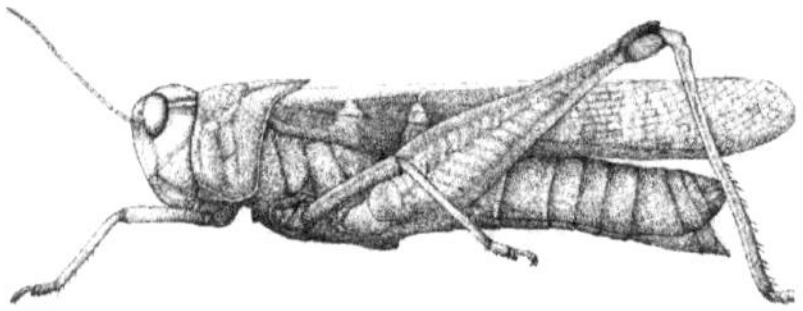

图 4-23　云斑车蝗

图 4-24　大垫尖翅蝗

中华稻蝗 *Oxya chinenses*（Thunberg）（图 4-25）

体中型，黄绿色、褐绿色或背面黄褐色、侧面绿色；复眼后方沿前胸背板侧隆线各有 1 条黑褐色纵带。复眼卵形，灰黄褐色。丝状触角超过前胸背板后缘。前胸腹板突锥状较尖；中胸腹板侧叶较狭处等于中隔最狭处的 2～4 倍。后足胫节上侧内缘具 9～11 个间距相等的刺。翅发达。喜栖息于低湿农田草地，为重要农业害虫。分布于全国各省区。

笨蝗 *Haplotropis bruneriana* Saussure（图 4-26）

体粗糙具不规则颗粒状突起。黄褐色或暗褐色。头短、三角形，头顶低，向前倾斜，侧隆线发达。触角丝状。前胸腹板前缘隆起，背板中隆线为圆弧形片状隆起，前后缘呈角状突出。翅退化鳞片状，后足腿节粗短，胫节具内外端刺。栖息于山区丘陵草地，喜向阳山坡，只能跳跃。危害农作物和苗木。分布于全国各省区。

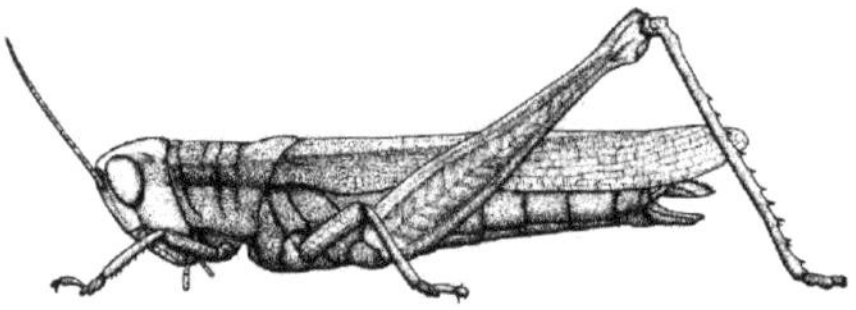

图 4-25　中华稻蝗

图 4-26　笨蝗

中华蚱蜢 *Acrida cinerea* Thunberg（图 4-27）

又称中华剑角蝗。雄虫体长 31～42mm，雌虫 52～74mm。绿色或黄色。头圆锥形，长于前胸背板；颜面向后倾斜，颜面隆起在中单眼处变窄有明显纵沟；头顶长。剑状触角短，基部数节宽。复眼褐色，长卵形。前胸背板宽平，中隆线和侧隆线几乎平行；腹板平坦。前翅发达，超过后足腿节端部；后翅短三角形。后足腿节细长，具尖刺；胫节外缘有刺 27～35 个。雄性下生殖板锥形；雌性的后缘有 3 个几乎等长的圆形突起，产卵瓣粗短。危害林木和农作物。分布于山东、山西 、河北、陕西、江苏、安徽、福建等省区。

中华负蝗 *Atratomorpha sinensis* I. Bolivar（图 4-28）

又名短额负蝗。体细长，19～35mm；草绿色或黄绿色。头长锥形，短于前胸背板；颜面倾向于头顶成锐角。触角粗短，剑状。复眼后具 1 列小圆颗粒。雌虫中胸腹板侧叶间中隔宽大于长；雄虫较狭，方形前翅狭长，超出后足腿节部分为 1/3 全翅长，顶端尖锐。栖息在路边杂草间，飞翔能力不强，危害农作物和果树。分布于我国中东部各省区。

螽斯科 Tettigoniidae

触角丝状，超过 30 节。跗节 4 节。产卵器特别发达，剑状或镰刀状。前足胫节基部有听器。拟态保护色强。

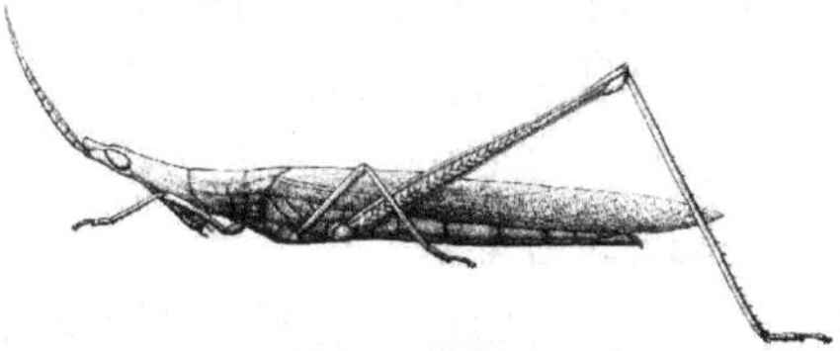

图 4-27　中华蚱蜢

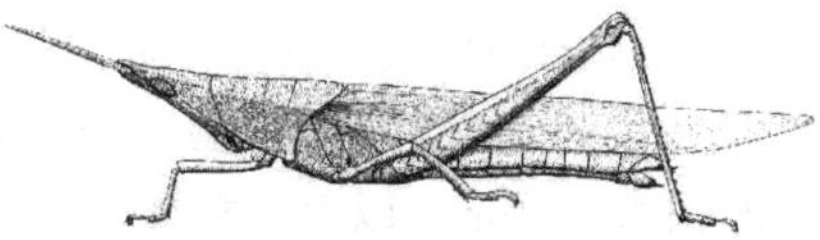

图 4-28　中华负蝗

纺织娘 *Mecopod elogata* Linnaeus（图 4-29）

又称长翅纺织螽。中等大小，触角 30 节以上，比体长；复眼发达；口器咀嚼式。前胸腹板凸起或有刺 1 对，背侧片基部黑色。前翅纵列有黑色圆纹。前足股节基部具听器。雄虫具发音器，由前翅摩擦发音。雌虫产卵器呈刀状。危害农作物及蔬菜。分布于山东、江苏、浙江、广西等省区。

蟋蟀科 Gryllidae

体多小型。黑褐或黄色，背腹稍扁平。丝状触角极长。跗节 3 节。前足胫节听器外侧大于内侧。产卵器外露，针状或矛状。

斗蟋 *Scapsipedes miasdo* Aaussure（图 4-30）

体小，黑褐色。头顶漆黑反光，头后有 2 对橙黄纵纹，前端无横纹相连。前胸背板黑褐色，横形。后翅不发达。雄虫发音镜略长方形，有 1 条曲成直角的横脉将镜室分为 2 室。产卵管比后足腿节长。喜栖息于砖石下，危害树苗、蔬菜等。分布于山东、辽宁、河北、陕西、江苏等省区。

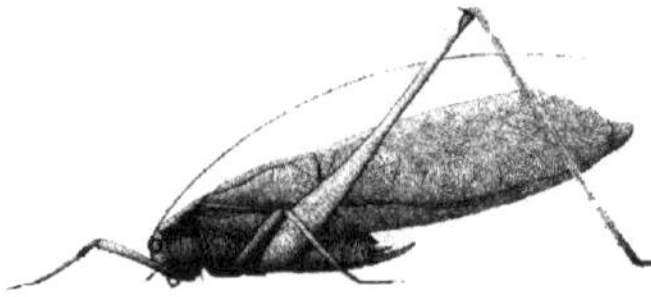

图 4-29　纺织娘

图 4-30　斗蟋

油葫芦 grylus Testaceus Walker（图 4-31）

体中型。头后半部黑色。前胸背板有 2 个月牙纹，中胸腹板中央凹，三角形。后翅伸出腹端。前足胫节内外具听器。后足胫节每边有 5～8 枚刺。尾须长不分节。雄性前翅具发音器；雌性产卵瓣细长。

蝼蛄科 Gryllotalpidae

黑或褐色，被短细毛。触角比体短，多于 30 节。前足为开掘足；跗节 2～3 节。后翅宽，纵卷呈尾状伸过腹部。尾须很长。

非洲蝼蛄 *Gryllotalpa Africana* Pal. de Auvois（图 4-32）

又名小蝼蛄。体形小，30mm 以上。触角短于身长。前翅短；后翅宽而柔软，伸出腹端。前足胫节下缘平直，胫节齿短型；后足胫节内缘有 3～4 个刺 。雌虫产卵器不露出体外。分散活动，农业害虫。分布于我国中东部各省区。

华北蝼蛄 *Gryllotalpa unispina* Sauss（图 4-33）

体形粗大，40mm 以上，黄褐色。触角短于身长。前翅短；后翅宽而柔软，伸出腹端。前足为开掘足，腿节下缘弯曲，胫节齿长型；后足胫节内缘有 1～2 个刺。雌虫产卵器不露出体外。农业害虫。分布于我国华北、华东和西北地区。

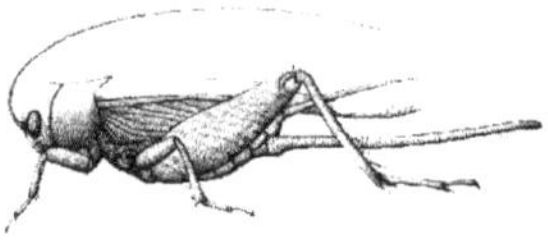

图 4-31　油葫芦

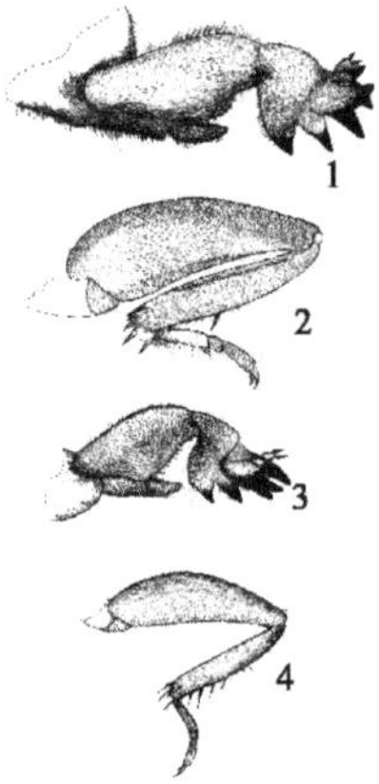

图 4-32　非洲蝼蛄

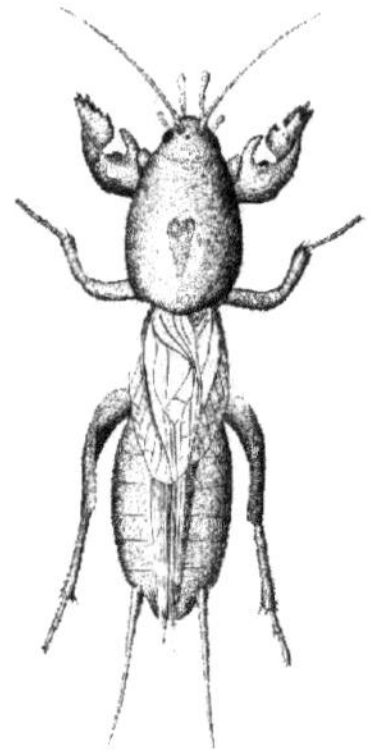

图 4-33　华北蝼蛄

纺足目 Embioptera

中小型狭长深色昆虫。咀嚼式口器。翅 2 对，膜质，同形。雌性无翅，前足跗节膨大，内藏丝腺。做丝质隧道居树皮缝隙间。俗称足丝蚁。我国主要分布于南方。

足丝蚁 *Oligotoma saundersii*（Westwood）（图 4-34）

啮虫（啮）目 Corrodentia

啮虫体小而脆弱，长不到 6mm。通常有翅或翅退化成小翅型，也有无翅的；有翅型一般体色浓，无翅型色淡。头大，能活动，成垂直位置，上方有明显的“Y”形蜕裂缝；触角丝状或鬃状；有 13～50 节；复眼大而突出，左右远离，有的种类复眼退化为两群小眼；有翅个体常有 3 个单眼，无翅个体缺单眼。口器咀嚼式，上颚强大，具齿或磨擦面；上唇大形，前唇茎较短，后唇基大而突出，成方形。有翅种类前胸缩小，无翅种类前胸增大，中胸最大且常与后胸分离；有翅型具膜质翅 2 对，前翅大，后翅小，翅脉较少，但多走向特殊，有合并、弯曲的现象。前翅多有斑纹，并有翅痣，有的翅面有毛或鳞片，休息时翅相叠于腹背上呈屋脊状。足 3 对，同形。多细长，跗节 2～3 节，具 2 爪。腹部 9～10 节，无尾须。

书虱科 Liposcelidae

体长约 1mm，有翅或无翅，前胸分两部，中后胸密接。

书虱 *Liposcelis divinatorins* Muller（图 4-35）

体色为一致的褐色或深褐色，腹部 3、4 节，背板后缘有浅色膜质横带，复眼小眼数 5～8 个，前胸背板侧叶刚毛短小，前胸腹板前缘具刚毛 3～4 根，后半部两侧还各具 1 根长刚毛。

虱目 Anoplura

该目昆虫体小，扁平，长 0.5～10mm。头大而扁；能活动。口器为特化的咀嚼式，有 1 对骨化很强的上颚。颚上有齿，用以刮取宿主羽毛和皮肤产物，并起固着在宿主羽毛上的作用。雌、雄性生殖孔均开口于体壁内陷而成的腔室中。雌虫无产卵器，雄虫的阳茎结构复杂，变化多样，是鉴别种的主要特征之一。渐变态。

鸡虱 *Menopon pallidum*（Nitzsch）（图 4-36）

同翅目 Homoptera

刺吸式口器，喙基向头下后方伸出。前后翅同，静止时折叠成屋脊状。无尾须。触角刚毛状。

蝉科 Cicadedae

3 个单眼三角形排列。触角在复眼前方。前足腿节膨大，下缘具刺，雄性具发音器。

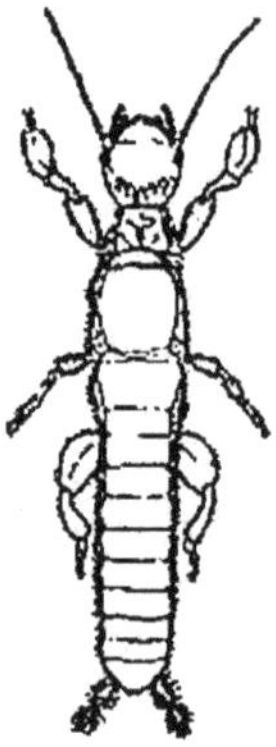

图 4-34 足丝蚁

图 4-35 书虱

图 4-36 鸡虱

蚱蝉 *Cryptotympana atrata* Fabricius（图 4-37）

又名黑蝉或马猴。体形大，长约 55mm；漆黑色。触角短丝状。单眼 3 个。前、后翅膜质，翅脉粗。雄性腹部第 1 节具发音器。幼虫生活在地下，俗称知了猴，前足开掘足，黄褐色，幼虫栖息于地下，成虫危害树木。能爬行，蝉蜕做中药。分布广泛。

蟪蛄 *Platypleura kaempferi* Fabricius（图 4-38）

又名知了。体较小，前翅有浓淡不同的暗褐色云状斑；后翅黄褐色，幼虫较小。栖息于各种森林生境，危害林木。广泛分布于我国东南沿海各省。

沫蝉科 Cercopidae

单眼 2 个。后足胫节具 1～2 个粗刺，端部有小刺群。若虫背板向下包并愈合形成腔，体后腺体排出黏液与气门排出气体形成泡沫，若虫埋藏其中。

稻沫蝉 *Callitetix versicolor* Fabr.（图 4-39）

又名雷火虫、泡沫虫。体细小、黑有光泽。前翅基部有 2 个白斑，翅中部外侧雌虫 2 个红斑，雄虫 1 个大红斑。栖息于稻田甘蔗区。危害水稻、甘蔗等。分布于我国南方各省区。

图 4-37 蚱蝉

图 4-38 蟪蛄

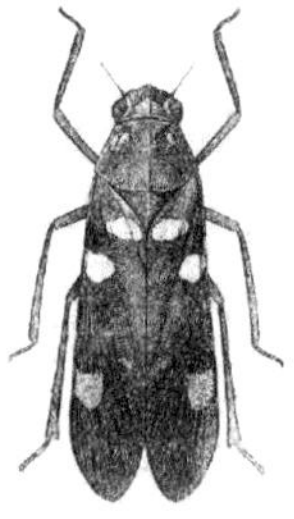

图 4-39 稻沫蝉

叶蝉科 Cicadellidae

体小狭长。2 个单眼位于头顶前缘与颜面交界处。后足胫节有 1～2 列短刺。

大青叶蝉 *Tetigella virides* Linnaeua（图 4-40）

又名大绿浮尘子。体长 8～10mm。头黄绿色，顶部有 2 个黑点。前胸前缘黄褐色，其余部分绿色。前翅绿色，顶端半透明。个体发育渐变态。危害林木及果树。分布于我国北方。

二点叶蝉 *Cicadula fascifrons* Stal.（图 4-41）

体长 3～4mm，淡黄绿色。头顶有 2 个小黑圆点，其前方有 2 条黑横纹，复眼内侧各有一短纵纹。单眼橙黄色。小盾片基部有 2 黑斑，基具一细沟。危害小麦等禾本科植物、胡萝卜、大豆及大麻等。分布于我国各地。

黑尾叶蝉 *Nephotettix cincticeps* Uhler（图 4-42）

体长 4～5mm，绿色复眼间有黑带相连，翅端 1/3 处雄虫黑褐，雌虫淡褐或灰白色。栖息于稻田区、茶区，危害农作物、萝卜等。分布于我国大部分省区。

蜡蝉科 Fulgoridae

体色艳丽，额颊间隆起达于唇基，额前伸如象鼻。触角 3 节，生于眼下，基部 2 节球状，鞭节刚毛状。后足胫节有齿。

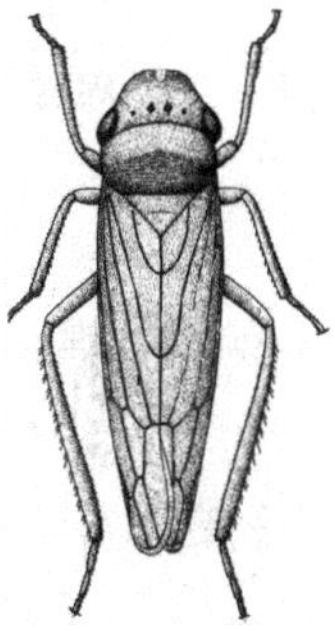

图 4-40　大青叶蝉

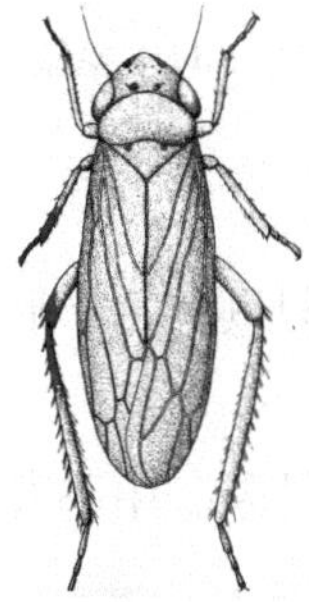

图 4-41　二点叶蝉

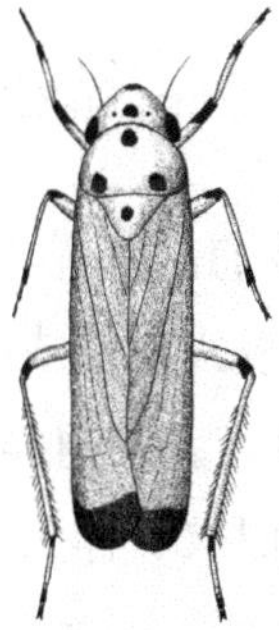

图 4-42　黑尾叶蝉

斑衣蜡蝉 *Lycorma delicatula* White（图 4-43）

体附有白色蜡质粉，体长 14～17mm。前翅小，基部淡褐色，顶端黑色，翅面有 20 余个黑色斑点；后翅基部鲜红色，顶端黑色，有 7～8 个黑色斑点。栖息于树干或枝叶上，可跳跃助飞行，危害果树及农作物。分布于我国北方大部分地区。

象蜡蝉科 Dictyopharidae

头延长呈象鼻状。触角不明显。后足胫节有 3～5 个侧刺，跗节有 1 列小刺。翅狭长，前翅具明显翅痣，翅脉多。

象蜡蝉 *Dictyophora patruelis* Stoll（图 4-44）

体中型。头延长呈象鼻状。单眼 2 个。足与翅均狭长；翅脉在端部多分叉至横脉，略呈网状，前翅有明显翅痣。危害水稻及禾本科作物。分布于各稻区。

蚜科 Aphidoidae

体小柔软。被白色蜡质分泌物。显著特征是触角 6 节，3～6 节上有感觉圈；腹部第 6 节腹管和肛上板之后突出圆锥形尾片。

棉蚜 *Aphis gossypii* Glover（图 4-45）

体形随季节不同而异。分有翅胎生雌蚜、无翅胎生雌蚜、无翅产卵雌蚜、有翅雄蚜、干母几种形态。体小，柔软，触角长，群居。危害棉花、瓜等，越冬在花椒、石榴等木本植物上。分布遍及全国。

图 4-43　斑衣蜡蝉

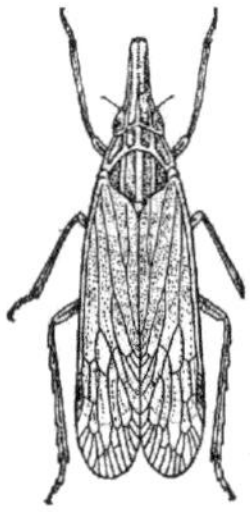

图 4-44　象蜡蝉

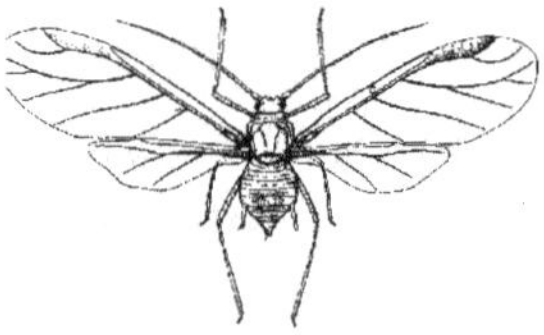

图 4-45　棉蚜

双翅目 Diptera

舐吸式口器或刺吸式口器。只具前翅，后翅变成平衡棒，如蚊、蝇、虻等。

大蚊科 Tipulidae

形似蚊，体大细长。足长、易断。中胸背板有“V”形沟。翅 2 个，臀脉达翅缘。

稻大蚊 *Tipula aino* Alexander（图 4-46）

体长 14～18mm，淡褐色。头大，无单眼，触角 13 节，雌丝状，雄栉状。中胸背板有“V”形缝。翅透明狭长，具显著翅痣，前缘有淡褐色纹；平衡棒细长。足细长易落。幼虫水生。危害稻秧和植物的幼根。

瘿蚊科 Cecidomyiidae

体小。触角念珠状，环生放射状细毛。复眼左右相遇。翅宽多毛，仅 3～5 条纵脉。

麦黄吸浆虫 *Contarinia tritici* Kirby（图 4-47）

虫体极小，姜黄色。触角念珠状，鞭节上各有 2 个节，每节着生 2 圈环毛。翅透明而脉少，多纵脉无横脉。足细长，胫无距。雄虫外生殖器基部无齿。雌虫产卵器长，伸出时为身长的 2 倍。产卵于麦颖间或花上。危害小麦。分布于我国北方小麦产区。

毛蠓科 Psychodidae

体小、多毛。翅宽、多纵脉，顶角尖，体息时覆于背上。似蛾。

白蛉子 *Phlibotomus* sp.（图 4-48）

体小多毛。褐色。头小无单眼。触角长为头胸部长度之和，13～16 节，有轮生毛。翅宽顶角尖，纵脉粗被密毛，无横脉。休息时呈屋脊状。足细长有密毛。传播黑热病。分布于我国东部省区。

图 4-46 稻大蚊

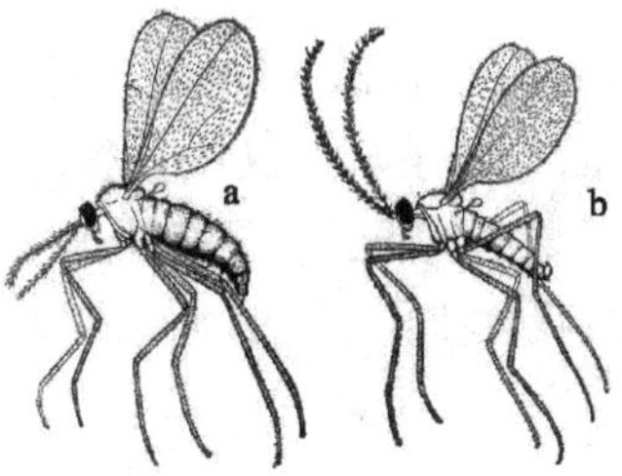

图 4-47 麦黄吸浆虫

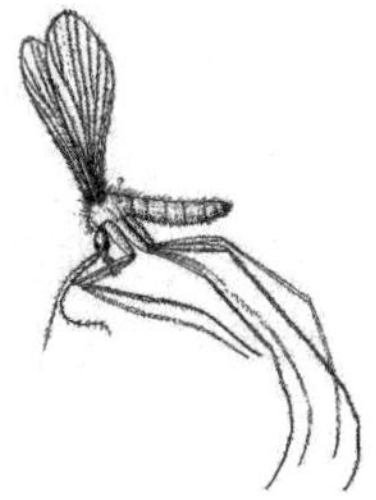

图 4-48 白蛉子

摇蚊科 Chironomidae

稻摇蚊 *Chironomus oryzae* Matsumura（图 4-49）

体长 2.5mm，黄色。口器不发达，无单眼。胸背有 3 条纵线，腹部细长，各节背面具黑斑。雌虫粗短。雌触角细长，多毛；雄触角羽状。翅狭长，无色，斜走的前横脉明显，中后足胫节有梳状构造。幼虫危害水稻幼根、幼芽。分布于我国产稻区。

蚊科 Culicidae

体小。雄触角环毛状。复眼大。喙细长前伸。翅狭长，顶角圆。翅缘、翅脉具鳞片。

中华按蚊 *Anopheles hyrcanus* Wiedemann（图 4-50）

体细长，褐色，多毛及鳞片。头小近球形。复眼大，无单眼。刺吸式口器，下颚和吻管长。翅狭长，边缘和翅脉上具鳞片。雄蚊下吻尖端膨大，触角具环毛。传播疟疾。分布范围较广。

虻科 Tabanidae

体粗壮，头大，半球形。触角第 3 节最大，端部 4～8 节。翅瓣大，翅脉 R_5 远离顶角。

图 4-49　稻摇蚊

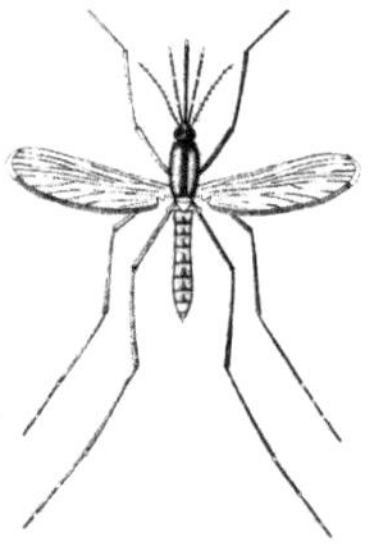

图 4-50　中华按蚊

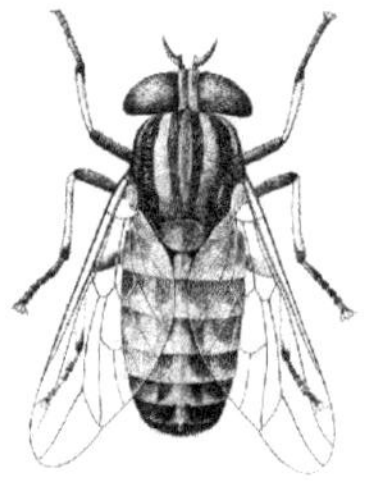

图 4-51　牛虻

牛虻 *Tabanus amaenus* Walker（图 4-51）

体大型，灰黑色。胸部背面有 5 条灰色纵线；腹部各节的后缘白色。头大、半球形。复眼大，雄虫接眼式，雌虫离眼式。翅大透明，平衡棒显著；翅脉均匀，翼瓣大。后足胫节无端距。雌虫吸食哺乳动物的血，传播疾病。分布范围较广。

食虫虻科 Asilidae

头胸大，头顶向下凹。腹细长、锥形。触角 3 节，末端具端刺。足长，爪间突刺状。

食虫虻 *Antipalus* sp.（图 4-52）

体细长，多毛。复眼突出，并没有在复眼间凹入。喙坚硬适于刺吸。足粗，爪垫大，爪间突刚毛状。肉食性种类，捕捉蝇、鳞翅目昆虫等。分布范围较广。

食蚜蝇科 Syrphidae

似蜜蜂。具黄黑相间横斑。翅具伪脉，M 脉外端与翅缘平行，M_{1+2} 末端合为 1 条。

食蚜蝇 *Syrphus balteatus* de Geer（图 4-53）

体中型，形似蜜蜂，具鲜明色斑。头大，触角 3 节，芒状、红黄色。雄虫接眼式具单眼。胸部背面黑色，灰白色粉被间有 4 条黑纵纹，外侧 2 条宽阔伸达后缘。腹部棕黄色被淡黄色毛，各背板中央有黑色横带；腹面黄色，第 2、4 腹板有圆形黑斑。部分翅脉与翅外缘平行。幼虫体末端有长呼吸管，故称鼠尾蛆。为各种蚜虫的天敌。全国性分布。

黄潜蝇科 Chloropidae

体小，少毛；淡黄绿色有斑纹。翅无臀室。幼虫气门在两侧。

麦秆蝇 *Meromyza saltatrix* Linnaeus（图 4-54）

体小，黄绿色，有灰色长毛。复眼黑色。前胸背板上有 3 条深褐色平行纵纹，中间 1 条最长。腹部浅灰黑色，各节近前缘色较深。幼虫寄生于小麦茎内。分布于我国各产麦区。

图 4-52　食虫虻

图 4-53　食蚜蝇

图 4-54　麦秆蝇

潜蝇科 Agromyzidae

体小，淡黑色或淡黄色。翅宽具臀室。具口鬃和单眼后鬃。幼虫体背面前气门靠近。

豌豆潜叶蝇 *Phytomyza horticola* Goureau（图 4-55）

体灰色。头大、额阔。触角第 3 节球形，背侧刚毛 2 根，小盾片刚毛 4 根。翅阔。足黑，腿节末端白色。幼虫危害豌豆和油菜。

蝇科 Muscidae

触角芒羽状，生于第 3 节基部。脊纵条黑。翅脉 M_{1+2} 末端向上弯。幼虫栖息于粪便中。

舍蝇 *Musca domestica vivina* Macq.（图 4-56）

又称饭蝇。体长 3～8mm，灰色。胸背面有黑纵条纹，具下后侧刚毛；腹部多毛。头大，能活动口器舐吸式。复眼大，雌虫离眼式，雄虫接眼式。触角羽状。平衡棒小。幼虫生活在粪便中，害虫。分布于我国各地。

麻蝇科 Sarcophagidae

体银灰色。触角芒基部羽状，端部无毛。胸背有明显黑褐色条纹。腹背有黑色斑纹。

麻蝇 *Sarcophaga carnaria* Linnaeus（图 4-57）

体大，身上有粉和刚毛。胸部背面有暗黑色条纹；腹部背面杂有黑色斑纹或银色云斑。眼大、红色。翅瓣大。足粗大。幼虫生活在腐肉或动物体内。分布范围较广。

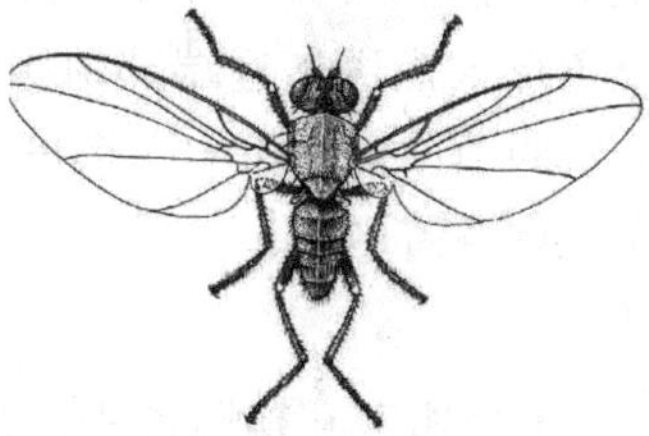

图 4-55　豌豆潜叶蝇

图 4-56　舍蝇

图 4-57　麻蝇

半翅目 Hemiptera

前翅为半鞘翅，后翅膜质，短于前翅；静止时，翅平覆于腹部之上。刺吸式口器。渐变态。无尾须。如蝽，盲蝽等。

蝽科 Pentatomidae

头小，三角形。触角 5 节。小盾片三角形，超过爪片。半鞘翅有爪片、革片、膜片。

大臭蝽 *Eurostus validus* Dallas（图 4-58）

大型，深褐色或棕红色。头顶有皱纹，侧片长于中片。触角 4 节。单眼红色。前胸背板及小盾片中部有皱纹，中胸小盾片大。危害果树，分布范围广泛。

麻皮蝽 *Erthesina fullo* Thunberg（图 4-59）

又称黄斑蝽。头黑色，狭长。前胸背板及小盾片棕黑色，有粗刻点，并散布有黄白色细斑点。前胸下侧前缘具臭腺孔。前足胫节加宽。老龄幼虫全身具白色粉末，头、胸、翅芽黑色，腹部灰褐色。危害油菜、甜菜、烟草、果树及树木。分布范围较广。

稻盾蝽 *Eurygaster sinica* Walker（图 4-60）

体中型，深棕色。头侧缘发达。触角 6 节。复眼发达，有单眼。小盾片发达。危害麦类、水稻和其他禾本科植物。分布范围广泛。

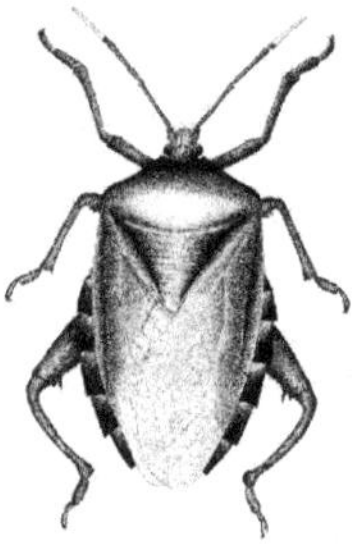

图 4-58　大臭蝽

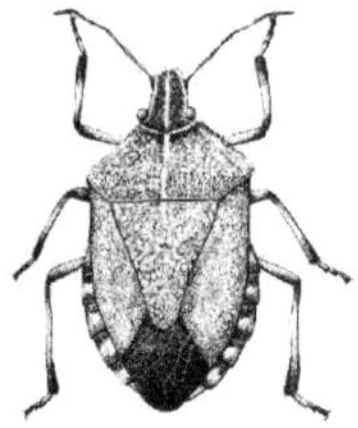

图 4-59　麻皮蝽

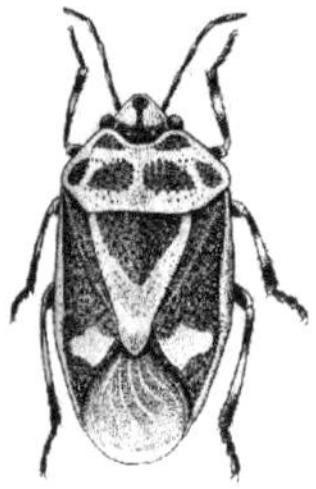

图 4-60　稻盾蝽

菜蝽 *Eurydema dominulus* Scopoli（图 4-61）

体椭圆形，橙黄或橙红色，头黑色；侧缘上卷。前胸背板有 6 块黑斑，前 2 块横置，后 4 块斜长。小盾片基部中央有 1 个三角形大黑斑，近端部两侧各有 1 个小黑斑。足黄色、黑色相间。体腹面淡黄色，每腹节两侧各有 1 个黑斑，中央靠前缘处各有 1 个黑横斑。危害刺槐等。分布于全国各省区。

盲蝽科 Miridae

触角和喙 4 节。翅有缘片和楔片，膜片有 1～2 个翅室，翅脉消失。足跗节 3 节。

三点盲蝽 *Adelphocoris fasciaticollis* Reuter（图 4-62）

体暗黄具黑褐色斑纹，被白色细毛。头紫褐色。触角紫褐，约与体等长，第 1 节短而粗，各节末端色较浓。复眼大，暗紫色。喙尖端黑色，长达后腿基节中央。前胸背板近前缘有 2 个椭圆形横黑斑，近后缘有黑色横纹。小盾片与前翅三角形楔片构成 3 个黄绿色明显楔形斑。危害棉花等农作物。分布于我国大部分地区。

缘蝽科 Coreidae

头较胸狭。头侧触角 4 节。前胸背板和足有叶状突或尖角。足长，后足腿节粗大。

稻蛛缘蝽 *Leptocorisa variconis* Fabr.（图 4-63）

体细长，黄绿微带褐色。体表密布刻点。触角第 2～4 节基部蜡黄，先端深褐色，第 2 节黄褐色。翅革质部前沿绿色，其余茶褐色，膜质部浓褐色。腹面白色。外形似蜘蛛。危害稻、谷、桑等农作物。分布范围较广。

猎蝽科 Reduviidae

体长形。有细颈，头小，能活动，喙强，短 3 节，前胸腹板足间有纵沟。膜翅有 2 翅室。

裙腹猎蝽 *Agriosphodrus dohmi* Stal.（图 4-64）

体黑有光泽，头略长于前胸背板。喙末端缩在前足基节沟内。腹侧缘扩大如围裙，暗白色，每节有黑色斑。前胸背板无刻点，中央有一纵行凹线。为捕食性益虫。分布范围广。

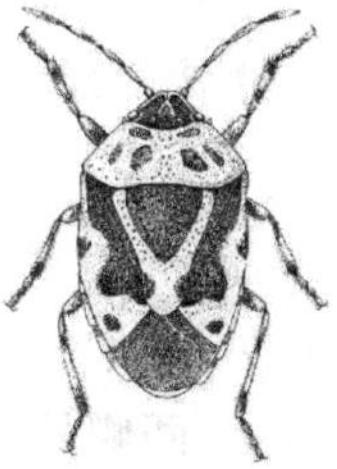
图 4-61　菜蝽

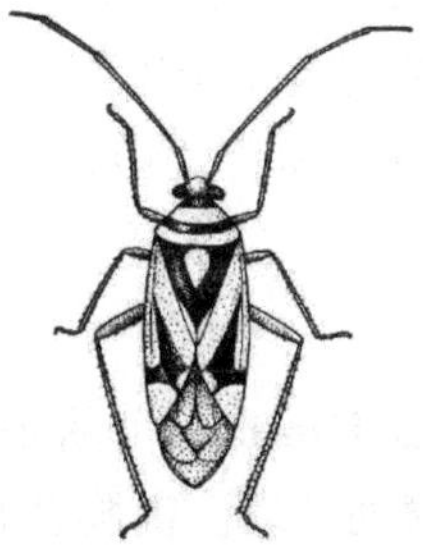
图 4-62　三点盲蝽

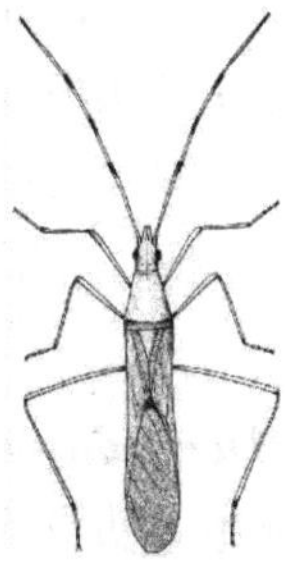
图 4-63　稻蛛缘蝽

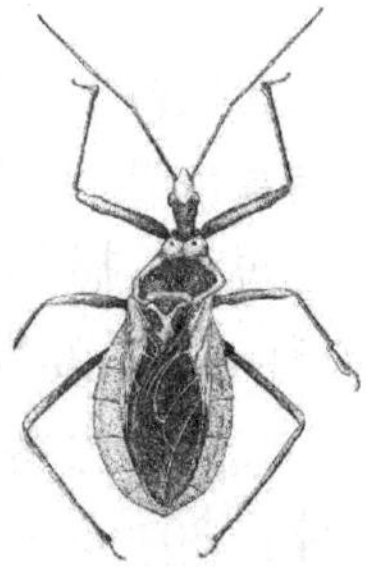
图 4-64　裙腹猎蝽

脉翅目 Neuroptera

咀嚼式口器，触角形状不一，多数丝状。前胸短。翅膜质，后翅臀区小，翅脉网状，在翅缘处多分叉。幼虫多为捕食性，如草蛉、蚁蛉。

粉蛉科 Coniopterygidae

体、翅被白色蜡粉。翅展 3～10mm。咀嚼式口器，下颚须和下唇须发达。

复眼大。长丝状触角 16～43 节。纵翅脉少于 10 条，不分叉，前区横脉至多 2 条。

黄腹粉蛉 *Conioptery x pulverulenta* Enderlein（图 4-65）

体小型。触角念珠状。前后翅相似，腹部黄色。幼虫捕食蚜虫、介壳虫、粉虱及红蜘蛛等，为益虫。分布范围较广。

草蛉科 Chrsopidae

体细长，草绿、黄或灰色。头小，丝状触角长于体，复眼有光泽。翅透明，前后翅脉相似，前区横脉少于 30 条。

大草蛉 *Chrysopa septempunctata* Wesmael（图 4-66）

体黄绿色。头部有 2～7 个黑斑，常见为 4 或 5 个斑。唇基基侧各有 1 个线斑。触角下各有 1 个大黑斑。翅透明，端部尖；翅脉网状、多黑毛，大部分为黄绿色，但前翅前缘横脉及翅后缘基半部翅脉为野火色。捕食害虫，为益虫。分布于我国大部分省区。

图 4-65 黄腹粉蛉

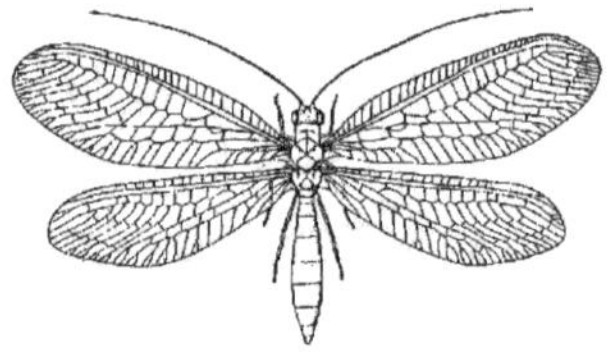

图 4-66 大草蛉

中华草蛉 *Chysopa sinica* Tjeder（图 4-67）

体黄绿色。头部黄白色；两颊及唇基两侧各有 1 个黑斑。触角灰黄色。胸腹背面有黄色纵带。翅狭，端部尖，透明有黑斑，翅痣黄白色；网状翅脉黄绿色，有黑色短毛。捕食害虫，为益虫。分布于我国大部分省区。

蚁蛉科 Cyrmileontidae

条斑次蚁蛉 *Dendroleon lineatus* Fabricius（图 4-68）

体长 30～34mm。头黄色，头顶有 2 个横列黑斑。前胸背板黄色，两侧具黑边，中央有 2 条黑纵带。中、后胸黑色，具黄斑。翅痣 黄色，翅脉大部分为黄色，有黑褐色点。后翅近端部有 1 个黑褐色条斑，雌虫明显，雄虫不明显或消失。胫节有 1 个黑褐色斑，雌虫明显，雄虫不明显或消失，胫节中央外侧有 1 条黑纹；胫节有 1 对很长的红褐色端距。捕食昆虫。分布于山东、吉林、辽宁、内蒙古、山西、河北等省区。

图 4-67　中华草蛉

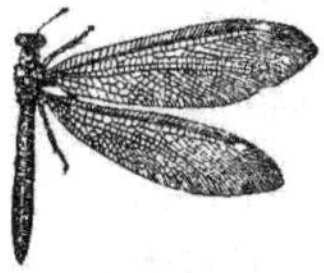

图 4-68　条斑次蚁蛉

鞘翅目 Coleoptera

体坚硬。前翅为鞘翅，后翅膜质。咀嚼式口器。如金龟子、瓢虫、叶甲等通称甲虫。

鳃金龟科 Melolonthidae

体大型，体色有黑、褐、蓝绿色。触角鳃叶部 3～7 节，腹末 2 节外露。上唇骨化，外露。后足胫节端距接近。爪对称。

黑绒金龟 *Serica orientalis* Motsch.（图 4-69）

幼虫称蛴螬。体长 8～10mm，卵形，黑褐色或黑紫色。体具细刻点、绒毛及光泽。触角 9 节，雌虫棒节短，鳃片 3 节。鞘翅具 9 条纵沟纹。前足胫节具 2 齿，足有爪 1 对，每爪上有一锐齿。有害昆虫，危害林木和果树。分布于我国大部分省区。

大黑鳃金龟 *Holotrichia diomphalia* Bates（图 4-70）

体长 16～21mm，长卵形，黑褐色或黑色具光泽。触角 10 节，鞘翅有纵隆线各 3～4 条。前足胫节外侧有尖齿 3 个，内侧有 1 端棘，足有爪 1 对，每爪有一锐齿。农林有害昆虫。分布较广。

丽金龟科 Rutelidae

体中型，体色有蓝、绿、褐、黄、赤等，带光泽。似鳃角金龟科，但爪不对称，后足爪明显。鞘翅有膜质边缘。

铜绿丽金龟 *Anomal corpulenta* Motsch（图 4-71）

体长 18～21mm，具铜绿色光泽。复眼黑色。触角及足黄褐色。前胸背板两侧黄、中部铜绿色。鞘翅 4 条纵肋明显。雄虫腹部深褐色。雌虫乳白，末节有 1 条棕色横带。食叶害虫，危害豆类及多种树木。分布于我国东北、华北和华东等地。

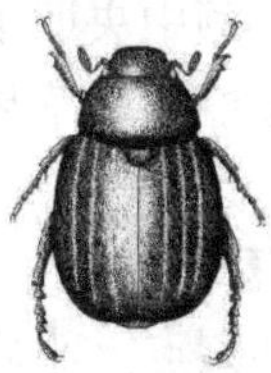

图 4-69　黑绒金龟

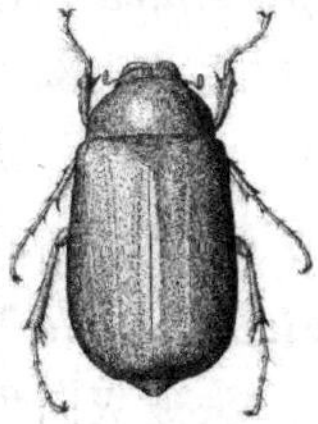

图 4-70　大黑鳃金龟

图 4-71　铜绿丽金龟

花金龟科 Getoniidae

体中大型，背阔而扁平。上颚小，藏于唇基下。小盾片大。翅外缘凹入。中胸腹板有圆形向前突出物。

小青花潜 *Oxycetonia jucunda* Fald.（图 4-72）

又名小青花金龟。体长 11～15mm，卵圆形，体色及斑点变化大，多为暗绿色。头长形，黑褐色，密布小刻点。前胸背板梯形，外缘有 3 个白斑，中间 1 个较大。腹面具黑色光泽，前足胫节具 3 齿。果树和灌木害虫。分布于我国大部分省区。

白纹铜色金龟 *Liocola brevitarsus* Lewis（图 4-73）

又称白星花金龟。体长 18～24mm，黑铜色、紫铜色或绿色，具光泽，前胸背板和鞘翅具弧形白色绒点斑。头方具隆线，触角暗赤褐色，短而粗。小盾片长三角形，鞘翅中后部近翅缝处深陷，侧缘肩角后明显内曲。雄虫腹板有菱形压陷，纵沟深，臀板短宽，两侧有白斑。危害农作物及树木。分布于我国大部分省区。

赤斑金龟子 *Anthracophora rusticola* Burmester（图 4-74）

体长 14～20mm，红棕色，散布许多黑色小斑纹。触角 10 节，前足胫节外方有 3 个齿。成虫吸食树液，危害玉米的雌雄穗，幼虫生活在堆肥中。分布于我国北方各地。

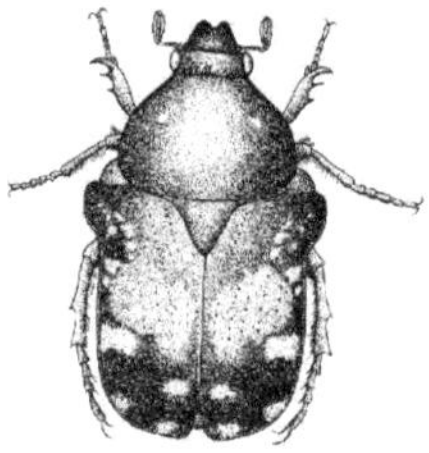

图 4-72　小青花潜

图 4-73　白纹铜色金龟

图 4-74　赤斑金龟子

天牛科 Cerambycidae

体长，背略扁。触角着生于额突上，超过 1/2 体长。复眼环绕触角基部呈肾形凹入。胫节具 2 端刺。雌大于雄，而触角较短。

薄翅锯天牛 *Megopis sinica* White（图 4-75）

体长 30～52mm，体赤褐色或暗褐色。头部具细密刻点，前额中央凹下，前胸背板前端狭窄，鞘翅宽于前胸，有 2～3 条小纵脊。主要危害植物有苹果、杨柳、桑 、榆等阔叶树以及杉、松类等。分布于我国北方各省。

光肩星天牛 *Anoplophora glabripennis* Motschulsdy（图 4-76）

体长 18～39mm，黑具金属光泽。头被灰白色微毛及稀疏细刻点。小盾片半圆形，被白色短毛。前胸横宽；侧刺突粗壮，先端尖。鞘翅肩部光滑，无瘤状颗粒；翅面具稀疏细刻点和灰白色毛斑；端缘圆弧形。体腹面及足密被灰白色短毛。危害杨、柳、槐、梨等。分布于山东、辽宁、山西、河北、陕西、贵州、江苏、湖北等省区。

星天牛 *Anoplophora chinensis* Forster（图 4-77）

体黑色具光泽，长 19～39mm。头被灰白色微毛，额及头顶中央有细纵沟，触角长，3～11 节，基部有淡蓝色毛环，雄性超出 4～5 节。鞘翅各具白斑点约 20 个，翅基具密颗粒。危害林木、果树。分布于我国大部分省区。

图 4-75　薄翅锯天牛

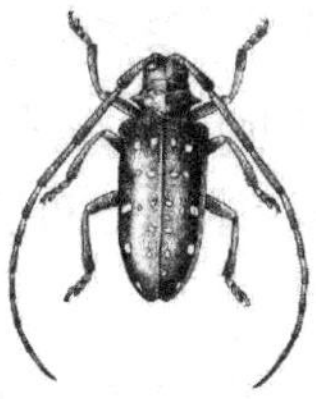

图 4-76　光肩星天牛

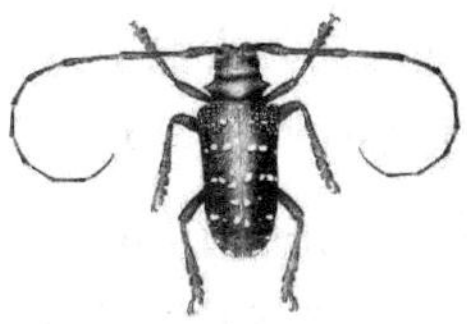

图 4-77　星天牛

桑天牛 *Apriona germari* Hope（图 4-78）

体长 26～51mm，体黑密被黄褐色短毛。头部中央有一纵沟。前胸有不规则横纹，中央有一浅沟，侧面中央有一刺突。鞘翅基部有黑色光亮的颗粒突起。足黑色，具灰白色短毛。危害重要果树及桑田。分布于我国中东部各省区。

皱绿橘天牛 *Chelidonium gibbicolle* White（图 4-79）

体长 27～29mm，蓝绿色具光泽。头具皱纹刻点，额区中沟伸向顶区。前胸背板瘤状突明显，有规则横皱纹。鞘翅深绿色，光泽暗。危害柑橘等果树。分布于我国华北、华东、华南各省区。

桃红颈天牛 *Aromia bungii* Fald（图 4-80）

体长 28～37mm，黑色光亮。头密布刻点，头顶后方刻点粗，额前缘有 1 个宽横凹，中央具细纵沟。触角蓝紫色，雄虫远长于体，雌虫约等长。前胸背板酱紫色，宽大于长；侧刺突发达，顶端尖锐；胸面具 4 个光滑瘤突，前、后缘具横皱纹。鞘翅肩宽向端部渐窄，翅面光亮。危害林木、果树。分布于我国大部分省区。

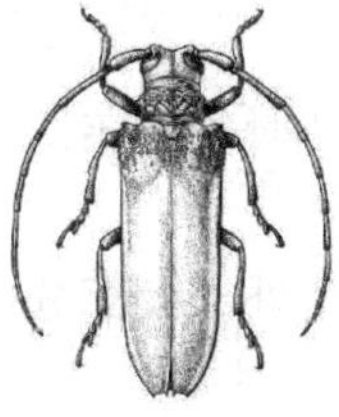

图 4-78　桑天牛

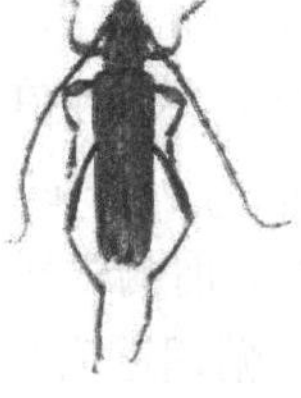

图 4-79　皱绿橘天牛

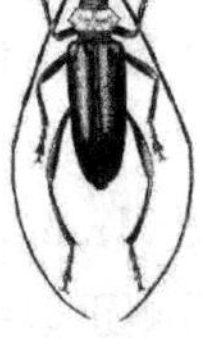

图 4-80　桃红颈天牛

锹甲科 Lucanidae

触角 10 节，膝状，端部 3～6 节向一侧延伸。上颚发达似鹿角状。头大，复眼大，膝状触角端部呈栉状。前胸侧腹缝显著，第 1 腹板完整，中间不被后足基节窝分割，前胸背与侧板愈合。鞘翅盖于全腹。幼虫蛴螬形，乳白色。危害林木。分布于我国各地林区。

巨锯锹甲 *Serrognhathus tianus* Boisduval（图 4-81）

体长 30～45mm，黑色。头横宽，与前胸背板等宽。头与前胸背板具瘤状小颗粒。鞘翅肩刺小而突出，侧缘中部之后弧形收狭。大型雄虫体表光滑，上颚长大，端部向内弯曲，内侧近基部和近顶端各具 1 个大齿，两大齿间散布较多小齿，唇基中央缺刻较深。危害榆等树木。分布于华北及东部各省区。

象甲科 Curculionidae

头前部延长呈鼻状突，末端着生口器。触角丝状、棒状或锤状且有膝状弯曲。

谷象 *Sitophilus granaries*（Linnaeus）（图 4-82）

体小，吻细长，基部粗。前胸背板长。胫节脊和沟长。前胸椭圆形刻点较稀，鞘翅无斑纹，无后翅。体赤褐色具金属光泽。危害米谷。分布范围较广。

米象 *Sitophilus oryzae* Linnaeus（图 4-83）

体长 2.3～2.5mm，红褐色或黑褐色，具光泽，前胸圆形刻点较密。鞘翅上有 2 对横纹。后翅发达。储粮害虫。分布较广。

图 4-81　巨锯锹甲

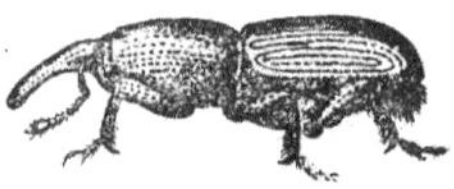

图 4-82　谷象

图 4-83　米象

叶甲科 Chrysomelidae

形似天牛，但触角短于 1/2 体长，不着生在额突上。复眼不环绕触角。

榆叶甲 *Ambrostoma fortunei* Baly（图 4-84）

体长 11mm，蓝黑色有紫色闪光，前胸横宽，前缘除两侧角外，大部分为直线形，两侧正边缘处各有一纵凹陷。鞘翅近肩部处有一横凹陷。

黄守瓜 *Aulacophora femoralis* Motschulsky（图 4-85）

体黄褐色，长 6～9mm，椭圆形。复眼、上唇、后胸腹面和腹部呈黑色，余部橙黄色，有光泽。触角丝状。复眼间具弧形沟。鞘翅较软，密布刻点。足腿节、跗节细长。腹末节黄褐色，雌虫末端呈弧形凹陷，臀板末端三角形突出，后足第 1 跗节长为第 2、3 跗节之和。危害葫芦科、十字花科植物、果树。全国各省区均有分布。

黄曲条跳甲 *Phyllotreta vittula* Redtenbacher（图 4-86）

体长 1.5～1.8mm，椭圆形，两侧缘平行。头胸部具绿色光泽，头小；触角丝状，末端稍膨大。前胸背板密布刻点。鞘翅上的刻点排列成行，鞘翅中央有一弓形黄色纵纹，纵贯全翅。后足腿节膨大，能跳跃。危害十字花科植物。分布较广。

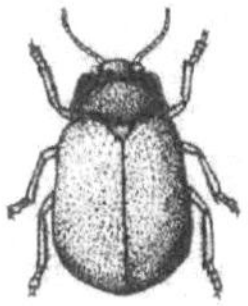

图 4-84　榆叶甲

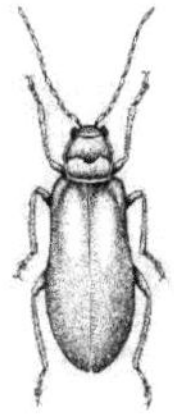

图 4-85　黄守瓜

图 4-86　黄曲条跳甲

葡萄十星叶甲 *Oides decempunctata* Bill（图 4-87）

体长 12mm，土黄色。头部狭于前胸，触角第 1 节长，呈棒状，前胸宽大于长，小盾片三角形，顶端圆，鞘翅基部较前胸宽，鞘翅上有 10 个黑色圆斑。危害葡萄，全国分布。

豆象科 Lariidae

小卵形甲虫，头具宽短突起。触角 11 节，前胸两侧具边缘，前足基节卵圆形，基节窝后方闭锁，后足基节横置。腹部 5 节鞘翅短钝形，后足腿节粗肥，爪的基部具齿。

绿豆象 *Callosobruchus chinensis* Linnaeus（图 4-88）

体长 2～4mm，头部暗褐至黑色，密布刻点。额中间有一较明显的纵脊，触角栉齿状，鞘翅密布小刻点，灰白色与黄褐色毛交错组成毛斑。后足腿节内缘端部有长而直的齿 1 个，外缘端部两侧有褐色斑 4 个。绿豆象幼虫体肥大，弯曲，乳白色，具短细毛，危害绿豆，豇豆，菜豆，蚕豆，赤豆，全国分布。

蚕豆象 *Bruchus rufimanus* Boheman（图 4-89）

体长 4～5mm，椭圆形，黑色，体被黄褐与灰白色毛，前胸背板宽大于长，布有小刻点，中部两侧各有白色毛斑点 1 个，两侧中间有向外的钝齿 1 个，臀部有不甚明显的斑纹 2 个，后足腿节外缘近端部有短而钝的齿 1 个。蚕豆象危害蚕豆。分布于西北、华北、华中等大部分地区。

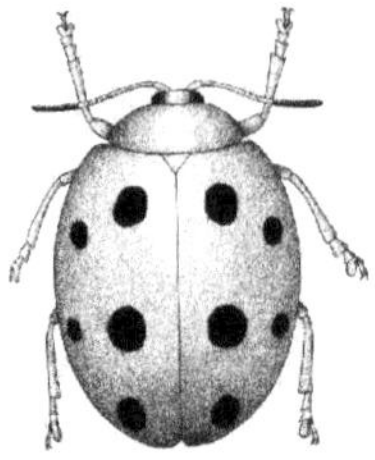

图 4-87　葡萄十星叶甲

图 4-88　绿豆象

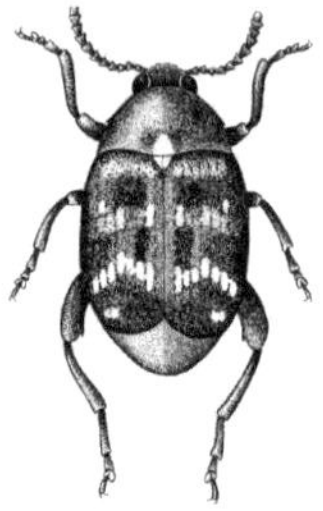

图 4-89　蚕豆象

瓢虫科 Cocinellidae

成虫卵圆形或椭圆形，背半球形，翅有红、黄、黑等色和不同斑纹。头小，藏于前胸下。触角短锤状。足短，跗节式 4-4-4。多为农林益虫。

七星瓢虫 *Coccinella septimpunctata* Linnaeus（图 4-90）

体长 5～7mm，卵圆形。头黑色。额与复眼连接缘上有 1 个圆形淡黄色斑。复眼黑色，内侧有淡黄色小点。触角栗褐色，11 节，锤节紧密。前胸背板黑色，前缘中部内凹，两侧隆线明显；前角有淡黄色斑。鞘翅橙红色或橙黄色，有 7 个星斑，位于小盾片下方的斑由两鞘翅每边一半组成。鞘翅基部靠小盾片两侧各有 1 个小三角形白斑。足黑色。捕食蚜虫等，为益虫。分布范围广。

异色瓢虫 *Leis axyrides* Pallas（图 4-91）

体长 5.4～8mm，卵圆形。背面光滑无毛，色泽及斑纹变异大。头部橙黄色或橙红色以至黑色。前胸背板色浅，有 1 个“M”形星斑。小盾片橙黄色至黑色。鞘翅上各有 9 个黑斑，或变异很大。腹面色泽有变异，中部黑色，外缘黄色或褐黄色。鞘翅近末端 7/8 处有一明显的横脊痕。捕食蚜虫等。分布山西、山东、黑龙江、河南、陕西、四川等省区。

图 4-90　七星瓢虫

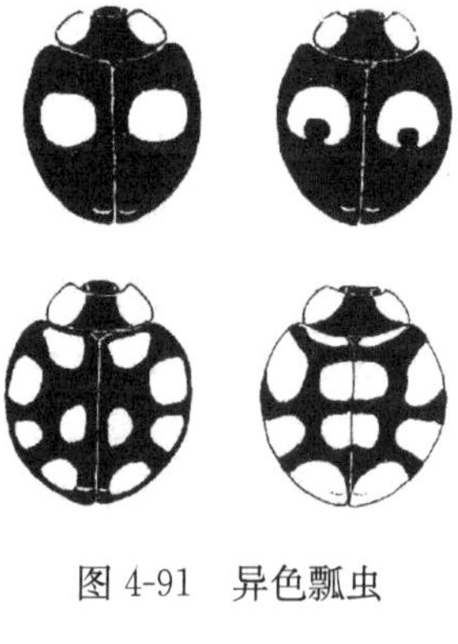

图 4-91　异色瓢虫

芫菁科 Meloidae

长筒形，黑色、灰色，可有黄褐色横纹，被毛。后头缢缩如颈。丝状或念珠状触角 11 节。前足、中足基节大，左右接触，后足基节横形，爪 2 叉状，鞘翅柔软，端部分离。

暗头豆芫菁 *Epicauta obscurocephals* Reitter（图 4-92）

体长 11.5～17mm，黑色。头略呈三角形，额中央红色纵纹达唇基部，额至头顶中央有 1 条凹陷及白色纵纹。触角短，丝状，黑色，仅第 1 节内侧橙黄色。前胸背板长大于宽，中央有 1 条由灰白色毛组成的纵纹。鞘翅边缘及中部各有 1 条灰白色毛组成的纵纹。雄虫后胸腹板中央有 1 个椭圆形光滑的凹陷，腹板中央有纵沟，光滑无毛，雌虫腹面全无毛。危害豆科植物，幼虫捕食性。分布于山西、山东、宁夏、江西等省。

虎甲科 Cicindelidae

体有金属光泽和斑纹，下口式，头比胸宽，触角生于额区复眼间，复眼突出。

中国虎甲 *Cicindela chinensis* de Geer（图 4-93）

体长 17～21mm，绿色或蓝绿色，具强烈光泽。触角丝状，11 节，棕褐色，被灰白短毛，基部 4 节蓝绿色。唇基黑、上唇蜡黄、缘黑色，中央有 1 条黑纵纹，前缘 5 个齿。上颚强大，内缘 3 个大齿；雌虫基半部、雄虫基部 2/3 背面蜡黄色和少许黑色。翅蓝黑色，满布深蓝色细小颗粒和较大点刻，沿鞘翅基部，端部、侧缘和翅缝翠绿色，距翅基 1/4 处有宽横带；每翅 3 个金色斑，基部外侧肩胛下小斑椭圆形，中部斜横斑两端粗中间细，距翅端部约 1/4 处有横椭圆形斑。捕食性。分布于山西、山东、河北、四川、广东等省。

步甲科 Carabidae

体黑或褐色，有光泽。头小于胸，前口式。触角细长丝状，头生于上颚基与复眼间。

短鞘气步甲 *Pheropsophus jessoensis* Morawitz（图 4-94）

体长 14～20mm。头、前胸背板黄色，鞘翅及小盾片黑色。头顶黑斑三角形。前胸背板近长形；前缘、后缘及中央黑色，黑色部分呈“I”形纹。鞘翅近长方形，末端平截不盖及腹部末端。肩胛及中部有明显黄斑。翅缘黄色，每鞘翅有 7 条沟。腹部黑色。足黄色。捕食地下害虫。分布于山西、山东、辽宁、河北等省区。

鳞翅目 Lepidoptera

虹吸式口器。体、翅具鳞片。如蛾、蝶类，其飞翔、觅食活动有助于植物授粉。幼虫期是取食生长期，为害虫期。危害方式多样。蚕类则具有经济价值。

图 4-92 暗头豆芫菁

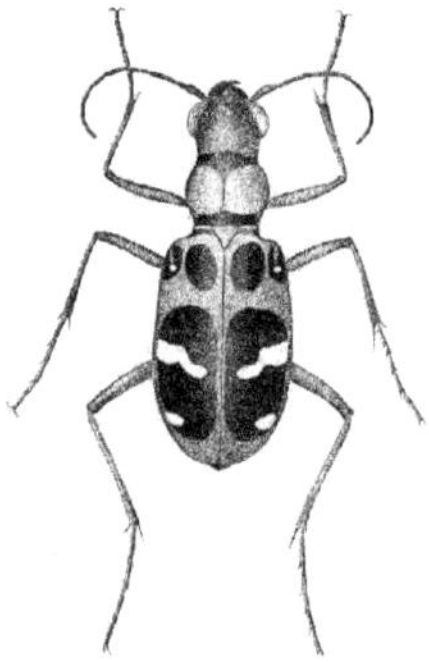

图 4-93 中国虎甲

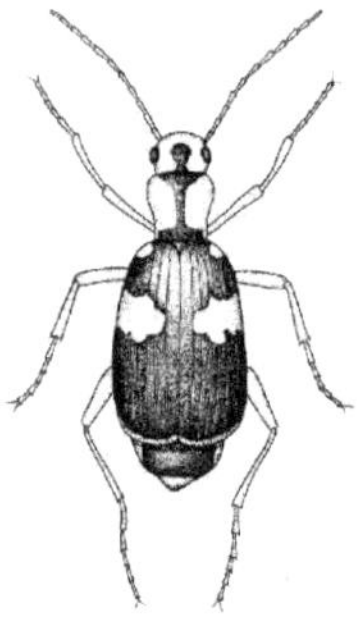

图 4-94 短鞘气步甲

蝙蝠蛾科 Hepialidae

前后翅相同，前翅后缘有指状翅轭，细长。触角极短，雌性念珠状，雄性栉齿状。

蝙蝠蛾 *Phassus excrescens* Butler（图 4-95）

体中型，粗壮，长 35～44mm，翅展 81～90mm。色暗具云状纹。头小。触角短，念珠状。雄虫栉状。口器退化，下唇须小。前胸与中后胸相等。前翅狭长，后翅小，前缘及中室有小黑纹，前后翅脉序相同。足短无距。傍晚飞行似蝙蝠，故名蝙蝠蛾。幼虫粗壮有皱纹，毛在毛疣上。危害果树、林木和作物。分布范围较广。

透翅蛾科 Aegeriidae

翅透明，前翅狭，无臀脉。触角膨大棒状，端部细。腹末扇形，鳞片丛明显。

苹果透翅蛾 *Conopia hector* Butler（图 4-96）

体中型，细长，紫黑色。触角端部膨大，具小毛丛。前翅狭，中央透明，外缘具狭细黑斑纹；后翅大部分透明，亚前缘脉藏在前翅褶内。腹部第 4～5 节背面有黄带，雄虫腹部末端有尾毛丛。幼虫圆柱形，淡黄色，体节之间有深凹，背面有 1 条明显的红线。危害多种果树。分布范围较广。

麦蛾科 Gelechiidae

头鳞毛平贴，触角第 1 节刺毛排成梳状。下唇须向上弯过头顶。前翅披针状，翅后缘有长缘毛。有卷叶、潜叶和钻蛀习性。

棉红蛉虫 *Pectinophora gossypiella* Sauunders（图 4-97）

体形小，长 6.5mm，展翅 12mm，棕黑色。头部鳞毛平贴。触角第 1 节栉毛排成梳状。下唇须向上弯伸过头顶，末节细长。翅臀脉 1 条，翅后缘具长缘毛。前翅狭长，端部尖锐，有黑褐色横带 4 条；后翅菜刀形，银白色。幼虫各节背面有 4 个淡黑色小毛瘤，3 龄后渐现红斑。棉花的主要害虫。分布全国大部分地区。

菜蛾科 Plutellidae

翅狭长，前翅后缘毛长，突出似鸡尾。触角前伸。后翅 M_1、M_2 翅脉共柄。

图 4-95　蝙蝠蛾

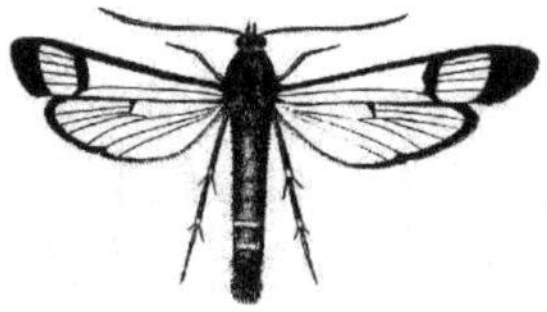

图 4-96　苹果透翅蛾

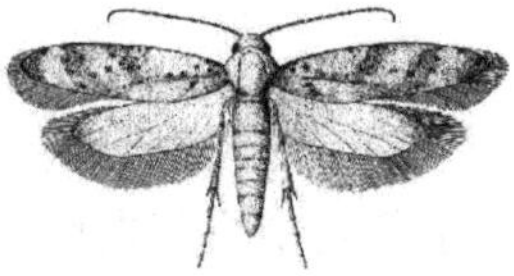

图 4-97　棉红蛉虫

小菜蛾 *Plutella maculipennis* Curtis（图 4-98）

体细长。头部黄白色，胸、腹部灰褐色。下唇须伸向上方。翅细长具长缘毛，休息时突出如鸡尾。前翅前半部浅褐色，散布褐色小点，后半部从翅基到外缘具一弯曲波状纹；后翅银灰色。幼虫纺锤形，头黄褐色，胸腹部绿色，背中线深棕色。危害十字花科植物和蔬菜。分布范围较广。

谷蛾科 Tineidae

体小，色暗。头毛直立。下颚须长向前伸。翅狭长，翅脉分离。后足胫节有距。

谷蛾 *Tinea granella* Linnaeus（图 4-99）

体小型，色暗。头具粗短直立毛。触角柄节有刚毛环。下颚须长，5 节；下唇须向前伸。翅展 20mm 以下；前翅灰白色，中央褐色，散生不规则黑褐纹；后翅灰色具长缘毛。储粮害虫。潮湿储粮场所多发生。分布范围较广。

豹蠹蛾科 Zeuzeridae

中大型蛾类，中胸、腹部很长。白色或灰白色。触角雌性锯齿状，雄性基部双栉状，端部锯齿状。翅狭长，翅中脉在中室内分叉。

茶豹蠹蛾 *Zeuzera leuconotum* Butler（图 4-100）

体大，粗壮色暗。触角双栉齿状。下唇须短小，缺下颚须及吻。前翅多黑斑点，有小翅室。腹部后端尖，有毛腹部各节黑色，后缘白色。危害树等。分布范围较广。

刺蛾科 Eucleidae

体中等，短而粗壮、多毛。翅宽密被厚鳞片；前翅脉 R_1、R_2、R_3 具共柄或在中室外愈合。后翅脉 S_c+R_1 和 R_s 在中基部愈合，无横脉相连。

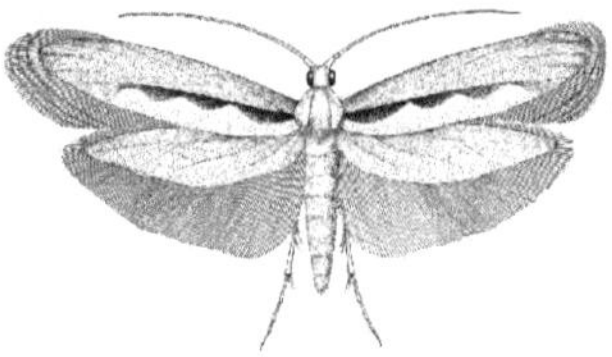

图 4-98　小菜蛾

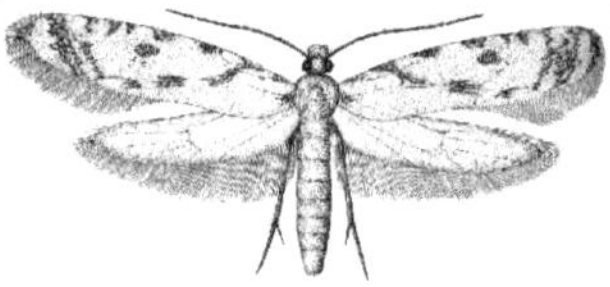

图 4-99　谷蛾

图 4-100　茶豹蠹蛾

褐刺蛾 *Thosea baibarana* Matsumura（图 4-101）

体、翅密布暗褐色鳞毛。头扁。雄虫触角第 1 节有白色鳞片，雌虫触角内侧由基部到中央灰白色，外侧近顶端部棕色。前翅有 2 条褐纹。前足腿节基部具有白丛毛。幼虫身体背、侧面天蓝色，背部有 2 条淡红棕色纵纹，每节有枝刺 4 个。危害果树和树木。幼虫毒刺毛对人有危害。分布范围较广。

斑蛾科 Zygaenidae

中小型蛾类。触角丝状或棒状，雄蛾多为锯齿状。前翅外缘圆，中室有不分叉 M 脉干，A 脉 2 条。后翅有翅缰，臀区大。

梨星斑蛾 *Lliberis pruni* Dyar（图 4-102）

又名星毛虫、梨叶斑蛾。体小型，翅灰黑色，具青蓝色光泽。具单眼，喙发达。雄虫触角双栉状，雌虫锯齿状。吻长，下唇须短。翅半透明具稀毛，翅脉黑褐色，R 脉无共柄。后胫具短距。幼虫卷叶危害梨树。分布于山东及我国大部分省区。

卷蛾科 Tortricidae

体褐色或棕色。前翅近方形，休息时合拢呈钟罩形，有条纹，斑纹，翅脉从中室或翅基发出不合并；后翅臀脉 3 支。

苹果卷蛾 Adoxophyes orana Fischer（图 4-103）

又称棉褐带卷蛾。体小型，黄褐色。下唇须第 1 节被三角形鳞。翅脉不合并成叉状，从翅基部或中室直接伸出。后翅 S_c＋R 不与 R_c 接触，臀脉 3 支。幼虫圆柱形，绿色，趾钩环式，前胸气门前的骨片或疣上有 3 根毛。危害果树等。分布于全国绝大部分省区。

图 4-101　褐刺蛾

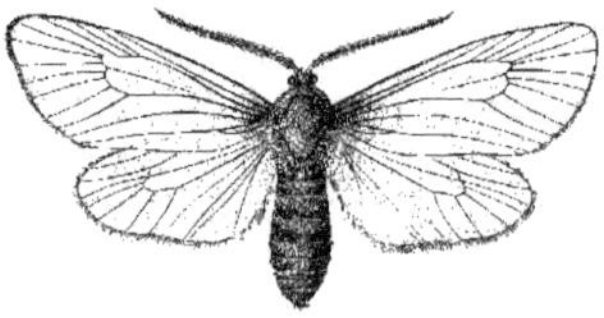

图 4-102　梨星斑蛾

图 4-103　苹果卷蛾

梨小食心虫 *Grapholitha molesta* Heinrich（图4-104）

体小形，体、翅灰褐色，翅混有白色鳞片。下唇须第2节具有鳞片，第3节短而钝。前翅前缘有10多组白色短斜纹，近中室端部有小白点，外缘有7个并排的小黑绒斑点；后翅灰褐色。幼虫头灰褐色，两侧具云雾状斑。前胸背板淡黄褐色，成熟幼虫淡红色。危害多种果树，使新树梢枝叶枯死折断。分布于全国。

螟蛾科 Pyralididae

体中小型，瘦长，前翅三角形，翅脉 M_1、M_2 远离，各从翅中室两角发出。

玉米螟 *Ostrinia furnacalis* Guenee（图4-105）

体中型，细长，黄褐色，鳞片细密。下唇须相当长。翅基1/3处有棕色条纹及褐色波纹状线，外侧有锯齿状黄线斑。足细长。幼虫细长，背中线明显。各节毛片圆形，趾钩3序缺环。危害玉米、高粱等。分布范围较广。

枯叶蛾科 Lasiocampidae

中型或大型，粗壮多毛。雄触角栉状。无翅缰，前翅 R_4 长而游离，R_5 与 M_1 共柄，M_2 远离 M_1；后翅肩角扩大，肩脉1～2条。

杏枯叶蛾 *Odonestis pruni* Linnaeus（图4-106）

又称毛虫。体大，橘红色。触角栉齿状。无吻，下颚须及单眼。下唇须具短密毛。前翅内、外线黑褐色，有小翅室及肩脉，中室白斑大而明显。后翅无翅缰，基角扩大，具肩脉，有2条不明显褐色斑纹。幼虫粗壮多长毛，体色暗，背面具黑色毛瘤。危害果树。分布山西、山东、河北、江苏、湖北等省区。

蚕蛾科 Bombycidae

体中型，粗壮多毛。触角栉状。前翅外缘有波状弯曲。M_1 与 R_5 分离；后翅 S_c+R_1 以横脉与中室相连。

图4-104　梨小食心虫

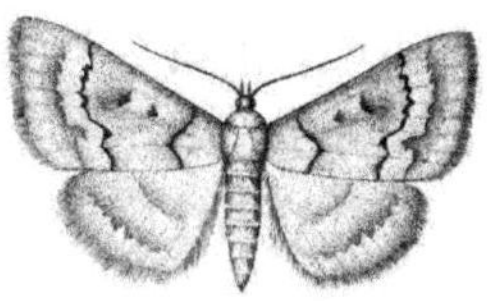

图4-105　玉米螟

图4-106　杏枯叶蛾

家蚕 *Bombyx mori* Linneaus（图4-107）

体中型，纯白色。无吻，单眼。触角双栉齿状。后足胫节仅有1对短距。前翅第2中脉自中室尖端正中发出。幼虫食桑叶。为重要饲养昆虫。用于缫丝。

尺蛾科 Geometridae

体瘦长。翅大而薄，前、后翅颜色相似，静止时平放。前翅R5与R4共柄，

后翅翅脉 S_c+R_1 与 R_s 在中室外有并接。

桑尺蛾 *Phthonandria atrilineata* Butler（图 4-108）

触角黑灰色，双栉状。前、后翅斑连续且散有黑色短纹；前翅褐色，中部色深，外缘钝锯齿状，波状亚端浅褐色，内外横线细而曲折；后翅外横线为黑波浪纹状。幼虫灰褐色，背面散有小黑点。危害桑树。分布于我国大部分省区。

天蛾科 Sphingidae

体大型，粗壮，似梭形。触角末端钩状，前翅大则狭长，外缘斜形；后翅小 $Mc+R_1$ 与 Rs 在中室中部有小横脉相连。

鹰翅天蛾 *Oxyambulyx ochracea* Butle（图 4-109）

翅展 90～110mm。体、翅橙褐色。触角间及胸背两侧绿褐色。下唇须及胸部的腹面橙黄色。前足胫节外侧白色。前翅基部有 1 个小黑点，1 条不显著的纹和上下 2 个褐绿色斑组成内线，褐绿色波状中线和外线不明显；顶区弓状下弯像鹰翅，端区有 1 个月牙形褐绿色大斑。后翅橙黄色。中带及外缘带棕褐色。危害枫、杨等。分布华北地区各省。

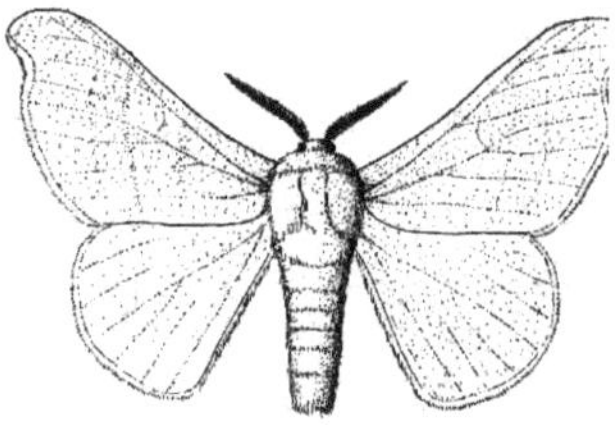

图 4-107 家蚕

图 4-108 桑尺蛾

图 4-109 鹰翅天蛾

豆天蛾 *Clanis bilineata* Walk（图 4-110）

体色鲜艳，具较多鳞片并具斑纹。前翅狭长，前缘中央有较大的半圆形褐绿色斑，中室横脉处有 1 个淡白色小点，沿第 2 径脉走向有褐绿色纵带。后翅暗褐色，基部有赤褐色斑，后角附近枯黄色。老熟幼虫黄绿色，腹两侧各有 7 条黄色斜纹。危害豆科植物和刺槐等。分布范围较广。

灯蛾科 Arctiidae

体小至中型，红或黄色，具条纹或斑点。前翅 M_2、M_3 与 C_u 接近；后翅 S_c+R_1 与 R_s 在中室处有一长段并接。夜间活动。有趋光性。

红腹白灯蛾 *Apilarctia subcarnea* Walker（图 4-111）

翅展 40～42mm，头胸黄白色。前翅黄白色，具 1～3 列黑点；后翅微带红色，缘毛白色。腹部背面除基节与端节黄白色外，其余红色；腹面黄白色；腹部两侧及背面有黑点列。前、中足腿节红色，其余黑色。幼虫浅黑色，背线淡黄色。具长毛。危害桑、木槿及十字花科蔬菜。分布山西、山东、河北、河南、湖南等省区。

夜蛾科 Noctuidae

中大型蛾类，体粗壮多毛，暗色。前翅有斑纹，中室后缘翅脉 4 支，上外角有 R 脉形成副室；后翅白色或灰色，S_c+R_1 与 R_s 基部分离。

小地老虎 *Agrotis ypsilon* Rottemberg（图 4-112）

体中型，粗壮，色暗，具鳞片和毛。具单眼。腹部背面灰色，腹面灰褐色。前翅棕褐色，有环状纹、肾纹和棒状纹各 1 个，肾纹处还有 1 尖端向外的楔状纹，亚端线内侧有两个黑色楔状纹；后翅灰白色，纵脉及缘线褐色。幼虫黑褐稍带黄色，体表密布黑色颗粒，腹末肛上板有 1 对黑纹。危害多种林木、农作物及蔬菜等。分布于全国各地。

图 4-110　豆天蛾

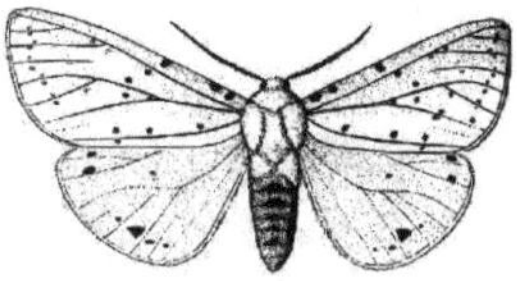

图 4-111　红腹白灯蛾

图 4-112　小地老虎

毒蛾科 Lymantriidae

体中型。雄触角栉齿状。胸、腹、前足多毛。雌虫腹末有成簇的毛。后翅 S_c+R_1 与 R_s 在中室基部并接。休息时前足伸在前面。

舞毒蛾 *Lymantria dispar* Linneaus（图 4-113）

体粗壮肥大，黄褐色。触角栉齿状。雄蛾前翅淡褐，有褐色线纹，中室中央有 1 个黑点，横脉纹黑褐色；后翅黄棕色，横脉纹和外缘色暗。雌蛾前翅黄白色，后翅淡黄色。幼虫黑褐色，头部浅褐色，有“八”字形黑纹，背线黄褐色。前 5 节两侧有蓝斑，后 6 节各有 2 个红色斑，其上生棕黑色短毛。危害果树、林木等。分布于我国大部分省区。

舟蛾科 Notodontidae

体多暗褐色。喙不发达，无下须、单眼。雄蛾触角栉形。前翅 M_2 居中，后缘亚基部有后伸鳞片，后翅 S_c+R_1 与 R_s 靠近或由横脉相连。跗节基部有 1 个钝齿。

刺槐掌舟蛾 *Phalera grolei* Moore（图 4 114）

翅展 86mm 左右。头顶和触角基部毛簇白色。胸背暗褐色，中央有 2 条、后缘有 1 条黑褐色横线。腹背黑褐色，每节后缘具灰黄白色横带，末端 2 节灰色。翅基片灰褐，内侧具黑边。前翅暗灰褐，近顶角有 4 条灰黄色纹；顶角掌形斑暗棕色，斑内缘、弧形平滑有5条黑色横线；缘毛棕色。后翅暗褐色，可见1条模糊浅色外带；脉端缘毛较暗，其余灰褐色。危害刺槐。分布我国华北、华东地区。

羽蛾科 Pterophoridae

白星鸟羽蛾 *Deuterocopus albipunctatus* Fletcher（图4-115）

体细小，长6mm，翅12mm左右，体、翅均橙黄色。腹部有黄白色斑点及条纹，腹面白色。翅具裂羽。足细长有距。幼虫体具毛瘤和次生毛，腹足长，趾钩半环状。危害葡萄等。分布于各葡萄产区。

弄蝶科 Hesperiidae

体黑褐色。左右触角分离，末端钩状。翅具白斑或黄斑，前翅5支R脉从中室伸出。

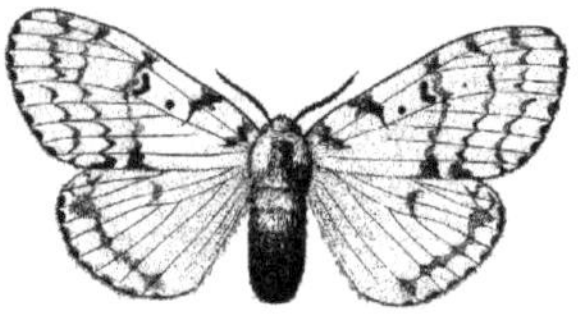

图4-113　舞毒蛾

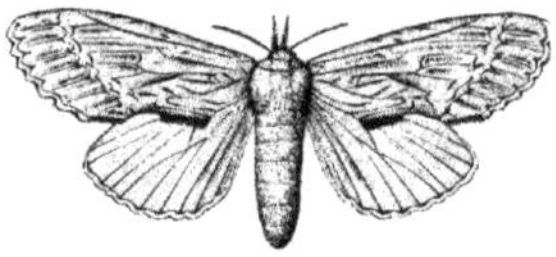

图4-114　刺槐掌舟蛾

图4-115　白星鸟羽蛾

直纹稻弄蝶 *Parnara guttata* Bremer（图4-116）

因幼虫吐丝缀叶做苞茧，又称直纹稻苞虫。体小，肥壮，有金黄色光泽。头大。翅深棕色，前翅8个白色透明斑排列呈弧形；后翅4个白斑直线排列。幼虫绿色，头褐色，中央有“M”型褐斑。危害水稻等农作物。分布范围较广。

凤蝶科 Papilionidae

体色鲜艳，底色黄或绿色者有黑斑；黑色者有蓝、绿、红色斑。后翅外缘波状或有尾状突。前翅R脉分5支，中室与A脉基部有横脉。

柑橘凤蝶 *Papilio xuthus* Linnaeus（图4-117）

体淡黄色，背面有宽大黑色纵纹。触角和前后翅黑色。前翅近前缘有8个半月形黄斑，中室外有1列黄斑，自前缘向下逐渐增大，翅基部近前缘处有5条黄色纵条纹，其外有2个黄斑。后翅斑纹同前翅，但在臀角处有1个橙黄色圆斑，内有1个小黑点。危害柑橘、花椒等。分布全国各省区。

金凤蝶 *Papilio machaon* Linnaeus（图4-118）

大型蝶类。翅三角形，金黄色，前、后翅外缘有黑色宽带，带中前翅有8个、后翅有6个金黄色新月斑；前翅基部1/3为黑色；后翅外缘波浪状，后角具1个尾状突。幼虫光滑无毛，色彩鲜艳，具臭腺。危害伞形花科植物，飞行迅速。分布范围较广。

粉蝶科 Pieridae

体中型，白色或黄色。爪有齿或分 2 叶。A 脉前翅 1 支，后翅 2 支，有黑色圆斑。

图 4-116　直纹稻弄蝶

图 4-117　柑橘凤蝶

图 4-118　金凤蝶

菜粉蝶 *Pieris rapae* Linneaus（图 4-119）

前、后翅基部黑有白色边缘。顶角有三角形黑斑，近外线处有 2 个圆形黑斑。幼虫俗名菜青虫，圆柱形，细长，绿色，头大，表面有很多小突起及次生毛，每体节 4～6 环。危害十字花科植物。分布范围较广。

蛱蝶科 Nymphalidae

体中大型，前足退化，跗节雄蝶 1 节，雌蝶 4～5 节。前翅 R 分 5 支，A 脉无分支。飞行迅速，静止时，不停地扇动 4 翅。

重环蛱蝶 Neptis alwina dejeane Oberthur（图 4-120）

翅展 62mm。体、翅黑色。前翅沿外线有 1 列半月形白斑，内有 7 个白斑弧形排列；中室内有 1 条白色长形斑纹；中端外上方有 4 个白斑。后翅 2 条由白斑组成的横带纹，内侧白斑大。翅展开白斑连成 2 条马蹄状重环带纹。幼虫头部茶褐色，有 1 对圆锥状突起；胴部绿色，中、后胸及第 2、7、8 腹节各有 1 对红褐色钩状突；第 5 腹节上有红褐色斜纹。危害李、杏等。分布山西、山东、陕西等省区。

大红蛱蝶 *Pyrameis indica* Linneaus（图 4-121）

体大型，色斑艳丽。前足退化，短小。翅角锤状部特别膨大。前翅顶角钝，黑褐色，翅基和近内缘茶褐色，中央有 1 个大而不规则橘黄色斑，近顶角区有 7～8 个白色斑纹排成半圆形；后翅卵圆形，暗褐色，外缘橘黄色，内侧有黑色斑 1 列，其内有大黑斑 1 列。幼虫体上有成对棘刺。头黑生有锥形毛疣，胴部背面黑，腹黄褐多有黄白色斑点。危害榆、麻等栽培植物。分布山西、山东、黑龙江、陕西、湖北等地。

灰蝶科 Lycaenidae

小型蝶类。触角和眼有白环。翅反面灰色，有眼斑。前翅 R 脉分 3～4 支，后翅 A 脉 2 支，常有纤细尾状突。

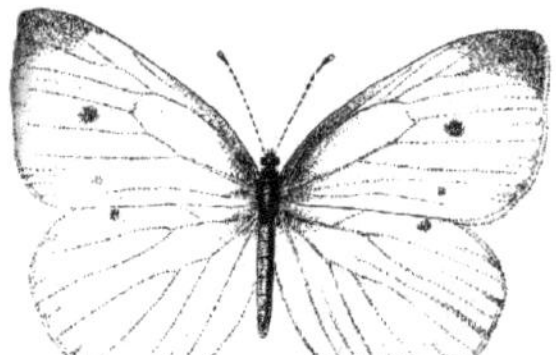

图 4-119　菜粉蝶

图 4-120　重环蛱蝶

图 4-121　大红蛱蝶

兰灰蝶 *Everes argiades* Pallas（图 4-122）

又称豆小灰蝶。体小，纤弱而美丽。触角有白色环。眼周白色。雄性前足退化，前、后翅紫蓝色，后缘有 1 条棕色带；前翅无斑点，后翅后缘近臀角处有 2～3个棕色斑点。雌性前足发达，翅棕色，基部略呈蓝紫色；后翅臀角处有 2～3 个棕色斑点和 1 条橘黄色带。幼虫危害大豆等农作物。分布范围较广。

斑蝶科 Danaidae

中、大型。前足退化，雌蝶跗节末端膨大。前翅 A 脉分叉，R 脉分 5 支，其中 3 支或 4 翅共柄，从中室伸出，R_4 止于翅前缘。

金斑蝶 *Danaus chrysippes* Linneaus（图 4-123）

体型较大，艳丽，橙褐色具黑斑纹。触角上无鳞片，呈棒状。前足退化；雄蝶前足端部呈球形。前翅亚前缘脉基部分叉，后翅有香腺，中室封闭。幼虫危害观赏植物和药材等。分布范围较广。

眼蝶科 Satyridae

小、中型。翅反面有眼状斑。前翅基部 1～3 翅脉特别膨大。前足退化。

稻黄褐眼蝶 Mycalesis gotoma Moore（图 4-124）

体中型，暗褐色。前足退化。前翅基部翅脉膨大，顶角处有 1 个小型眼斑，近边线的下方有较大眼斑。后翅上面 2 个眼斑，反面 5 个眼斑。幼虫体绿色，头部有 1 对角状突起，尾端分两叉。危害稻类。分布于产稻区。

图 4-122　兰灰蝶

图 4-123　金斑蝶

图 4-124　稻黄褐眼蝶

膜翅目 Hymenoptera

口器咀嚼式。翅膜质，后翅小，前缘有小钩与前翅相连，翅脉变异大，雌虫产卵器发达。如蜂、蚁等。

叶蜂科 Tenthredinidae

丝状触角 7～10 节，第 3 节较长。前翅有缘室 2 个。前足胫节有 2 端距。

小麦叶蜂 *Dolerus tritici* Chu（图 4-125）

体阔无腹柄，长 8～9.8mm。黑色，但前胸背板、中胸盾片及侧板、翅基片等处赤褐色，后胸背面两侧各有 1 个白色小斑。雌虫触角较腹部短，雄虫与腹部相等。前翅具翅痣，翅室多。前足胫节尖端具 2 距。危害小麦。分布于各小麦产区。

茎蜂科 Cephidae

梨茎蜂 *Janus piri* Okamoto et Muramatsa（图 4-126）

体长约 9mm，细弱圆筒状，黑色。头大，复眼显著。前胸背板后缘平直。前胸背板后缘两侧、中胸侧板、足基节端部、转节、胫节黄色。前足仅有 1 距，后足节有端距 2 个。危害梨树。分布范围较广。

土蜂科 Scoliidae

体大，多毛，黑色。腹部第 1、2 节间缢缩，具有色条纹。前胸背板侧面呈三角形。翅脉不达翅缘，后翅具臀脉。

金毛长腹土蜂 *Campsomeris prismatica* Smith（图 4-127）

雌虫体长 20～25mm，黑色，密生黄褐色体毛。前胸背板黑色，毛长而密。胸腹节中区有密刻点，侧面有密毛。腹部第 1～4 节背板后缘有浅色毛带，第5～6 节刚毛黑色。翅浅烟黄色。雄虫体长 11～20mm；黑色有蓝色光泽，密被淡黄色长毛。唇基边缘，前胸背板后部及两侧、前足、中足腿节端部和胫节外侧黄色。小盾片有 2 个黄斑。胸腹节水平区密生褐色长毛。翅透明。腹部第 1～4 节背板和第 2～4 节腹板的后缘有黄色横带。尾刺 3 枚，中刺较长。捕食金龟子幼虫。分布于山西、山东、江苏、江西、福建和广东等省区。

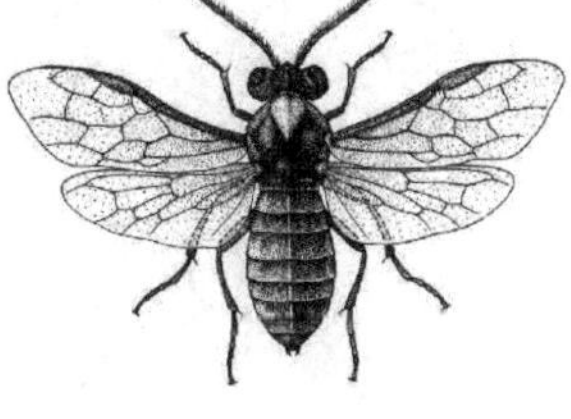

图 4-125　小麦叶蜂

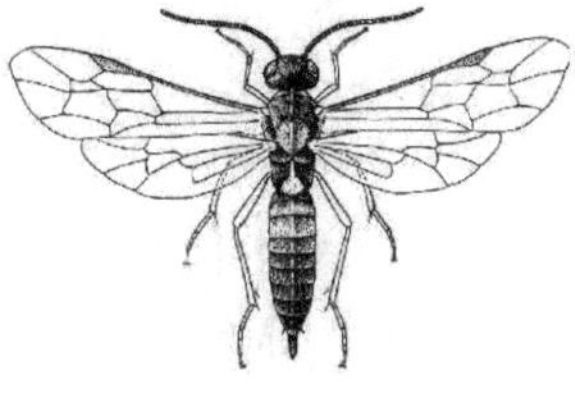

图 4-126　梨茎蜂

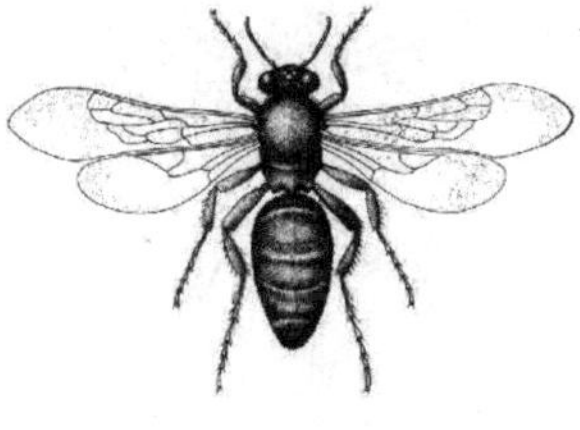

图 4-127　金毛长腹土蜂

树蜂科 Siricidae

大型。膝状触角 17～30 节。前胸背板前后缘高度凹入。腹部圆筒状，各节有黑色环纹。前足胫节有 1 个端距。末节臀板中央形成角状突。

扁足树蜂 *Sirex gigas* Linnaeus（图 4-128）

体长 25～55mm，大型，圆筒状。头阔颈细。丝状触角黄色，约为 1/2 体长，头下面、胸和足黄或红黄色，末端粗刺为带鞘的产卵器。林业害虫。分布范围较广。

姬蜂科 Ichneumonidae

前翅 2 条回脉，3 个盘室。前缘脉和亚前缘脉合并，前缘室消失。腹部细长或侧扁。

满点黑瘤姬蜂 *Coccygomimus aethiops* Curtis（图 4-129）

体黑满布密刻点。触角梗节、唇基赤褐色。头横向，与胸部均具刻点和棕色细毛，侧毛棕黑色。前胸背板伸达翅基片，胸腹节前部中央有 2 个脊痕，无腹柄。前翅无缘室 ，有翅痣及 2 条逆行脉。足黑褐色，前足跗节、中足腿节和胫节雄性为黄褐色，雌性为赤褐色。产卵器伸出并上举。寄生性益虫。全国性分布。

茧蜂科 Braconidae

体小型至中型。前翅 1 条回脉，2 个盘室。产卵器外露，与身体等长。

中华茧蜂 *Bracon chinensis* Szepligeti（图 4-130）

体小，头胸部黄色。触角丝状，柄节短圆柱形。腹部黑色，每节背板上有 1 个白色斑。前翅只 1 条逆行脉。产卵器与腹部等长。寄生性益虫。分布范围较广。

螯蜂科 Dryinidae

体小似蚂蚁，触角 10 节，着生于口器附近。胸部细长，前足长，雌性为捕捉足。中后足小。前翅有闭室，后翅脉简单，无闭室。腹部圆球形或卵圆形，基部有柄。

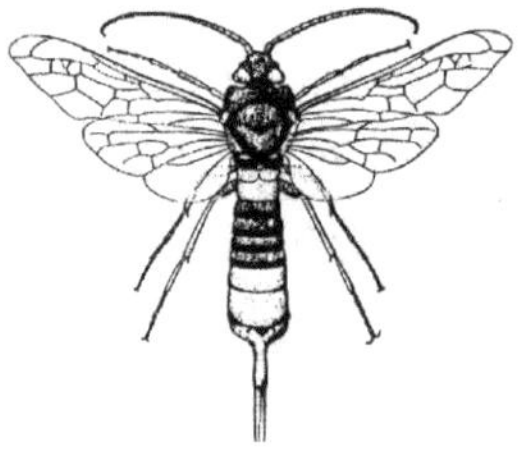

图 4-128　扁足树蜂

图 4-129　满点黑瘤姬蜂

图 4-130　中华茧蜂

日本螯蜂 *Haplogonatopus japonicus* Esaki et Hahimoto（图 4-131）

又称稻虱螯蜂。体小，形似蚂蚁。雄虫体黑色。具翅，前翅有若干翅脉，具闭室；后翅具臀叶，无闭室。胸部较宽。足黄褐色。雌虫无翅，体黄褐色，头顶、触角黑色。触角生于口器附近，10 节。胸部细长。前足长，腿节胀大，跗节第 5 节与爪合成铗状捕捉足。稻田常见。分布范围较广。

胡蜂科 Vespidae

体中型至大型。黄、棕褐色有黑色斑纹，或黑色有褐色斑纹。触角膝状。前胸背板伸达翅基片。足转节，中足胫节有 2 距。翅狭长，静止时褶起。腹柄简单。

普通长脚胡蜂 *Polistes olvaceus* De Geer（图 4-132）

体大，光滑无毛，体黄色具黑色带。头和胸等宽。眼大。上颚强大有齿。触角膝状，细长。翅狭长，休息时纵折起来。足较长，爪简单，中足胫节有 2 短距。腹部无柄。筑革质大巢于树上，中药名露蜂房。分布范围较广。

泥蜂科 Sphecidae

腹部纺锤形，腹柄明显。前胸背板不伸达翅基片。前足适于开掘，后足跗节柱状。后翅具臀叶，多有 2 个闭室。

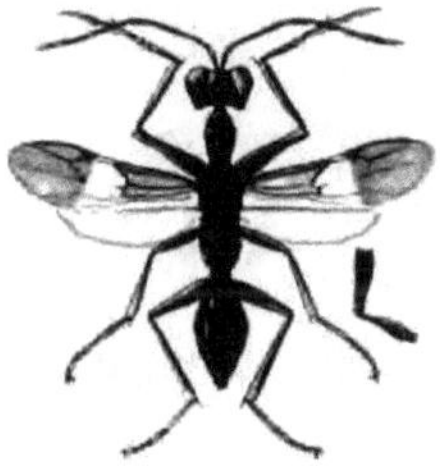

图 4-131　日本螯蜂

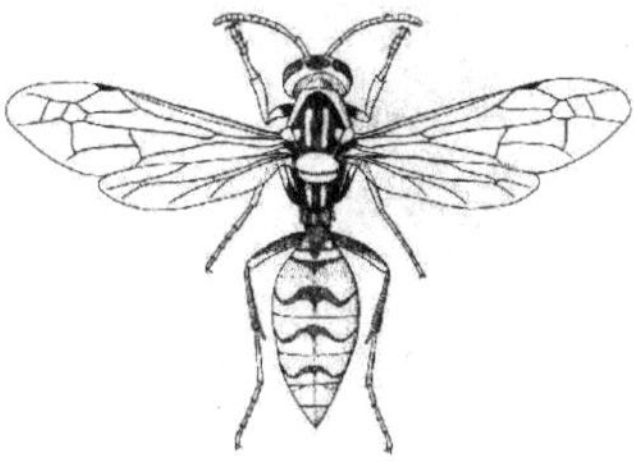

图 4-132　普通长脚胡蜂

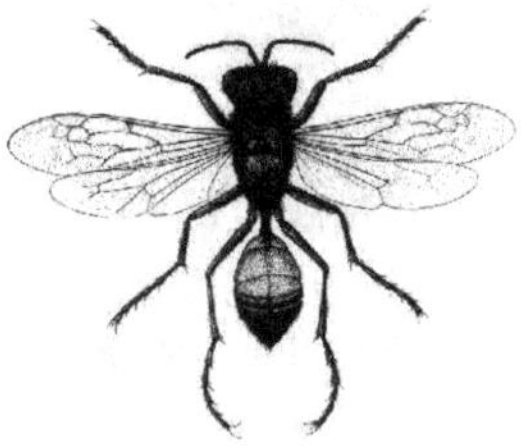

图 4-133　红腰泥蜂

红腰泥蜂 *Ammophila aemulans* Kchl.（图 4-133）

又称细腰蜂。体细长，黑色，有微毛。头大，复眼大。腰部具红斑，腹柄细长。前胸背板横条状。翅狭，前翅有 3 个亚缘室。足细长，前足适于开掘，中足胫节有 2 个距。筑泥质巢。捕昆虫的幼虫。分布范围较广。

熊蜂科 Bombidae

熊蜂 *Bombus speciosus* Smith（图 4-134）

体大粗壮。黑色密被杂色毛。触角膝状，雄蜂比雌蜂长。复眼长，距上颚基缘远。腹部圆球形。后足胫节有 2 枚端距，具携粉篮。飞行时翅震动发生嗡嗡声。分布范围较广。

木蜂科 Xylocopidae'

中型至大型，强壮多毛。黑色有青绿色光泽，头横宽。触角短小，膝状。翅狭长，有褐色斑。足短而强壮，多毛。前中足胫节有 1 个距，后足有 2 个距。腹部粗大无柄。

木蜂 *Xylocopa ruficeps* Friese（图 4-135）

体中型，粗壮，黑色。生有密毛，具有金属光泽，缘毛白色。头阔，触角短，膝状。翅狭长有虹彩，前翅亚缘室 3 个，第 1 个比第 2 个短。后足胫节有端距 2 个。无腹柄。常在干燥树上钻孔营巢，危害木材。分布范围较广。

蜜蜂科 Apidae

前胸背板不伸达翅基片。黄褐色至黑褐色。头与胸等宽。复眼椭圆形，有毛。后足胫节扁平有长毛。形成花粉篮；跗节第 1 节扁阔，内侧有短刚毛，形成花粉刷。

中华蜜蜂 *Apis cerana* Fabricius.（图 4-136）

体褐红色，有密毛，雄性复眼椭圆形。前、中足各有 1 个端距，后足无端距，为携粉足。前翅狭，有 2 个亚缘室，前缘室长，腹部毛少，第 6 节弯曲，有小齿。雌虫具螯针。有多态性。可人工饲养的益虫。分布全国各地。

图 4-134　熊蜂

图 4-135　木蜂

图 4-136　中华蜜蜂

4.2　蛛　形　纲

体长 80μm～180mm。体分头胸部（前体）和腹部（后体）两部分，两段间以腹柄或宽阔相连，部分目的腹部又分为前腹部和后腹部两段。头胸部背面具背甲，只有单眼，无复眼；第一对附肢为螯肢，第二对是触肢，胸部具 4 对步足（少数螨类除外）。步足上有毛、刺等，司感觉和保护等。呼吸器官为书肺或气管，或书肺和气管。排泄器官为马氏管。多数陆生，仅有 4000 余种螨类和 1 种水蛛生活在淡水中。多数为捕食性，一些螨类为植食性或寄生动物、植物体上。

蛛形纲常见目检索表

1　腹部通常不分节，或分节不明显 ………………………………………… 2

1　腹部明显分节 ………………………………………………………………… 3

2　头胸部与腹部间以细的腹柄相连；腹末具纺器 ……………………… 蜘蛛目

2　头胸部与腹部愈合，身体由颚体和躯干部组成；体微小 …………… 蜱螨目

3　步足通常数倍于体长；螯肢钳状，触肢末端非钳状 ………………………… 盲蛛目
3　步足短；螯肢和触肢的末端均呈钳状 ……………………………………………… 4
4　腹部具长圆柱状的后腹部，尾的末端具螫刺 …………………………………… 蝎目
4　腹部无后腹部，无尾无螫刺 …………………………………………………… 伪蝎目

蜘蛛目 Araneae

体长 0.5～90mm。头胸部与腹部间以腹柄相连。头胸部通常具 8 个单眼。螯肢钳状；触肢 6 节，雌性跗节指状，雄性跗节特化为触肢器，用于传递精子。腹部通常不分节，末端通常具 3 对纺器。全球 108 科 3239 属 37 206 种。世界性分布。中国 62 科 2858 种。99％为有毒动物。

中纺亚目 Mesothelae

体较大型，体长 10～16mm。8 个眼集于一丘。直螯，螯牙上下活动。触肢基部无颚叶。腹部仍保留有分节的背板。无外雌器。书肺 2 对。纺器 6～8 个，远离肛门，位于腹部的中部。侧纺器分节多，可多达 12 节。最原始的蜘蛛。生活于土表洞穴中，洞口有盖。全球仅 1 科 2 属，约 40 种。主要分布于中国、日本和东南亚。

节板蛛科 Liphistiidae

中华宋蛛 *Songthela sinensis*（Bishop et Crosby）（图 4-137）

原名中华七纺蛛。蛛体长 27.00～27.50mm，雄蛛 15.18mm。体黄褐色。雌蛛螯肢内齿堤10～11齿，雄蛛 10 枚齿，外齿堤均无齿。腹部背面有 12 枚背片。雌蛛具 4 个纳精囊。雄蛛触肢器的副跗舟圆球形，周缘密被短粗刺。通常穴居于丘陵山坡以及棉田或其他旱田周围地势高、杂草丛生的堤坡处。昼伏夜出，掠食甲虫或其他夜出的节肢动物。

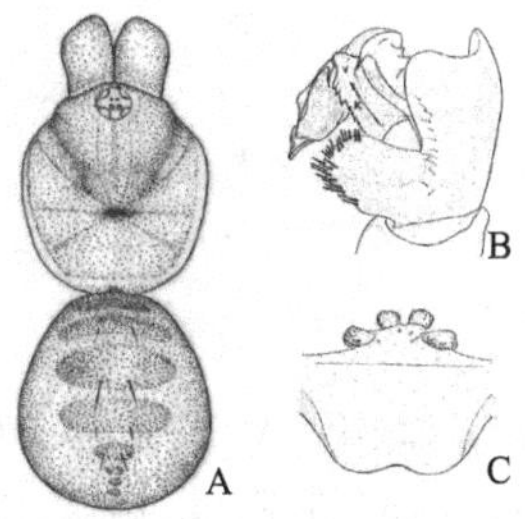

图 4-137　中华宋蛛
A. 雌蛛背面观；B. 雄蛛触肢器外侧面观；C. 雌蛛外雌器内面观

后纺亚目 Opisthothelae

身体小型到大型。直螯或横螯，螯牙上下或左右活动。腹部无分节的背板。书肺 1 或 2 对。纺器 2～6 个，移后，靠近肛门。侧纺器 1～4 节。从较原始的原蛛类到高等的新蛛类，种类繁多，形态结构和生活习性极其多样，生活在各种不同的栖息地。本亚目全球分布，包括两个下目 107 科。

原蛛下目 Mygalomorphae

8 个眼密集一丘。直螯，上下活动，螯牙发达。无外雌器。纺器 2～6 个。主要为穴居或管栖。某些种类具剧毒，具潜在的开发和利用价值。全球 15 科，约 260 属 2200，我国已知约 6 科 12 属 30 余种。

地蛛科 Atypidae Bertkau，1878

体长 9～30mm。8 个眼，分 3 组。螯肢特别发达，无螯耙，触肢基节有发达的颚叶。下唇与胸板愈合，不能活动。全球 3 属 33 种。分布于热带、亚热带及温带。我国有地蛛属 *Atypus* 和硬皮地蛛属 *Calommata* 2 属，8 种。

卡氏地蛛 *Atypus karschi* Doenitz（图 4-138）

雌蛛体长 17.19mm，雄蛛 14.94mm。背甲红褐色，具暗色细条纹。眼丘黑色。中窝横向。腹部紫灰色，雌蛛的背盾片较小呈橙黄色，雄蛛的背盾片暗褐色。纳精囊 2 对，梨形，柄短，中对比侧对大。雄蛛触肢器的引导器较宽，增厚，稍向下折叠，上顶角靠近盾板突。生活在杉树、松树和岩石基部，做管状巢。

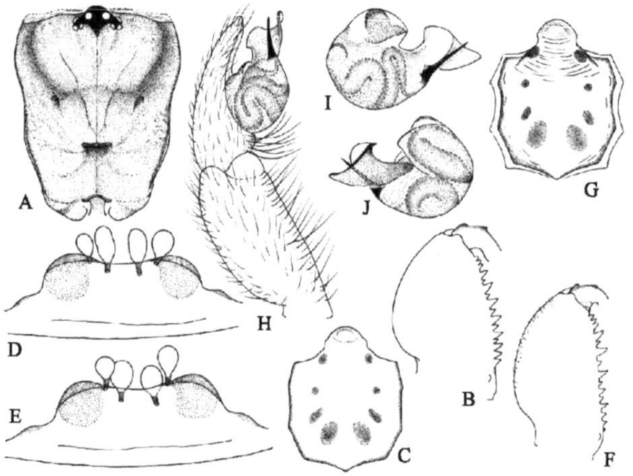

图 4-138　卡氏地蛛

A～E. 雌蛛：A. 背面观；B. 左螯肢，内面观；C. 下唇和胸板，腹面观；D、E. 外雌器，背面观；F～J. 雄蛛：F. 左螯肢，内面观；G. 下唇和胸板，腹面观；H. 雄蛛左触肢器，前侧观；I. 雄蛛左生殖球，前侧观；J. 同前，后侧观

沟纹硬皮地蛛 *Calommata signata* Karsch（图 4-139）

雌蛛体长 15.00～20.00mm，雄蛛仅 6.00mm，体黑色或黑褐色。雌背甲两侧显有棕色细边。螯肢内齿堤 16 齿。腹部黄褐色，心斑长圆形，前端黄色，为圆斑状，其后半部为褐色，并分布有许多黄色小圆斑，在心斑前端及两侧背有棕色毛。纺器黄褐色，端部白色，后纺器发达，3 节明显，中纺器粗壮，位于两个细小的前纺器之间。雄背甲方形，灰褐色，周缘黑色，前端颇宽，后端略窄。内齿堤 12 齿。腹部背面黑色，密布有黑色短毛和黄色小圆斑。触肢器的膝节呈白色，胫节粗壮而发达，黑色，生殖球扭转并向外突出，插入器呈针状，而引导器的顶端则为一宽的凹板形。该蛛的巢穴亦呈管状，在洞口周围有放射状蛛丝。北

方地区，多在 8～9 月间交配繁殖，在此期间，雄蛛常出洞巡游。

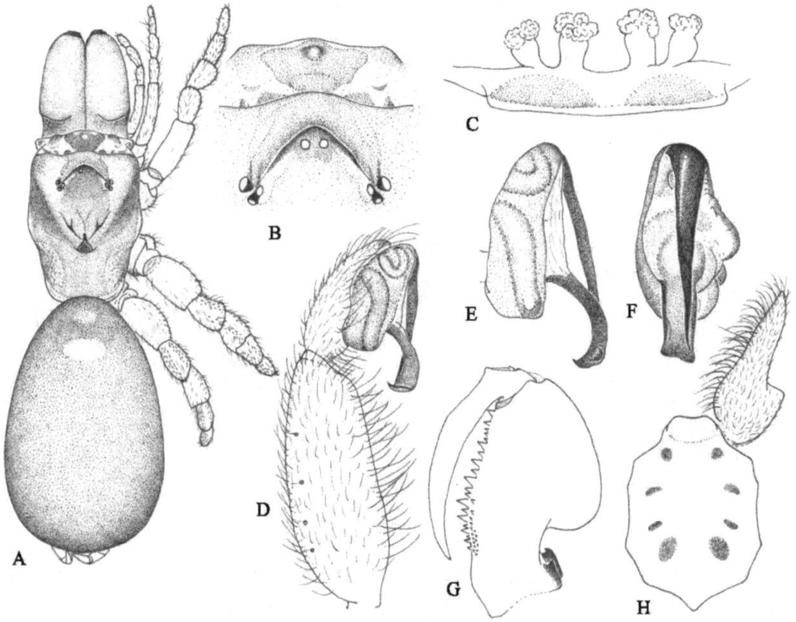

图 4-139　沟纹硬皮地蛛

A～C. 雌蛛：A. 背面观；B. 眼区和额，背面观；C. 纳精囊；D～H. 雄蛛：D. 左触肢器，前侧观；E. 生殖球，前侧面；F. 同上，腹面观；G. 左螯肢，内面观；H. 颚叶和胸板，腹面观

线蛛科 Nemesiidae

原在长尾蛛科。体长 13～30mm，背甲低，多毛，后侧纺器短，相互靠近而又不同于 Dipluridae，中节与基节一样长。步足跗节具毛丛。通常无螯耙。颚叶有发声器，具疣齿。雌性成对爪宽具两排齿或赤裸，爪下无毛束。如果不成对爪亦赤裸，则雌性触肢爪在前缘具成排的齿。4 或 2 个纺器，后中纺器的基节相互分离的间距是两个直径或不足两个直径。全球 26 属，约 300 种。

河北雷纹蛛 *Raveniola hebeinica* Zhu, Zhang et Zhang（图 4-140）

雌蛛体长 16.06mm，雄蛛 16.44mm。背甲黄褐色，颈沟和放射沟浅褐色。下唇、胸板浅黄褐色。腹部灰褐色，具有浅黄褐色斑点和稀疏的黄褐色毛。后中纺器 1 节；后侧纺器较短，3 节。触肢跗节顶部具有 5 枚短刺，在一个堆上。雌蛛纳精囊分两叉，内叉角状，外叉末端球形。雄蛛生殖球腹面观球形，侧面观梨形。

新蛛下目 Araneomorphae

眼的排列方式多样化。横螯，螯牙左右活动。螯肢的基节有发达的颚叶。外

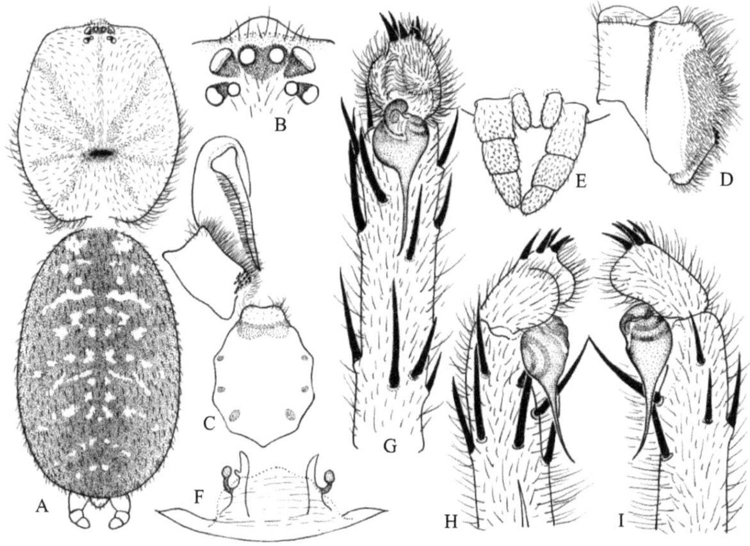

图 4-140 河北雷纹蛛

A～F. 雌蛛：A. 背面观；B. 眼和额，背面观；C. 螯肢、额叶、下唇和胸板；D. 额叶前侧面观；E. 纺器腹面观；F. 外雌器内面观；G～H. 雄蛛：G. 触肢的胫节、跗节和生殖球腹面观；H. 同上，前侧面观；I. 同上，后侧面观

雌器和触肢器的构造从简单到复杂随种类而异。纺器 2 个、4 个或 6 个。有筛孔和舌状体，是由祖先的前中纺器演化而成。生活在土壤、植被上以及空中张网等不同生境中。全球 93 科 2700 属 32 000 种。我国已知 49 科 402 属 2177 种。

隆头蛛科 Eresidae

体长 8～21mm。头胸部宽且隆起。8 个眼排成 3 列，2-4-2 或 4-2-2，眼分散。螯肢发达，有侧结节。螯牙及步足均短粗。后纺器较前纺器短。两性在色斑上有区别。全球 10 属约 100 种。我国记载 1 属 3 种。朱隆头蛛 *Eresus cinnaberinus*（Oliver，1789）（Syn. *E. niger*）分布于辽宁、河北、山西等省。

妩蛛科 Uloboridae

体长 4～8mm。8 个眼，分 2 列，较分散，均为黑色。无中窝。颚叶平行。下唇可动。无毒腺开孔。3 爪。有栉器。筛器不分隔。肛丘大。结圆网或三角网，网上常有白色丝带。卵囊多角形。全球有 19 属 150 余种。我国已知 6 属 17 种。

中华涡蛛 *Octonoba sinensis* (Simon)（图 4-141）

雌蛛体长 4.00～5.50mm。背中线绿褐色，侧缘有浅色带。第一对步足最长，各对步足都有白色环纹。腹部卵圆形，绿褐色或灰褐色，前半部高隆，覆盖于头胸部后端的上方，背面正中有宽纵带，带缘呈锯齿状。沿背面中轴，自前往后有四条横隆脊；腹面有一条宽纵带。雄蛛体长 3.50～4.30mm。成群结水平小网，网上有白色丝带。

拟壁钱科 Oecobiidae Blackwall，1862

体长 2～10mm。8 个眼密集于头区中央。6 个纺器，后纺器长，末节内缘有许多纺管。有筛器（拟壁钱属 *Oecobius*）或无（壁钱属 *Uroctea*）。肛突长，分两节，节间有许多长毛围绕。无舌状体。生活在石下或建筑物墙角、墙缝内。分布于温带、亚热带和热带。全球 6 属 30 种。我国已知 2 属 10 种。

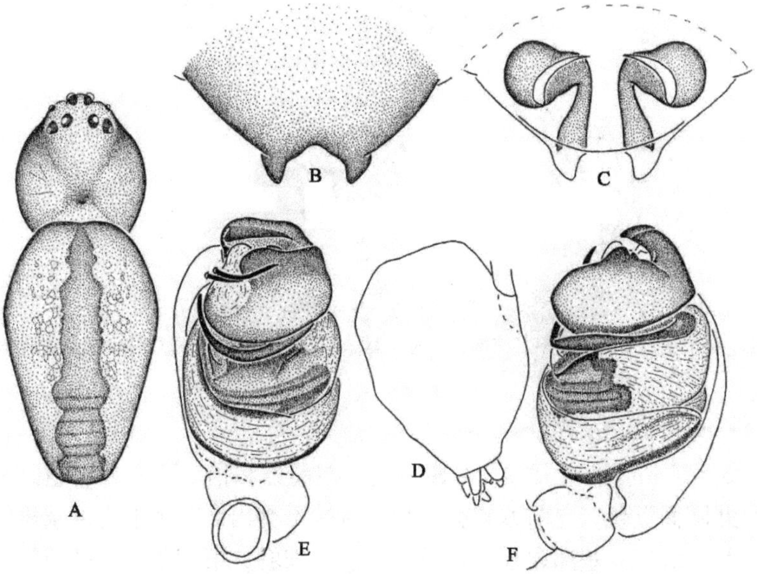

图 4-141　中华涡蛛

A～D. 雌蛛：A. 背面观；B. 外雌器腹面观；C. 同上，背面观；D. 雌蛛腹部侧面观；E～F. 雄蛛：E. 雄蛛左触肢器腹面观；F. 同上，外侧面观

北国壁钱 *Oecobius lesserti* Schenkel（图 4-142）

雌蛛体长 8.50～10.00mm。背甲略呈肾脏形，宽大于长，淡黄褐色。腹部前端前伸，肩部突出，盖住头胸部的后半部分。腹背面黑棕色，密被黑色细长毛，并布有 9 个黄色斑，斑的大小和连续状态在个体间差异较大，腹面颜色较背面浅，前纺器黄色，后纺器棕色，肛丘为黑棕色。雄蛛体长 5.90mm。体型和色纹与雌蛛基本相同。但雄蛛腹背面肩部向前突出而形成一对半圆突较雌蛛明显，且突出部分均为黄色。在居室隐蔽处和野外石下结钱状巢。

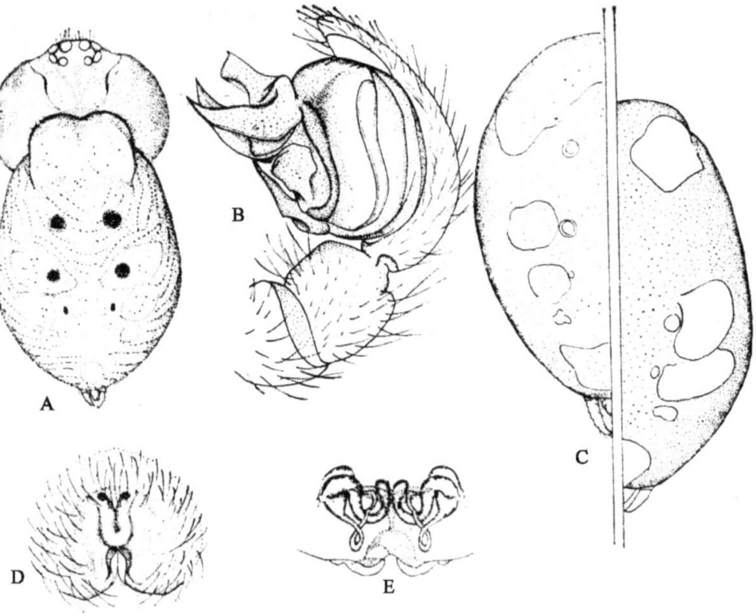

图 4-142 北国壁钱

A～B. 雄蛛：A. 背面观；B. 触肢器外面观；C～E. 雌蛛：C. 背面观；D. 外雌器外面观；E. 外雌器内面观

花皮蛛科 Scytodidae

体长 5～20mm。6 个眼，2 个眼一组，在前方和稍后两侧各 1 组。头低，胸部高，中央显著隆起，向前方倾斜。胸板后端不突出。背甲上有复杂斑纹，无中窝。螯肢无侧结节，基部愈合，牙短小。步足细弱。第四步足两基节间距宽。腹部球状。舌状体大。分布在温带到热带，栖息于室内或野外暗处。全球 1 属，约 100～150 种，我国有 1 属 13 种。

胸斑花皮蛛 *Scytodes thoracica*（Latreille）（图 4-143）

雌蛛体长 6.00mm。头胸部杏黄色，呈倒马蹄状，前端狭窄，后端宽圆，背甲中央显著隆起，并向前方倾斜。腹部背面中部具 3～4 个黑色圆斑，为纵向排列。腹部腹面灰色，少斑纹，纺器黄色。广泛分布于全国各地。

幽灵蛛科 Pholcidae

体长 2～8mm。体半透明。白色或灰白色。8 个眼，分 3 组：前中眼 2 个，黑色，成 1 组；两侧各 3 个眼，均白色，成 1 组。或 6 个眼，分 2 组，无前中眼。3 爪。螯肢小，基部愈合，齿堤 1 个齿。颚叶排成“八”字状。下唇宽。步足细长，至少为体长的 4 倍。常在室内外暗处、岩石下结不规则网。全球 39 属 220 余种。我国已记载 5 属 26 种。

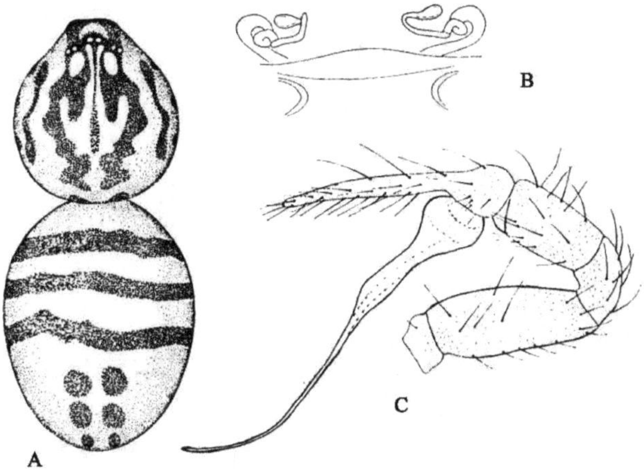

图 4-143　胸斑花皮蛛

A～B. 雌蛛；A. 背面观；B. 外雌器，内面观；C. 雄蛛左触肢器，外侧面观

隐蔽幽灵蛛 *Pholcus crypticolens* Bosenberg & Strand（图 4-144）

雌蛛体长 4.00～5.00mm。头胸部淡黄色，背部中央有两个对称的、呈菊花瓣状灰斑。除前中眼外，其余 6 眼组成两个三角形，并位于隆起的眼丘上。腹背部中央有 4 对灰黑色斑纹纵贯全长，背部末端有“八”字形灰斑。腹部腹面黄色，从外雌器至纺器之间有一宽的灰色纵带。雄蛛体长 4.00mm。形态与雌蛛同。

曼幽灵蛛 *Pholcus manueli* Gertsch（图 4-145）

雌蛛体长 4.48mm。头胸部淡黄色，背面有两个对称的棕色斑。头部隆起，除前中眼外，其余 6 眼组成两个三角形，并位于隆起的眼丘上。腹部灰黄色，背面无斑纹。雄蛛体长 4.17mm。体色斑和雌蛛相似。近亲幽灵蛛 *Pholcus affinis* 已作为本种的异名。

球蛛科 Theridiidae Sundevall，1833

体长 2～8mm。形态多样。多数种类 8 个眼，分 2 列，少数无眼。后齿堤多数无齿或仅具 2～3 齿。下唇不愈合，前缘不增厚。颚叶微斜。通常第四足跗节腹面有 1 列锯齿毛。雄蛛触肢的膝节和胫节均无突起，副跗舟位于跗舟远端或窝腔内结不规则网。全世界 50 属 2200 种，为本目第四大科。我国已记载 27 属 242 种。

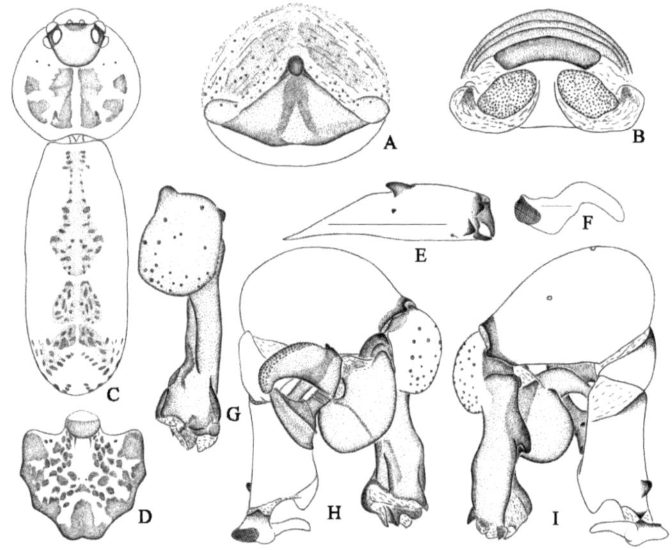

图 4-144　隐蔽幽灵蛛

A～B. 雌蛛：A. 外雌器，外面观，B. 同上，内面观；C～I. 雄蛛：C. 背面观；D. 胸板；E. 螯肢；F. 触肢转节；G. 跗前突，背面观；H. 触肢，内侧面观；I. 同上，外侧面观

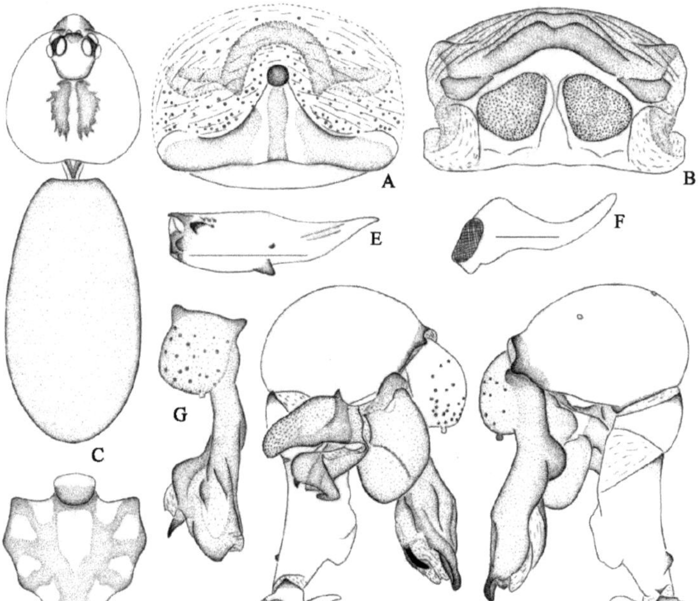

图 4-145　曼幽灵蛛

A～B. 雌蛛：A. 外雌器，外面观；B. 同上，内面观；C～I. 雄蛛：C. 背面观；D. 胸板；E. 螯肢；F. 触肢转节；G. 跗前突，背面观；H. 触肢，内侧面观；I. 同上，外侧面观

温室希蛛 *Achaearanea tepidariorum*（C. L. Koch）（图 4-146）

雌蛛体长 5.10～8.00mm。背甲橙黄色，生有稀疏的黑棕色毛。头部后半部的中央有一"V"字形褐色斑，前端两侧各有 1 条细纹伸到后侧眼的基部。中窝圆形，中央有 1 个"V"字形的刻痕。腹部椭圆形，背部隆起，有棕色毛，具斑纹。腹面白色，正中有一黑褐色弧形斑，气孔前有一长方形黑褐色斑。纺器的基部左右各有 1 对黑褐色月牙形斑。雄蛛体长 2.20～4.10mm。

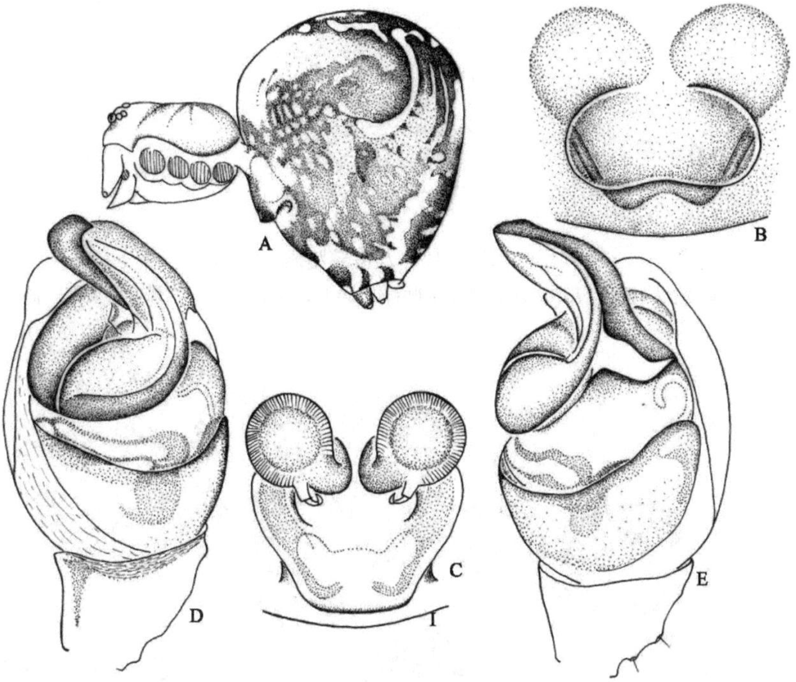

图 4-146　温室希蛛

A～C. 雌蛛：A. 侧面观；B. 外雌器，外面观；C. 同上，内面观；D～E. 雄蛛：D. 左触肢器，腹面观；E. 同上，侧面观

八斑鞘腹蛛 *Coleosoma octomaculatum*（Boesenberg et Strand）（图 4-147）

雌蛛体长 1.80～3.00mm。体色呈淡绿色、白色或黄色多种变化。背甲白色或淡褐色。腹部卵圆形或球形，前方有数根长毛，整个腹背密生黄色细毛，两侧各有 4 个黑色斑。雄蛛体长 2.00～2.30mm。腹部卵圆形，腹部前端有明显的骨质环。本种的生活习性介于游猎类和结网类之间。

日本叉斑齿螯蛛 *Enoplognatha japonica* Boesenberg et Strand（图 4-148）

雌蛛体长 4.00～7.00mm。背甲黄褐色或黄色。在背甲中窝之前有 1 块黑褐色斑，该斑之前又有一黑褐色三叉形斑。腹部卵圆，背面白色，被有一大型黑褐

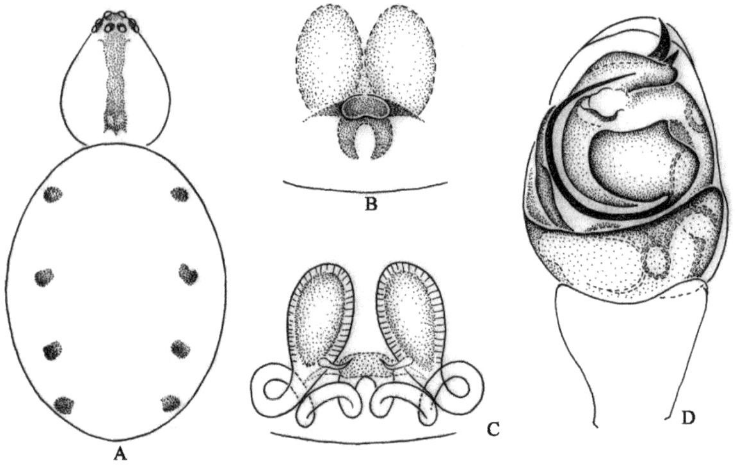

图 4-147　八斑鞘腹蛛

A～C. 雌蛛；A. 背面观；B. 外雌器外面观；C. 同上，内面观；D. 雄蛛左触肢器腹面观

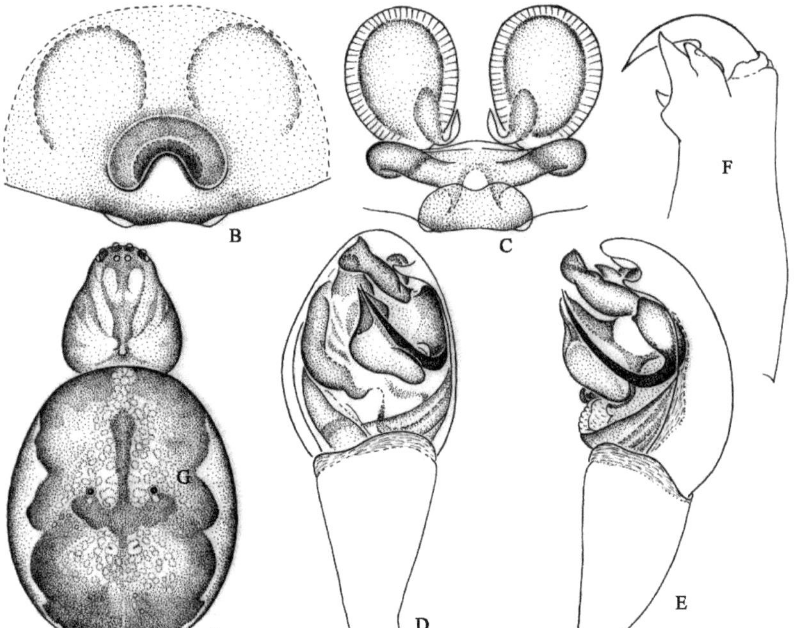

图 4-148　日本叉斑齿螯蛛

A～C. 雌蛛；A. 背面观；B. 外雌器，外面观；C. 同上，内面观；D～F. 雄蛛；D. 左触肢器，腹面观；E. 同上，侧面观；F. 雄蛛，螯肢

色叶状斑，斑的边缘呈黑色，正中央有一黑色锚形斑。腹部腹面黑色，中央的外侧各有一白色纵条斑。雄蛛体长 4.00～6.20mm。螯肢强大，螯牙黑棕色，短小。

皿蛛科 Linyphiidae Blackwall，1859

体长 1.5～7mm。8 个眼，分 2 列，前中眼黑色。额较中眼域宽。中窝纵向或无。下唇前缘增厚，隆起，可活动。步足细长，有若干刺，跗节末端 3 个爪。有的种类雄蛛头部隆起，变化很大。螯肢无侧结节，雄蛛的螯基外侧具发声脊。副跗舟为单一的分离骨片。在落叶层或植物枝、叶间结皿状网或碗状网。全球有 472 属 4000 种，为本目第 2 大科。我国记载 100 属，243 种。

草间钻头蛛 *Hylyphantes graminicola* (Sundevall)（图 4-149）

雌蛛体长 2.80～3.90mm。赤褐色，略有光泽。头胸部卵圆形。颈沟、放射沟、中窝、眼等处较深。腹部灰黑色，长卵圆形，密布细毛。雄蛛体长 2.50～3.30mm。色较雌蛛深。螯肢前侧面显著隆起，有许多小疣及毛，内侧中部有一大齿，齿端有一长毛。触肢膝节末端下方有一三角形突片。腹部腹面灰褐色，两侧有一排浅色斑点。

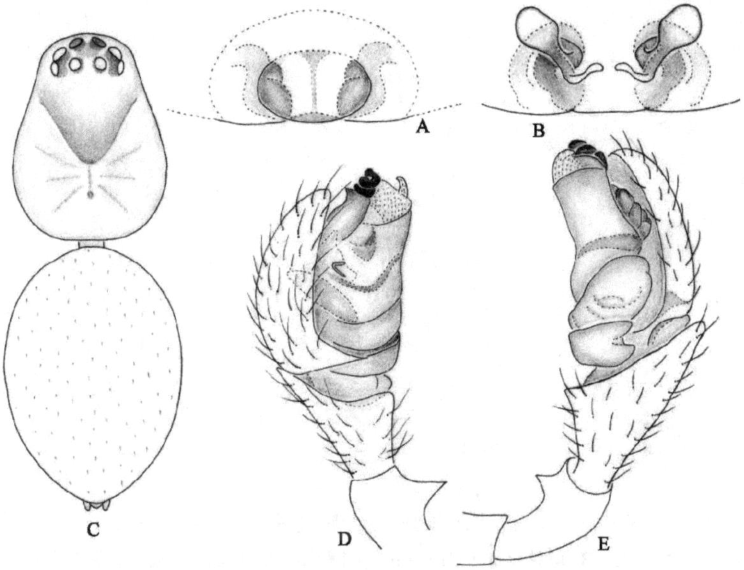

图 4-149　草间钻头蛛

A～B. 雌蛛：A. 外雌器，外面观；B. 同上，内面观；C～E. 雄蛛：C. 背面观：D. 触肢器，内侧面观；F. 同上，外侧面观

园蛛科 Araneidae

体大小差异很大。体长 2～60mm。8 个眼，分 2 列。中眼域方形或梯形。

前、后侧眼常接近，着生在眼丘上，与中眼远离。中窝纵向、横向或点状。螯肢粗壮，有侧结节。下唇宽大而长，前端加厚。颚叶前端较宽。步足多刺，跗节有3个爪及2个伪爪。腹部形状各异。触肢器的骨片多，外雌器很多具垂体；副跗舟常为一骨化钩。结车轮状圆网。全球163属4000种。我国约37属312种和亚种。

大腹园蛛 *Araneus ventricosus*（L. Koch）（图4-150）

雌蛛体长16.93～29.00mm，雄蛛15.18mm。一般呈黑褐色。背甲扁平，颈沟、放射沟均明显，头区前端较宽、平直。所有附肢及胸甲均呈黑褐色，仅螯基上偶见黄褐色条纹，胸甲上有“T”形黄斑。步足粗壮，基节至膝节及跗节末端黑褐色，余为黄褐色并有黄褐环纹。腹部略近三角形，肩角隆起，幼体更甚。外雌器垂体长，近端有环纹，中段较宽，匙状部大，边缘厚。雄蛛第2步足胫节远端有一粗壮距。

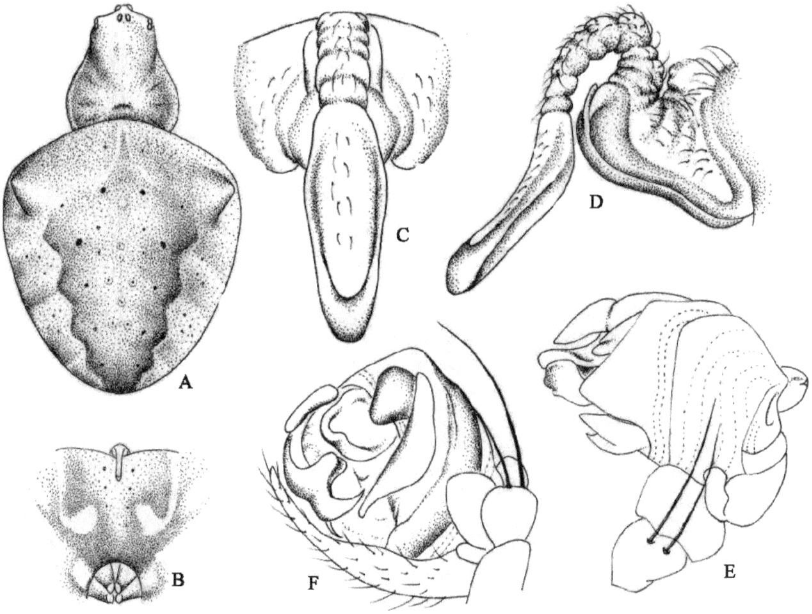

图4-150　大腹园蛛

A～D. 雌蛛：A. 背面观；B. 雌蛛腹部，腹面观；C. 外雌器，腹面观；D. 同上，侧面观；E～F. 雄蛛：E. 触肢器，腹正中观；F. 同上，前侧观

横纹金蛛 *Argiope bruennichi*（Scopoli）（图4-151）

雌蛛体长18.00～20.00mm。背甲灰黄色，密被银白色毛。螯基、触肢、颚叶和下唇皆黄色。胸甲正中条斑黄色，两侧缘黑色。步足黄色，上有黑点及黑刺，自膝节至后跗节各节都有黑色环纹。腹部背面鲜黄色，上有12条左右的黑

褐色横纹，故名。雄蛛体长仅 5.50mm。灰黄色，不及雌蛛鲜丽，无明显横纹，但背面的刚毛排列整齐，宛如细横纹。

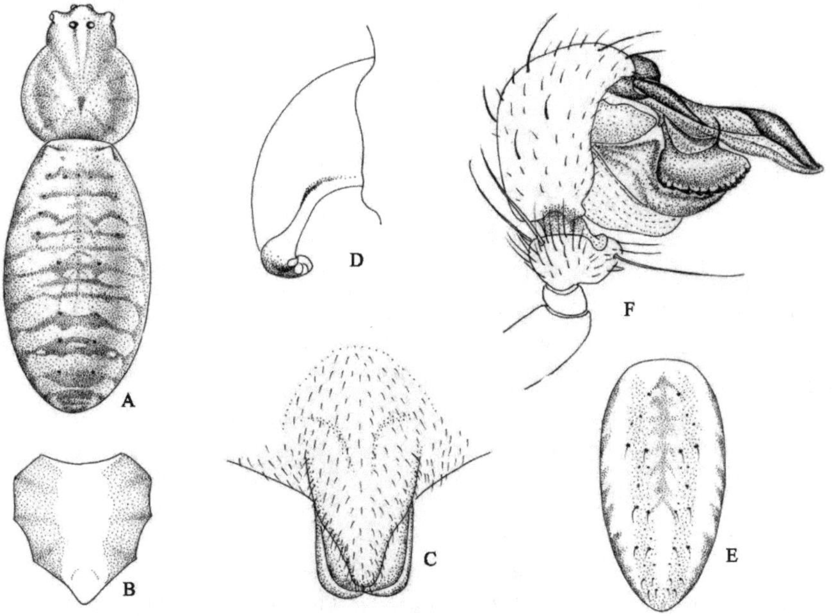

图 4-151　横纹金蛛

A～D. 雌蛛：A. 外面观；B. 胸板；C. 外雌器，腹面观；D. 同上，侧面观；
E～F. 雄蛛：E. 腹部，背面观；F. 触肢器，前侧面观

肖蛸科 Tetragnathidae

体长 2～40mm。8 个眼，分 2 列。有中窝。身体、螯肢、步足一般均长。颚叶通常长远大于宽。通常步足腿节有成行的听毛。下唇前缘增厚。无外雌器或外雌器简单。雄性触肢通常具分离的副跗舟骨片。生殖球仅有插入器和引导器。栖息在水边植物、杂草或灌木间。结车轮状圆网或不结网，一般网的垂直中心有空洞。网上栖息时，前 2 对足前伸，后 2 对足后伸，与体成一直线状。全球 57 属，900 余种。我国已知 20 属，约 120 余种。

镜斑后鳞蛛 *Metleucauge yunohamensis* (Boesenberg et Strand)（图 4-152）

雌蛛体长 10.50mm。头部后中侧眼后方至中窝前各有 1 个三角形棕色斑，每个三角形棕色斑前均有 1 个圆形黄斑。头胸部中央黄色，中窝棕色，头胸部边缘呈棕褐色。胸板心形，棕色。腹部背面黄褐色，背中两侧有不规则的黄褐色带。腹部腹面黑棕色，中央两侧各有 1 条黄色纵条纹。

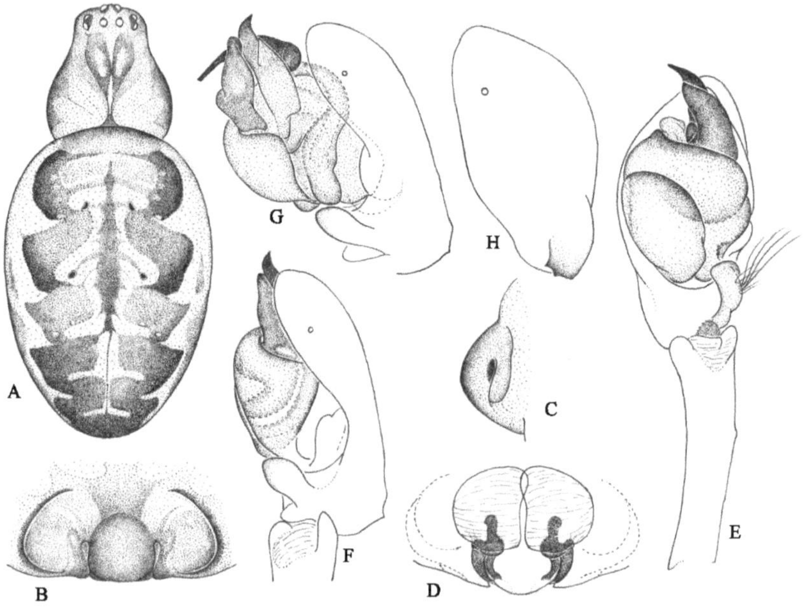

图 4-152 镜斑后鳞蛛

A～D. 雌蛛：A. 背面观；B. 外雌器，腹面观；C. 同上，侧面观；D. 同上，背面观；
E～H. 雄蛛：E. 雄蛛左触肢器，腹面观；F. 同上，侧面观；G. 同上，展开；H. 跗舟，背面观

棒络新妇 *Nephila clavata* L. Koch（图 4-153）

雌蛛体长 13.00～28.00mm。头胸部黄褐色，密被白色细绒毛。头胸部稍隆起，颈沟深，中窝横向。头部前端色颇深，后端以颈沟内侧为界，呈黄褐色。胸部两侧各有 1 条宽棕褐色带，边缘黄色。中眼域方形，前、后侧眼在同一眼丘上。螯肢黑褐色，前后齿堤各有 3 齿。触肢端部黑色，其余各节黄色，着生长黑刺。腹部呈圆筒状，背面前端为黄色，其后方有 3 条蓝绿色宽横带与 2 条黄色带纹相间排列，侧面有黄色与黑色斜纹相间。雌性性成熟个体在纺器周围有鲜红色大斑，艳丽夺目。腹部腹面外雌器无垂体，生殖沟的后方两侧各有 1 条黄色纵条纹。纺器棕黑色。雄蛛体长 5.00～8.00mm。体色甚淡，仅胸部两侧的纵纹较深。腹部背面黄白色，中央有褐色条纹。多在林间或灌木丛张复杂的 3 重网。

前齿肖蛸 *Tetragnatha praedonia* L. Koch（图 4-154，图 4-155）

雌蛛体长 8.50mm。头胸部褐色，中部和两侧缘灰黑色。胸板黑褐色，边缘色深。步足黄色，各节的离体端色深，有刺。腹部前端略钝圆，后端稍尖，腹部背面布满银白色鳞斑。近背面中央部分有 1 个黑褐色纵行条斑，条斑两侧分叉，呈数对“人”字形斜纹。在腹部末端背侧有 2 对半月形条状黑斑。腹部腹面正中

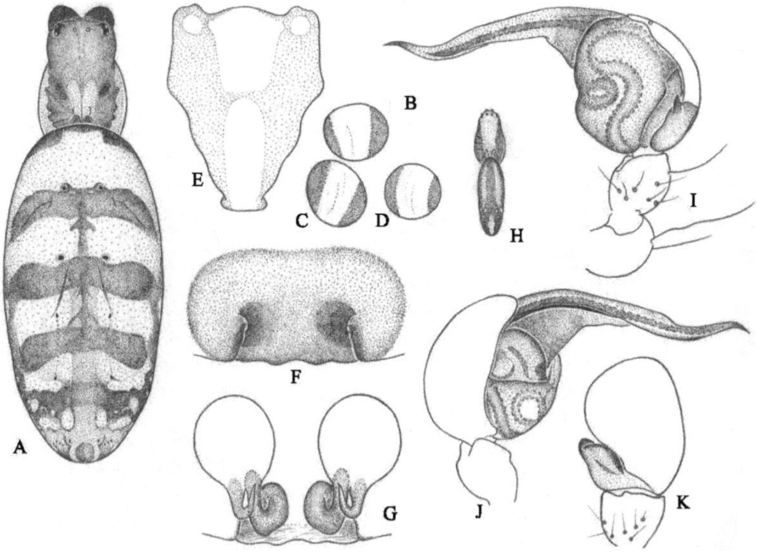

图 4-153　棒络新妇

A～G. 雌蛛：A. 背面观；B. 前侧眼；C. 后侧眼；D. 后中眼；E. 胸板；F. 外雌器，腹面观；G. 外雌器，背面观；H～K. 雄蛛：H. 雄蛛，背面观；I. 雄蛛左触肢器腹面观；J. 雄蛛左触肢器内侧面观；K. 跗舟和副跗舟

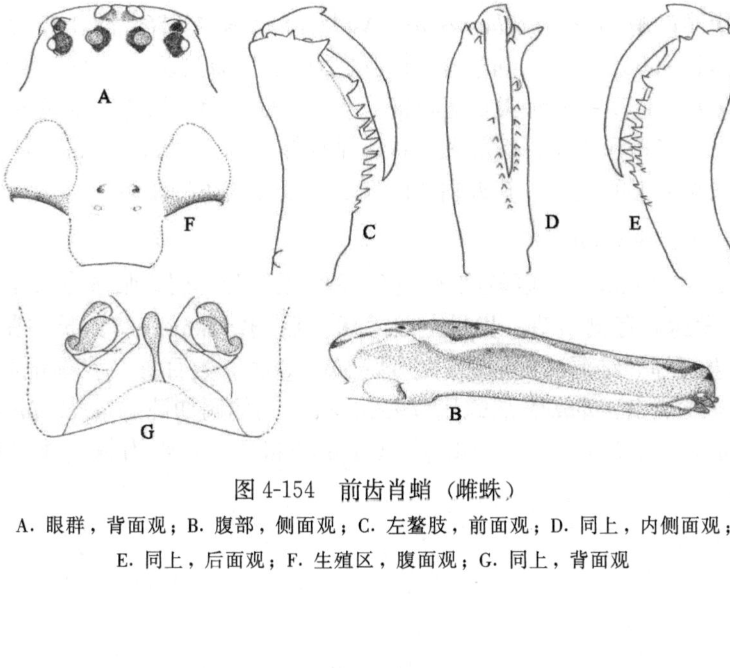

图 4-154　前齿肖蛸（雌蛛）

A. 眼群，背面观；B. 腹部，侧面观；C. 左螯肢，前面观；D. 同上，内侧面观；E. 同上，后面观；F. 生殖区，腹面观；G. 同上，背面观

央有 1 条宽的黑带，两侧各有 1 条黑线直达体末端合并。纺器两侧有 2 对亚椭圆形银斑，前对大，后对略小。

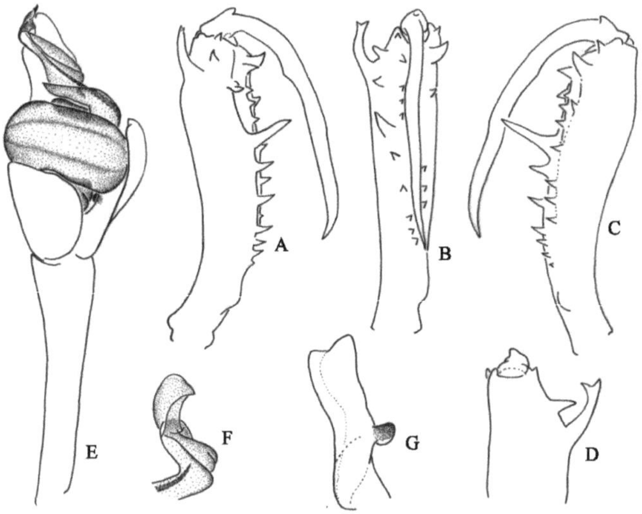

图 4-155 前齿肖蛸（雄蛛）

A. 左螯肢，前面观；B. 同上，内侧面观；C. 同上，后面观；D. 同上，外侧面观；E. 左触肢器，腹面观；F. 引导器和插入器的顶部；G. 副跗舟

华丽肖蛸 *Tetragnatha nitens*（Audouin）（图 4-156，图 4-157）

雌蛛体长 9.50～13.00mm。前眼列稍后凹，后眼列基本端直，螯肢爪基的腹侧有一刺状突起，是本种最显著特征。胸板淡黄褐色，边缘有褐色窄边，无界限分明的 1 个三角形长斑。腹部圆锥状。雄蛛体长 5.70～9.50mm。螯肢远端背侧有 1 个末端分叉的刺突，其近端内侧有 2 个长度相仿的锐齿。

漏斗蛛科 Agelenidae

体长 2.5～15mm。头区较胸区为高。8 个眼，分 2 列，眼域占头宽的 1/3～1/2。螯肢发达，有侧结节。步足上听毛多。后侧纺器较前纺器长。在灌木丛、石缝、篱笆间等处结漏斗网居住。全球已知 43 属，数百种。我国记载 3 属 24 种。如漏斗蛛属 *Agelena* 和隅蛛属 *Tegenaria*。其他属如隙蛛属 *Coelotes* 和拟隙蛛属 *Paracoelotes* 等已转入暗蛛科 Amaurobiidae。主要为漏斗蛛属，已知 11 种。

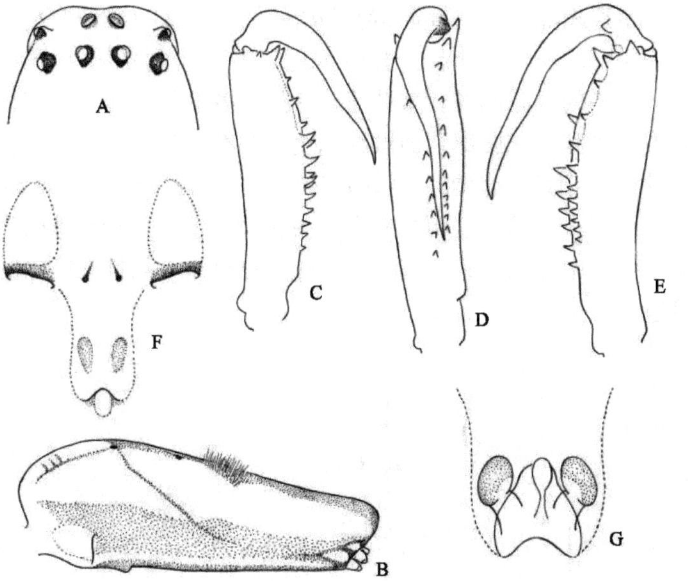

图 4-156　华丽肖蛸（雌蛛）

A. 眼群，前面观；B. 腹部侧面观；C. 左螯肢，前面观；D. 同上，内侧面观；E. 同上，后面观；F. 生殖区，腹面观；G. 同上，背面观

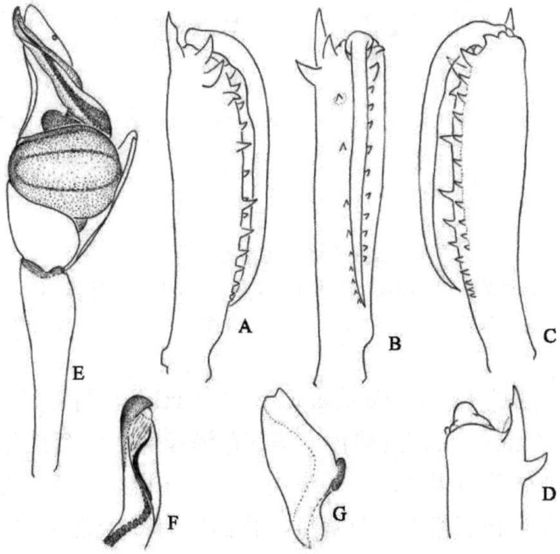

图 4-157　华丽肖蛸（雄蛛）

A. 左螯肢，前面观；B. 同上，内侧面观；C. 同上，后面观；D. 同上，外侧面观；E. 左触肢器，腹面观；F. 引导器和插入器的顶端；G. 副附舟

迷宫漏斗蛛 *Agelena labyrinthica*（Clerck）（图 4-158）

雌蛛体长 14.30～15.00mm。背甲黄色，中部两侧各有 1 条褐色纵斑。颈沟、中窝、放射沟的凹陷明显。螯肢前、后齿堤各 3 齿。步足黄棕色，各节的末端稍暗，有许多刺和毛。腹部背面微红棕色，约有 7 对"八"字形斑纹；腹面和侧面可见体壁内黄白色鳞状斑。雄蛛长 10.60～10.90mm。步足相对较雌蛛的长。腹部较雌蛛窄小，其宽度明显地窄于头胸部。色泽也较雌蛛暗，黑褐色。多见于灌木丛、茶园中，在高粱、玉米、稻株上也可见，幼蛛在叶腋间结网，还见于宅园的篱笆上。全国分布。

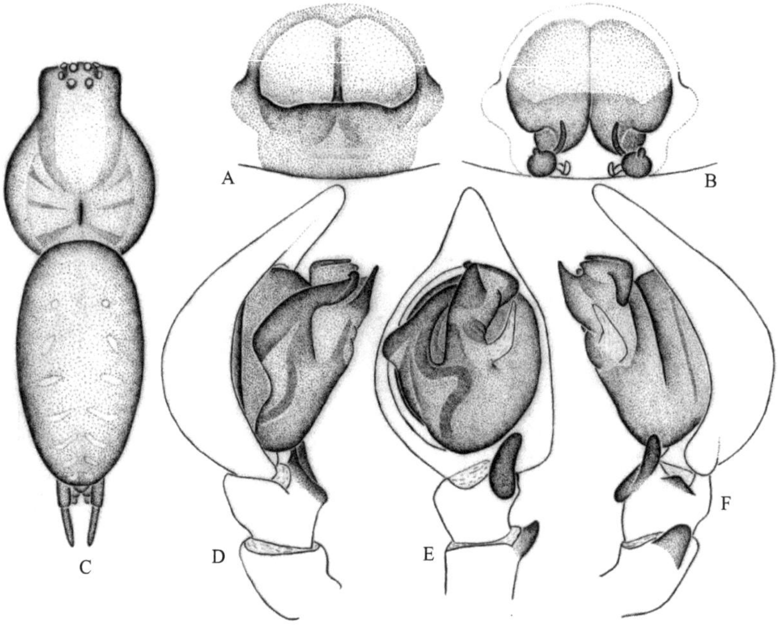

图 4-158　迷宫漏斗蛛

A～B. 雌蛛：A. 外雌器，外面观；B. 外雌器，内面观；C～F. 雄蛛：C. 雄蛛，背面观；D. 左触肢器，内侧面观；E. 同上，腹面观；F. 同上，外侧面观

家隅蛛 *Tegenaria domestica*（Clerck）（图 4-159）

雌蛛体长 9.00mm。头部红褐色，胸部色泽较黄。中窝红色，是 1 条较深的缝。颈沟明显。螯肢前齿堤 3 齿，后齿堤 4 齿。胸板红褐色，无斑纹。步足黄褐色。胸板的长宽和头胸部相近，灰褐色，背面约有 5 个近乎"山"字形的斑纹。后纺器的末节长于基节。雄蛛体长 8.90mm。触肢胫节末端外侧有 2 个突起。步足细长，有长毛及刺。腹部淡黄色，覆有灰色长毛，有几对灰黑色斑点。栖息于平原、山区、室内外墙角和石下。

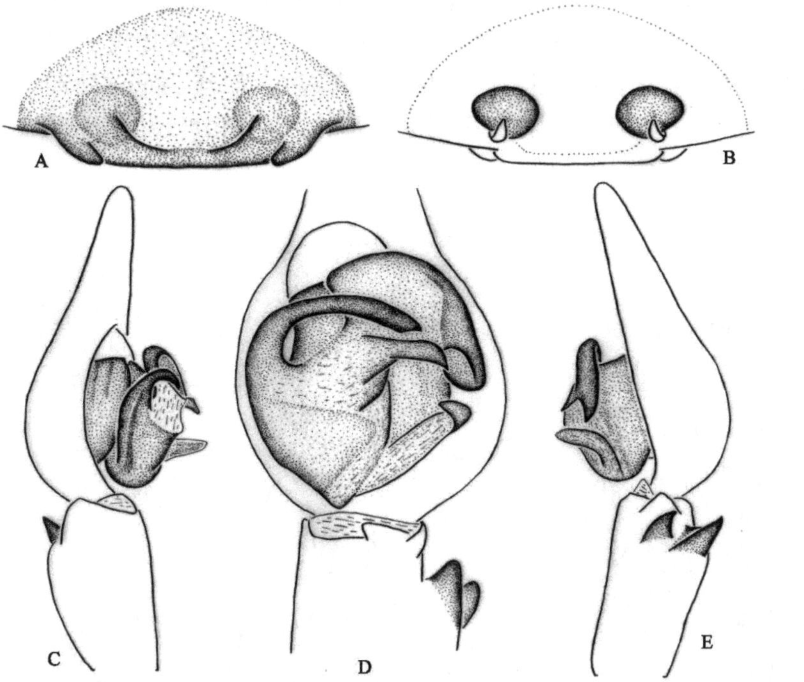

图 4-159　家隅蛛

A～B. 雌蛛：A. 外雌器，外面观；B. 外雌器，内面观；C～E. 雄蛛：C. 左触肢器，内侧面观；D. 同上，腹面观；E. 同上，外侧面观

狼蛛科 Lyscoidae

体长 4～23mm。8 个眼，分 3 列（4-2-2），前眼列较小，后眼列稍宽于中眼列。步足粗壮多刺，3 个爪。腹部多椭圆形。雄蛛触肢胫节无突起。徘徊性。通常不结网。卵袋携于雌蛛纺器上。幼蛛孵出后，爬到雌蛛腹背上，数天后才独立生活。全球有 95 属 3000 种。我国已记载 15 属 198 种。

盗蛛科 Pisauridae

雌蛛体长 9.50～11.43mm。雌背甲红褐色，头部边缘具有 1 对三角形深褐色斑，中窝两侧黄褐色。步足背面红褐色，腹面深褐色，散布黄褐色小斑点，中央具有黄褐色叶状斑，两侧缘亦为黄褐色。雄蛛 8.52～10.17mm。体色及斑纹等与雌蛛近似。触肢胫节突起基部较粗，末端尖细。生活于茶园或草丛中，游猎。

锚盗蛛 *Pisaura ancora* Paik，1969（图 4-160）

雌蛛体长 10.70～11.10mm。背甲红褐色。额部三角形。中窝前方有 1 对左右对称的深褐色三角形斑。螯肢前齿堤 3 齿，中齿最大，后齿堤 3 齿，近等大。

步足红褐色。腹部背面有的个体具对称的褐色叶状斑，有的个体具黄色纵带。外雌器红褐色，锚状。内部插入管较粗，弯曲成 4 圈。雄蛛体长 10.60mm。插入器细长，从引导器下方穿过。生活在山坡草丛中。5～6 月间成熟产卵，卵带圆球形，产卵后的雌蛛以口器紧衔卵袋直至卵化。幼蛛出卵袋后先群聚在一起，雌蛛在一旁守护，4～5 天以后才单独分散。

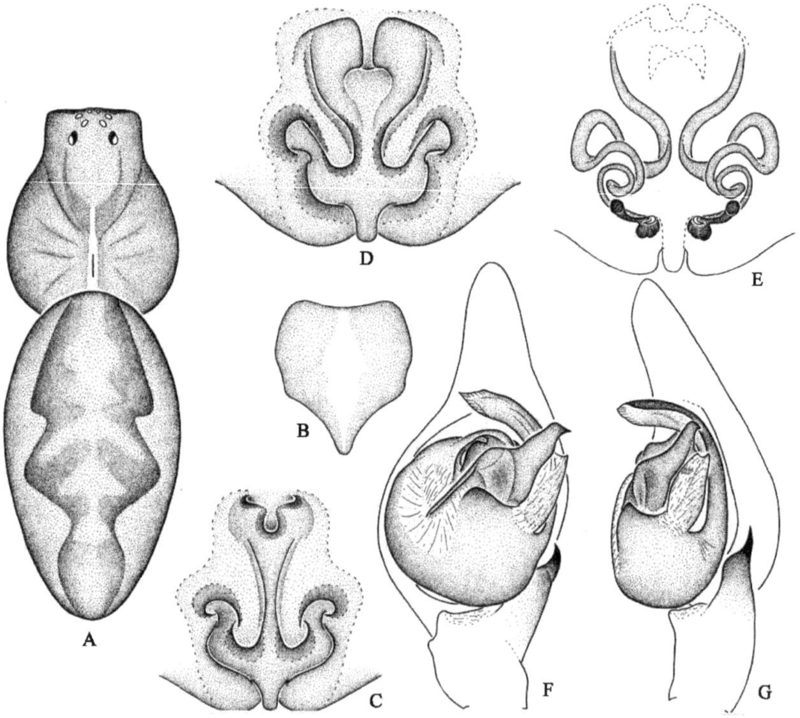

图 4-160　锚盗蛛

A～E. 雌蛛：A. 雄蛛，背面观；B. 胸板；C. 外雌器；D. 同上，不同个体；E. 同上，内面观；F～G. 雄蛛：F. 左触肢器，腹面观；G. 同上，外侧面观

老狡蛛 *Dolomedes senilis* Simon（图 4-161）

雌蛛体长 16.80～21.60mm，背甲深黄褐色，密被深褐色短细毛，眼区内具刚毛，近侧缘各具 1 条浅黄色宽纵带，后中眼后方各具有一褐色斑。步足黄褐色，多刺。跗节具 3 爪。腹部背面褐色，具 8 对浅黄色小斑点，两侧缘为浅黄色宽纵带。腹部腹面自生殖沟后方至纺器间具一褐色宽纵带，其两侧具白色窄边。外雌器的中域呈菱形。雄蛛 11.74～17.10mm。体色及斑纹近似于雌蛛。触肢胫节突起分两叉，跗舟基部突起明显，插入器细长如鞭。

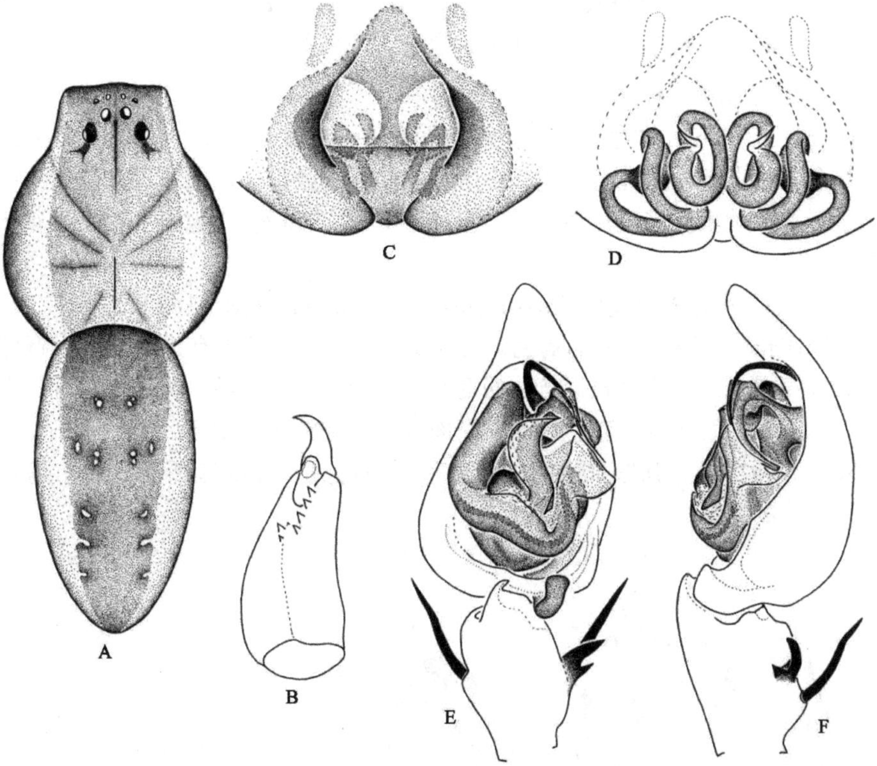

图 4-161　老狡蛛

A～D. 雌蛛：A. 雄蛛，背面观；B. 左侧螯肢，内侧面观；C. 外雌器；D. 同上，内面观；E～F. 雄蛛：E. 左触肢器，腹面观；F. 同上，外侧面观

猫蛛科 Oxyopidae Thorell，1869

体长 4～10mm。头区隆起甚高。8 个眼均黑色。前中眼最小，互相靠近，余 6 个眼分 3 行，呈 2-2-2-2 排列，六角形。额高。螯肢前面的中线位置常有 1 条黑线。足上多有长而直的刺。3 个爪。腹部密布鳞状毛及简单的黑、白色长毛。腹部往后趋窄。行动敏捷，善跳跃，不结网，游猎于草上及灌木丛中。全球约 9 属 300 余种。我国已知 3 属 31 种。

小猫蛛 *Oxyopes parvus* L. Koch

分布于河北、辽宁、内蒙古、四川。

拟扁蛛科 Selenopidae

体长 8～12mm。体扁平。眼 8 个，前方 1 列 6 个，另 2 个在前列 2 个侧眼的后方。在树干、住室墙壁上游猎。分布于亚热带和热带。全球 3 属，百余种。我国 1 属 3 种。

袋拟扁蛛 *Selenops bursarius* Karsch

分布于浙江、江苏、安徽、河南、台湾、四川等地。

平腹蛛科 Gnaphosidae

体长 3～15mm。体色多较暗，一般色泽单调。8 个眼，分 2 列。前中眼黑色，其余各眼白色。身体背腹稍呈扁平状。纺器腰鼓形，两前纺器互相远离。常栖息于石下、地表、多夜行性游猎。全球 140 属 2200 种。我国已知约 24 属 160 余种。

平单蛛 *Haplodrassus pugnans* (Simon)（图 4-162）

雄蛛体长 5.44mm，前部褐色，后部淡褐色，稀疏的被有黑色刚毛。腹部卵圆形，淡黄褐色，前缘具长而弯曲的毛丛，其余部分被细毛，背面无背盾，中部有 3 对肌痕，心脏斑部位颜色较深，腹面较淡，密被褐色细毛。雌蛛体长7.89～10.23mm。背甲长卵圆形，棕色，中窝和颈沟可见。腹部卵圆形，前缘具有一簇长而弯曲的毛丛。

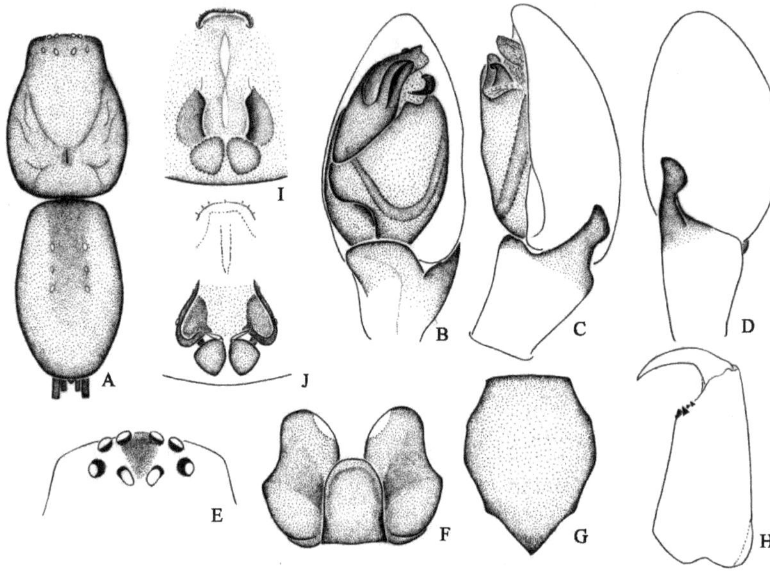

图 4-162　平单蛛

A～H. 雄蛛：A. 背面观；B. 左触肢器，腹面观；C. 同上，外侧面观；D. 同上，背面观；E. 头区，示眼域；F. 颚叶和下唇；G. 胸板；H. 左侧螯肢，后面观；I～J. 雌蛛：I. 外雌器，外面观；J. 同上，内面观

锯齿掠蛛 *Drassodes serratidens* (Schenkel)（图 4-163）

雄蛛体长 8.53mm。背甲长卵圆形，黄褐色，稀疏的被有黑色刚毛。腹部卵

圆形，深黄褐色，前缘具有一簇长而弯曲的毛丛，腹背面后半部具有 6～7 个“人”字形黄白斑，后 2 个黄白斑呈横向排列，纺器圆柱形，淡黄褐色。雌蛛体长 9.58mm。外形与雄蛛相似。

转蛛科 Trochanteriidae

体长 7～8mm。体背腹扁平。头胸部宽大于长，扁圆形，眼域所在的头区略突出。8 个眼，分 2 列，后中眼白色，余皆黑色。下唇长大于宽。胸板宽大于长。步足左右伸展。第 2 步足最长，第 1 步足最短。第四足基节彼此远离。前纺器最长，中纺器位于前纺器之间。全球 5 属，数十种。我国 1 属 3 种。扁蛛科 Platoridae Simon 现已作为本科的异名。

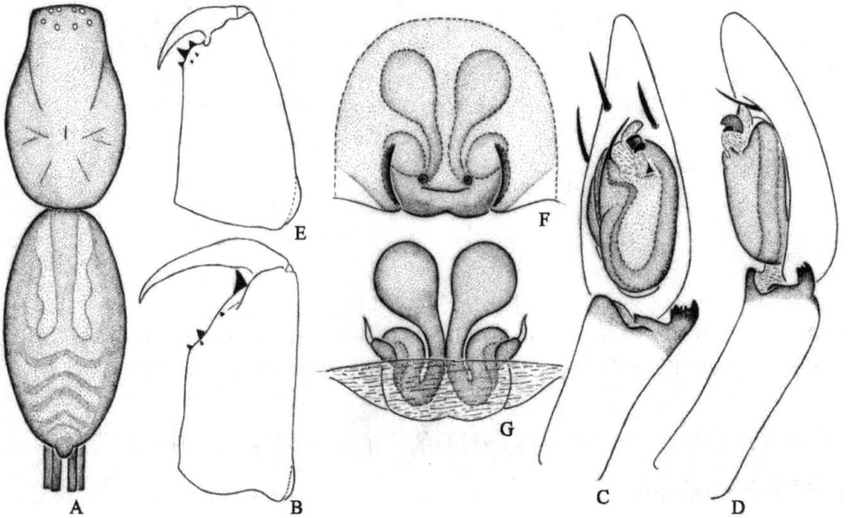

图 4-163　锯齿掠蛛

A～D. 雄蛛；A. 背面观；B. 左侧螯肢，后面观；C. 左触肢器，腹面观；D. 同上，外侧面观；E～G. 雌蛛；E. 左侧螯肢，后面观；F. 外雌器，外面观；G. 同上，内面观

珍奇扁蛛 *Plator insolens* Simon（图 4-164）

雌蛛体长 6.00～7.50mm。背甲棕色，宽大于长，后缘最宽，有稀疏的短毛。8 眼 2 列，异型。腹部背面灰褐色，密被短毛，腹面色较浅。6 纺器中以前纺器最长。外雌器有“北”字形深色几丁质化增厚。雄蛛长 5.00mm。触肢胫节背面前缘稍隆起，中央稍凹陷。

中华扁蛛 *Plator sinicus* Zhu et Wang（图 4-165）

雌蛛体长 8.10mm。背甲宽大于长，浅橙黄色，边缘黑色具单列刚毛，其他区域有短毛和稀疏的刚毛。螯肢前齿堤 4 齿，后齿堤 3 齿。腹部卵圆形，背面灰褐色，密被短毛和具刺的黑色刚毛。外雌器橙黄色，前边有 1 对“目”状的边

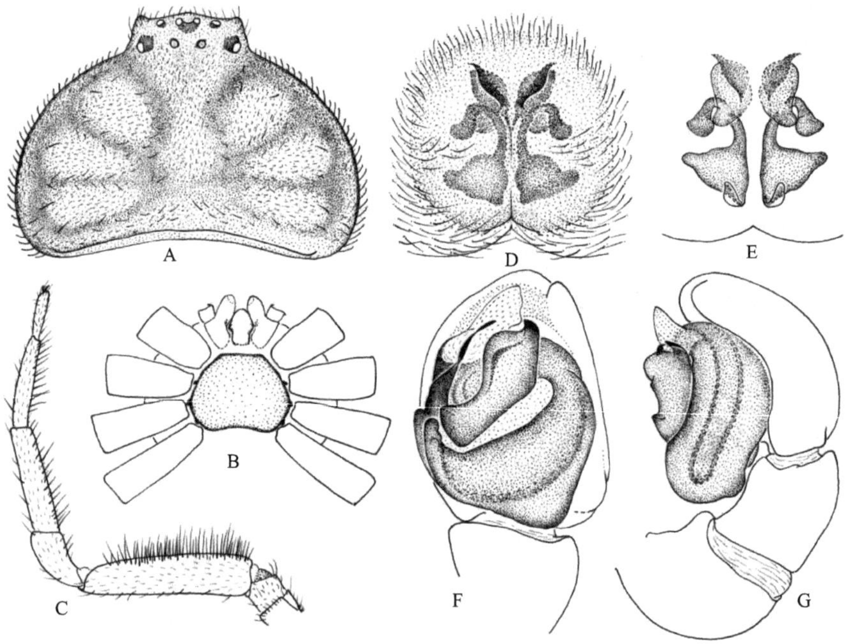

图 4-164　珍奇扁蛛

A～E. 雌蛛：A. 雌蛛，背面观；B. 下唇，颚叶，胸板和基节，腹面观；C. 左步足 I，后侧面观；D. 外雌器，外面观；E. 同上内面观；F～G. 雄蛛：F. 左触肢器，腹面观；G. 同上，后侧面观

沿，受精囊卵圆形，每侧具一指向侧面的小的纳精囊球。雄蛛触肢器如图。

蟹蛛科 Thomisidae

体长 2～12mm，8 个眼，分 2 列，侧眼在眼丘上，同型，均黑色。头胸部和腹部多较短宽。具舌状体。有或无毛簇。前 2 对步足显著长于后 2 对步足，而且较粗壮。跗节无毛丛。步足左右伸展，能横行或后退。多在花草丛中狩猎。全球 160 属 2000 种。我国已知 29 属 115 种。

跳蛛科 Salticidae

体长 2～12mm。体色多样，暗色或鲜艳，一些种有金属光泽。体一般稍扁平。头胸部近乎矩形或菱形。8 个眼，呈 4-2-2 排列。前列 4 个眼位于头胸区前面的垂直面上，眼面向前，大而像汽车灯；第 2 列眼常较小，第 3 列眼较大，均位于背甲背面，第 2 列眼多在第 1 和第 3 列眼的中间。眼域多近乎方形，约占背甲 1/3～1/2 的面积。前中眼最大，前侧眼次之，第 2 列眼最小。步足粗壮，善跳跃，跗节末端有毛丛，2 个爪。游猎性蜘蛛。全球约 490 属 4400 种，为本目最大的科。我国已知 70 属 260 余种。

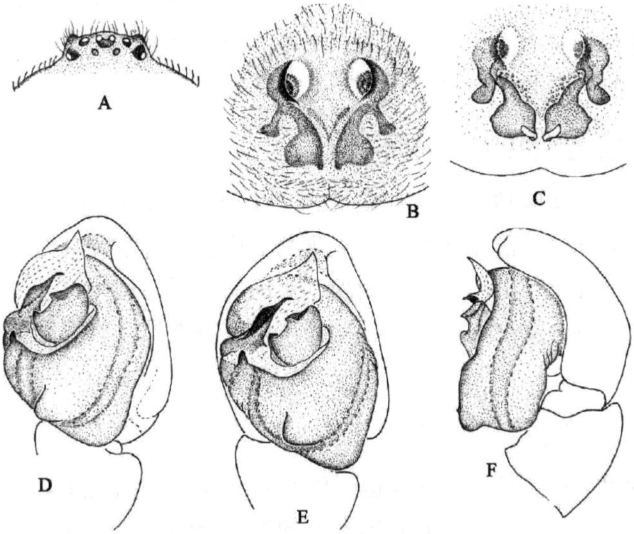

图 4-165　中华扁蛛

A～C. 雌蛛：A. 眼，背面观；B. 外雌器，腹面观；C. 外雌器，内面观；D～F. 雄蛛：D. 左触肢器，腹面后侧观；E. 同上，腹面观；F. 同上，后侧面观

中华跃蛛 *Sitticus sinensis* Schenkel（图 4-166）

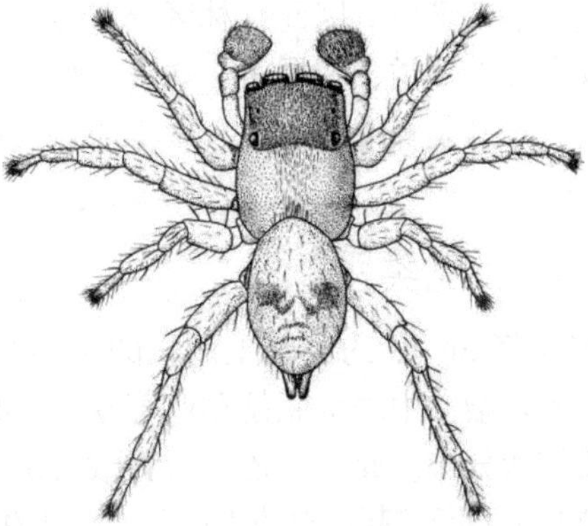

图 4-166　中华跃蛛

雌蛛，背面观

4.3　土壤动物实习

根据各类动物的生活习性和在土壤中生活时间的长短不一，目前对土壤动物

的定义是：有一段时间定期在土壤中度过，而对土壤有一定影响的动物就是土壤动物。土壤动物种类庞杂，数量繁多，涉及的门类非常广泛，除脊椎动物外，常包括七八个动物门和数十个目。

4.3.1 土壤动物的实习环境

土壤是土壤动物的特殊生活环境，它是生物、气候与地质相互作用的产物，又是固体、液体和气体的镶嵌环境。土壤的形成是结合多种直接和间接因素相互作用的结果。根据植被分布、地质地貌、土地的不同使用方式等可以将土壤动物生境类型大致划分为森林生境类型、草原草地生境类型、农田生境类型和城市生境类型等。

4.3.1.1 森林生境类型

我国为世界上典型的季风气候区，降水量自东南向西北递减，热量由南往北递减，这种水热分布规律决定着我国森林的地理分布格局。我国的森林植被由于受水分和热量条件及其分布状况的影响，从北到南，随着纬度的降低，形成了有规律的变化，其地带性植被分布为：寒温带针叶林带、温带针阔混交林带、暖温带落叶阔叶林带、热带常绿阔叶林带、热带季雨林、雨林带。我国的森林除了有地带性分布以外，还有一些非地带性类型。我国森林的非地带性类型可大致分为青藏高原区森林、温带草原区森林和温带荒漠区的山地森林三大类。森林是土壤动物天然的栖息、隐蔽和活动场所，因此森林区分布的土壤动物种类和数量多而丰富。常见的土壤动物主要以螨类、弹尾类、线虫、腹足类、双翅目幼虫、多足动物、鞘翅目和膜翅目（尤其是蚂蚁）为主；微小动物主要是原生动物门的鞭毛虫、肉足虫和纤毛虫。

4.3.1.2 草原草地生境类型

我国草地面积约有 4 亿 hm^2，约占国土面积的 40% 以上，是世界上第三草地大国。中国的草原类型复杂。中国草原是欧亚草原的一部分，以东北经内蒙古直达黄土高原，呈连续带状分布。此外，还见于青藏高原、新疆阿尔泰山地区以及荒漠区的山地，大致从北纬 51°起南达北纬 35°。根据生物学和生态特点，可划分为四个类型：①草甸草原；②平草原（典型草原）；③荒漠草原；④高寒草原。草原上生长着多种优良牧草，是重要的畜牧业基地。此外，草原植被还蕴藏着许多药用植物，可采收利用。其中分布的主要土壤动物以线虫、昆虫纲和蛛形纲的动物为主。

4.3.1.3 农田生境类型

土壤动物是农业生态系统中分解者，食物网的重要组成部分。由生物活动形成的土壤功能区域在农业生态系统的物质循环和能量流动中起着关键性作用。农业生产活动，如耕作等管理方式影响着土壤动物的分布、种类和数量，再加上农田生境有明显的季节变化，植被单一、受人为干扰大，因此分布于其中的土壤动物往往种类单一、数量稀少，主要以鞘翅目幼虫、等足目、蚯蚓和蚂蚁为主。

4.3.1.4 城市生境类型

目前城市生态工程越来越多地受到人们的关注，在城市中已经建立了多样的、质量差异悬殊的城市生态系统。根据不同利用方式，可以将城市生态类型大致划分为道路绿化带、住宅区、学校、机关单位、公园和工业区等；根据植被分布情况又可划分为林地、草地、行道树和裸地。土壤动物是城市生态系统的重要组成部分，可以为评价城市生态系统健康和监测环境质量的变化提供生物学指标。这类生境常见的土壤动物主要有蚂蚁、螨类、弹尾类和等足类等。

4.3.2 土壤动物的分型、采集和保存

4.3.2.1 分型

与土壤有关的动物种类很多，从不同的角度，可分为不同的类别。如根据在土壤中滞留的时间，可分为“全期土壤动物”、“周期土壤动物”、“交替土壤动物”、“暂时土壤动物”、“过渡土壤动物”和“部分土壤动物”六类；根据在土壤中栖息的层次又可分为真土居、半土居、地表土居和上方土居动物四类；根据土壤动物的食性又可分为七类：根食者、枯食者、尸食者、粪食者、菌食者、捕食者和杂食者。

由于土壤动物体形大小不同，各类群的小生境也各有差异，在采集方法上也各有不同，得到的动物也有明显的区别。目前国际上按体形大小将土壤动物大体上分为以下四类。

(1) 大型土壤动物，即体长在 2mm 以上的动物，如蜈蚣、马陆、蚯蚓、大型拟蝎、蜘蛛、贝类、端足类、鼠妇和大中型昆虫等，在野外采集时使用筛网和手拣的方法收集标本。

(2) 中小型土壤动物，即体长在 0.2～2.0mm 的节肢动物，如小型拟蝎、螨类、少足类、原尾虫、跳虫、双尾虫、蚂蚁、小蜂和小型甲虫等，生活在土壤的缝隙中，其中螨和弹尾虫的数量占绝大多数，这类动物是用干漏斗装置收集。

(3) 湿生中小型土壤动物，即体长亦在 0.2～2.0mm 的湿性中小型上壤动物，如涡虫、线虫、熊虫等，此类动物生活在湿润环境中，肉眼采集比较困难，用湿漏斗法收集标本。

(4) 微小土壤动物，是指体长在 0.2mm 以下的动物，如变形虫、鞭毛虫、纤

毛虫和小型轮虫等类群，鉴定种类须将土壤样品进行培养或直接在显微镜下观察。

4.3.2.2 采集

1. 采集地的选择

选择的样地需要有一定的面积，以避免在调查过程中多次取样时造成人为干扰。一般采样地选在一个较为平坦，平时人为活动很少的地方，并要避开斜坡地、洼地、坟地、岩石、倒木和大树根。

2. 调查的内容

对于土壤动物一般进行定性和定量的调查。另外，土壤动物是一类对于环境条件十分敏感的类群，因此在调查的同时一般也要进行以下记录：包括采集日期、采集时间、天气状况、采集温度、植被分布情况、透光情况、枯枝落叶层厚度、凋残物情况和土壤类型等。要求填写土壤动物环境调查表（表 4-1）。

3. 采集方法

1）采集前的准备

在采集调查之前必须准备以下各种采集工具：铁锹、木槌、卷尺、大小布袋、塑料布、大镊子、小镊子、吸虫管、铁筛、100 目/英寸的尼龙绢纱、土壤采样铝盒、直径 28.5cm 高 8cm 的大型土壤动物采集框、手捡取土器、干漏斗取土器、湿漏斗取土器、大土壤环刀、普通土壤环刀、标本收集瓶、标签、记录本、笔、地温计、土壤酸湿度计和背包等（图 4-167）。

表 4-1 土壤动物环境调查表

<table>
<tr><td colspan="2">样地号</td><td colspan="4">样地面积 × cm</td><td colspan="6">年 月 日 时</td></tr>
<tr><td colspan="2">生境类型</td><td colspan="2">地貌</td><td colspan="2">海拔 m</td><td colspan="3">天气</td><td colspan="3">气温 ℃</td></tr>
<tr><td colspan="12">微地形：</td></tr>
<tr><td colspan="12">植被（各层主要种类/覆盖及透光情况）：</td></tr>
<tr><td colspan="3">枯枝落叶层厚度 cm</td><td colspan="9">凋残物：</td></tr>
<tr><td colspan="12">土壤名称：</td></tr>
<tr><td>层次</td><td>剖面深度</td><td>颜色</td><td>质地</td><td>结构</td><td>松紧度</td><td>孔隙度</td><td>根系</td><td>pH</td><td>土温℃</td><td>土壤湿度</td><td>动物穴</td></tr>
<tr><td></td><td></td><td></td><td></td><td></td><td></td><td></td><td></td><td></td><td></td><td></td><td></td></tr>
<tr><td colspan="12">备注：</td></tr>
</table>

烘虫装置：

（1）干漏斗法烘虫装置：其构造如图 4-168 所示，加热装置为 25W 的白炽灯泡，灯泡可用铁丝网笼住，避免温度过高，灯泡掉落；筛网为复式的筛网，小

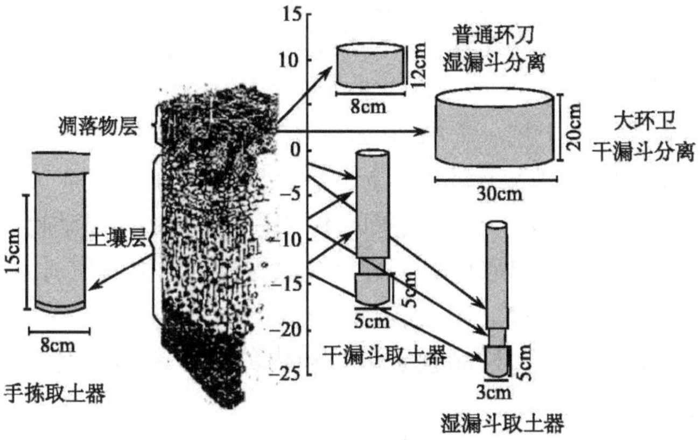

图 4-167　土壤动物取样设备

网眼 1mm，大网眼 10mm；漏斗柄口径 1.5cm，直接与收集瓶（75% 乙醇溶液或者苦味酸溶液）相连。样品放入筛网中，加热启动时，不同大小的土壤动物均可透过网目，进入收集瓶，加热时间以凋落物出现燥、焦为度，一般 24h 以上，分离效率一般可达 90% 以上，完毕以后，打开盖子用手拣审查。

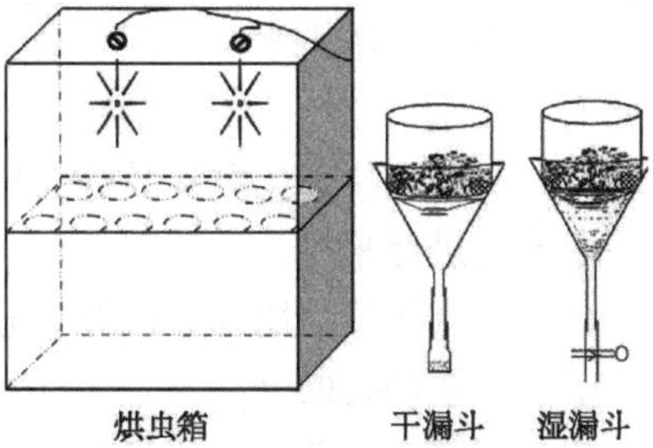

图 4-168　土壤动物烘虫设备

（2）湿漏斗法烘虫装置：湿漏斗的收集方法跟干漏斗基本一致（图 4-168），只是漏斗中装入水，下部的乳胶管用止血夹夹住。水以浸润样品下端为宜。加热 4h 后，即要求取出一次土壤动物，防止线蚓等自溶，分离时间不低于 48h。

2）大型动物采集法

在采样地任选一点，打入圆形大型土壤动物采集框（由直径 28.5cm，高 8cm，不锈钢制成，下沿呈波纹形），挖出筐内 5cm 深的落叶和土壤，或用手拣取土器，钻取 15cm 厚的土壤层。拣出或用网筛出其中的土壤动物装入玻璃瓶内，放入标签，除蚯蚓外，其他动物用 75% 乙醇保存。带回实验室分拣计数。

3）中、小型土壤动物干漏斗集虫法

（1）在已定采样区内按对角线法或随机法选取采样点。

（2）拣去采样点上部的落叶和树枝，用大、小土壤环刀收集部分落叶和土壤装入布袋，样品分别用于定量、定性调查。

（3）凋落层的取样使用环刀法。取样时先用大环刀罩住凋落层，双手用力缓慢的旋转，直到环刀的刀锋进入土壤层，然后把凋落物拣入到黑色厚质塑料袋中，取样过程中仍要防止蜘蛛等活动性强的土壤动物逃逸，记下标签，称为凋落层的一个样。

(4) 然后在采样点上挖一个深 20cm 左右的垂直土壤剖面。

(5) 在土壤剖面上打入干漏斗取土器，一般采取分层采样（凋落物层、0～5cm、5～10cm、10～15cm）的方法采取不同垂直面上的土壤动物。

(6) 从最下层逐一取出取样器，将每个取样器内的土壤分别倒入已贴好标签的采集布袋内，带回实验室，用于定量调查。

(7) 然后将采集的土壤样品置于烘虫箱内的小型干漏斗上，下接装有 75% 乙醇的玻璃瓶。

(8) 24h 后，取下玻璃瓶，将玻璃瓶瓶内的标本倒入底部已划分好方格的培养皿内，在解剖镜下进行分拣。

4) 中、小型土壤动物湿漏斗集虫法

主要采集土壤中水生和湿生动物，如线虫、线蚓、涡虫和桡足类等。采集方法如下：

(1) 凋落物层和土壤样品的采集步骤与干漏斗法相同，只是用普通环刀和湿漏斗取土器进行采样。

(2) 将土壤样品用绢纱包好，分别放入已贴好标签的小布袋内，带回实验室进行湿生土壤动物的分离。

(3) 先将湿漏斗编号，再把乳胶管套在漏斗的下端。

(4) 在乳胶管上部和下部各夹上一个试管弹簧夹。

(5) 在漏斗内加上清水，把包在绢纱内的土壤样品放入漏斗内，使样品全部浸入水中。

(6) 烘 48h 后把上部夹子打开，让下沉的标本注入带有标签的玻璃瓶内。

(7) 把 95% 的乙醇逐渐加入到有标本的玻璃瓶内，边加边摇动一分钟左右的时间，目的是让线虫和线蚓等缓慢固定，以利虫体的伸展，使最终浓度成为 75% 左右。

(8) 实验室内分拣、鉴定。

5) 土壤原生动物采集法

土壤样品的采集与干漏斗法相同，用湿漏斗取土样，把土样放入铝盒内带回室内，做定性和定量培养分析。

6) 其他采集方法

采集土壤动物，除了漏斗法以外，还有手采法、吸虫管法和诱捕法等。

4.3.2.3 保存

以上干、湿漏斗法以及手采的大型土壤动物，通常均固定于 75% 乙醇中。

4.3.3 土壤动物门、纲、目的检索

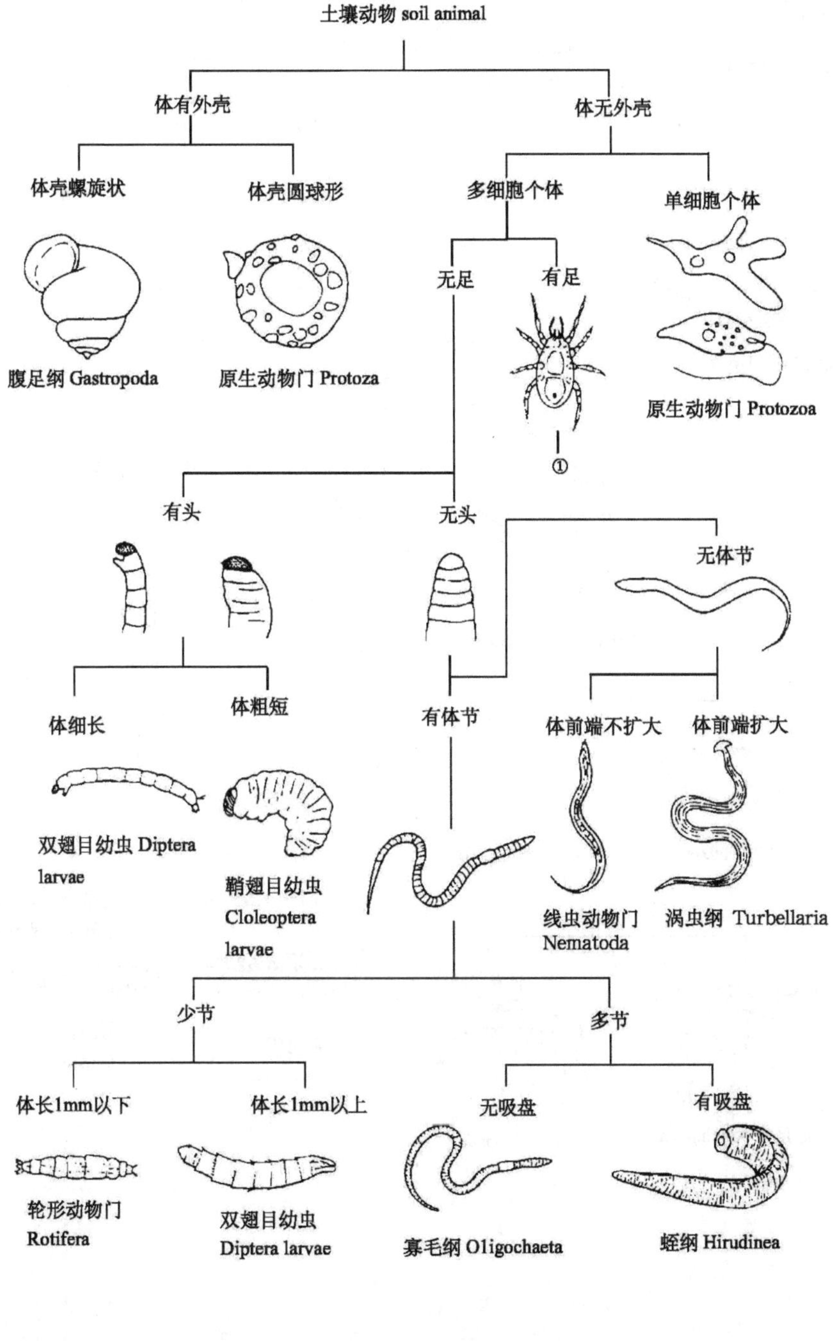

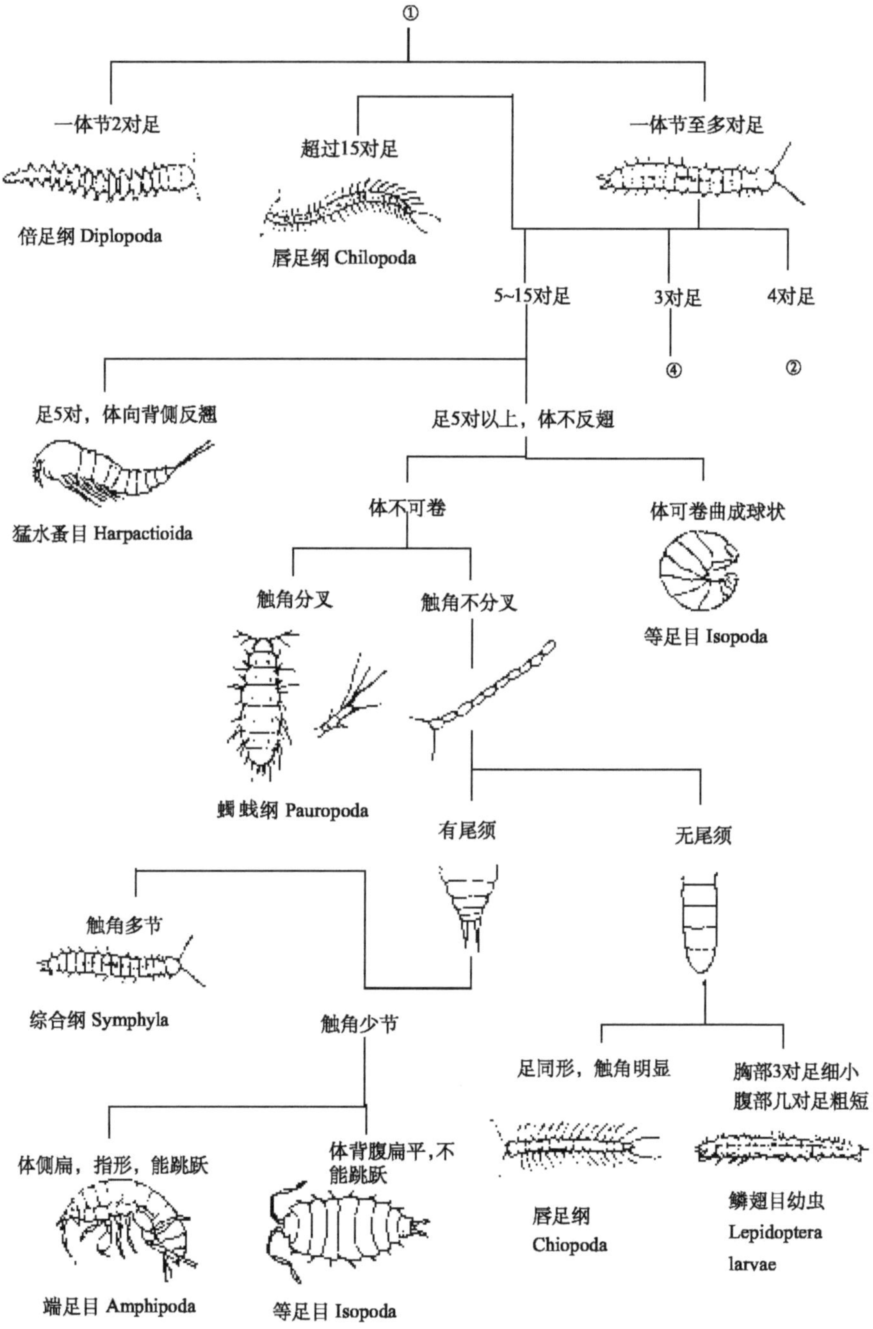
①
一体节2对足
倍足纲 Diplopoda
超过15对足
唇足纲 Chilopoda
一体节至多对足
5~15对足
3对足
4对足
④
②
足5对，体向背侧反翘
猛水蚤目 Harpactioida
足5对以上，体不反翘
体不可卷
体可卷曲成球状
等足目 Isopoda
触角分叉
触角不分叉
蠋蜷纲 Pauropoda
有尾须
无尾须
触角多节
综合纲 Symphyla
触角少节
足同形，触角明显
胸部3对足细小
腹部几对足粗短
体侧扁，指形，能跳跃
体背腹扁平，不能跳跃
唇足纲
Chiopoda
鳞翅目幼虫
Lepidoptera
larvae
端足目 Amphipoda
等足目 Isopoda

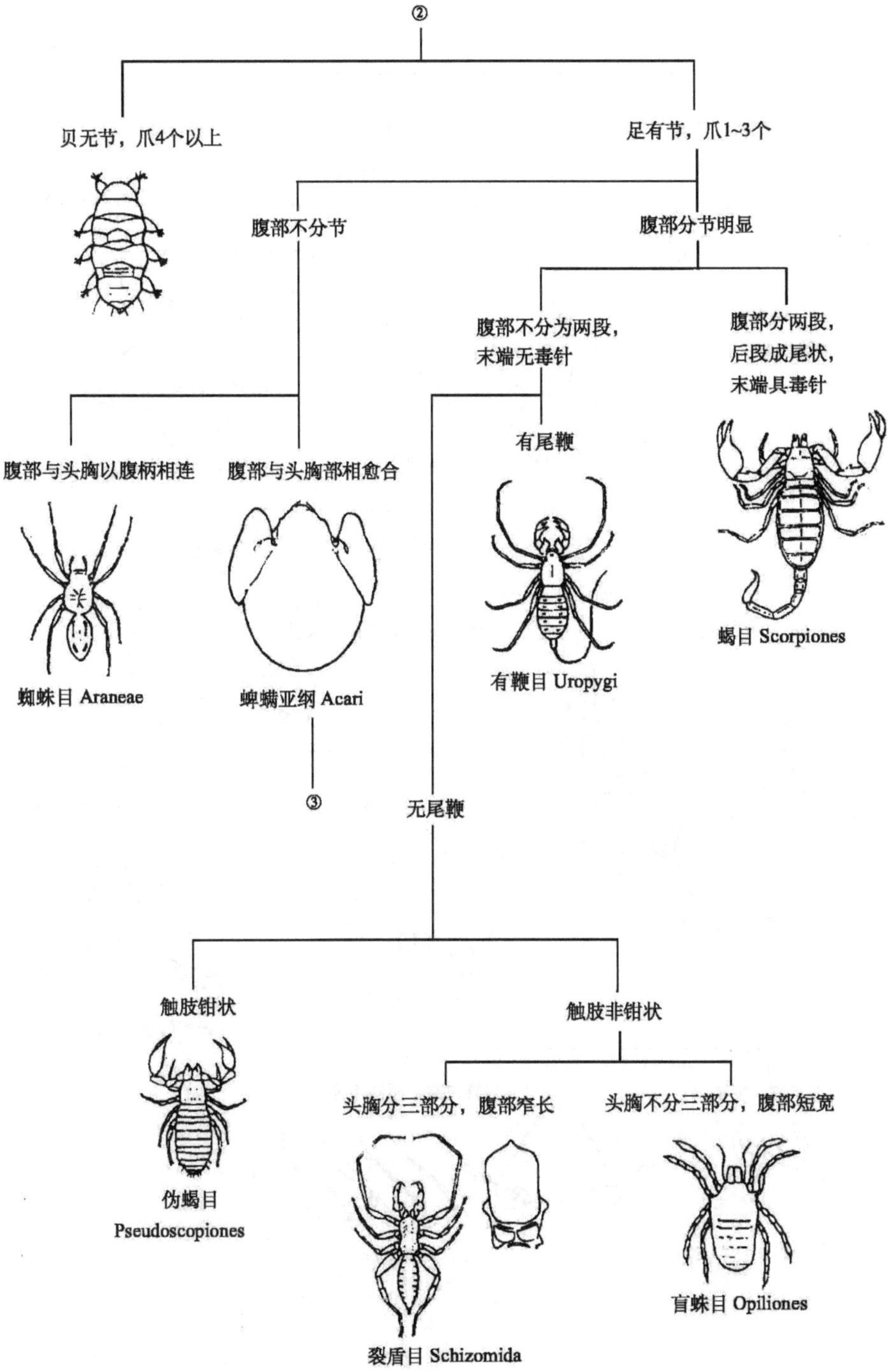
②
贝无节，爪4个以上
足有节，爪1~3个
腹部不分节
腹部分节明显
腹部不分为两段，
末端无毒针
腹部分两段，
后段成尾状，
末端具毒针
腹部与头胸以腹柄相连
腹部与头胸部相愈合
有尾鞭
蜘蛛目 Araneae
蜱螨亚纲 Acari
有鞭目 Uropygi
蝎目 Scorpiones
③
无尾鞭
触肢钳状
触肢非钳状
伪蝎目
Pseudoscopiones
头胸分三部分，腹部窄长
头胸不分三部分，腹部短宽
盲蛛目 Opiliones
裂盾目 Schizomida

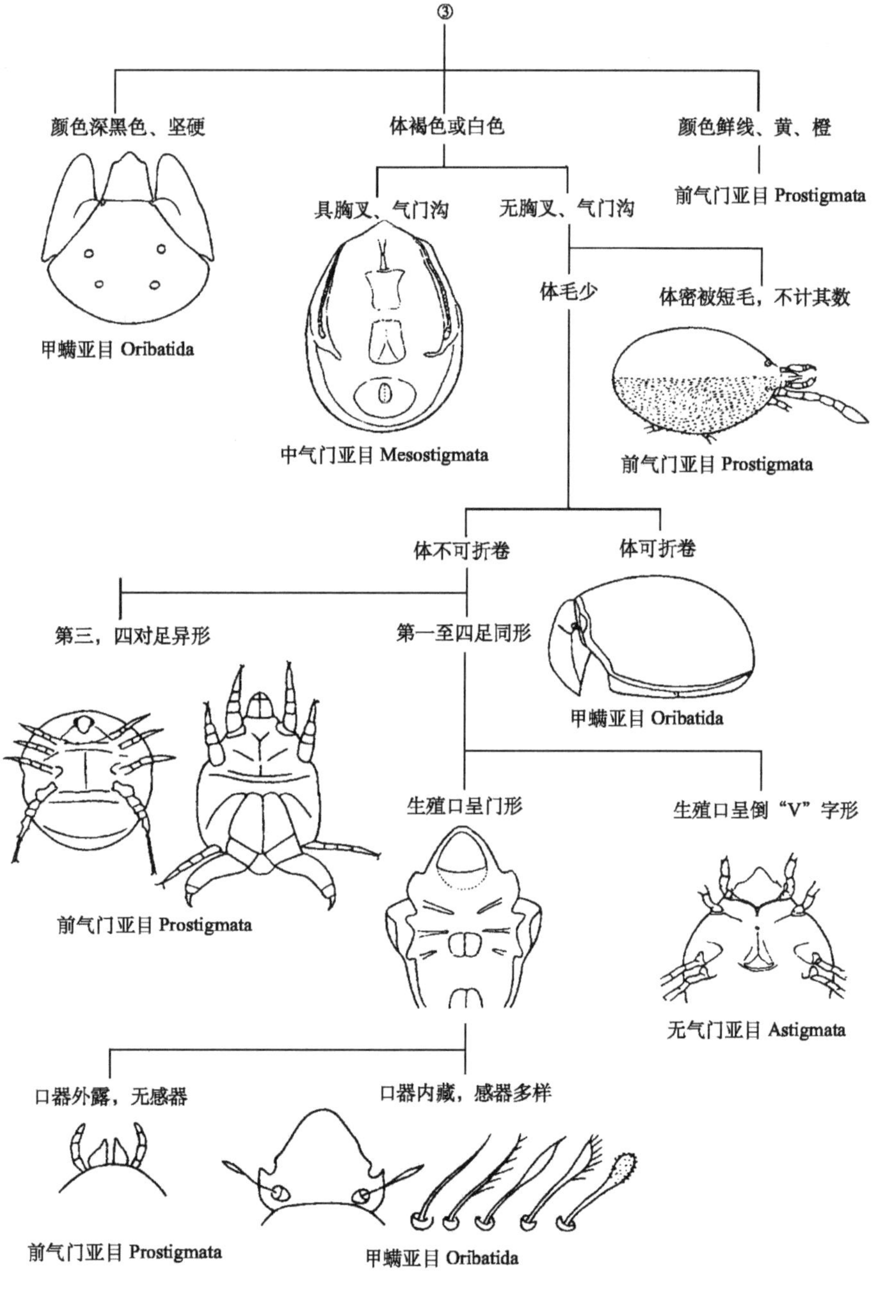
③
颜色深黑色、坚硬
体褐色或白色
颜色鲜线、黄、橙
具胸叉、气门沟
无胸叉、气门沟
前气门亚目 Prostigmata
体毛少
体密被短毛，不计其数
甲螨亚目 Oribatida
中气门亚目 Mesostigmata
前气门亚目 Prostigmata
体不可折卷
体可折卷
第三，四对足异形
第一至四足同形
甲螨亚目 Oribatida
生殖口呈门形
生殖口呈倒“V”字形
前气门亚目 Prostigmata
无气门亚目 Astigmata
口器外露，无感器
口器内藏，感器多样
前气门亚目 Prostigmata
甲螨亚目 Oribatida

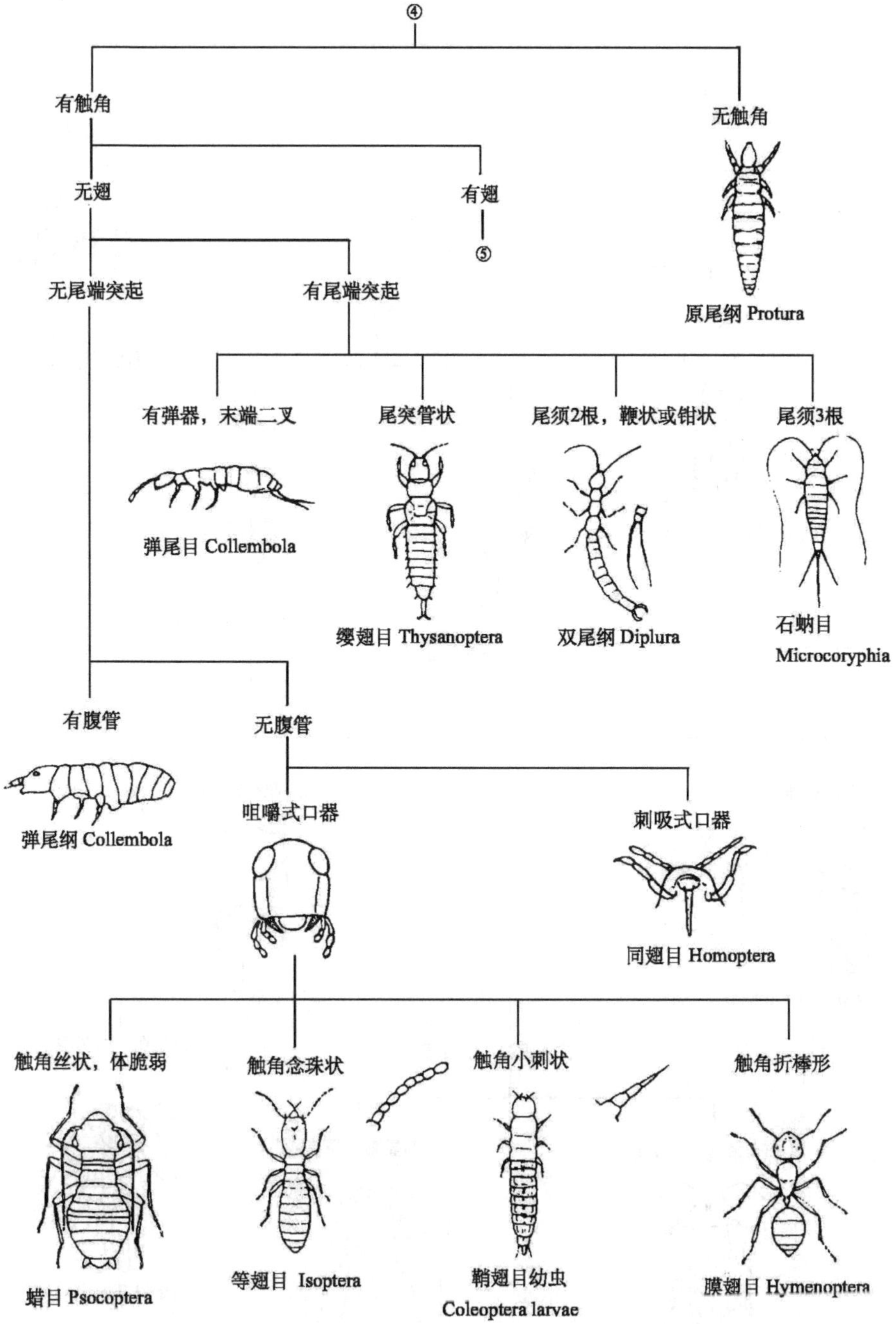
④
有触角
无触角
原尾纲 Protura
无翅
有翅
⑤
无尾端突起
有尾端突起
有弹器，末端二叉
弹尾目 Collembola
尾突管状
缨翅目 Thysanoptera
尾须2根，鞭状或钳状
双尾纲 Diplura
尾须3根
石蛃目
Microcoryphia
有腹管
弹尾纲 Collembola
无腹管
咀嚼式口器
刺吸式口器
同翅目 Homoptera
触角丝状，体脆弱
蜡目 Psocoptera
触角念珠状
等翅目 Isoptera
触角小刺状
鞘翅目幼虫
Coleoptera larvae
触角折棒形
膜翅目 Hymenoptera

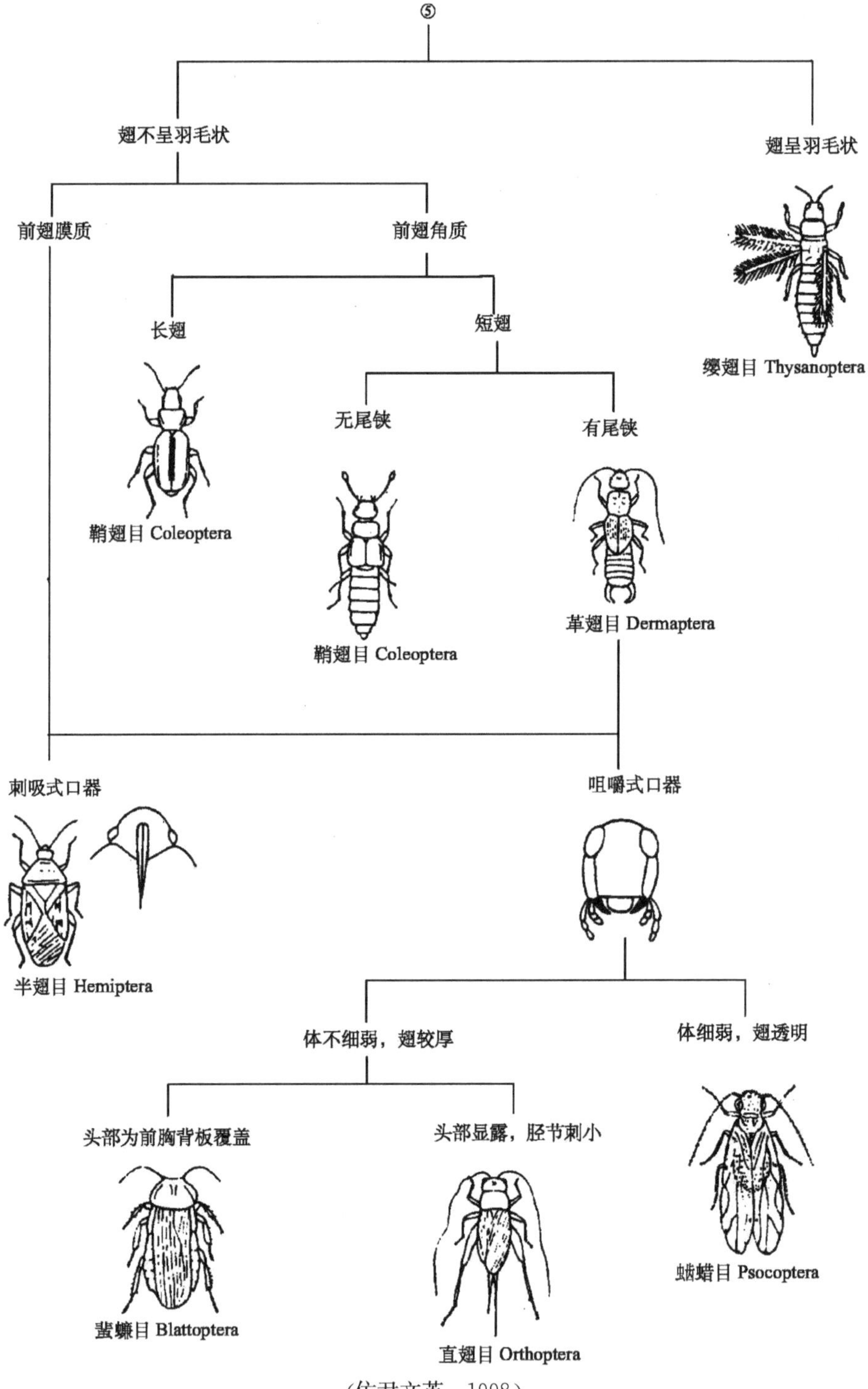
⑤
翅不呈羽毛状
翅呈羽毛状
缨翅目 Thysanoptera
前翅膜质
前翅角质
长翅
短翅
鞘翅目 Coleoptera
无尾铗
有尾铗
鞘翅目 Coleoptera
革翅目 Dermaptera
刺吸式口器
半翅目 Hemiptera
咀嚼式口器
体不细弱，翅较厚
体细弱，翅透明
头部为前胸背板覆盖
头部显露，胫节刺小
蜚蠊目 Blattoptera
直翅目 Orthoptera
蛄蜡目 Psocoptera

（仿尹文英，1998）

4.3.4 常见的土壤动物

4.3.4.1 原生动物门 Protozoa

原生动物是最简单、最低等的单细胞动物。目前我国已记录土壤原生动物 290 余种，隶属于 7 纲 27 目 76 科 135 属。

鞭毛纲 Mastigophora

气球屋滴虫 *Oikomonas termo*（Ehrenberg）（图 4-169）

体长一般 5～9μm。细胞卵形或球形，前端有唇状突出。1 根鞭毛，自唇状突出的底部凹处伸出，此面为腹面。鞭毛长度为体长的 2 倍。无色素体。伸缩泡 1 个，位于前端靠近鞭毛基部。核位于体中央或前半部。

肉足纲 Sarcodina

大变形虫 *Amoeba proteus* Leidy（图 4-170）

身体的主要部分是圆柱状，前进时能在各个方面伸出多个伪足。多伪足时，体长可达 200～500μm。身体后端常有桑椹球。内、外质分明。核双凹状，中位。伸缩泡 1 个，位于体后部。

简简变虫 *Vahlkampfia vahlkampfia*（Chatton）（图 4-171）

体长 10～25μm，有一个蛞蝓状伪足，在前面爆波式行动，故行动的身体前端总比后端宽。包囊圆，内外壁分明，外壁微呈波浪，直径 5～10μm。

斜口三足虫 *Trinema enchelys* Ehrenberg（图 4-172）

壳卵圆形，显著地向前压扁而成背腹面。伪足呈丝状，从壳内伸出的数目为2～5 条，以 3 条最常见，故名三足虫。壳覆盖了硅质鳞片，做瓦叠状排列。腹平而背凸。壳孔圆形。伸缩泡 1～2 个。细胞核圆形。壳长 35～80μm，壳宽15～45μm。

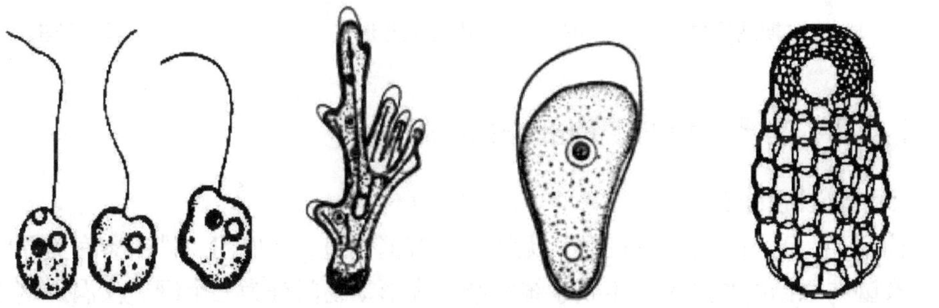

图 4-169 气球屋滴虫 图 4-170 大变形虫 图 4-171 简简变虫 图 4-172 斜口三足虫

纤毛纲 Ciliata

二期纳氏虫 *Naegleria bistadialis*（Puschkarew）（图 4-173）

变形时从圆形身体周围拱出宽阔而不甚显著的叶或片状伪足。伪足 1～3 个不等。1 个伸缩泡。核圆球形，有 1 个核内体。鞭毛期为长椭圆形，前端伸出 2 根几乎等长的鞭毛。核在前端，伸缩泡在后端。变形期长 10～36μm，体宽 8～18μm；鞭毛期长 18μm，体宽 8μm。

齿脊拟肾形虫 *Paracolpoda steinii*（Maupas）（图 4-174）

体长 30～45μm。体肾形。口前直，有 5～6 个齿状缺刻，体后端浑圆或微缩细。胞口位于身体中间偏前左缘一个凹窝的口前庭底部。全身纤细均匀，分布较稀。后端有 2 根长的尾纤毛。大核圆形，中位偏后，小核贴在大核上。伸缩泡 1 个，位于后端。

长蓝环虫 *Cyrtolophosis elongata*（Schewakoff）（图 4-175）

体纵长，呈狭卵圆形，体长为体宽的 3～4 倍，向后缩细，前端略弯向腹面。大核椭圆形，伸缩泡在后端。纤毛行距宽，螺旋不明显，稀疏。

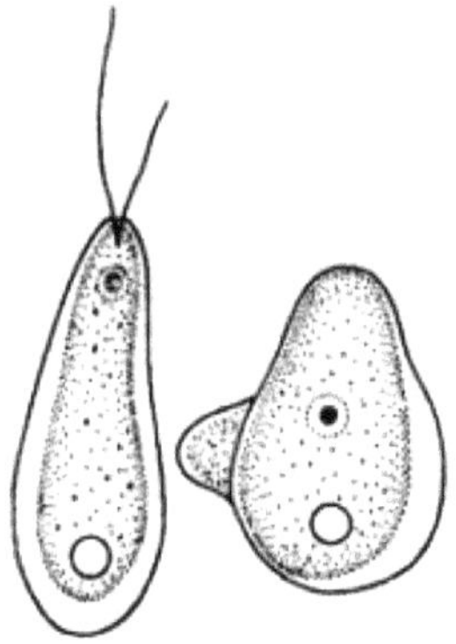

图 4-173　二期纳氏虫

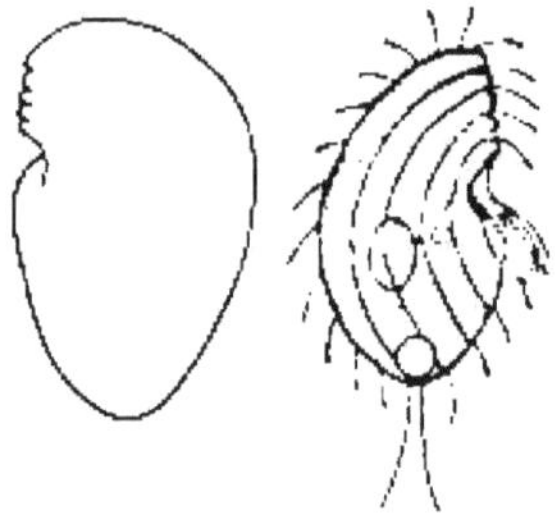

图 4-174　齿脊拟肾形虫

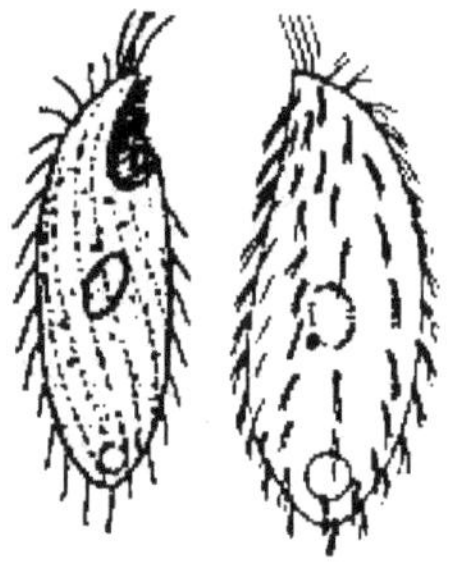

图 4-175　长篮环虫

4.3.4.2　扁形动物门 Plathelminthes

涡虫纲 Turbellaria

体扁平，两侧对称，三胚层，无体腔，有消化道，无肛门。排泄器官为原肾型。有脑与原始的神经索。生殖系统复杂。扁形动物门分为三个纲，仅涡虫纲主要为自由生活。陆生涡虫的种类与数量都不多，仅占土壤动物的很小一部分。我国已有报道的陆生涡虫均属三肠目笄涡虫科。

土笄涡虫 *Bipalium kewensis* Moseley（图4-176）

体长在20cm以上，宽6～7mm，背部为黄色，有3条黑色条纹。中间1条从头部顶端向后延伸到体末端，中间的背线色深，两侧的背线色浅。头部有近似三角形的头瓣，在头瓣边缘有许多黑色的眼点，眼点向后延伸到5～6mm体的两侧。口孔位于体前1/3左右。

4.3.4.3 常见轮形动物门 Rotifera

轮虫是一类小型的假体腔动物，大小多为100～500μm。本门动物虽然形态各异，但均可分为头、躯干和足三部分。多生活在水环境中，生活在土壤中的种类多是双巢纲中的蛭态类。它们喜好有机质丰富的土壤，以其中的有机碎屑、细菌等为食，对环境的变化有很强的耐受能力。我国已记录的有6科10属。

双巢纲 Digononta

蛭态目 Bdelloidea

卵巢和卵黄腺成对。咀嚼器枝型。一般都无侧触手。足2～4趾，足腺发达。雄体未曾发现。

红眼旋轮虫 *Philodina erythrophthalma* Ehrenberg（图4-177）

体长320～460 μm。身体系纵长的纺锤形，全身无色而透明，皮层较光滑，躯干部分有纵长的条纹。游泳时头冠前伸出的2个轮盘，大小适中，2个轮盘中均有1根较明显的感觉刚毛。眼点1对，位于背触手的后方，呈粉红色或深红色。咀嚼器系典型的枝型。足5节，最后一节末端两旁有戟刺1对，比较粗壮。足的末端有趾4个。分布于我国亚热带地区。

盘网轮虫 *Adineta* sp.（图4-178）

体呈纺锤形，头冠无左右2个轮盘，仅在前端腹面形成一具纤毛的盘网，盘网中央有一纵沟，将盘网分成左右两半，纵沟无纤毛，一直伸到口漏斗。足细长，3个趾，2个戟刺。分布于我国亚热带地区和西藏地区。

单巢纲 Monogononta

游泳目 Ploimida

卵巢1个，不成对。一般都具有侧触手。口器不成枝型，而是槌型、杖型、砧型和梳型。足有或无，如足出现，一定有趾1～2个，足腺1对。头冠形态多样。

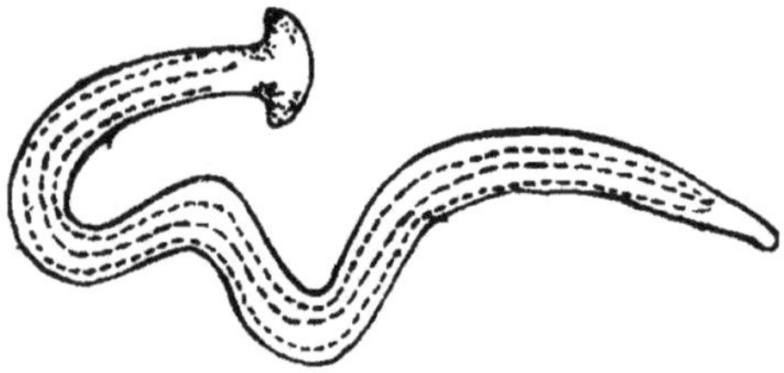

图 4-176 土笄涡虫

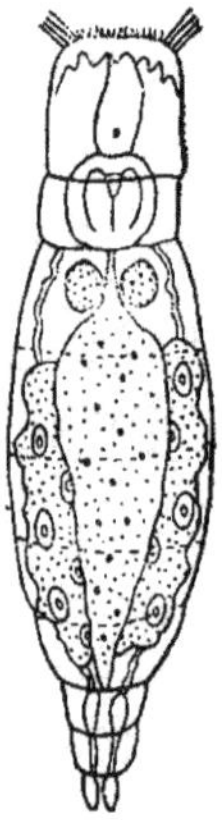

图 4-177 红眼旋轮虫

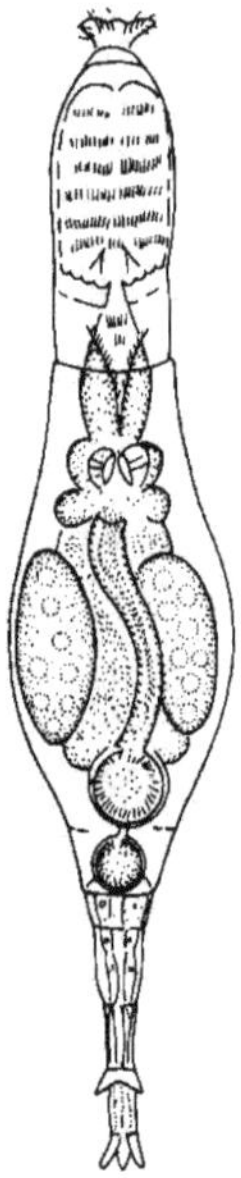

图 4-178 盘网轮虫

巨头轮虫 *Cephalodella* sp.（图 4-179）

身体具被甲，体形纵长。头与躯干间有缢痕。足短不分节。趾 1 对，或长或短。典型的杖型口器。分布于我国亚热带地区。

寄生前翼轮虫 *Proales parasitica*（Ehrenberg）（图 4-180）

体长 135～170μm。身体纺锤形。头的前端平直，头冠稍向腹面倾斜，环上纤毛较微弱，但两侧“耳”区的纤毛较长。眼点 1 个，位于脑的后端。咀嚼器系变态的杖型，左右砧枝不十分匀称。头与躯干之间有一颈圈，紧缩的折痕较为明显。躯干靠后端 1/3 处最宽，再逐渐向后瘦削。足 2 节，宽阔。

4.3.4.4 线虫动物门 Nemata

线虫为两侧对称、三胚层、不分节、无附肢、假体腔的蠕虫状动物。虫体多为无色半透明的长圆柱形或纺锤形，前后端较细。土壤线虫体型较小，体长多为 0.5～4mm。扣在虫体前端，通常由 6 枚唇片围拢，构成唇区或头部。唇区多具有 16 个乳突和刚毛。线虫分布极广，几乎每种生境都能生存。迄今我国土壤线虫有 600 种左右，隶属于 2 纲 8 目。

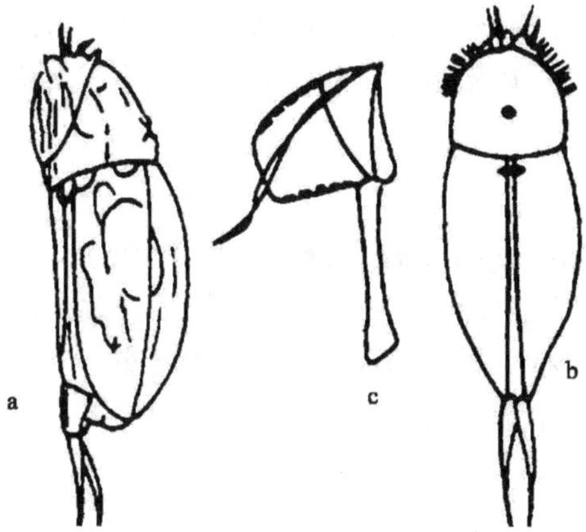

图 4-179 巨头轮虫

a 侧面观；b 背面观；c 杖形口器

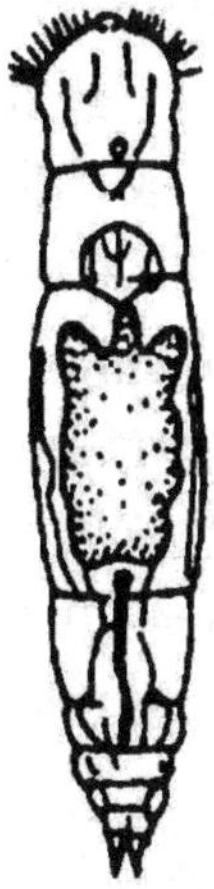

图 4-180 寄生前翼轮虫

线虫动物门分纲、目检索

1 具有侧尾腺孔，无尾腺，侧器开口小，常呈孔状，位于唇区……………………… 泄管纲 Secernentea 2

1 无侧尾腺孔，常具尾腺，侧器开口大杯状，螺旋形或圆形，位于唇区之后 …… 泄腺纲 Adenophorea 3

2 无口针 ……………………………………………………………………………… 小杆目 Rhabditida

2 有口针 ……………………………………………………………………………… 垫刃目 Tylenchida

3 头部无刚毛 ………………………………………………………………………………………… 4

3 头部有刚毛 ………………………………………………………………………………………… 5

4 食道呈圆管型，基部稍宽，口腔壁角化，至少有 1 个粗大的背齿 ………………… 单齿目 Mononchida

4 食道前部细长，后部扩大呈圆筒形或梨形，口腔内常有 1 个轴针或壁齿 ………… 矛线目 Dorylaimida

5 食道一部分，呈圆筒形，少数种类趋向二部分，有端球 …………………………………………… 6

5 食道二或三部分，前部圆筒形，其后有峡部或端球 ……………………………………………… 7

6 侧器圆形，食道不包围口腔，口腔漏斗状或管状，无齿……………………… 单宫目 Monhysterida

6 侧器杯状，食道包围口腔，口腔多变化，通常有齿………………………………… 嘴刺目 Enoplida

7 体表层无刻点，口腔窄，管状，齿罕见 ……………………………………… 窄咽目 Araeolaimida

7 体表层有刻点，口腔多变化，通常有齿 ………………………………… 色矛目 Chromadorida

泄腺纲 Adenophorea

头区感觉器为刚毛或乳突，一般为 16 个，体表角质层表面光滑，但有些种类有横线纹或纵线纹，交合伞罕见。体两侧角质层形成翼或侧带，其上有纵线纹或脊。本纲的种类包括海洋、淡水、陆生自由生活以及植物和动物的寄生线虫。

矛线目 Dorylaimida

单子宫真矛线虫 *Eudorylaimus monohystera* (De Man)(图 4-181)

头部突出，较其毗连的体躯宽。导环呈单环，从体前端前缘小于头宽。角质层光滑，无纵脊。在全国广泛分布。

单齿目 Mononchida

乳突单齿线虫 *Mononchus papillatus* Bastian (图 4-182)

背齿在口腔前部，齿尖向前；口腔腹面具一腹脊，与背齿相对；口腔壁平行，口腔基部较尖。食道肠瓣非结节状。雌虫卵巢 1 对，雄虫精巢 1 对。分布于北京、吉林、山东、福建、浙江、云南和海南等地。

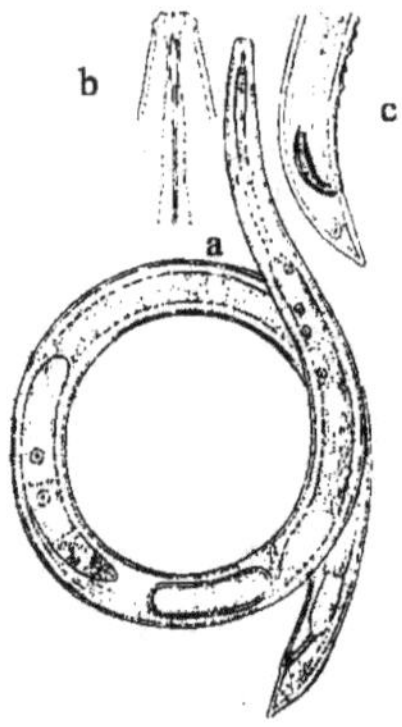

图 4-181　单子宫真矛线虫
a. 雄虫；b. 头部；c. 尾部

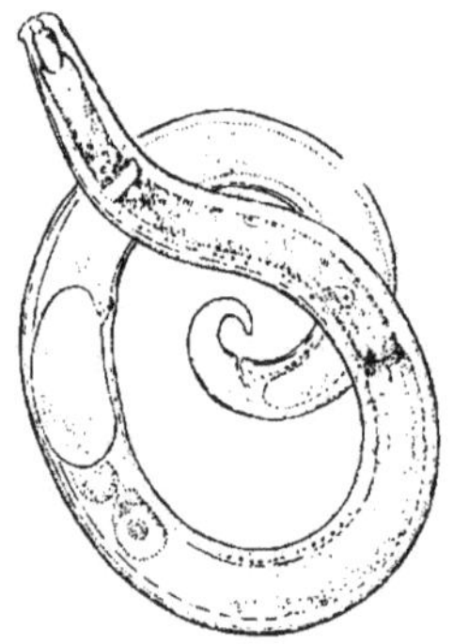

图 4-182　乳突单齿线虫

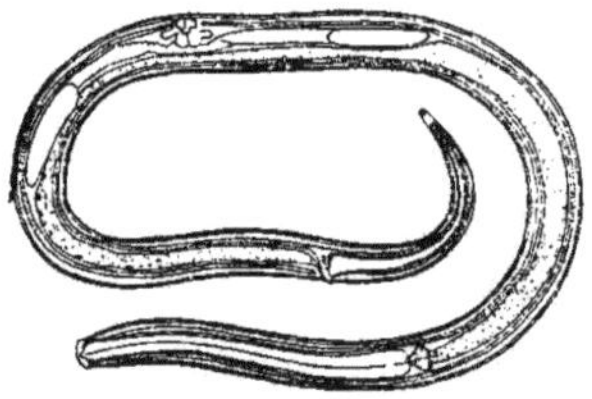

图 4-183　乳突三孔线虫

嘴刺目 Enoplida

乳突三孔线虫 *Tripyla papillata* Butschli (图 4-183)

体表角质层光滑。头不突出，由 3 个大而扁圆的唇片组成，具有 3 圈刺毛状乳突。侧器不显著。口腔细管状，背壁有 1 个齿。食道圆筒形。雌虫卵巢 1 对，对生，弯折，阴门位于身体中部。雄虫精巢 1 对，对生，具有 1 对射精腺。交合刺 1 对，有引带。在全国广泛分布。

窄咽目 Araeolaimida

粒状绕线虫 *Plectus granulosus* Bostian (图 4-184)

体表具环纹和细刚毛。头部具 6 枚唇片，头刚毛 4 条。侧器横裂状。口腔长，前部膨大呈球形，后部为管状。雌虫卵巢 1 对，对生，转折。雄虫精巢 1 对，交合刺 1 对，不对称，引带结构复杂。在全国广泛分布。

单宫目 Monhysterida

间棱咽线虫 *Prismatolaimus intermedius*（Bwtschli）（图 4-185）

体表角质层具细环纹，无体刚毛。头部不突出，具有 2 圈刚毛，为 6 长 4 短；唇片圆形，具 6 个顶乳突围成一圈。侧器裂隙状。口腔宽大，腔壁角质化，其长小于头宽。基部有细齿垫和背齿。食道圆筒形，具近球形的食道肠细胞。雌虫卵巢常为 1 对，对生，转折。雄虫交合刺 1 对，略呈弓形，无引带。分布于北京、吉林、青海、云南、福建和海南等。

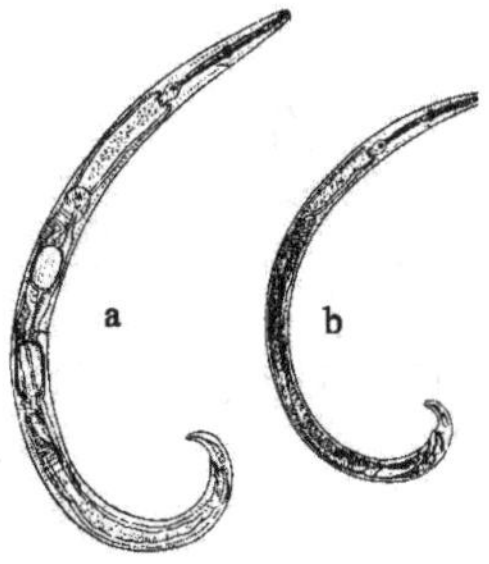

图 4-184　粒状绕线虫

a. 雌虫；b. 雄虫

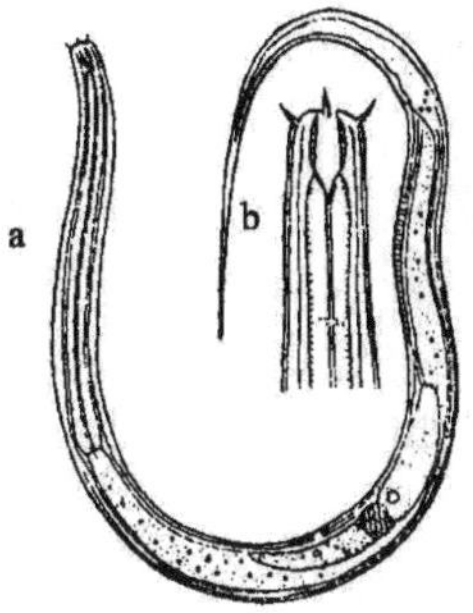

图 4-185　间棱咽线虫

a. 雌虫；b. 头部

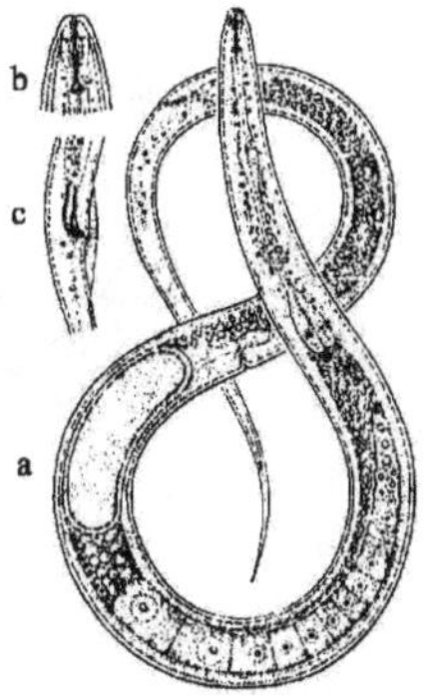

图 4-186　丝状垫刃线虫

a. 雌虫；b. 头部；c. 雄虫尾部

泄管纲 Secernentea

垫刃目 Tylenchida

丝状垫刃线虫 *Tylenchus filiformis* Butschli（图 4-186）

蠕虫状线虫，体长在 1mm 左右。尾部从细长圆锥形至丝状，常向腹面弯曲或呈钩状。口针具有明显的基部球。阴门无侧膜，位于体后部或中部。卵巢 1 个，前位，直伸。侧带具有 2～4 条侧线。颈乳突明显。侧尾腺孔一般易见。分布于全国各地。

小杆目

遍迹头叶线虫 *Cephalobus persegnis* Bostiar（图 4-187）

食道前部呈长圆筒形，峡部稍窄，后食道球圆形具瓣膜。侧带超过侧尾腺孔至尾部末端。雌虫尾部钝圆形，雄虫尾部尖。雌虫卵巢 1 个，前子宫型，具转折，具有受精囊和后阴子宫囊。雄虫精巢 1 对，具转折，交合刺 1 对，有引带。分布于北京、青海、河北、山东、山西、江苏、安徽、云南和海南。

布氏拟丽突线虫 *Acrobeloides buetschlii* de Man（图 4-188）

唇突起物低而圆或圆锥状和尖角形，无分叉。头突起物圆形、叶状或具刺的板状。食道体部膨大成长纺锤形。雌虫尾部为凸圆锥形，具 9～12 条环纹。雄虫罕见。常生活于土壤和植物体外，分布广泛。分布于北京、吉林、青海、云南和海南。

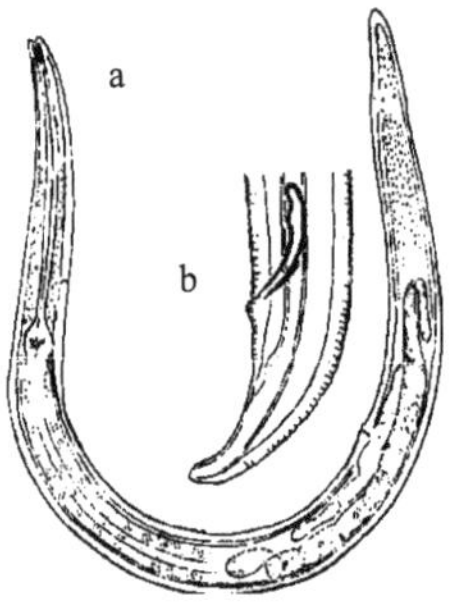

图 4-187　遍迹头叶线虫

a. 雌虫；b. 雄虫

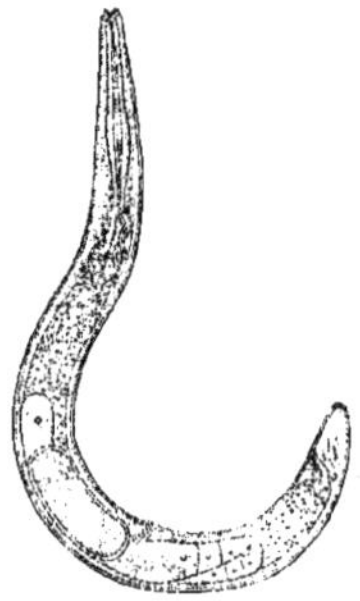

图 4-188　布氏拟丽突线虫

4.3.4.5　环节动物门 Annelida

寡毛纲 Oligochaeta

寡毛纲头部不发达，无疣足，刚毛数少且简单，雌雄同体，生殖腺限于体前端几节，卵在茧内发育，有生殖带。

寡毛纲分目检索

1　雄孔 1 对，位于精漏斗后半节以内 …………………… 近孔寡毛目 Oligochaeta plesiopora

1　雄孔 1 对，少数有 2 对，位于精漏斗后 1 节或数节 …… 后孔寡毛目 Oligochaeta opisthopora

近孔寡毛目 Oligochaeta plesiopora

线蚓科 Enchytraeidae

体色常灰白。无吻。无眼。常具头孔，背孔有或无。刚毛自第 2 节开始，背腹常同心型，常有 3 对隔膜腺，分别在 4/5、5/6、6/7 隔膜前，精巢在第 6 节。卵巢在第 7 节，多为筒状。受精囊 1 对，开口于 4/5 节间隔膜后，有时具盲囊和附属腺，与食道相连或不连。有性生殖。

白线蚓 *Fridericia* sp.（图 4-189）

背孔约第 7 节开始。刚毛配对排列，两边的 1 对最长，中间的 1 对最短，消化肾管 1 对，常分叉。体腔球两种。受精囊连食道，囊腔简单或有盲囊。多陆栖。我国广泛分布。

裸线蚓 *Achaeta* sp.（图 4-190）

刚毛完全退化，但在刚毛束位置有时具毛囊。通常具食道盲囊。食道连肠处或多或少突然膨胀。受精囊不连食道。多陆地生活。分布于浙江、湖北、湖南和北京。

后孔寡毛目 Oligochaeta opisthopora

后孔寡毛目的种类均为陆生，体型较大，故又称大型寡毛类。常缺第 3 对生殖腺，第 1 或第 2 对罕缺；刚毛正蚓型，少数环生。

腔环蚓 *Metaphire* sp.（图 4-191）

生殖带在第 XIV ～ XVI 节；盲肠起于第 XXVII 节；有雄性交配腔。全国分布。

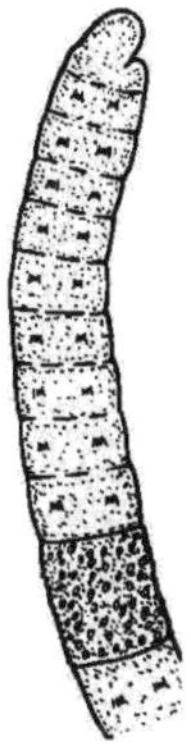

图 4-189　白线蚓

图 4-190　裸线蚓

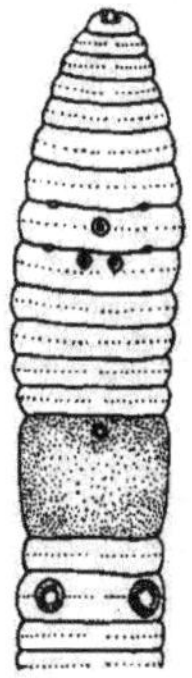

图 4-191　腔环蚓

杜拉蚓 *Drawida* sp.（图 4-192）

刚毛每节 4 对；体中等大小；生殖带在第 X ～ XIII 节；雄孔 1 对在第 XI / XII 节间；受精囊孔 1 对在第 VII / VIII 节间；砂囊多个；精巢囊在第 IV / V 节隔膜上。在我国广泛分布。

爱胜蚓 *Eisenia* sp.（图 4-193）

刚毛每节 4 对；生殖带马鞍状，位于第 XXIV ～ XXXII 节，雄孔 1 对在第 XV 节；雌孔 1 对在第 XIV 节；有背孔，沙囊发达。无前列腺；受精囊孔 2 对，在第 IX / X 、第 X / XI 节间线上。分布于黑龙江、吉林、北京、甘肃、陕西、新疆、四川、山西等地。

远环蚓 *Amynthas* sp.（图 4-194）

生殖带在第 XIV ～ XVI 节；盲肠起于第 XXVII 节；无雄性交配腔。全国分布。

蛭纲 Hirudinea

无吻蛭目 Arhynchobdellida

无吻蛭目是蛭纲动物的主要类群。身体扁平或呈圆柱体，其前后端各有一吸盘。没有可伸缩的吻，具有或不具颚，而且咽头固定。生殖系统复杂，通常具有交配器官。完全体节基本上由 5 环演变而成。陆生种类有 2 科 4 属共 12 种，在全国大部分地区分布。

齿蛭 *Odontobdella blanchardi*（Oka）（图 4-195）

体长 80～225mm。体色深褐，长圆柱状，后端稍宽且背腹扁平。眼 1 对，无副性腺孔。完全体节有 9 环，其序是 2 小环、2 大环和 5 小环。两生殖孔被 6～8 $\frac{1}{2}$ 环隔开。口内有 3 对小齿或 3 个大齿。全国各地均有分布。

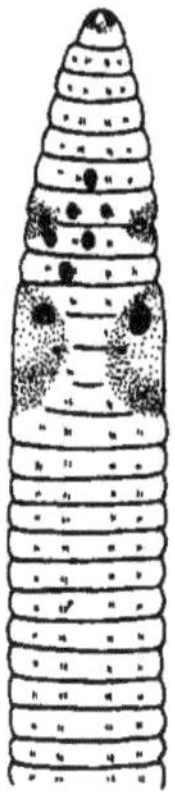

图 4-192　杜拉蚓

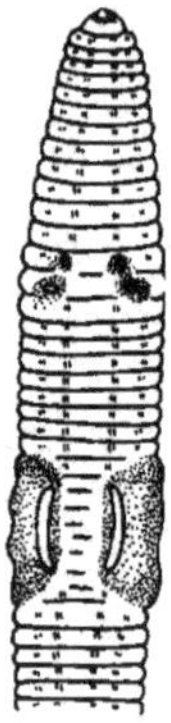

图 4-193　爱胜蚓

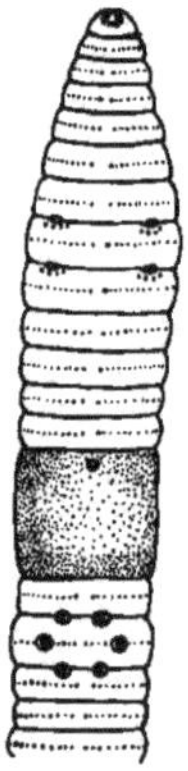

图 4-194　远环蚓

图 4-195　齿蛭

森林山蛭 *Haemadipsa sylvestris* Blanchard（图 4-196）

棋盘格形的皮肤，特别是在头部及尾吸盘上最明显。体背面通常有纵斑及斑点。完全体节 5 环。头部背面有 5 对大眼，第 4 和第 5 对眼被 2 环隔开。耳状器大，有 2 或 3 叶。尾吸盘巨大，其腹面有无数明显的辐射肋。有 3 个高而且具锐利齿的颚，但其上没有乳突。在我国太行山和大别山以南广大温湿地带的山区丛林中以及台湾和海南均有分布。

日本类蛭 *Mimobdella japonica* Blanchard（图 4-197）

体长 35～165mm。背面紫红灰色或茶褐色，身体扁圆柱状。头部背面有 1 对眼，未成熟个体有 1～3 对副眼。完全体节有 7 环，其环序是 3 大环和 4 小环。两性生殖孔被 5 环隔开。口内没有咽针。分布于北京、江苏、南京、苏州、湖南等地。

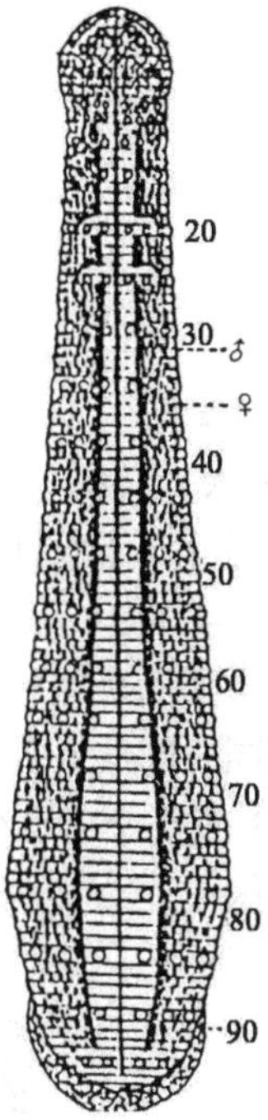

图 4-196　森林山蛭

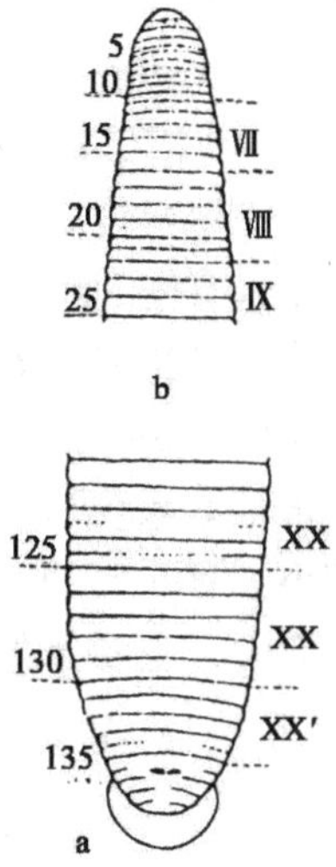

图 4-197　日本类蛭

4.3.4.6　软体动物门 Mollusca

腹足纲 Gastropoda

本纲有前鳃亚纲中的原始腹足目和中腹足目的环口螺科等陆生种类；肺鳃亚纲中的基眼目和柄眼目中的种类等。

常见腹足纲动物亚纲、目检索

1　有厣，雌雄异体，具螺旋形贝壳，鳃呼吸 ························ 前鳃亚纲 Prosobranchia 2

1　无厣，贝壳退化或无，以肺呼吸 ······································ 肺鳃亚纲 Pulmonata 3

2　厣为圆形，贝壳形态多变 ·· 中腹足目 Mesogastropoda

2　厣为椭圆形 ··· 原始腹足目 Archaeogastropoda

3　具贝大、形态多变，眼着生于大触角上 ······························ 柄眼目 Stylommatophora

3　具贝微小（壳高 2mm）蛹形，眼着生于触角基部 ··············· 基眼目 Basommatophora

前鳃亚纲 Prosobranchia

原始腹足目 Archaeogastropoda

土鸥螺 *Georissa* sp.（图 5-198）

贝壳微小，壳质薄，稍透明，呈圆锥形。壳面呈黄褐色或棕褐色，其上有纹状的条纹和小念珠状的突起，并有布纹状刻纹。缝合线深，壳顶钝，呈乳突状。壳口锋利而不外折，薄而易碎。厣石灰质，呈卵圆形，其上有同心圆线。主要分布在我国长江流域以南地区。

中腹足目 Mesogastropoda

环口螺科 Cyclophoridae

褶口螺 *Ptychopoma* sp.（图 4-199）

贝壳中等大小，螺层较低，体螺层周缘形成肋状，具横的螺纹和打褶的螺轴。脐孔宽大。厣具有密的环纹，石灰质，厚。主要分布于长江流域以南地区。

双边凹螺 *Chamalycaeus* sp.（图 4-200）

贝壳呈卵圆锥形，脐孔狭窄，最后一螺层膨大。壳面具粗的刻纹。在体螺层缝合线上有呼吸管。口缘较厚，外折。厣角质，具同心圆线，并有核心。中央齿前部变宽向后缩小，有 5～7 个，具齿尖，中齿板 4 或 5 个，内侧齿板 4 个，外侧齿板 3 个，具齿尖。主要分布在长江流域以南地区。

图 4-198　土鸥螺

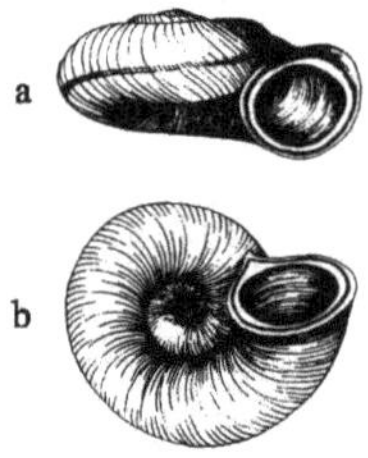

图 4-199　褶口螺

a. 侧面观；b. 腹面观

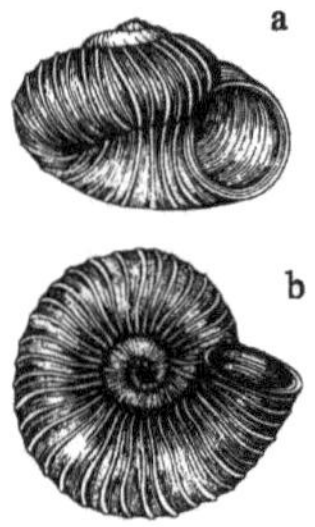

图 4-200　双边凹螺

a. 侧面观；b. 腹面观

肺鳃亚纲 Pulmonata

基眼目 Basommatophora

果瓣螺 *Carychium* sp.（图 4-201）

贝壳几乎呈圆柱形，体螺层逐渐扩大。光滑或具细微的刻纹。壳口卵圆形，在壳轴处具 1 或 2 个皱褶。口缘宽阔。眼生在触手基部后面。主要分布于我国南北广大地区。

柄眼目 Stylommatophora

琥珀螺 *Succinea* sp.（图 4-202）

贝壳呈圆锥形，壳质薄易碎，体螺层特别膨大，螺旋部短，有时仅仅突出，在间角区域无折。主要分布于我国东洋界和古北界地区。

槲果螺 *Cochlicopa* sp.（图 4-203）

贝壳呈长圆锥形或圆柱形，无脐孔，光滑并有光泽，具有 5～7 个稍膨胀的螺层，壳口明显的短，几乎垂直。口缘钝，内部硬结变厚。无齿。壳轴在下部常有微小的缺刻。足短，无侧沟和尾窝。广泛分布于我国东洋界和古北界地区。

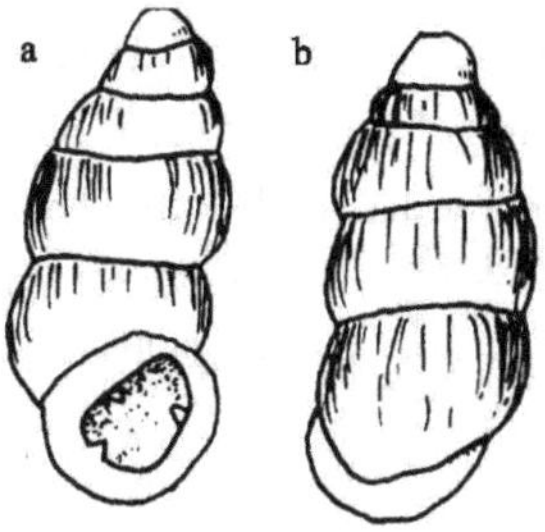

图 4-201 果瓣螺

a. 腹面观；b. 背面观

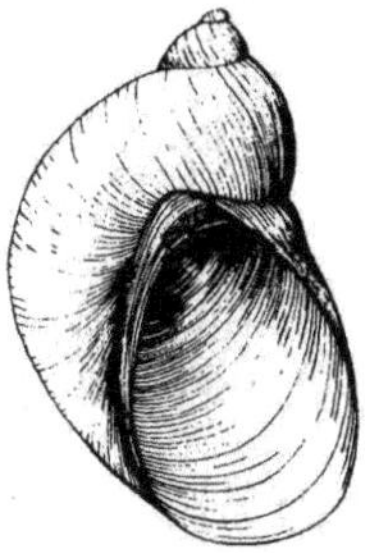

图 4-202 琥珀螺

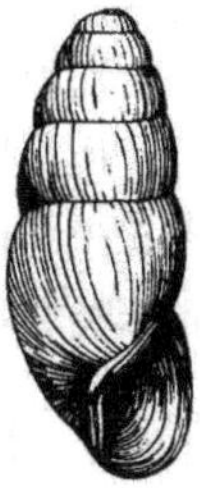

图 4-203 槲果螺

巴蜗牛 *Bradybaena* sp.（图 4-204）

贝壳脐孔十分狭小，螺旋部呈宽圆锥形，体螺层膨胀。壳口倾斜，呈宽半月形。齿舌的中央和侧齿具特殊的外齿尖。广泛分布于我国东洋界和古北界地区。

嗜黏液蛞蝓 *Philomycidae* sp.（图 4-205）

无贝壳，外套膜很大，覆盖动物的整个背部。皮肤通常具有花纹、斑点和皱褶。蹠面在纵向方面不纵分。呼吸孔位于身体前端。我国分布于长江流域以南的广大地区。

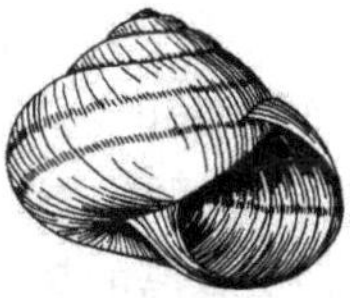

图 4-204 巴蜗牛

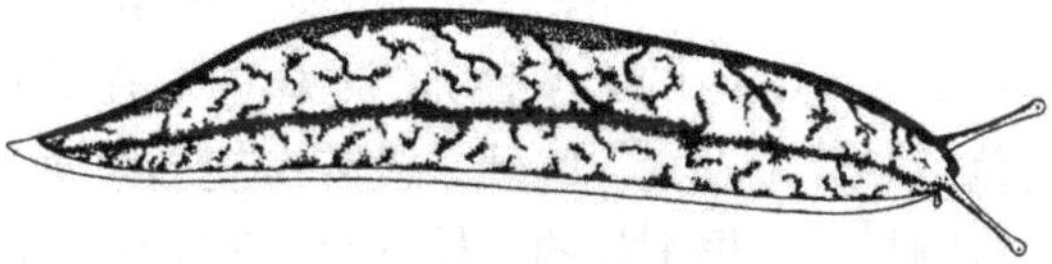

图 4-205 嗜黏液蛞蝓

4.3.4.7 缓步动物门 Tardigrada

缓步动物是一类特殊的动物，虫体生有 4 对短而粗的脚。由于其动作非常缓慢，故称缓步动物。缓步动物的体型很像熊，所以称之为熊虫。身体由 1 个明显的头节和 4 个不明显的躯干体节组成。腹面平坦，背面隆起。有的类群头部具有成对的感觉附器—前触须和侧触须，有的没有，都是小型动物，体表盖着非几丁质的角质膜，有些种类体表有板甲，外形呈筒形。脚上具爪。虫体通常透明无色，有时因所摄取的食物而呈淡棕色。有些雌虫成熟后呈褐色。虫体长度大多为0.2～0.3mm。陆地种类主要生活在苔藓丛中、落叶层和土壤中。我国有2纲3目4科12属，约45种。

缓步动物纲、目检索

1 头部有侧须 …………………………………………………… 2
1 头部无侧须 …………………………………… 真缓步纲 Eutardigrada3
2 咽部几丁质板呈纵线状 ………………… 异缓步纲 Heterotardigrada 棘节目 Echiniscoidea
2 咽部几丁质板呈短棒状 ………………… 中缓步纲 Mesotardigrada 热生目 Thermozodia
3 脚爪的主枝和副枝分离 …………………………………… 离爪目 Apochela
3 脚爪的主枝和副枝和在一起 ……………………………… 近爪目 Parachela

异缓步纲 Heterotardigrada

棘节目 Echiniscoidea

棘影熊虫 *Echiniscus* sp.（图4-206）

体长0.15～0.45mm，身体通常呈暗红色。背甲板甚厚，前面是头甲板，其后依次是肩甲板、第一中板、第一侧板、第二中板、第二侧板、第三中板以及终板。头部腹侧有1对乳突状突起，在其后端有短的2对毛。背部中央3块甲板不横分割。在肩甲板左右的前缘有1对长的侧触须。终板之后有1对刻痕。脚的爪呈钩针形。脚的基部有小的锯齿状突起。分布于我国华北、华东和华南。

真缓步纲 Eutardigrada

离爪目 Apochela

小斑熊虫 *Milnesium* sp.（图4-207）

体长0.5～1mm的大型种类。身体前端有6个大的围口乳突和6个三角口板形成的盖。口管短、宽、坚硬，没有螺旋形增厚。口针支撑短而厚，有口针鞘。有眼。每脚具有2根细长的主枝爪和2根粗而短的副枝爪，二者离的甚远。角皮上没有孔，有光滑的卵产于其中。分布在我国华北地区。

近爪目 Parachela

大生熊虫 *Macrobiotus* sp.（图4-208）

体长0.2～10.1mm，身体无色或带褐色。口的周围有10块唇状板，口管短、坚硬、没有螺旋增厚。吸咽有大板，但无小隔。角皮光滑，但具有不同大小、数目和分布的孔。每腿2对双分叉的爪，其大小和形状相似，基部不连接且具有小月面。分布在华北、华东和华南地区。

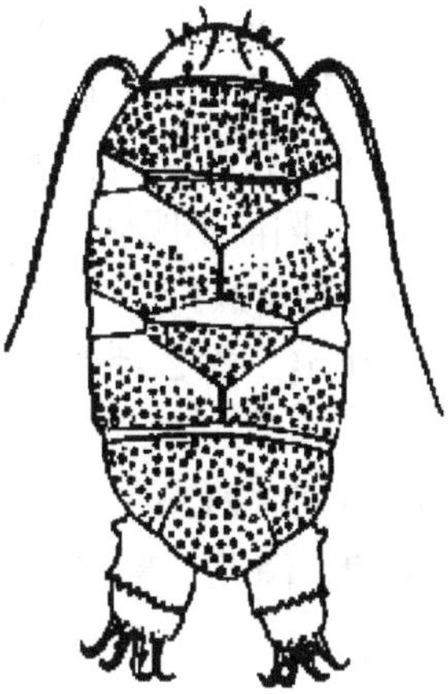

图 4-206　棘影熊虫

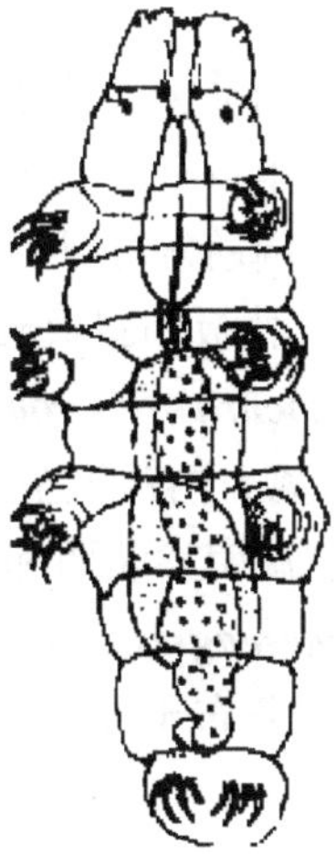

图 4-207　小斑熊虫

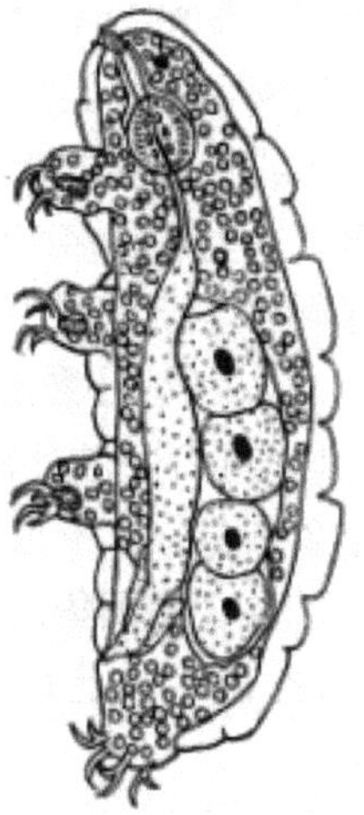

图 4-208　大生熊虫

4.3.4.8　节肢动物门 Arthropoda

蛛形纲 Arachnida

蝎目 Scorpiones

蝎目是一类大型的蛛形纲动物，体长在 1.3～18cm（多数 3～9cm）。头胸部宽短，近乎四边形。背甲坚硬，密布突起或纵肌。背甲中央部位有 1 对大的中眼，长在眼丘上。螯肢小，钳状。触肢十分强大，分 6 节，其掌节的不动节合成钳状。4 对步足分 7 节。腹部分前腹部和后腹部两部分，前腹部一般分 7 节，节较宽而短，与头胸部紧密相连，常合称为躯干。我国已知有 4 科 7 属 11 种。多生活在石块下的土窝内。

马氏钳蝎 *Buthus martensi* Karsch（图 4-209）

又称东亚钳蝎，头胸部的胸板小，前端趋窄，多数呈三角形。第三和第四步足的胫节通常有一距，前跗节有不少于 1 对的距。头端两侧各有 3 或 5 个侧眼。触肢腿节有 10 根听毛，其中 4～5 根在前侧面；胫节腹面无听毛；掌部多少呈圆柱形。广泛分布在内蒙古自治区、辽宁直到四川、福建、山东、河北和河南等地。

蜘蛛目 Araneae

中华七纺蛛 *Heptathela sinensis* Bishop et Crosby（图 4-210）

体型较大，体长 10～16mm。8 个眼集于一丘。螯牙上下活动。触肢基部无颚叶。步足有 2 对基节腺。在第 4 步足基节。在我国广泛分布。

伪蝎目 Pseudoscorpiones

伪蝎目是一类体柔软的蛛形纲动物，体小型，长一般在 8mm 以下。头胸部有方形或三角形的背甲；两前侧角各有 1 或 2 个眼，或无眼；无中眼。触肢由 6 节组成，上有许多感觉毛。触肢内通常有毒腺，开口于一或两指的末端。腹部由 12 节组成，但第Ⅻ节小而朝下，背板和腹板融合成一圆环，因而不明显。

强壮暴伪蝎 *Tyrannochthonius robustus* Beier（图 4-211）

4 个眼。螯肢外锯齿端部游离，内锯齿全部为典型的锯突。前 2 对步足的跗节分 2 节。分布于北京、浙江、湖南、陕西和四川等地。

中国华肉伪蝎 *Chinacreagris chinensis*（Beier）（图 4-212）

4 个眼。步足跗节分 2 节。分布于浙江、江苏、福建、湖北、贵州和四川等地。

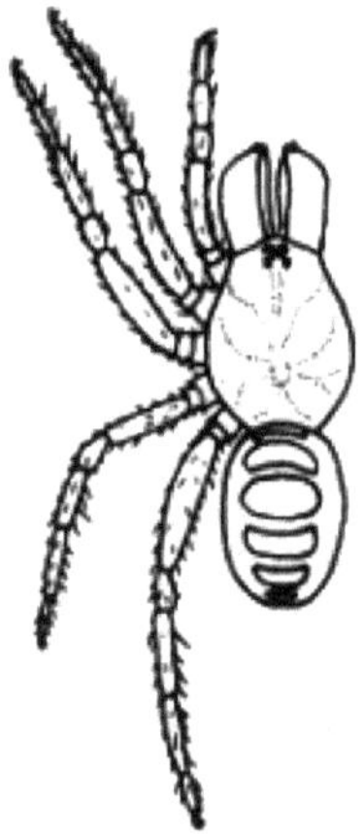
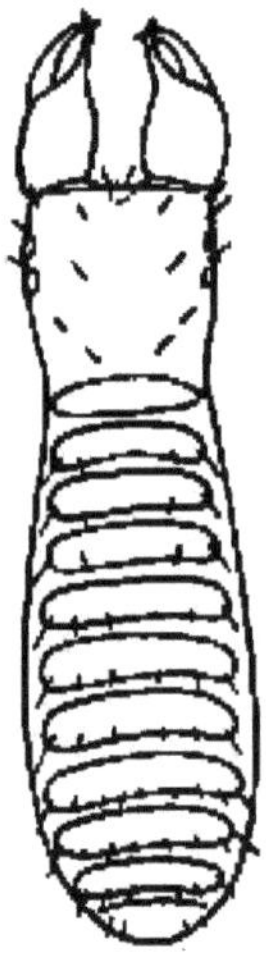
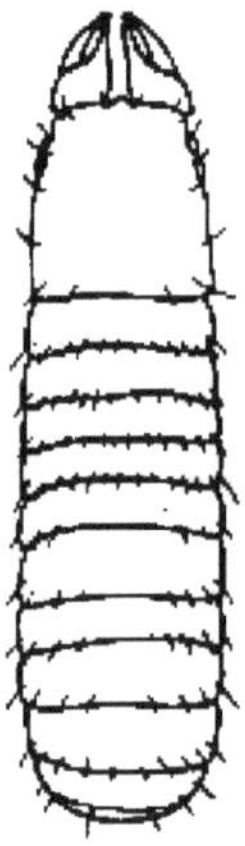

图 4-209　马氏钳蝎　图 4-210　中华七纺蛛　图 4-211　强壮暴伪蝎　图4-212　中国华肉伪蝎

盲蛛目 Opiliones

蛛形纲中的一个重要的类群。体长一般在 5～10mm（足除外）之间。头胸部（前体）和腹部（后体）连接处宽阔，整体呈椭圆形。背甲中部有一隆丘，丘的形状和大小各异，其两侧各有 1 个眼。背甲前侧缘有 1 对臭腺的开孔。螯肢小，细长而分 3 节，末两节形成钳。触肢足状。多数种类的步足非常细长，超过体长许多倍。腹部分节。雌体有产卵器。在山区的树干、草丛、石块下或墙角处经常可以发现。广泛分布于全国各省区。

刺盲蛛 *Opilio spinulatus* Roewer（图 4-213）

螯肢基节腹面无距。触肢膝节无突起。眼丘高而有数突起。螯肢上片光滑。

触肢腿节无突起。生活在林区和草原的石块和木材下。广泛分布于我国南北各地。

北方同盲蛛 *Homolophus arcticus* Banks（图 4-214）

体长 6～12mm，大型。螯肢基节腹面无距。步足相对较短。基节和转节无刺。雄体的第 1 足较粗壮。常见于草原的石块和木材下。在我国分布于新疆、内蒙古、甘肃和西藏等地。

寄螨目 Parasiformes

中气门亚目 Mesostigmata

体长 0.2～2.0mm，根据其第 2 至第 4 足基节外侧有 1 对明显的气门，以及与气门联系的气门沟，颚体背面有头盖，口下板毛 3 对，位于须肢跗节内基角的趾节为叉状毛等特征，很易与其他亚目螨类区别。

羽克螨 *Kleemannia plumusa*（Oudemans）（图 4-215）

体长 0.3～0.5mm。背板 1 块，表面有刻纹。雌成螨胸板仅有 2 对毛，第 3 胸毛位于胸板外。分布于全国各地。

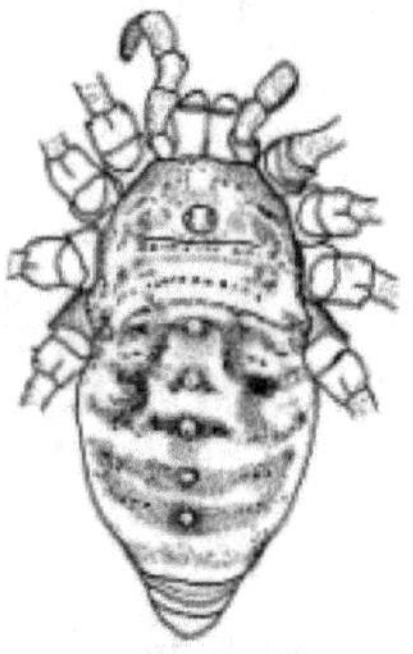

图 4-213　刺盲蛛

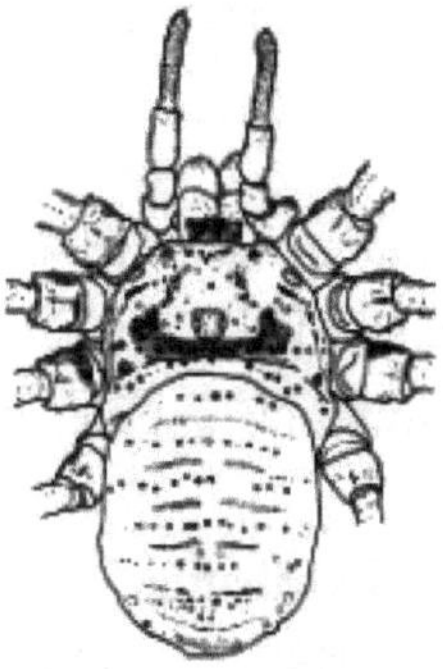

图 4-214　北方同盲蛛

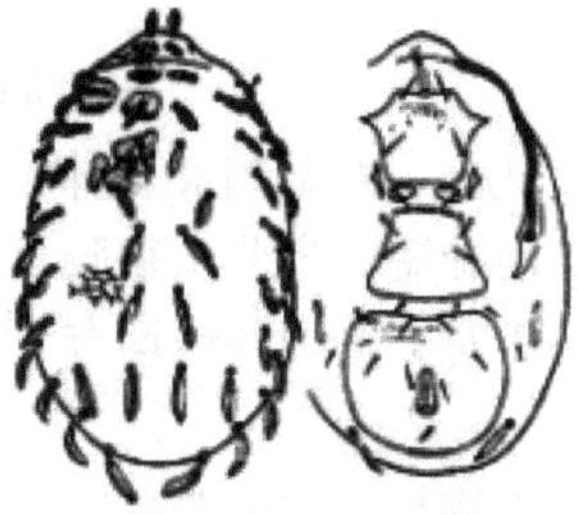

图 4-215　羽克螨
a. 背面；b. 腹面

具钩维螨 *Veigaia uncata* Farrier（图 4-216）

体长 0.4～0.8mm，背板不完全分为两块。生殖板有环状结构，口下板内磨叶扩大。内磨叶胡须状。分布于全国各地。

真螨目 Acariforme

前气门亚目 Prostigmata

前气门亚目螨类形态极为多样，体色多为白色，但有不少种类体色鲜艳，背板或有或无，骨化程度多样，体表可见皮纹。气门位于前足体肩部或颚体部。

圆果大赤螨 *Anystis baccarum*（Linnaeus）（图 4-217）

体长 0.5～1.5mm，体圆形，红色。足长，作辐射状排列，行动极快，如蟹横爬，在植物上及地面常见。全国各地均有分布。

朱亮纤赤螨 *Leptus zhutingensis* Zheng（图 4-218）

体大型，深红色，体密布刚毛。螯肢动趾长，可自由伸缩，须肢具拇爪复合体。前足体背中央有长的冠脊，脊的前后端各有 1 对感毛；足发达，一般较体长为长。全国各地均有分布。

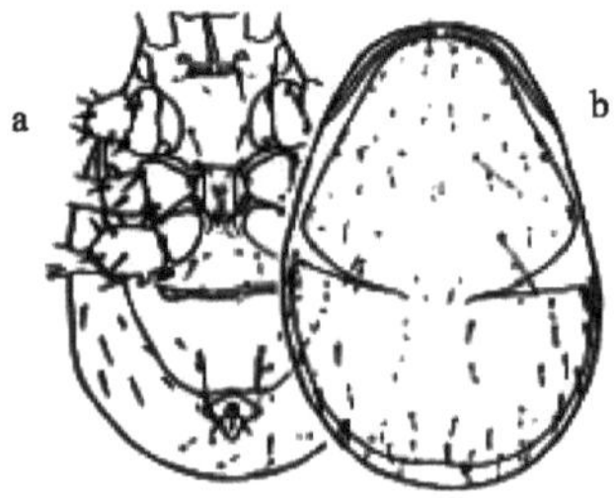

图 4-216　具钩维螨

a. 腹面；b. 背面

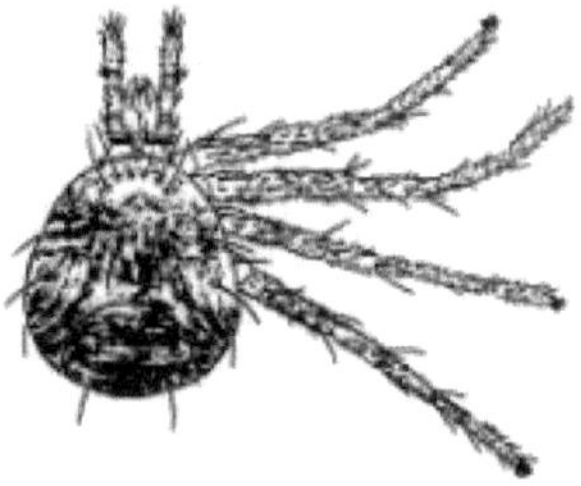

图 4-217　圆果大赤螨

图 4-218　朱亮纤赤螨

异绒螨 *Allothrombium* sp.（图 4-219）

红色，大型螨类，体长 0.5～4mm。体密布刚毛，螯肢短，粗壮，定趾退化，动趾短而弯曲。须肢发达，具拇爪复合体。前足体中央有发达的感觉脊，具感毛 1 对。全国各地均有分布。

甲螨亚目 Oribatida

甲螨是一类体壁高度骨化的中、小型螨类，少数原始类群体壁柔弱。体长 0.2～1.5mm。体色多为褐色。螯肢钳状，具齿，少数种类延伸变长。须肢 3～5 节。口器有助螯器。气门不明显或缺。前足体具感气器窝 1 对，感器发达。稀有眼。足跗节端部有 3 个爪或单爪，偶有 2 个爪。我国目前已记录 86 科。全国各地均有分布。

窝甲螨 *Fosseremus* sp.（图 4-220）

后背板长卵圆形。前背板中部有 1 对半圆形隆条。后背板毛 11 对。后背板具 4 个凹窝，其突出部呈“工”字形。步足各关节部明显膨胀，腹节单爪。生殖板前缘有一弓形隆条。分布全国各地。

新肋甲螨 *Neoribates* sp.（图 4-221）

具明显的梁。翅形体可活动，腹面具凹陷，生殖毛 4 对。后背板毛 10 对，具小囊，无孔区。感器柄细长，前端膨大呈纺锤形，端部尖。分布于全国各地。

图 4-219　异绒螨

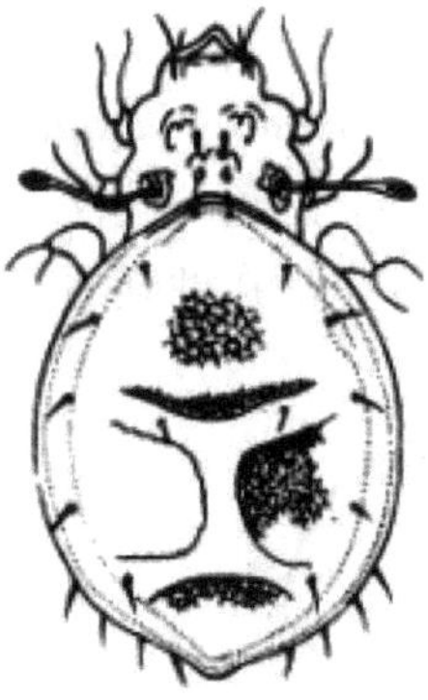

图 4-220　窝甲螨

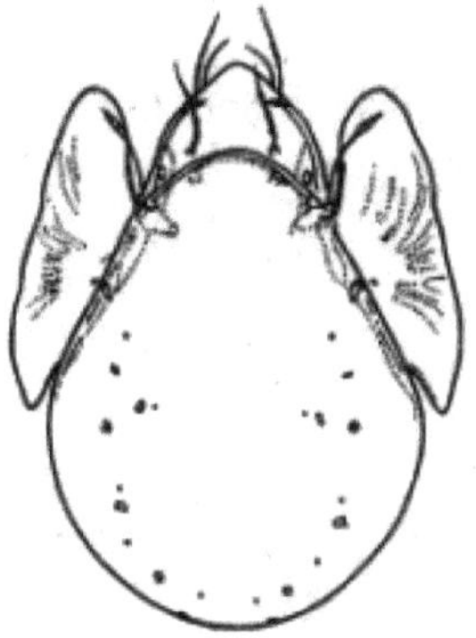

图 4-221　新肋甲螨

毛大翼甲螨 *Trichogalumna* sp.（图 4-222）

前背板侧面具梁线和亚梁线，梁毛位于两梁线中间，后背板毛 10 对，ta 毛位于翅形体上，后背板具 4 对孔区，生殖毛 6 对。分布于全国各地。

桡足纲 Copepoda

猛水蚤目 Harpacticoida

桡足纲动物的身体分为头、胸和腹部；原有 16 或 17 个体节，但因体节的相互愈合，最多不超过 11 节。头部与前 1 个或 2 个胸节愈合成头胸部，其余的 4 或 5 个胸节游离。腹部 5 节，雌体腹部前 2 节通常愈合为生殖节。腹部末 1 节为尾节，也称为肛节，肛门位于尾节背面近前缘处，并覆盖肛门板，尾节末端有 1 对尾叉，通常各具 6 根尾刚毛。头胸部共有 6 对附肢，即 2 对触角、1 对大颚、2 对小颚和 1 对颚足。胸部 6 对附肢，除第 1 对变为颚足外，其余 5 对为游泳型；腹部完全无附肢。桡足纲分为 7 目，生活在土壤中的主要是猛水蚤目中的一些种类。猛水蚤目动物身体一般细长，头胸部并不比腹部宽。第 1 胸节大多与头节愈合。雌雄性的生殖孔位于生殖节的腹面。第 1 触角较短，一般不超过 9～10 节，第 2 触角 3～4 节，外肢 1～3 节，或有时退化仅存一突起。大颚须小。

南方伊兰猛水蚤 *Elaphoidella viguieri*（Guerne et Richard）（图 4-223）

体形粗壮，呈圆柱形。额短，与头节相连。第 1 触角 6～8 节。第 2 触角外肢仅 1 节，第 1 至第 4 胸足外肢 3 节，胸足内肢 2～3 节，较外肢为长，第 2、3 胸足内肢 2 节，第 4 胸足内肢 1～2 节；第 5 胸足分 2 节 。分布于海南、广东、广西、福建和云南等地区。

单性沿岸猛水蚤 *Epactophanes richardi* Mrazek（图 4-224）

第 1 触角 6 节；第 2 触角外肢 1 节，具刚毛 1～2 根。第 1 至第 3 胸足内、外肢均为 3 节，第 4 胸足外肢 3 节，内肢 2 节；分布于黑龙江、广西、云南和新疆。

长节刺猛水蚤 *Echinocamptus hiemalis elongates* Shen et Tai（图 4-225）

腹部各节的腹缘小刺较多；第 2 触角外肢仅 1 节，第 1 胸足内肢分 2～3 节，第 2 至第 4 胸足内肢分 2 节。主要生活在潮湿的苔藓植物上。分布于我国南方。

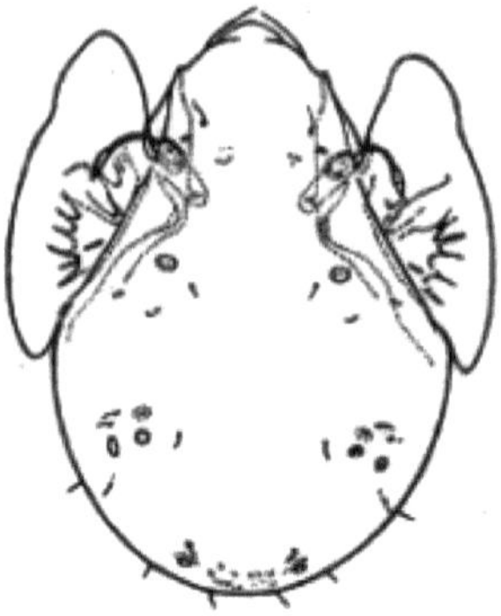

图 4-222　毛大翼甲螨

图 4-223　南方伊兰猛水蚤

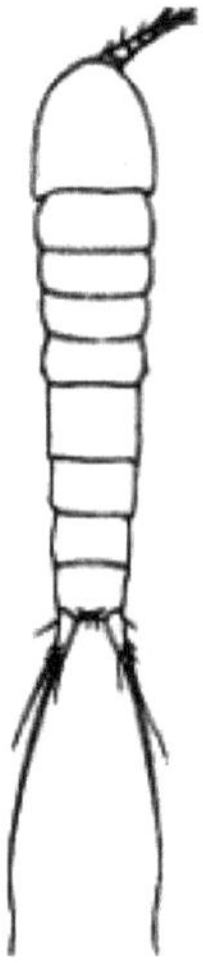

图 4-224　单性沿岸猛水蚤

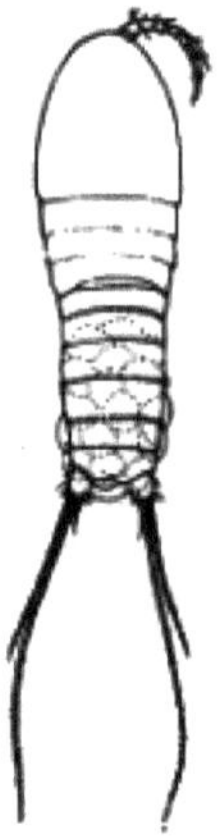

图 4-225　长节刺猛水蚤

软甲纲 Malacostraca

等足目 Isopoda

等足类的种类很多，按其生活方式可分为自由生活和寄生生活两类，包括海洋、淡水和陆生三大类群。但在土壤中生活的类群，则全部包括在潮虫 Oniscoidea 亚目中。本亚目的种类身体较小，一般体长仅 4～12mm。体色多呈黑褐色或黄褐色，体型呈背腹扁平的卵圆形，分头胸腹三部分，无明显的头胸甲。头部具 1 对无柄的复眼（少数种类系单眼），2 对触角及咀嚼器的口器。第 1 触角甚小，单枝型，有柄无鞭，不易看到；第 2 触角发达。胸部一般为 7 节组成，各节均具 1 对胸足（亦称步足）。腹部各节较短小，且有愈合现象，一般分 6 节。尾肢位于尾节末端，一般为双枝型。

缅阴虫 *Burmoniscus* sp.（图 4-226）

身体较细长，体长一般在 4～8mm，体长小于宽的 2.5 倍。腹部明显窄于胸部。尾节基肢较细长，第 2 触角鞭部由 3 节组成。第 1 小颚外叶顶端具 10 个齿。大颚臼齿状突具根状刚毛。广泛分布在我国亚热带地区森林的落叶层中。

蒙潮虫 *Mongoloniscus* sp.（图 4-227）

身体长卵形，体长 6～12mm，不能蜷曲成球。第 1～5 腹肢外肢具伪气管。头节的中叶和侧叶突出不明显，第 2 触角鞭分 2 节，第 1 胸节的后侧缘较钝圆，雄性第 7 胸足的腕节的背缘明显拱起，第 1～5 腹肢外肢末缘具深凹的双叶角状突起。分布在东北、华北、华中、华东、华南、西南及台湾等地区。

鼠妇 *Porcellio* sp.（图 4-228）

身体长圆形、，体长在 5～15mm，不能卷曲为球形。头节侧叶甚发达，胸节后侧缘多为内凹，第 2 触角较长，可达第 3 胸节，尾节较长，尾肢侧缘有明显的凹陷，第 1、2 腹肢外肢具伪气管。分布于东北、华北、华中、华南、西南及台湾等地。

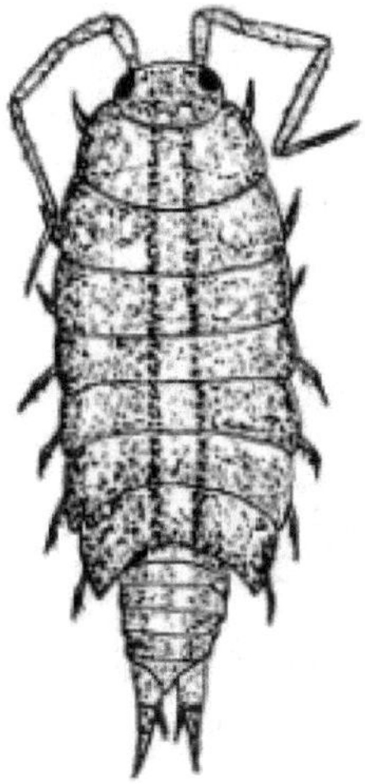

图 4-266　缅阴虫

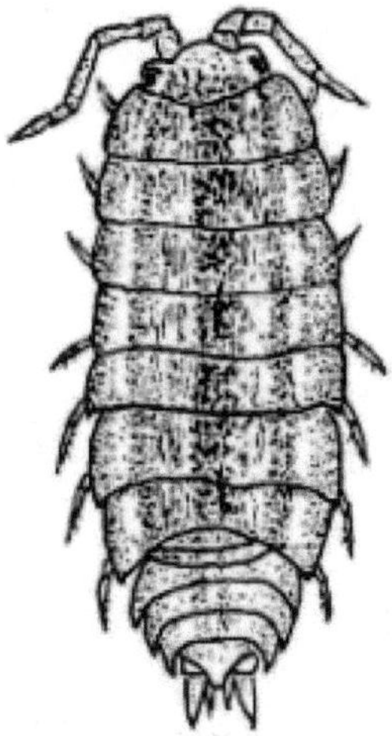

图 4-227　蒙潮虫

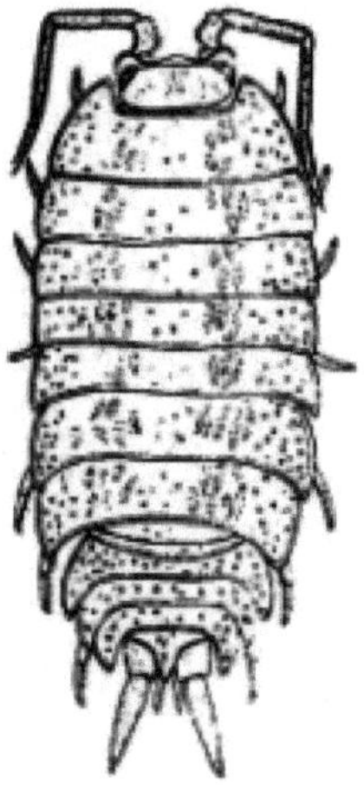

图 4-228　鼠妇

腊鼠妇 *Porcellionides* sp.（图 4-229）

身体长圆形，体长在 5～15mm，不能卷曲为球形。头节侧叶不发达，上触角线突出多呈“V”形，胸节后侧缘圆钝，第 2 触角较长，尾节较长，尾肢侧缘有明显的凹陷，第 1、2 腹肢外肢具伪气管。分布于东北、华北、华中、华东、华南、西南及台湾等地。

卷甲虫 *Armadillidium* sp.（图 4-230）

身体长椭圆形，体长一般为 8～10.5mm，背部隆起，能卷成球形，腹部与胸部间身体轮廓线均匀连接，头节前缘额盾明显，侧叶钝圆，大颚无臼齿突，仅具数根笔状刚毛。第 2 触角短，一般不超过第 1 胸节，鞭部 2 节。第 1 至 2 对腹肢外肢具伪气管；尾节三角形，且向末端趋窄。分布于华北、华中、华东、华南及西南等地区。

倍足纲 Diplopoda

倍足纲动物的躯干部由许多双体节组成；双体节是每 2 个原始体节愈合起来的，而每个原始体节各有 1 对附肢。因此，几乎所有的体节都有 2 对步足，故将这一类群称之为倍足类。

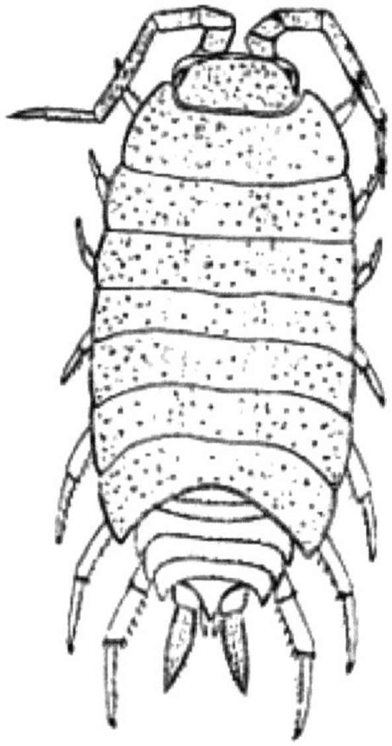

图 4-229 腊鼠妇

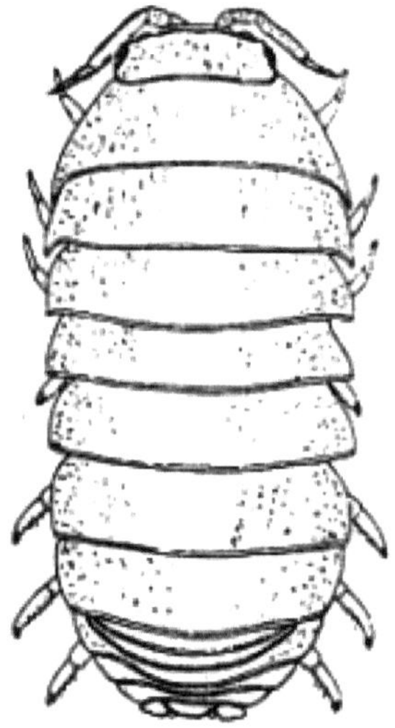

图 4-230 卷甲虫

马陆 *Julus bortersis*（图 4-231）

体圆柱形，体壁因含钙质而坚硬。头由前 5 个体节愈合而成，触角短，6～8 节。1 对大颚愈合形成颚唇。1 个颈节无附肢，胸部 3 节具 1 对附肢，腹部每节有 2 对附肢，最后 1～5 节无附肢。有臭腺，可分泌特殊气味物质。栖息在潮湿场所，以枯枝烂叶为食。分布广泛。

图 4-231 马陆

唇足纲 Chilopoda

整体细长，背腹相当扁平；两侧步足 15 对，多至 139～173 对。颚足或毒颚的体节为躯体第 1 体节。

地蜈蚣目 Geophilomorpha

节头地蜈蚣 *Mecistocephalus* sp.（图 4-232）

整体很细长，呈蠕虫状；无眼，触角（14 节）和步足颇短。31～173 个有步足体节，每个体节（除第 1 和大多为末一体节外）都有气门，而且除已有主背板和主胸板外，间插背板和间插腹板充分发育。基板显著。步足，颚肢基胸板无齿板。

石蜈蚣目 Lithomorpha

石蜈蚣 *Lithobius* sp.（图 4-233）

15 对步足，15 个大小交替的背板，气门在两侧，颚肢胸板完全退化，颚肢分 5 节，基节有硬齿列。

蜈蚣目 Scolopendromorpha

少棘蜈蚣 *Scolopendra subspinipes* Mutilans（图 4-234）

头和第 1 背板金黄色，故称金头蜈蚣。体长 110～130mm，墨绿或黑褐色。1 对触角细长。8 只单眼。第一对附肢为颚肢，前腿节大，有距状突，跗节与前胸跗节愈合成钩状螯，毒钩有孔通毒腺。腹板、步足黄色，足端黑、爪状，躯干 21 节。尾足长有短棘。分布于江苏、浙江、河南、湖南、四川等地。

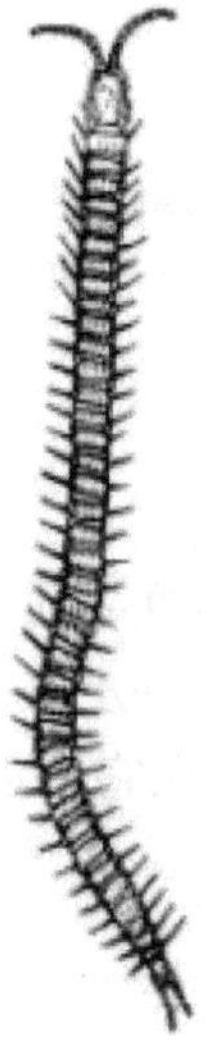

图4-232　节头地蜈蚣

图 4-233　石蜈蚣

图 4-234　少棘蜈蚣

综合纲 Symphyla

身体细长，体长 2～8mm。外观与小蜈蚣相似，但身体后端有 1 对能吐丝的突起，全体呈乳白色。触角分许多节，呈长线状；头的两侧无眼，但是有 1 对相当发达的触角后器。具有 12 对步足和多于 12 个的背板组成。背板通常具有 15

个。末节具有1对十分显著的铗状突起——纺绩器和1对具有长刚毛的感杯体。在躯干的背面，第1步足有时发育不全，由第2步足开始在它的基部有成对的基节囊和刺针。触角位于口前部两侧，触角节短，具有轮生的刚毛。综合纲只有一个目——综合目。在我国广泛分布的类群是综合目中3科之一的幺蚰科。

汉氏幺蚰 *Hanseniella* sp.（图4-235）

有15个背板，在每2个背板之间有一薄的节间皮。在第4、6、8体节后各有一无足的居间体节。第1对步足总是充分发育并且超过后对步足长度之半。步足的刺针充分发育。背板后缘钝圆或稍凹入，后缘角大多宽钝，很少呈角状。末对步足的背面通常有许多刚毛。在我国广泛分布。

蠋蛾纲 Pauropoda

身体细长，呈长柱状，或身体扁平而稍宽。头部两侧有1对特殊的盘状器。触角短，构造特殊；每一个触角有一主干与其末端的2个分支。口器由1对大颚和1对小颚组成。躯干部有11个体节和1个肛节，其中9个体节各有1对步足，第1体节的附肢发育不全，而第11体节不具步足或腹肢。覆盖着6个背板。躯干开始由2个背板形成1个双体节的合并。在我国已发现蠋蛾科和广蠋蛾科的某些类群。

蠋蛾纲常见分科检索

1 体形扁平，第1和第4背板盖住头和尾节 ························ 广蠋蛾科 Eurypauropodidae

1 体形不扁平，头和尾节显露 ·· 蠋蛾科 Pauropodidae

广蠋蛾科 Eurypauropodidae

广蠋蛾 *Eurypauropus* sp.（图4-236）

深体扁平，具有6个背板。头部由第1背板覆盖着，仅在头前面有毛。外皮强几丁化；皮肤有一薄的上皮层和一厚而均质的下层组成。外皮由小孔穿通，每个小孔有小刺或瘤突。盅毛位于背板膜质下半部的外侧，在它附近也没有小刚毛。肛节有第6背板遮盖着。体色较深。大多为褐色。在我国广泛分布。

蠋蛾科 Pauropodidae

蠋蛾 *Pauropus* sp.（图4-237）

身体圆柱形，具有6个背板；第1背板覆盖着前面的2个体节，具有1对不发育的步足和1对充分发育的步足，表面具有2列刚毛，每列有4根。表皮光滑，轻度几丁化。第2至第5背板各自覆盖着2个体节及其步足；头部不被覆盖具有9对刚毛。体色多呈白色，有相当长的步足。在我国广泛分布。

原尾纲 Protura

原尾虫学名蚖，是一种身体微小的昆虫，成虫体长一般在 1～2mm。体型细长，通常为淡黄色，后端体色渐深，可呈黄褐色，其中少数种类全身呈红棕色。头部为长卵形或三角形，缺触角和复眼，但生有 1 对假眼。口器为内颚式咀嚼型，位于头部前端。胸部 3 节，无翅，生有胸足 3 对。前胸足特别发达，伸向头部两侧，跗节上生有许多形状不一的感器。成虫腹部 12 节，近前端 1～3 节腹面各生短小的腹足 1 对。

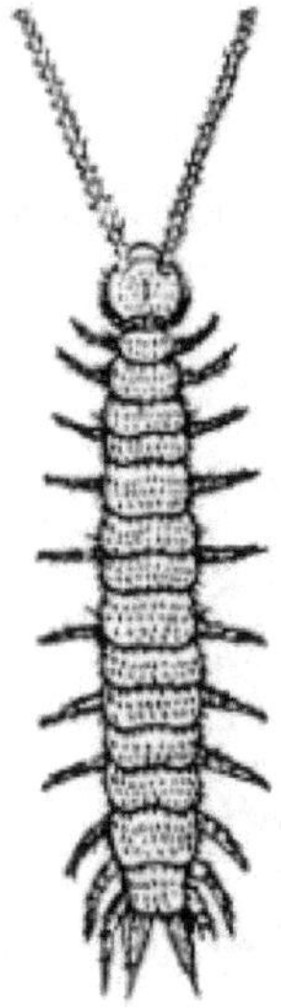
图 4-235　汉氏幺蚰

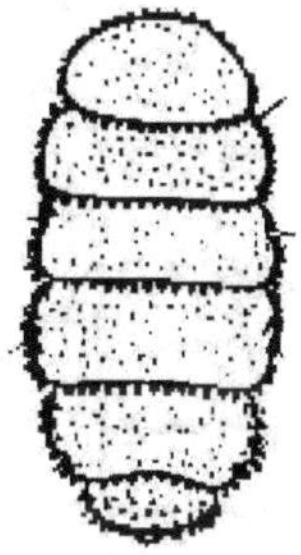
图 4-236　广蠋蛂

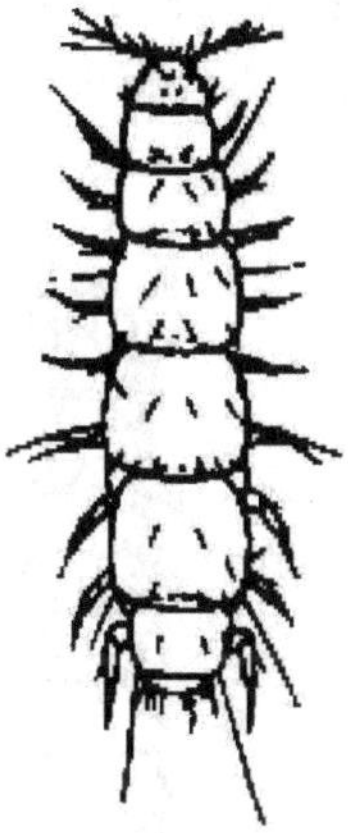
图 4-237　蠋蛂

原尾纲分目检索

1　中、后胸背板缺中刚毛 …………………………………… 华蚖目 Sinentomata

1　中、后胸背板有中刚毛 …………………………………… 2

2　三对腹足均少于 5 根刚毛 ………………………………… 蚖目 Acerentomata

2　三对腹足 2 节各生 5 根刚毛 ……………………………… 古蚖目 Eosentomata

华蚖目 Sinentomata

华蚖 *Sinentomon* sp.（图 4-238）

中、后胸背板均缺中刚毛，有前刚毛 2 对，两侧各生气孔 1 对，气孔内缺气管龛。假眼特大而不突出，上有十数根线纹。第 2、3 对腹足 1 节，各生 2 根刚毛；第 8 腹节腹板刚毛式为 2/7。成虫身体坚硬呈红棕色。分布于我国长江以南和西南地区。

蚖目 Acerentomata

夕蚖 *Hesperentomon* sp.（图 4-239）

假眼梨形，具“S”形中裂；前胸足跗节上的感觉毛均为短棒状；颚腺管细长，中部常稍膨大成袋状，其远端生有极小的花椰菜状的花饰。腹部的第 2～3 节的腹板前排刚毛均为 2 对。3 对腹足均为 2 节，各生 4 根刚毛；第 8 腹节腹板生 1 排 6 根刚毛。主要分布在西南、西北、华中和东北地区。

古蚖目 Eosentomata

古蚖 *Eosentomon* sp.（图 4-240）

中、后胸背板具前刚毛 2 对和中刚毛 1 对，近两侧各生气孔 1 对。孔内常生 2 条气管龛。3 对腹足均为 2 节，各生刚毛 5 根；假眼圆形或椭圆形，无线纹或有 3～5 条线纹和小泡。前跗节外侧感觉器均为匙形；大颚粗钝，具浅齿和纵纹；气孔常较大。分布于全国各地。

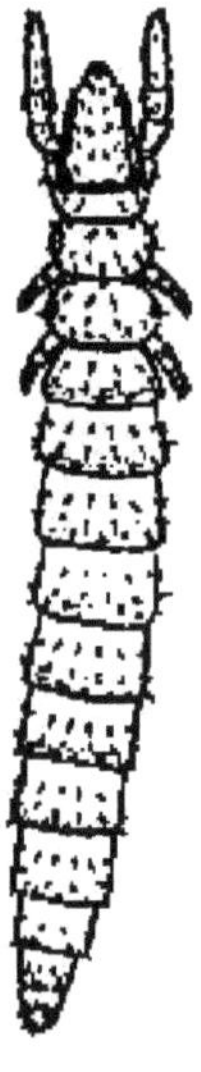

图 4-238　华蚖

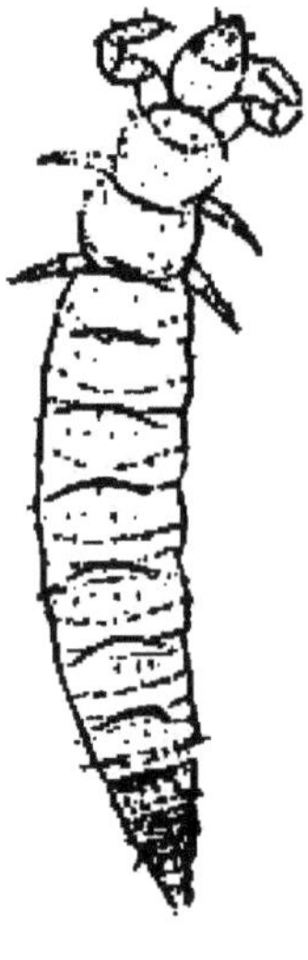

图 4-239　夕蚖

图 4-240　古蚖

弹尾纲

弹尾目 Collembola

弹尾目昆虫通称虫，是个体较小、原生无翅而有腹肢的一个类群。身体分头、胸、腹三部分。头上具有分节的触角，触角 4 节，少数触角 5 节或 6 节，无真正的复眼。胸部 3 节，每节上有 1 对足。腹部 6 节，第 1、第 3 和第 4 腹节上分别生有腹管、握弹器和弹器三种特化的腹肢。

棘蛾虫 *Onychiurus* sp.（图 4-241）

头和身体上有假眼。弹器退化。身体宽椭圆形到纺锤形，假眼有明显的几丁质边缘，角后器的小泡复杂；有次生的突起覆盖。在我国广泛分布。

球角蛾虫 *Hypogastrura* sp.（图 4-242）

眼每边 8 个，角后器由 4 个泡状突起组成，齿节背面有 6～7 根刚毛。握弹器每枝上有 3～4 个齿，无刚毛。端节大部分呈匙状。分布于上海和浙江。

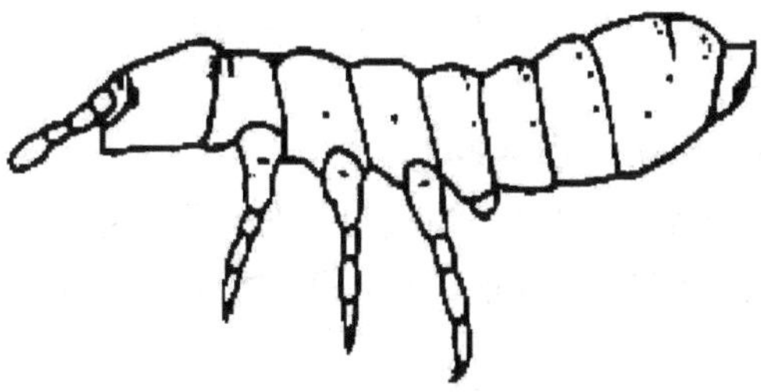

图 4-241　棘蛾虫

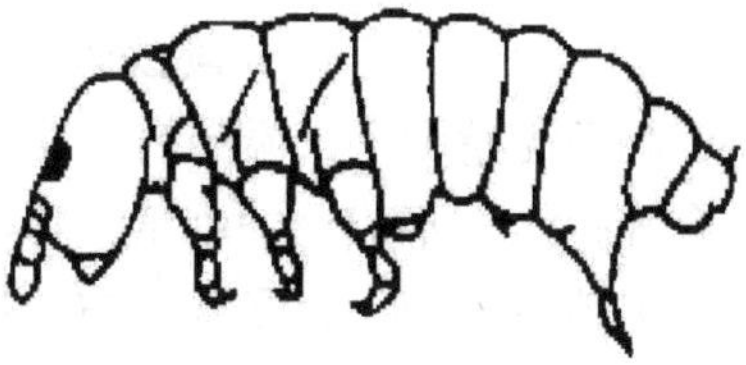

图 4-242　球角蛾虫

长蛾虫 *Entomobrya* sp.（图 4-243）

体色和花斑型多变，背面有许多弯曲的具缘毛的长刚毛，无鳞片。眼每边 8 个。除正常外侧齿外，爪总有 2 个长大的外侧基齿，后足胫跗节通常有 1 根平滑的刚毛在小爪之上。端节 2 个齿有 1 根基刺。在我国广泛分布。

小圆蛾虫 *Sminthurinus* sp.（图 4-244）

眼每边 8 个。触角第 4 节不分亚节，第 3 节感觉器疣状。握弹器基部具 2 个附属器。分布于浙江和广东。

双尾纲

双尾目 Diplura

双尾虫，简称虮。身体扁平细长而分节，虫体白色或淡黄色。头部呈圆形或椭圆形，有 1 对多节的触角，无眼。口器为咀嚼式。胸部分 3 节，各有 1 对胸足，无翅。腹部共 10 节，第 1～7 节腹面各有 1 对刺突。腹部有 1 对分节的尾须（棒亚目 Rhabdura）或者几丁质化的单节尾铗（钳亚目 Dicellurata）。一般生活在土表腐质层的枯枝落叶中，有些生活在洞穴中。喜阴暗潮湿之处，避光。

图 4-243　长蛛虫

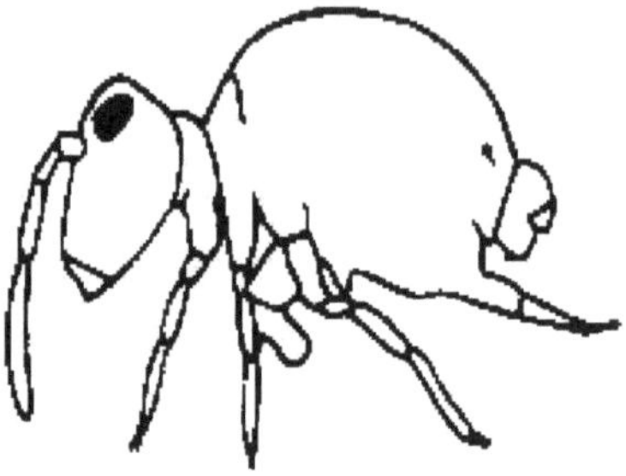

图 4-244　小圆蛛虫

副铗虮 *Parajapyx* sp.（图 4-245）

触角无感觉毛。端节有 4 个或少数板状感觉器，胸气门 2 对。腹部第 1～7 节有气孔。有不成对的中爪。腹部刺突有刺形物端毛。腹部第 8～10 几丁质化。尾须单节成钳形。在我国分布广泛。

康虮 *Campodea* sp.（图 4-246）

虫体细长，除了头、触角、足和尾须外全身都被有鳞片、刚毛和大毛。触角多节念珠状，顶端不突起，端节长于前一节，触角 3～6 节上有感觉毛。上颚内叶能动。下唇须单节。尾须长形，多节无管。在我国分布广泛。

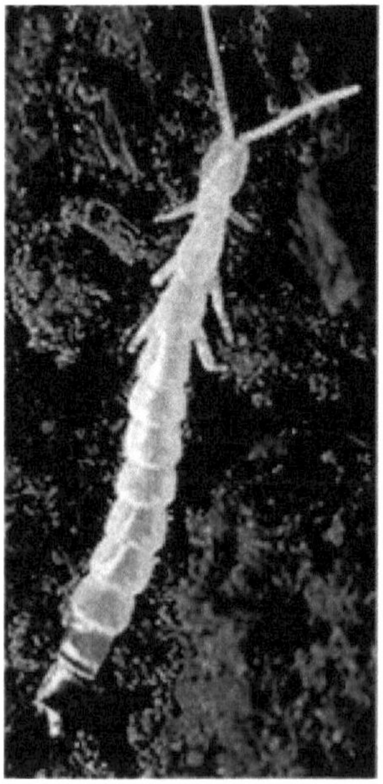

图 4-245　副铗虮

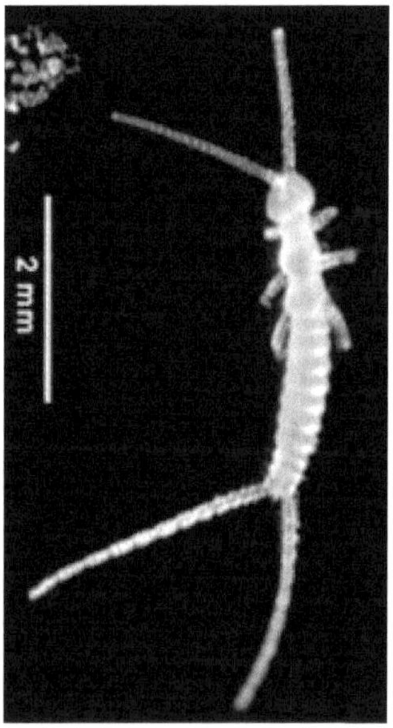

图 4-246　康虮

4.4　其他陆地动物实习

4.4.1　其他陆地动物的生活环境

4.4.1.1　动物园

随着自然生态环境的改变，鸟、兽等许多大中型动物丧失了其固有的栖息环境，在野外很难看到它们的身影。动物园是以野生动物的迁地保护、繁殖饲养和参观展览为特色的公共活动场所。不仅有助于研究经济动物的活动、食性、繁殖规律与驯养方式，而且便于研究其生境选择和分布活动规律，为成功驯化更多的野生动物提供科学依据，促进野生药用、观赏和毛皮等动物的家化驯养过程，使它们尽快成为广泛饲养的经济动物，为动物资源的保护、开发、利用和持续发展奠定了基础，也是动物学科普知识和实习的重要基地。

4.4.1.2　山地丘陵生境类型

山地的变化是多种多样的，由于山体大小、高度、坡度、阴阳面等的不同，不仅形成森林、草地、裸岩、川流等自然景观，而且有面积大小不等的果园、农田、池塘和居民点等人为景观。森林、草原等陆生动物和依赖淡水生活的动物构成了复杂的动物群落，对不同生境动物种类组成的调查，有助于比较研究小尺度生境变化和环境梯度变化对动物生态分布的影响。同时，山区是较为理想的陆生动物实习场所。

4.4.2　常见陆生脊椎动物

4.4.2.1　爬行纲

1. 蜥蜴亚目常见动物

壁虎科 Gekkonidae

无蹼壁虎 *Gekko swinhonis* Guenther（图 4-247）

全长 11～13cm，体尾几等长。体灰褐色，头体背面覆以细鳞。背部疣鳞交错，排列 12～14 纵行。指、趾端扩展，无蹼迹，尾易断。雄性尾基部有 3 枚显著的赘疣，背面灰棕色，躯干背面常有 5～6 条深色横纹，四肢及尾部也有深色横纹。

鬣蜥科 Agamidae

草绿龙蜥 *Japalura flaviceps* Barbour et Dunn（图 4-248）

体形侧扁，中等大小，大鬣鳞，尾较长。体背有暗绿色横斑；鼻鳞与吻鳞之间隔 2 枚小鳞，与第 1 枚上唇鳞之间隔 1 枚小鳞。

图 4-247　无蹼壁虎（仿樊龙锁等）

图 4-248　草绿龙蜥（仿樊龙锁等）

蜥蜴科 Lacertidae

丽斑麻蜥 *Eremias argus* Peters（图 4-249）

头背面具大而对称的鳞片，前枚眶上鳞的长度等于或短于从它到后颊鳞的距离；额鼻鳞成对。背部具有眼斑，斑心近黄色，周围棕黑色。北方亚种 *E. a. barbouri* 相邻背斑外围的黑缘相连成横条，是区别于指名亚种的主要特征。

2. 蛇亚目常见动物

游蛇科 Colubridae

团花锦蛇 *Elaphe davidi* Sauvage（图 4-250）

体黄褐色。背中央及两侧共有 3 行镶黑边的暗褐色的椭圆形斑纹。中央的一行斑纹大小为两侧斑纹的 2 倍以上。有一条不大明显的背中央线，连接于大斑纹之间。

图 4-249　丽斑麻蜥（仿樊龙锁等）

图 4-250　团花锦蛇（仿樊龙锁等）

黑眉锦蛇 *Elaphe taeniurus* Cope（图 4-251）

眼后黑色斑纹伸向颈部。体背棕灰色有横行梯状纹，前段明显。体中段至尾末端有 4 条纵走黑带。腹部灰白色。

红点锦蛇 *Elaphe rufodorsata* Cantor（图 4-252）

背部红褐色，脊鳞及两侧伴行鳞片成橙黄色纵线。体侧各有 2 列纵行黑条纹，头部有“Λ”形黑斑。

黄脊游蛇 *Coluber spinalis* Peters（图 4-253）

体鳞光滑；背鳞 17-17-15 行。体背橄榄绿褐色，有一条黑边的黄色纵带，始于前额鳞的前部，沿背中线直达尾端。

虎斑游蛇大陆亚种 *Rhabdophis tigrina* Lateralis Berthold（图 4-254）

颈部正中有颈沟。体绿色，体前部两侧有黑色与橘红色相间斑块。枕部两侧有较大的“Λ”字形黑斑，间以红斑。

图 4-251　黑眉锦蛇（仿樊龙锁等）

图 4-252　红点锦蛇（仿樊龙锁等）

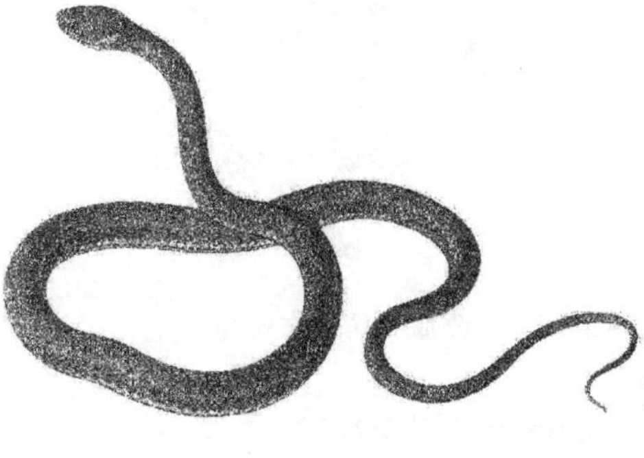

图 4-253　黄脊游蛇（仿樊龙锁等）

图 4-254　虎斑游蛇大陆亚种（仿樊龙锁等）

4.4.2.2 鸟纲

鸟类的生活具有明显的周期性，大多在春、夏季节进入繁殖状态。除留鸟外，还有冬候鸟、夏候鸟和旅鸟。不同季节进行实习，所见鸟的种类及习性有很大差异，不同生境中鸟的种类差别也很大。山西省已记录鸟类 323 种，其中留鸟 71 种，夏候鸟 77 种，冬候鸟 48 种，旅鸟 127 种。

隼形目 Falconiformes

鹰科 Accipitridae

鸢 *Milvus korschun* Gmelin（图 4-255）

上体几纯暗褐色；头顶至肩间部各羽均具黑褐色羽干纹，其外侧更缘以棕褐色条纹；翼上覆羽尖端棕白色；初级飞羽黑褐色，尾土褐色，呈叉状，具黑褐色横斑，先端棕白色；耳羽黑褐色；颏、喉和颊部污白，均具暗褐色羽干纹；下体余部土褐色，具暗褐色轴纹，但腹下和肛区羽色稍淡，羽轴纹甚微或消失。

雀鹰 *Accipiter nisus* Dallas（图 4-256）

中等体型（雄鸟 32 cm，雌鸟 38 cm）而翼短的鹰。雄鸟上体灰褐色，白色的下体上多具棕色横斑，尾具横带。脸颊棕色为识别特征。雌鸟体型较大，上体褐色，下体白色，胸、腹部及腿上具灰褐色横斑，无喉中线，脸颊棕色较少。亚成鸟与 Accipiter 属其他鹰类的亚成鸟区别在于胸部具褐色横斑而无纵纹。虹膜艳黄色，嘴角质色，端黑，脚黄色。

图 4-255 鸢（仿郑作新等）

图 4-256 雀鹰（仿郑作新等）

金雕 *Aquila chrysaetos* Linnaeus（图 4-257）

体大（85cm）的浓褐色雕。头具金色羽冠，嘴巨大。飞行时腰部白色明显可见，尾长而圆，两翼呈浅“V”形。与白肩的区别在肩部无白色。亚成鸟翼具白色斑纹，尾基部白色。虹膜褐色，嘴灰色，脚黄色。

图 4-257　金雕（仿郑作新等）

图 4-258　红脚隼（仿郑作新等）

红脚隼 *Falco vespertinus* Linnaeus（图 4-258）

雄性通体暗石板灰色，尾和翅灰色，无横斑。眼周、腊膜和脚红色，雌性上体暗灰色具黑色横斑，下体乳白色，胸具黑褐色纵纹，腹具黑褐色横斑，翅下腹羽和腋羽白色，具黑色斑点和横斑。

鸡形目 Galliformes

灰山鹑 *Perdix dauuricae* Linnaeus（图 4-259）

中等体型（30cm）的灰褐色鹑。眉线、脸及喉偏橘黄。下体灰，至臀部白。雄鸟下胸有明显的倒“U”字形栗色斑块。两肋具宽阔的栗色横纹。与斑翅山鹑的区别在于胸栗色而非黑色，并且无丝质喉羽。锈红色的尾羽在飞行时清楚可见。

石鸡 *Alectoris chukar* J. E. Gray（图 4-260）

中型，颏、喉、颊白色，自前额开始有一条黑色横带经过眼和耳沿颈侧而下形成一黑圈将白色的喉与灰色的胸分开。眼先黑色一直扩展到口角，两肋黑色横斑细密。

图 4-259　灰山鹑（仿郑作新等）

图 4-260　石鸡（仿郑作新等）

褐马鸡 *Crossoptilon mantchuricum* Swinhoe（图 4-261）

体羽浓褐色，头侧裸露赤红色。颏、颊和耳羽簇白色，耳羽长而硬，呈束状，突出于头侧似一对角。腰和尾羽基部白色，尾羽翘起，羽支分散下垂，嘴粉红色。

勺鸡 *Satyra macrolopha* Lesson（图 4-262）

体大（61cm）尾相对短的雉类。具明显的飘逸型耳羽束。雄鸟头顶及冠羽近灰；喉、宽阔的眼线、枕及耳羽束金属绿色；颈侧白；上背皮黄色；胸栗色；其他部位的体羽为长的白色羽毛，上具黑色矛状纹。雌鸟体型较小，具冠羽但无长的耳羽束；体羽图纹与雄鸟同。

图 4-261　褐马鸡（仿郑作新等）

图 4-262　勺鸡（仿郑作新等）

环颈雉 *Phasianus colchicus* Linnaeus（图 4-263）

雄鸟体大（85cm），原引自中国，为欧洲及北美洲所熟悉的雉种。雄鸟头部具黑色光泽，有明显的耳羽簇，宽大的眼周裸皮鲜红色。有些亚种有白色颈圈。满身点缀着发光羽毛，从墨绿色至铜色至金色；两翼灰色，尾长而尖，褐色并带黑色横纹。雌鸟体形小约 60cm 且色暗淡，周身密布浅褐色斑纹。虹膜黄色，脚略灰。

鸽形目 Columbiformes

珠颈斑鸠 *Streptopelia chinensis* Scopoli（图 4-264）

上尾略显长，外侧尾羽前端的白色甚宽，飞羽较体羽色深。明显特征为颈侧满是白点的黑色块斑。虹膜橘黄色，嘴黑色，脚红色。

图 4-263　环颈雉（仿郑作新等）

图 4-264　珠颈斑鸠（仿郑作新等）

毛腿沙鸡 *Syrrhaptes paradoxus* Palles（图 4-265）

尾甚长而尖，翅亦尖长。通体大都成沙灰色。背部密被黑色横斑。腹部具一大型黑斑。

原鸽 *Columba livia* Gmelin（图 4-266）

中等体型的蓝灰色鸽。翼上横斑及尾端横斑黑色，头及胸部具紫绿色闪光。此鸟为人们所熟悉的城市及家养品种鸽的野生型。虹膜褐色，嘴角质色，脚深红色。

图 4-265　毛腿沙鸡（仿郑作新等）

图 4-266　原鸽（仿郑作新等）

夜鹰目 Caprimulgiformes

普通夜鹰 *Caprimulgus indicus* Latham（图 4-267）

上体大多褐灰色，杂以黑褐色虫蚀状细斑；头顶具黑色宽纹；翼上覆羽和飞羽黑褐色，中央尾羽灰白色，具黑褐色宽阔横斑，颏、喉暗褐色，具棕色细斑；下喉具一大型白斑；胸灰白色，满布以黑褐色横斑和虫蚀斑；腹肋均为红棕色，具浓密的黑褐色横斑；尾下覆羽棕白色，有淡褐色横斑。虹膜暗褐色；嘴乌黑色；脚肉褐色。

鹃形目 Cuculiformes

大杜鹃 *Cuculus canorus* Linnaeus（图 4-268）

上体纯暗灰色；两翼暗褐色，尾黑色，先端白色，沿尾干左、右两侧亦有白色细点，虽成对，但不对称；上胸以及头和颈的两侧均淡灰色；下体余部白色，杂以黑褐色横斑。虹膜黄色；嘴上嘴黑绿色，下嘴基部近黄色，先端转黑绿色；脚黑褐毛。

四声杜鹃 *Cuculus micropterus* Gould（图 4-269）

中等体型（30cm）的偏灰色杜鹃。似大杜鹃，区别在于尾灰色，并具黑色次端斑，且虹膜较暗，灰色头部与深灰色的背部形成对比。雌鸟较雄鸟多褐色。亚成鸟背具偏白的皮黄色鳞状斑纹。虹膜红褐色；眼圈黄色；嘴上嘴黑色，下嘴偏绿色；脚黄色。

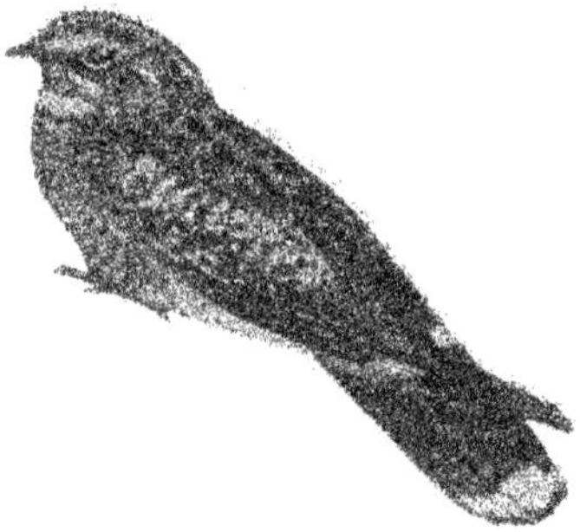

图 4-267　普通夜鹰（仿郑作新等）

图 4-268　大杜鹃（仿郑作新等）

鸮形目 Strigiformes

长耳鸮 *Asio otus* Linnaeus（图 4-270）

耳羽簇长，位于头两侧竖直如耳。上体棕黄色，密布粗的黑色羽干纹。下体黑色羽干纹具树枝样分支。跗跖部被棕黄色羽。

图 4-269　四声杜鹃（仿郑作新等）

图 4-270　长耳鸮（仿郑作新等）

短耳鸮 *Asio flammeus* Pontoppidan（图 4-271）

中等体型（38cm）的黄褐色鸮鸟。翼长，面庞显著，短小的耳羽簇于野外不可见，眼为光艳的黄色，眼圈暗色。上体黄褐，满布黑色和皮黄色纵纹；下体皮黄色，具深褐色纵纹。飞行时黑色的腕斑显而易见。虹膜黄色；嘴深灰色；脚偏白色。

鹰鸮 *Ninox scutulata* Raffles（图 4-272）

体长约 40cm，尾长，翅短而尖（与鹰翅相似）；脸盘不扩大到眼上，没有耳羽束；吃小型哺乳动物、鸟类和昆虫，白天猎食而不像其他鸮那样夜间猎食。

图 4-271　短耳鸮（仿郑作新等）

图 4-272　鹰鸮（仿郑作新等）

雨燕目 Apodiformes

普通楼燕 *Apus apus* Linnaeus（图 4-273）

上下体除颏、喉为污白色外，均烟褐色，头部前部较浅，腹部羽缘缀白色；翅、尾黑褐色。具古铜蓝色反光。虹膜暗褐色；嘴黑色；脚黑褐色。

白腰雨燕 *Apus pacificus* Latham（图 4-274）

体型略大（18cm）的污褐色雨燕。尾长而尾叉深，颏偏白，腰上有白斑。与小白腰雨燕区别在于体大而色淡，喉色较深，腰部白色马鞍形斑较窄，体型较细长，尾叉开。虹膜深褐色；嘴黑色；脚偏紫色。

佛法僧目 Coraciiformes

戴胜 *Upupa epops* Linnaeus（图 4-275）

具长而尖黑的耸立型粉棕色丝状冠羽。头、上背、肩及下体粉棕色，两翼及尾具黑白相间的条纹。嘴长且下弯。虹膜褐色；嘴黑色；脚黑色。

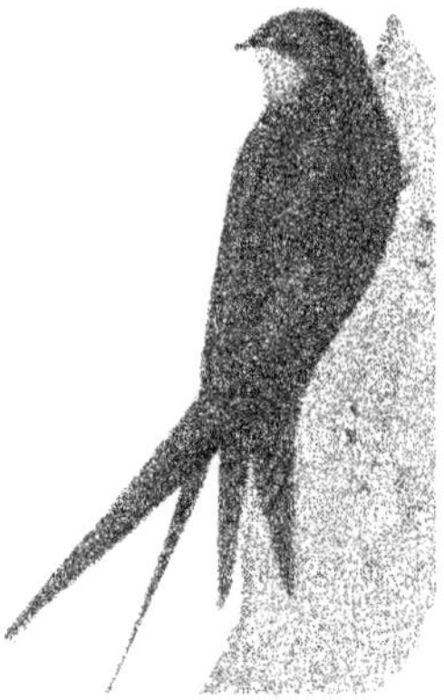

图 4-273　普通楼燕（仿郑作新等）

图 4-274　白腰雨燕（仿郑作新等）

鴷形目 Piciformes

斑姬啄木鸟 *Picumnus innominatus* Burton（图 4-276）

颏至后颈栗色，自眼先有二白纹沿着眼的上下方向后延伸至颈侧；耳羽栗褐色；背、腰以及两翅表面均橄榄绿色，飞羽黑褐色，外缘亦沾黄绿色；翼缘白色；尾羽大都黑色，颏与喉白色；下体余部淡绿黄色，胸与上肋满布以显著黑色点斑，下肋杂以黑色横斑。雌雄相似。虹膜褐色；嘴暗褐色；脚暗褐色。

图 4-275　戴胜（仿郑作新等）

图 4-276　斑姬啄木鸟（仿郑作新等）

星头啄木鸟 *Picodes canicapillus* Blyth（图 4-277）

体小（15cm）具黑白色条纹的啄木鸟。下体无红色，头顶灰色；雄鸟眼后上方具红色条纹，近黑色条纹的腹部棕黄色。虹膜淡褐色；嘴灰色；脚绿灰色。

雀形目 Passeriformes

凤头百灵 *Galerida cristata* Linnaeus（图 4-278）

体型略大（18cm）的具褐色纵纹的百灵。冠羽长而窄。上体沙褐色而具近黑色纵纹，尾覆羽，皮黄色。下体浅皮黄色，胸密布近黑色纵纹。看似矮墩而尾短，嘴略长而下弯。飞行时两翼宽，翼下锈色；尾深褐色而两侧黄褐色。幼鸟上体密布点斑。虹膜深褐色；嘴黄粉色，嘴端深色；脚偏粉色。

图 4-277　星头啄木鸟（仿郑作新等）

图 4-278　凤头百灵（仿郑作新等）

云雀 *Alauda arvensis* Linnaeus（图 4-279）

中等体型（18cm）而具灰褐色杂斑的百灵。顶冠及耸起的羽冠具细纹，尾分叉，羽缘白色，后翼缘的白色于飞行时可见。与鹨类的区别在尾及腿均较短，具羽冠且立时不如其直。与日本云雀容易混淆，请参照日本云雀。与小云雀易混淆但体型较大，后翼缘较白且叫声也不同。虹膜深褐色；嘴角质色；脚肉色。

燕科 Hirundinidae

家燕 *Hirundo rustica* Linnaeus（图 4-280）

中等体型（20cm），包括尾羽延长部的灰蓝色及白色的燕。上体钢蓝色；胸偏红而具一道蓝色胸带，腹白，尾甚长，近端处具白色斑。与洋斑燕的区别在腹部为较纯净白色，尾形长，并具蓝色胸带。亚成鸟体羽色暗，尾无延长，易与洋斑燕混淆。虹膜褐色；嘴及脚黑色。

图 4-279 云雀（仿郑作新等）

图 4-280 家燕（仿郑作新等）

松鸦 *Garrulus glandarius* Linnaeus（图 4-281）

体羽近紫褐色染灰，腰至尾上覆羽白色。尾羽黑色。翼上有一斑块由翠蓝、白、黑色狭带组成。

喜鹊 *Pica pica* Linnaeus（图 4-282）

头、颈、背至尾黑色。头颈具紫色金属光泽。肩部黑色具大型白斑。翼羽黑色，初级飞羽内缘白色，尾长呈楔形。胸黑色，腹白色。

图 4-281 松鸦（仿郑作新等）

图 4-282 喜鹊（仿郑作新等）

灰喜鹊 *Cyanopica cyana* Pallas（图 4-283）

体小（35cm）而细长的灰色喜鹊。顶冠、耳羽及后枕黑色，两翼天蓝色，尾长并呈蓝色。虹膜褐色；嘴黑色；脚黑色。

寒鸦 *Corvus monedula* Linnaeus（图 4-284）

后颈、颈侧、下胸以下的下体均为白色或灰白色，其余体羽纯黑并具紫色金属光泽。

图 4-283　灰喜鹊（仿郑作新等）

图 4-284　寒鸦（仿郑作新等）

大嘴乌鸦 *Corvus macrorhynchos* Wagler（图 4-285）

体大（50cm）的闪光黑色鸦。嘴甚粗厚。比渡鸦体小而额较平。与小嘴乌鸦的区别在嘴粗厚而尾圆，头顶更显拱圆形。虹膜褐色；嘴黑色；脚黑色。

鹟科 Muscicapidae

黑背燕尾 *Enicurus leschenaulti* Vieillot（图 4-286）

体型略小（22cm）的燕尾。背黑，与斑背燕尾的区别在体型较小，胸白；与灰背燕尾的区别在背色较深。幼鸟背部青石灰色或近褐色，胸具灰色鳞状斑纹而似灰背燕尾的幼鸟。虹膜褐色；嘴黑色；脚偏粉色。

图 4-285　大嘴乌鸦（仿郑作新等）

图 4-286　黑背燕尾（仿郑作新等）

黑脸噪鹛 *Garrulax perspicillatus* Gmelin（图 4-287）

体型略大（30cm）的灰褐色噪鹛。额及眼罩黑色；上体暗褐；外侧尾羽端宽，深褐；下体偏灰渐次为腹部近白，尾下覆羽黄褐色。虹膜褐色；嘴近黑色，嘴端较淡；脚红褐色。

山噪鹛 *Garrulax davidi* Swinhoe（图 4-288）

中等体型（29cm）的偏灰色噪鹛。指名亚种：上体全灰褐，下体较淡，具明显的浅色眉纹，颏近黑色。虹膜褐色；嘴-下弯，亮黄色，嘴端偏绿色；脚浅褐色。

图 4-287　黑脸噪鹛（仿郑作新等）

图 4-288　山噪鹛（仿郑作新等）

山鹛 *Rhopophilus pekinensis* Swinhoe（图 4-289）

体大（17cm）而尾长的具褐色纵纹的莺。眉纹偏灰，髭纹近黑。似体型墩实的鹪莺。上体烟褐色而密布近黑色纵纹；外侧尾羽羽缘白色；颏、喉及胸白；下体余部白，两肋及腹部具醒目的栗色纵纹，有时沾黄褐色。

山雀科 Paridae

大山雀 *Parus major* Linnaeus（图 4-290）

头、枕部至后颈上部黑色，眼下、颊、耳羽至颈侧白色，呈三角形斑。上背黄绿色，下背至尾上覆羽灰蓝色。腹部白色，中央有黑色纵带，由胸向后与尾下黑色覆羽相接。

图 4-289　山鹛（仿郑作新等）

图 4-290　大山雀（仿郑作新等）

沼泽山雀 ***Parus palustris*** **Linnaeus（图 4-291）**

前额、头顶、后颈至上背前部黑色。自嘴基经颊、耳羽及颈侧为沾灰的白色。飞羽、尾羽灰褐色。颏、喉黑色，羽端白色形成细点。两肋棕灰色。

旋木雀 ***Certhia familiaris*** **Linnaeus（图 4-292）**

上体棕褐色，有棕白色羽干纹；腰和尾上覆羽红棕色；翼上覆羽黑褐色，羽端棕白色；飞羽黑褐色，中部大都贯以二道淡棕色带斑，羽端棕白色。下体乳白沾棕色，下肋及尾下覆羽介于皮黄色和桂皮棕色之间。虹膜茶褐色；嘴峰黑褐色，下嘴乳白，端部暗褐色；脚淡褐色。

图 4-291 沼泽山雀（仿郑作新等）

图 4-292　旋木雀（仿郑作新等）

普通䴓 ***Sitta europaea*** **Linnaeus（图 4-293）**

中等体型（13cm）而色彩优雅的䴓。上体蓝灰，过眼纹黑色，喉白，腹部淡皮黄色，两肋浓栗色。虹膜深褐色；嘴黑色，下颚基部带粉色；脚深灰色。

家麻雀 ***Passer domesticus*** **Linnaeus（图 4-294）**

雄性头顶、后颈、腰、尾上覆羽灰色，后颈杂栗色，背栗色具黑纵纹，中覆羽黑具白端，眼后有一栗色带至后颈汇合。眼先、下嘴基、颏、喉、上胸中央黑色，颊、耳羽，颈侧白沾棕色。雌性头、颈、腰灰褐色，眉纹土黄白色，喉、胸、体侧灰白或沾黄褐色。

金翅雀 ***Carduelis sinica*** **Linnaeus（图 4-295）**

雄鸟额、眉、颊及颏黄绿色。耳羽、头顶、后颈灰色，腰亮黄色。尾羽基部亮黄色末端黑色，飞羽基部亮黄色末端黑色。上腹及尾下覆羽亮黄色，下腹近白。雌鸟头顶、颊、后颈浓橄榄褐色。颏、喉灰色，腹部中央近白色。

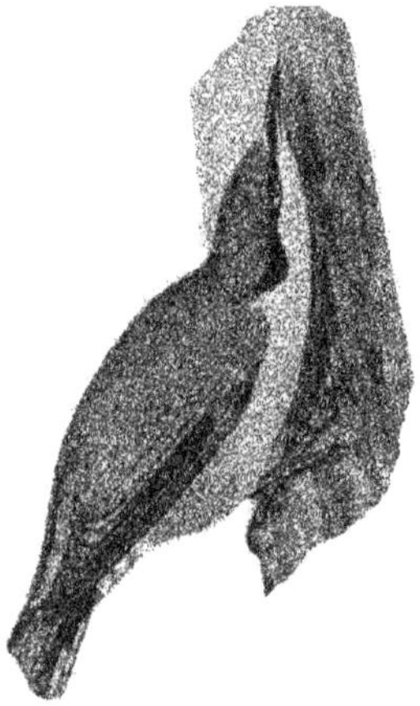

图 4-293　普通䴓（仿郑作新等）

图 4-294　家麻雀（仿郑作新等）

图 4-295　金翅雀（仿郑作新等）

4.4.2.3　哺乳纲

真兽亚纲分目检索表

1 后肢存在 …… 2
1 后肢缺失 …… 12
2 指骨末端至肱骨，体侧、后肢及尾间有翼膜，适于飞行 …… 翼手目 Chiroptera
2 无翼膜 …… 3
3 牙齿缺失，身被鳞甲 …… 鳞甲目 Pholidota
3 有牙齿，体无鳞甲 …… 4
4 上下颌的前方有 1 对发达的呈锄状的门牙 …… 5
4 门牙不呈锄状 …… 6
5 上颌门牙 1 对 …… 啮齿目 Rodentia
5 上颌具前后重叠排列的 2 对门牙 …… 兔形目 Lagomorpha
6 四肢末端趾分明，趾端有爪或趾甲 …… 7

6 四肢末端趾愈合，或有蹄 …………………………………………………………………… 10
7 前后肢拇趾与他趾相对，两眼直视 ………………………………………… 灵长目 Primates
7 前后肢拇趾不与他趾相对，两眼侧视 ………………………………………………………… 8
8 吻部尖长，牙齿结构比较原始，分化不明显 ………………………… 食虫目 Insectivora
8 吻部正常，牙齿分化明显 ………………………………………………………………………… 9
9 四肢变为鳍状，体形呈纺锤状，适于游泳 ……………………………… 鳍足目 Pinnipedia
9 四肢正常趾分离，末端具爪，体形通常适于陆上奔走 …………………… 食肉目 Carnivora
10 体形特别巨大，鼻长而能弯曲 ………………………………………… 长鼻目 Proboscidea
10 体形巨大或中等，鼻不延长也不能弯曲 ……………………………………………………… 11
11 四肢仅第 3 或第 4 趾大而发达 …………………………………… 奇蹄目 Perissodactyla
11 四肢第 3、4 趾均发达而等大 ………………………………………… 偶蹄目 Artiodactyla
12 同型齿或无齿，呼吸孔通常位于头顶，多数具背鳍；乳头腹位 …………… 鲸目 Cetacea
12 多为异型齿，呼吸孔在吻前端，无背鳍，乳头胸位 ……………………… 海牛目 Sirenia

食虫目 Insectivora

刺猬 *Erinaceus europaeus* Linnaeus（图 4-296）

体背被有棕、白相间的棘刺，其余部分具浅棕色、深浅不等的细刺毛。吻部尖长，体和尾短。夜行性，捕食昆虫。

翼手目 Chiroptera

普通蝙蝠 *Vespertilio murinus* Linnaeus（图 4-297）

体中小型，前臂长 43mm 左右，全体褐黑色，毛尖端淡褐色。腹毛色更淡，腭褶 7 行。

图 4-296 刺猬（仿夏武平等）

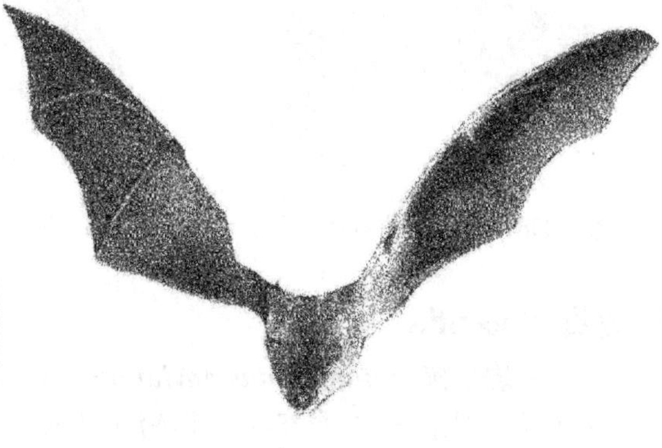

图 4-297 普通蝙蝠（仿夏武平等）

灵长目 Primates

猕猴 *Macaca mulatta*（图 4-298）

体较瘦小，头顶无“漩毛”。颜面及两耳通常棕褐色，两颊有颊囊；臀胼胝发达，呈红色。体背毛棕褐色至棕红色。尾较长，约为体长的 2/5。

鳞甲目 Phoidota

穿山甲 *Manis pentadactyla* Linnaeus（图 4-299）

全身除腹部外均被覆瓦状鳞甲，鳞片间杂有数根刚毛，腹面无鳞甲而着生稀毛。鳞甲多为棕褐色。头细、眼小、舌长、无齿，四肢粗短，前足趾爪强健。

兔形目 Lagomorpha

西藏鼠兔 *Ochotona thibetana* Milne-Edwards（图 4-300）

体型稍大，长约 140～180cm。体背面茶褐色、淡红褐色、暗棕褐色、浅黄褐色到沙褐色；头两侧棕黄色；耳深褐色，其背面有 1 个浅黄色斑。体腹面污灰黄色、赭黄色或灰白色；喉部通常有 1 条横带，呈明显的浅黄褐色，其后部向后沿胸腹中央形成 1 条界限不清的浅黄色纵纹，长短不一；四肢足背面浅灰黄色、微黄色及污灰色。夏季，体背面毛色较深。

图 4-298　猕猴（仿夏武平等）

图 4-299　穿山甲（仿夏武平等）

啮齿目 Rodentia

岩松鼠 *Sciurotamias davidianus* Milne-Edwards（图 4-301）

体型大，成体长 20～35cm，尾短于体长，尾大且毛蓬松。有颊囊，前足掌裸，具 4 个指垫，后足掌被毛，无指垫。雌鼠有 3 对乳头，鼠蹊部 2 对，胸部 1 对。

褐家鼠 *Rattus norvegicus* Berkenhout（图 4-302）

为最大的一种家鼠。背毛深褐色或棕灰色，背中央杂有较多的黑色长毛，腹毛浅灰白色。尾明显短于体长，尾毛短而稀疏，鳞环外露明显。耳短而厚。

黑线姬鼠 *Apodemus agrarius* Pallas（图 4-303）

体长 6.5～12mm，头小，吻尖。耳长 9～16mm，向前翻可接近眼部。尾长为体长的 2/3，尾毛不发达，鳞片裸露呈环状。毛色随栖息环境的不同和亚种的分化多有一定的变化。背毛一般棕褐色，背毛基部多深灰色，上段黄棕色，有些带有黑尖。背部具一条明显黑线，从两耳之间一直延伸至接近尾的基部。体侧毛棕色，无黑毛尖，腹面与四肢内侧毛灰白色，毛基灰色，毛尖白色，尾毛短且稀，鳞片裸露，鳞片环清晰。头骨细长，吻部较尖，眶上嵴发达，臼齿咀嚼面具三纵列丘状齿突。

图 4-300　西藏鼠兔（仿夏武平等）

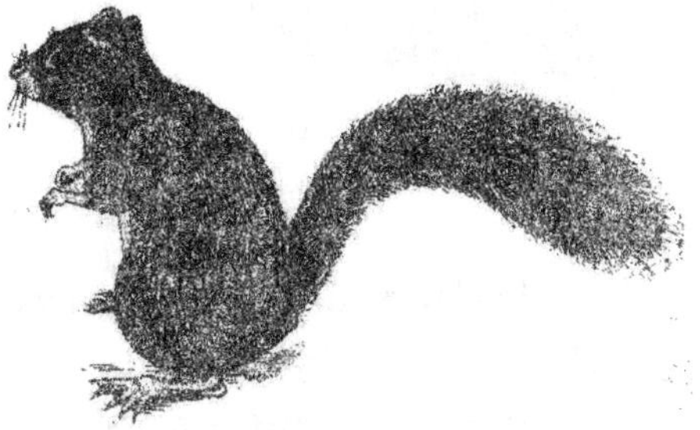

图 4-301　岩松鼠（仿夏武平等）

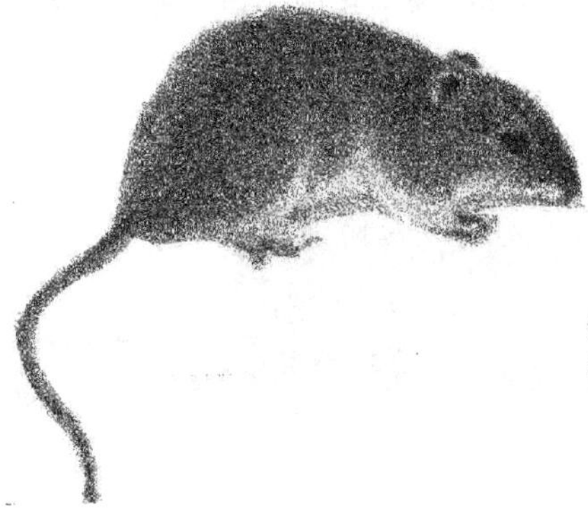

图 4-302　褐家鼠（仿夏武平等）

图 4-303　黑线姬鼠（仿夏武平等）

小家鼠 *Mus musculus* Linnaeus（图 4-304）

体长 6～9 cm，口鼻尖，耳壳不长，有细毛，耳向前折不能达到眼部。上颌门齿从侧面看有一明显缺刻。背毛呈黑灰色和棕褐色，腹毛灰黄色或灰白色，间有棕色、纯白色。尾尖细，尾长与体长相等或稍短于体长。

大仓鼠 *Cricetulus triton* Winton（图 4-305）

体形似褐家鼠，但尾较短。体长 14.5～22cm，尾长 5.4～9.5cm。体背面灰褐色；体腹面白色，毛基灰色；尾上面深褐色，下面白色，足白色。乳头 4 对：胸部 2 对，其中后 1 对接近腹部；腹部 1 对，鼠蹊部 1 对。口内两侧具颊囊，长约 27～30mm，可临时储藏和运输食物。

图 4-304　小家鼠（仿夏武平等）

图 4-305　大仓鼠（仿夏武平等）

长尾仓鼠 *Cricetulus longicaudatus* Milne-Edwards（图 4-306）

体长 8～12cm，尾长 2.7～5.1cm。体背面淡灰褐色，略带浅黄色；耳黑色，边缘及耳端白色；体腹面白色；腹部毛基灰色；足背面白色；尾两色，上面如体背面毛色，下面白色。乳头 4 对；有颊囊。

大林姬鼠 *Apodemus peninsulae* Thomas（图 4-307）

体形似大耳姬鼠，但略小，耳壳短而薄，内外侧覆毛短而淡色，非黑褐色。

图 4-306　长尾仓鼠（仿夏武平等）

图 4-307　大林姬鼠（仿夏武平等）

中华鼢鼠 *Myospalax fontanieri* Milne-Edwards（图 4-308）

体长 17～21cm，体肥肢短，前肢爪粗大，特别是第三爪，适于掘土。耳壳极小，隐于毛下，眼小，几乎为毛所隐盖。体背面灰褐色发亮，或暗土黄色而略带淡红色。额通常有一闪烁的带白色毛区；头顶中间有或无一短的白色条纹；体腹面毛色较体背面淡，颏、喉灰色；尾和前后足背面均被稀疏短细白毛，几乎裸露。

食肉目 Carnivora

狼 *Canis lupus* Linnaeus（图 4-309）

吻尖口宽。通常两耳直立，尾不上卷，尾毛蓬松。背部毛色黄褐、棕灰，杂有灰黑色毛，腹部毛色较浅。

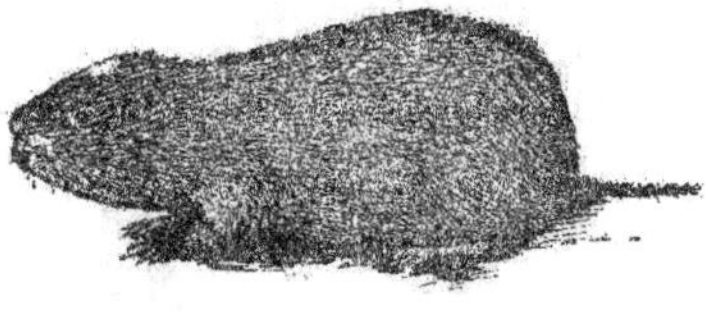

图 4-308　中华鼢鼠（仿夏武平等）

图 4-309　狼（仿夏武平等）

赤狐 *Vulpes vulpes* Linnaeus（图 4-310）

赤狐是体型最大、最常见的狐狸，体长约 80 cm。体型细长，吻尖，耳大，尾长略超过体长之半。足掌生有浓密短毛；具尾腺；乳头 4 对；毛色因季节和地区不同而有较大变异，一般背面棕灰色或棕红色，腹部白色或黄白色，尾尖白色，耳背面黑色或黑褐色，四肢外侧黑色条纹延伸至足面。

狗獾 *Meles meles* Linnaeus（图 4-311）

狗獾体长 45～55cm。头扁、鼻尖、耳短，颈短粗，尾巴较短，四肢短而粗壮，爪有力适于掘土，经常在洞里生活，背毛硬而密，基部为白色，近末端的一段为黑褐色，毛尖白色，体侧白色毛较多。头部有白色纵毛三条；面颊两侧各一条，中央一条由鼻尖到头顶。下颌、喉部和腹部以及四肢都呈棕黑色。

图 4-310　赤狐（仿夏武平等）

图 4-311　狗獾（仿夏武平等）

鼬獾 *Melogale moschata* Cray（图 4-312）

头及身长 33～34cm，尾长 15～23cm，为小型貂科动物，全身粗毛呈深灰褐色，由后颈经肩部至背中央有一白色纵带，额有黄白斑，前颈和腹中央亦为黄白色。

黄鼬 *Mustela sibirica* Pallas（图 4-313）

体长 25～39cm，雌性小于雄性 1/2～1/3。身体细长，四肢短，尾毛蓬松。体为棕黄或橙黄色，腹部色浅；鼻端周围、口角和额部白色，杂有棕黄色；冬毛毛色浅淡而带光泽；尾部、四肢与背部同色。肛门腺发达。

图 4-312　鼬獾（仿夏武平等）

图 4-313　黄鼬（仿夏武平等）

豹猫 *Felis bengalensis* Kerr（图 4-314）

小型猫科动物，体长 40～107cm，尾长 15～44cm。头形圆。两眼内侧至额后各有一条白色纹，从头顶至肩部有四条黑褐色点斑，耳背具有淡黄色斑，体背基色为棕黄色或淡棕黄色，胸腹部及四肢内侧白色，尾背有褐色斑点状半环，尾端黑色或暗棕色。

猞猁 *Felis lynx* Linnaeus（图 4-315）

外形似猫，体长 90～130cm。身体粗壮，四肢较长，尾极短粗，尾尖呈钝圆。耳尖上有明显的丛毛，两颊有下垂的长毛，腹毛也很长。毛色变异较大，有乳灰、棕褐、土黄褐、灰草黄褐及浅灰褐等色型。冬毛长而密，背部呈红棕色，中部毛色深；腹部淡，呈黄白色；眼周毛色发白，两颊具有 2～3 列明显的棕黑色纵纹。

图 4-314　豹猫（仿夏武平等）

图 4-315　猞猁（仿夏武平等）

兔狲 *Felis manul* Pallas（图 4-316）

体形粗壮而短，大小似猫。额部较宽，吻部很短，颜面部几乎直立，近似于猿猴类的脸型。瞳孔为淡绿色，收缩时呈圆形，但上下方有小的裂隙，呈圆纺锤形。耳朵短而圆，两耳相距较远，耳背为红灰色。尾巴粗圆，长度约为 20～30cm，上面有 6～8 条黑色的细纹，尾巴的尖端长毛为黑色。颊部有 2 条细的横纹。身体的背面为浅红棕色、棕黄色或银灰色，背部中线处色泽较深，常具有暗黑色泽，后部还有数条隐暗的黑色细横纹。

偶蹄目 Artiodactyla

原麝 *Moschus moschiferus* Linnaeus（图 4-317）

体型较小，体长 65～95cm。被毛粗硬，毛曲折如波浪状，易折断。雌雄两性均无角。耳长直立，上部圆形。眼较大，吻端裸露。雄性上犬齿发达，长而尖，露出唇外，向下微曲。四肢细长，后肢长于前肢。尾短。雄兽鼠蹊部有香腺，呈囊状，香囊外毛短而细、稀疏。通体暗褐色。耳背、耳尖棕灰色，耳壳内面白色，下颌白色。颈下向后至肩有两条白纹。颈背，体背有 4～5 纵列土黄色斑点，腰部及臀部两侧的斑点明显而密集，无清晰的行次，腋下、鼠蹊部、四肢内侧和臀部周围浅棕灰色，四肢外侧深棕色，尾浅棕色。

图 4-316　兔狲（仿夏武平等）

图 4-317　原麝（仿夏武平等）

野猪 *Sus scrofa* Linnaeus（图 4-318）

皮肤灰色，且被粗糙的暗褐色或者黑色鬃毛所覆盖，在激动时竖立在脖子上形成一绺鬃毛。雄性比雌性大。猪崽带有条状花纹，毛粗而稀，鬃毛几乎从颈部直至臀部，耳尖而小，嘴尖而长，头和腹部较小，脚高而细，蹄黑色。背直不凹，尾比家猪短，雄性野猪具有尖锐发达的牙齿。纯种野猪和特种野猪区别主要表现在耳、嘴、背、脚、腹的尺寸大小程度上。

黄羊 *Procapra gutturosa* Pallas（图 4-319）

黄羊的体形纤瘦，体长为 100～150cm，肩高大约为 76cm。头部圆钝，耳朵长而尖，并且生有很密的毛。具有眶下腺。雄兽角较短而直，呈竖琴状，基部大致向上平行伸出，表面有明显而紧密的环形横棱，角的内部为骨质，外面是表皮角质化形成的角鞘。雌兽没有角，仅有一个隆起。颈部粗壮，尾巴很短，仅有 9～11cm。夏毛较短，为红棕色，腹面和四肢的内侧为白色，尾毛棕色。冬毛密厚而脆，但颜色较浅，略带浅红棕色，并且有白色的长毛伸出，腰部毛色呈灰白色，稍带粉红色调。臀部有白色的斑，冬季尤明显。鼠蹊腺发达。四肢细长，前腿稍短，角质的蹄子窄而尖。

图 4-318　野猪（仿夏武平等）

图 4-319　黄羊（仿夏武平等）

第 5 章　实 习 总 结

动物学野外实习是一次综合性的教学活动，尽管实习时间很短，但对每一个参加实习的学生来说，不论是从思想认识还是业务知识方面，都会有很大的收获。因此，野外实习结束后，每个人都应该写出文字性总结。不过，不同学校不同专业会对学生的实习总结提出不同的要求。一般说来，实习总结有这样几种类型：个人总结、专题报告、集体总结和实习论文。以下我们将分别来探讨这几种不同形式的总结。

5.1　个 人 总 结

实习结束时，每个实习生都应总结自己在实习中的收获，吸取教训，反思存在的问题，虚心征求指导教师和本组实习同学的意见，完成总结报告。

一般个人总结包括这样几个方面。

5.1.1　概况

简要介绍实习时间、地点、实习内容以及组织形式和个人所承担的任务。

5.1.2　自然环境

对于实习地点的地理位置、地质、地貌、河流、水文、气象、植被以及农、林、牧业等情况作以介绍，从而使读者了解实习地点的动物在历史进化中所处的地位和作用，了解地理分布特点等。

5.1.3　动物种群组成特点

通过野外观察、访问了解、采集标本等活动后，对当地动物种群组成已经有所了解。通过鉴定分类，将动物所属的目、科、属、种，分别统计，列出区系从属关系，算出所占比例，确定优势种、普通种、稀有种。同时结合栖息环境特点，加以分析、比较，做出经济和生态评价。

5.1.4　动物利用问题

包括有益动物的利用和有害动物的防治两个方面。除了从分类学角度，将调查采集到的动物进行鉴定分类，确定其利害关系外，还应从当地生产实践出发，了解有益动物的数量及利用情况，有害动物的危害程度及防治效果。需要用具体事例和必要的数字来说明问题做出客观分析。

5.1.5 开发利用的建议

野生动物是人类的朋友，也是可持续利用的宝贵资源。根据已经了解和掌握的资料，对于今后如何开发利用各类动物资源，应进行初步分析，提出合理化的建议和意见，供当地的有关部门提供参考。更重要的是从维持生态平衡的角度出发，对保护自然和开发利用之间的辩证关系进一步阐述，可以起到宣传教育的作用。

5.2 专题报告

在野外实习过程中，有时根据教学和科研任务的需要，利用实习机会做一些连续性的生态观察或专题研究工作。因此，每次实习中可能安排部分同学去承担特定的任务。比如，某种昆虫生活史的研究，某种鸟类筑巢、育雏的行为观察，两栖动物的食性分析等。

专题研究进行到一定阶段或完成某项规定的任务后，就要写出专题报告。专题报告的写作内容比较专一，经常按照特定的格式来写作。一般包括以下几项：

5.2.1 目的意义

简单介绍此项研究工作的理论和实践意义，必要时对以往的研究历史加以介绍。

5.2.2 研究方法

主要叙述开展工作时所采用的手段，是沿用他人的还是改进或创造的。并说明该手段的科学性、可靠性和可行性。

5.2.3 研究结果

将研究所取得的纪录、照片、图片、数字及标本或实物和其他有关资料，加以归纳、比较、分析，写出文字性材料。说明研究工作是否完成或进行到什么程度，取得的成果以及评价。同时，以图、表、照片附后。最后附上参考文献。

5.3 集体总结

集体总结是集体实习工作进展情况的概述。一般是在个人总结、专题报告完成后，由集体经过研究商讨后写出的文字材料。集体总结有利于找出差距和不足，以便改进和完善，也有助于课堂教学的改革。一般从两方面总结。

5.3.1 成绩和收获

通过实习中的具体活动，诸如自然景观、动物生态观察、动物标本的采集处理等来反映成绩和收获。对调查采集到的动物，按其种群组成、地理分布整理列表，供日后研究参考。成绩通过图表、照片、数字和其他资料说明，显得真实可信。收获从业务和思想两方面介绍，目的是培养学生独立思考的探索精神，提倡科学的工作态度，树立良好的学习风气。

5.3.2 实习中存在的问题和改进意见

野外实习，涉及学习、思想和生活等各方面。由于时间短，条件有限，很可能出现各种问题。因此，认真回顾加以总结，可为以后的工作提供参考。

5.4 实习论文

实习论文是实习总结中较正式的一种文体。实习论文的撰写是一个重要的教学环节，是培养学生综合能力的重要环节，应当引起高度重视。野外实习记录了许多现象和实物，获得了大量数据，只有对获得的数据和资料进行全面分析总结，才能使学生透过现象认识其本质，提高学生的野外实习效果。如何从调查的现象中认识事物的本质，从获得的浩瀚数据中推断出事物间的联系，这需要认真思考、反复推敲和探讨。因此，实习论文的写作是一种再创造劳动，需要有充分的准备。规范、简明的实习论文，除了要求学生获取丰富的调查数据，还应当教育学生结合并利用学过的动物学知识提出有价值的观点，自觉培养实际工作所需要的综合分析能力。

5.4.1 实习论文撰写的几个重要环节

实习论文作为学术论文的雏形，同样需要有规范、简明的特点，即要求论文概念明确、数据可靠、判断正确、推理严谨、结论可靠，使读者一目了然。这就要求学生以严格的科学态度，客观地、实事求是地进行实习调查、总结分析并发表自己的看法。因此，实习指导教师不仅要指导学生学会标本的采集、制作和保存方法，学会鉴定、识别采集和野外观察物种，而且要教学生学会数据的采集和进行简单的统计分析，完成实习论文的写作。其撰写一般包括这样几个重要环节：选题、实施、交流和写作。

5.4.1.1 选择题目

选题是实习论文写作的第一环节，合理的选题才能为一篇好的实习论文的创作埋好伏笔。由于实习地的选择都是教师预查后确定的，所以教师一般应提出一系列相关选题，并介绍各选题的内涵，让学生自由或结合起来选择。同时要特别鼓励学生自己在实习实践中提出创新性的题目，做到一篇实习论文围绕一个有价值而论据充足的中心来开展调查，为总结论文打下良好的基础。

5.4.1.2 制订调查与实施方案

当学生选好题目后，接下来应搜集与完成选题所需的相关资料，确定调查和实施方法，制订调查和实施方案。

5.4.1.3 开展实习调查和实验

根据制订的方案，各小组分工合作开展调查和实验，收集数据。

5.4.1.4 整理资料、撰写实习论文

经过选题、实施等一系列环节的准备工作，论文的写作便水到渠成了。不过实习论文是对实习期间收集的数据和资料进行分析研究的结果，要想完成较高水平的实习论文的撰写不仅需要尽可能多的资料和文献，还需要作者在该领域中具有扎实的理论基础。

在对已有调查资料进行查阅、分析后，首先应构思出实习论文的写作提纲。将野外收集的大量数据（如生境的类型、样方数，以及采集到和观察到的动物种类、数量等）进行总结，制作图表。通过统计分析和数据转换，使图表一目了然、简洁从而说明问题。完成了这些工作等于完成了实习论文的雏形，也有助于明确实习论文写作的思路和所要讨论的问题。在此基础上，按照科研论文的写作格式和要求撰写实习论文。

5.4.1.5 交流讨论

实习即将结束时，在同学们完成野外调查和实习论文初稿的基础上，由教师或同学主持召开实习论文讨论会。通过讨论，既锻炼了同学进行专题报告和分析讨论的能力，又能进一步明确实习论文的思路和存在的问题，达到相互交流，共同提高的目的。对强化实习效果，培养大学生的动脑、动手和科学研究能力均有一定帮助。

5.4.1.6 提交实习论文、评定实习成绩

经过充分讨论，对实习论文做进一步修改后，即可正式提交。根据论文的调查与研究情况、论文水平、讨论的参与程度等确定论文成绩，作为实习成绩的重要组成部分予以登记。

5.4.2 实习论文的基本格式

论文是一份完整的工作总结，因受篇幅的限制，以及便于读者掌握主要内容，论文一般要按规定（《动物学报》）的标准格式撰写，并要十分简练，避免重复。实习论文与一般科研论文一样，包含标题、前言、地点和方法、结果与分析、结论等部分。

5.4.2.1 拟定写作大纲

正文是实习论文的核心，事先应确定一个写作提纲。即① 实习地的区域和自然概况；② 调查方法；③ 研究结果；④ 结果分析与讨论；⑤ 小结。大纲的重点是结果和讨论。结果是论文的核心，讨论应围绕结果而展开。

5.4.2.2 论文的写作

实习调查的结果，可能有与前人工作不一致的地方或有新发现。学生可以提出讨论，阐述自己的观点，对一些新发现的现象也可提出假设或新的理论。讨论是分析问题的深入，讨论的问题要有意义，切不可将讨论写成平平淡淡的小结。

1. 题目

与其他论文一样，实习论文题目应尽量简明扼要，明确地表达主题。字数尽可能不超过20字，若题目不足以概括论文内容时，可采用附加标题的方法。标题可先列出几个，最后根据论文内容进行比较选择，确定最合适的题目。

2. 署名

论文署名是一项很严肃的事情。署名既表明实习论文的完成者，便于师生间的联系，更重要的是表示完成者对论文的内容、所列的数据和提出的观点负责，表示作者完成并拥有这篇文章。对论文完成过程中提供帮助的人，要在致谢中提出。

3. 摘要

摘要应包括主要的方法和结果，是论文内容的精华，能使读者用较少的时间抓住主要结论。摘要虽置于论文之首，但一般在论文完成后再写。必要时还需译成英文。

4. 关键词

关键词是快速文献索引时用的词汇，一般不超过5个。通过关键词，可大致了解文章的主要内容，便于选择阅读。例如，一篇涉及某种动物分类、分布、食性、繁殖、迁移、集群、昼夜活动、天敌、行为等内容的文章，可用动物名、分类、分布和习性4个关键词。

5. 引言

引言是论文正文的开头一段的文字说明。在引言中可以简要回顾前人的相关工作，提出问题，作为进行研究的理由，指出本研究在理论和实践上的意义。引言使读者对文章有个总的概念，便于理解文章的内涵。

6. 实习区域概述

由于经纬度、气候条件、植被条件等地理条件对动物有强烈的影响，因而在不同地区形成不同的地方动物种群，在活动规律、习性、形态特征等方面有所不同。研究领域的描述是十分必要的，对实习内容有重要影响的内容，如研究领域的地理位置、主要气候条件、植被状况和动物群等，甚至当地对动物有明显影响的社会、经济、历史和习俗也需要涉及。

7. 调查与实验方法

简要叙述调查与实验所采用的方法，叙述要清晰、准确。

8. 结果

结果是实习论文的核心，不仅反映实习期间认识动物的多少，而且是学生个人素质能力的具体体现。经过去伪存真、去粗存精的工作，在占有大量数据的基础上，结果应该是经过归纳、总结和统计处理过的。讨论是在所得结果的基础上进行的，因此，“结果和讨论”可结合在一起写。结果阐述应尽量采用表格、图解、照片等。对异常结果和数据也应给予重视，许多重要的发现常常由此而来。实习论文可包括的内容，根据研究内容的不同而有所区别，比如，研究动物食性方面的：一般包括食物的组成、动物对食物的选择、对食物的利用率等，甚至包括食物的季节变化；研究动物分布方面的：包括生境类型或生境斑块、各生境和不同样方的动物种类和数量；研究动物行为方面的：包括行为谱、日活动规律和时间分配，以及行为与环境因素间的关系等。

9. 讨论

讨论是对所得结果进行解释和提高，从而总结“结果”所反映的规律，并把结果与其他作者的结果进行比较，比较时既尊重前人的研究贡献和成就，又不盲从，可以提出自己的一些假设和新观点，正确评估自己研究结果的意义和价值，实事求是地从讨论中肯定自己提出的新观点或新理论。

10. 参考文献

列出论文中参考的主要文献，注明作者姓名、论文题目、发表期刊或出版社、日期、刊号、页数等。

总之，实习总结是学生在老师指导下完成的实习研究和调查工作的总结，是一项很好的对同学进行的科研训练，应做到方法正确，获得的数据可靠，对问题分析得当，体现科学性和实践意义。

5.5　实习成绩的评定

动物学野外实习的成绩，应根据学生完成实际工作情况（观察、操作、作业、标本制作质量等）、实习记录、实习日记、实习小结、实习考核和考察结果（包括思想表现、组织纪律性）等进行综合评定。

实习成绩的评定分为：优、良、中、及格、不及格五级制。

5.5.1　优秀

能自觉遵守实习守则，实习态度积极认真，组织纪律性强，有集体主义精神，能尊敬老师，团结同学，讲文明礼貌。能按照实习指导要求，及时并出色地完成实习工作，逐日记好野外记录，写好实习日记，按时提交实习作业且质量较高，实习小结内容符合本次实习要求。考核成绩完全达到规定标准。无违纪现象。

5.5.2　良好

能自觉遵守实习守则，实习态度认真，组织纪律性较强，有集体主义观念，能尊敬老师，团结同学，注意文明礼貌。能按照实习指导要求，及时并符合质量地完成实习工作，逐日记好野外记录，写好实习日记，按时提交实习作业，实习作业质量较高，实习小结内容符合本次实习要求。考核成绩能达到规定标准，无违纪现象。

5.5.3　中等

一般能遵守实习守则，实习态度尚认真，组织纪律性较好，能注意关心集体、尊敬老师，团结同学。能按照实习指导要求，完成实习工作，逐日记好野外记录，写好实习日记，实习小结的内容基本符合本次实习要求。考核尚能达到规定标准。

5.5.4　及格

基本能遵守实习守则，实习态度一般，尚能遵守纪律，关心集体，服从领导，团结同学，基本能按照实习指导要求完成实习工作。逐日记好野外记录，写好实习日记，按时提交实习作业，实习作业不够认真，实习小结的内容基本上能符合本次实习要求。考核成绩基本能达到规定标准。

5.5.5　不及格

实习态度不端正，不能认真遵守实习守则，实习纪律松懈，未能完成实习工作或工作质量不符合要求，没有按照标准完成野外记录、实习日记，未能按时提交实习作业。实习小结内容不符合本次实习要求，考核成绩未能达到规定标准，在实习过程中有违纪现象。

附录及参考文献

附录一　动物学野外综合实习报告

姓名：　　　　　学号：　　　　　年级：　　　　　专业：

所在小组：　　　小组成员：

1. 前言

1.1　实习时间

1.2　实习地点

1.3　实习目的与意义

2. 实习地点自然概况

2.1　位置

2.2　地形地貌

2.3　植被状况

2.4　动物状况

3. 调查研究方法

4. 实习内容

4.1　动物学

4.1.1　调查时间及路线

4.1.2　鸟类的野外观察（方法及过程）

4.1.3　昆虫的野外观察以及标本的采集（方法及过程）

4.1.4　昆虫标本的制作（方法及过程）

4.1.5　昆虫标本的鉴定（方法及过程）

5. 实习结果

采集、制作及鉴定的动物标本目、科、属及种的数量。

具体物种结果见：

附表一，某某地实习鸟类部分总结表

附表二，某某地实习昆虫部分总结表

6. 实习体会、意见与建议

7. 参考文献

附录二　实习专题题目

1. 大青山灰腾梁段山地草原植物种类的初步调查
2. 腾梁段山地湿地植物种类的调查研究
3. 荒漠草原植物种类组成和群落结构的初步调查
4. 典型草原植物种类组成和群落结构的初步调查
5. 草甸草原植物种类组成和群落结构的初步调查
6. 浑善达克沙地东北缘的部分沙地植物区系组成初步研究
7. 羊草草原和大针茅草原植物种类组成的比较
8. 荒漠草原、典型草原和草甸草原间群种的比较
9. 沙地云杉（白云敖包）植物群落特点及植物种类的调查研究
10. 大兴安岭南部山地（黄岗梁）植物种类的初步调查
11. 百灵科鸟类鸣声研究
12. 湿地鸟类群落结构的研究
13. 雁鸭类行为生态学研究
14. 白鹭鹭行为生态学研究
15. 鳞翅目昆虫区系调查
16. 内蒙古高原淡水鱼类区系组成研究
17. 草原黄鼠的取食行为及洞系结构
18. 达里诺尔的珍稀鸟类及其保护对策
19. 霍山土壤动物的多样性初步调查
20. 霍山珍稀鸟类的调查及其保护机制探究
21. 霍山日本弓背蚁通讯行为观察
22. 霍山日本弓背蚁取食行为的观察
23. 霍山鸟类群落结构的研究
24. 青岛海滨鱼类多样性研究
25. 青岛海滨软体动物多样性调查
26. 青岛海滨甲壳纲动物多样性调查
27. 三疣梭子蟹食性研究
28. 青岛海滨常见无脊椎动物的多样性调查
29. 烟台海滨常见脊椎动物的多样性调查

附录三　学 生 范 文

某某地区动物学实习总结

实习是理论的巩固和提高，我们从 7 月 7 日到 7 月 17 日的动物学野外实习正好说明了这一点。动物学实习是动物学教学中的一个重要组成部分，它可以丰富我们的感性认识，不但弥补理论课本上难以理解和记忆的抽象概念和有关动物图片不足的问题，而且弥补了动物学实验课上动物标本不足和大多数是死标本的问题，还有实习可以补充课本里面为数不多或缺少的关于动物生态和动物行为的内容的介绍。通过这次实习培养了我们大学生学习动物学的兴趣和探索大自然的强烈欲望，相对于单一和乏味的课堂理论知识的介绍和灌输，实习既有趣又好玩，使我们充分的理解课本里面的知识。更重要的是，它锻炼了我们的动手能力、观察能力、思考问题的方法和和处理实际问题的能力，以及团队合作的重要性。总之，在这次实习中，我们不但学到了很多丰富的动物学专业知识，而且学到了专业以外的很多东西，收获匪浅，具体如下。

实习收获

1. 了解了动物（大多为海产贝类）的形态特征、生活习性、分布特点、动物对环境的适应以及动物的多样性；掌握了观察动物的基本方法、如何记录观察结果；学会了如何采集动物标本、鉴定和制作动物标本的方法。

2. 培养了我们大学生应有的科学态度，注重理论知识与实践结合；锻炼和培养我们大学生观察问题、分析问题和解决问题的能力。

3. 锻炼和培养了我们大学生的学习毅力和组织工作能力，培养了我们大学生吃苦耐劳的工作作风、严明的组织纪律性和好问精神；巩固专业思想，为我们今后的学习工作科研打下了一个坚实的基础。

实习地点

昆明动物园，禄丰恐龙馆，帽天山化石馆，观音山和花红洞

实习目标

巩固和加深《普通动物学》理论课程所学的内容与知识，从而达到提高学生素质，培养我们动手能力、严谨的科学态度、实事求是的作风，使我们更贴近自然，感受自然。

实习内容

动物园内动物的观察，恐龙化石的参观，古生物化石的参观，野外动物标本采集。

实习成果

1. 参观某某动物园

观察了鸟类、哺乳类的常见种，掌握其分类的方法、学习检索表的使用等。主要观察到的动物：

1.1　鸟纲

1.1.1　鹳形目 Ciconiiformes

1.1.1.1　鹭科 Ardeidae

苍鹭 *Ardea cinerea* Linnaeus

苍鹭亦称“老等”、“灰鹳”、“青庄”，鹳形目，鹭科。苍鹳为大型涉禽，体形高大，体羽随季节而变化，留鸟。

草鹭 *Ardea purpurea* Linnaeus

体型较苍鹭稍小。前额、头顶和枕冠蓝黑色；上体暗褐色，腰披黄栗色垂羽；颈侧栗褐色而具黑色条纹；下体蓝黑色，留鸟。

池鹭 *Ardeola bacchus* Bonaparte

池鹭为中等涉禽，全长约 450mm。繁殖期头部、羽冠、后颈暗栗色，蓝黑色蓑羽由肩披到背，胸紫酱色；背灰鼠色，身体余部白色。冬季具褐色纵纹，无冠羽和蓑羽。虹膜褐色；嘴黄褐色，尖端黑色，冬季黄色；胫黄绿色，夏候鸟。

大白鹭 *Egretta alba* Linnaeus

体大。比其他白色鹭体型大许多，嘴较厚重，颈部具特别的扭结。繁殖期脸颊裸露皮肤蓝绿色，嘴黑，腿部裸露皮肤红色，脚黑。非繁殖期脸颊裸露皮肤黄色，嘴黄而嘴端常为深色，脚及腿黑色。冬候鸟。

白鹭 *Egretta garzetta* Linnaeus

中等体型（60cm）的白色鹭。体型较大而纤瘦，嘴及腿黑色，趾黄色，繁殖期纯白，颈背具细长饰羽，背及胸具蓑状羽。夏候鸟。

中白鹭 *Egretta intermedia* Wagler

体大（69cm）的白色鹭。体型大小在白鹭与大白鹭之间，嘴相对短，颈呈“S”形。于繁殖期时其背及胸部有松软的长丝状羽，嘴及腿短期呈粉红色，脸部裸露皮肤灰色，夏候鸟。

夜鹭 *Nyticorax nyticorax* Linnaeus

头大、颈短、健壮的中型鹭类。成鸟头顶及背黑色，两翼及尾灰色，颈及胸白色，颈背有两条白色丝状羽。喙黑色，脚黄色，虹膜鲜红，繁殖期腿及眼鲜红色。亚成鸟茶褐色，上面点缀着纵纹和斑点，虹膜黄色。夏候鸟。

1.1.1.2 鹳科 Ciconiidae

白鹳 *Ciconia boyciana* Swinhoe

白鹳全体几乎为纯白色。肩羽、翼上的覆羽、初级覆羽及飞羽等均呈光辉黑色，呈银灰色。眼乳白色，外轮黑色。嘴呈黑色，下嘴腹面红色。眼周及颊部裸区红色，腿及脚橘红色。冬候鸟。

1.1.2 雁形目 Anseriformes

1.1.2.1 鸭科 Anatidae

鸿雁 *Anser cygnoides* Linnaeus

体大而颈长的雁。嘴较头部长并与前额成一直线。前颈和脸颊白色，后颈和头顶红褐色，二者之间有明显分界线。上体灰褐色，胸部肉桂色，至下腹转成白色。尾下覆羽和尾侧覆羽均白色。虹膜褐色，嘴黑色而嘴基被白色细线环绕，脚深橘黄色。冬候鸟。

豆雁 *Anser fabalis* latham

体型大（80cm）的灰色雁。脚为橘黄色；颈色暗，嘴黑而具橘黄色次端条带。飞行中较其他灰色雁类色暗而颈长。上下翼无 或灰雁的浅灰色调。冬候鸟。

白额雁 *Anser albifrons* Scopoli

体长约 70cm，体重达 2.5kg 左右。嘴基部和前额具有白色横纹。头、颈和背部为暗灰褐色，翅膀为绿灰白色，尾羽呈棕黑色。胸腹部羽毛为棕灰色，并夹杂有若干不规则的大黑斑。冬候鸟。

小白额雁 *Anser erythropus* Linnaeus

中等体型（62cm）的灰色雁。腿橘黄色，环嘴基有白斑，腹部具近黑色斑块。极似白额雁，冬季常与其混群。不同处在于体型较小，嘴、颈较短，嘴周围白色斑块延伸至额部，眼圈黄色。冬候鸟。

灰雁 *Anser anser* Linnaeus

体重 1900～2350g，体长 770～795mm。雌雄两性全年体色概为灰褐色，嘴基周围有狭长的白纹。下背及腰部为较深灰色，颈、胸和腹部淡灰色，腹部有黑色横纹，眼棕色，嘴橙黄或略带红色。冬候鸟。

斑头雁 *Anser indicus* Latham

雄雁体长不超过 850mm，雌雁体长不超过 750mm，颈部也比鸿雁短；雌雄羽色相似。头顶污白色，后头有两道黑色带斑，后颈暗褐色，颈的两侧均白色；前颈暗褐色，向后转为灰色，羽缘较淡，上体大多灰褐色，各羽缘浅棕色或白色；颏和喉污白色；下腹和尾下覆羽污白色；肋羽暗灰色，具有暗栗色宽阔羽端斑。冬候鸟。

大天鹅 *Cygnus cygnus* linnaeus

大型游禽。全长约 140cm。全身羽毛纯白色。颈部修长而弯曲。眼前至嘴基淡黄色，上嘴黄色可达鼻孔，嘴尖及下嘴黑色。脚黑色。冬候鸟。

鸳鸯 *Aix galericulata* linnaeus

小型游禽。全长约 40cm。雄鸟羽色艳丽，并带有金属光泽。额和头顶中央羽色翠绿色；枕羽金属铜赤色，与后颈的金属暗绿和暗紫色长羽形成冠羽；头顶两侧有纯白眉纹；飞羽褐色至黑褐色，翅上有一对栗黄色、直立的扇形翼帆。尾羽暗褐色，上胸和胸侧紫褐色；下胸两侧绒黑，镶以两条纯白色横带；嘴暗红色。脚黄红色。雌鸟体羽以灰褐色为主，眼周和眼后有白色纹；无冠羽、翼帆。腹羽纯白色。冬候鸟。

1.1.3 隼形目 Falconiformes

1.1.3.1 鹰科 Accipitridae

苍鹰 *Accipiter gentilis* linnaeus

中型猛禽。全长 55cm 左右。上体苍灰色，头顶、枕和头侧黑褐色，眼上方有白色眉纹。背棕黑色，肩羽和尾上覆羽有污白色横斑。飞羽及尾羽暗灰褐色，具暗褐色横斑，羽端灰白。下体污白色，胸、腹及覆腿羽均有黑褐色横斑。嘴黑色，基部沾蓝色。脚绿黄色，爪黑色。

雀鹰 *Accipiter nisus* linnaeus

雀鹰体长 31～40cm。上体呈苍灰色，头顶及后颈部为乌灰色，颏和喉部为白色，眼部为黄色。尾羽有 4～5 道黑色横斑，前端逐渐变为白色，羽干则沾有棕色。下体为白色，并有浓密的茶栗色横斑。喉部有黑色细纵纹。嘴部为暗灰蓝色。脚和趾均呈黄色，蜡膜为绿黄色，爪为黑色。冬候鸟。

1.1.3.2 隼科 Falconidae

红隼 *Falco tinnunculus* linnaeus

小型猛禽，体长 31～38cm，体重 173～335g。翅狭长而尖，尾亦较长，雄鸟头部为蓝灰色，背部和翅膀上的覆羽为砖红色，并具三角形黑斑。腰部、尾上覆羽和尾羽为蓝灰色，尾羽上还具有宽阔的黑色次端斑和白色端斑。留鸟。

1.1.4 鸡形目 Galliformes

1.1.4.1 雉科 Phasianidae

鹌鹑 *Coturnix coturnix* linnaeus

成体体重为 66～118g，体长 148～182mm，尾长约 46mm。野生鹌鹑尾短翅长而尖，上体有黑色和棕色斑相间杂，具有浅黄色羽干纹，下体灰白色，颊和喉部赤褐色，嘴沿灰色。雌鸟与雄鸟颜色相似，但背部和两翅黑褐色较少，棕黄色较多，前胸具褐色斑点，胸侧褐色较多，雄的好斗。留鸟。

雉鸡 *Phasianus colchicus* linnaeus

体大（85cm），原引自中国的、为欧洲及北美洲所熟悉的雉种。雄鸟头部具黑色光泽，有显眼的耳羽簇，宽大的眼周裸皮鲜红色。有些亚种有白色颈圈。身体披金挂彩，满身点缀着发光羽毛，从墨绿色至铜色至金色；两翼灰色，尾长而尖，褐色并带黑色横纹。雌鸟形小（60cm）而色暗淡，周身密布浅褐色斑纹。留鸟。

1.2 哺乳纲

1.2.1 食虫目 Lnsetivora

刺猬 *Erinaceidae europaeus* Linnaeus

1.2.2 灵长目 Primates

1.2.2.1 懒猴科 Lorisdae

蜂猴 *Nycticebus coucang* Boddaret

1.2.2.2 猴科 Cercopithecidae

金丝猴 *Rhinopithecus roxelanae* Milne-Edwards

红面猴 *Macaca arctoides* I. Geoffroy

1.2.3 啮齿目 Rodentia

1.2.3.1 松鼠科 Sciuridae

松鼠 *Sciurus vulgaris* Linnaeus

旱獭 *Marmota bobak* Thomas

1.2.3.2 河狸科 Castoridae

河狸 *Castor fiber* linnaeus

1.2.3.3 跳鼠科 Dipodidae

林跳鼠 *Eozapus setchuanus* Pousargues

1.2.3.4 豪猪科 Hystricidae

豪猪 *Hystrix hodgsoni* Gray

1.2.4 食肉目 Carnivora

1.2.4.1 浣熊科 Procyonidae

小熊猫 *Ailurus fulgens* Cuvier

1.2.4.2 犬科 Canidae

狼 *Canis lupus* Linnaeus

狐 *Vulpes vulpes* Linnaeus

1.2.4.3 熊科 Ursidae

马来熊 *Helarctos malayanus* Raffles

棕熊 *Ursus arctos* linnaeus

黑熊 *Selenarctos thibetanus* G. Cavier

1.2.4.4　鼬科 Mustelidae

水獭 *Lutra lutra* Linnaeus

青鼬 *Martes flavigula* Boddaert

獾 *Meles meles Linnaeus*

1.2.4.5　猫科 Felidae

花面狸 *Paguina larvata* Hamilton-Smith

猞猁 *Felis lynx* Linnaeus

东北虎 *Panthern tigris* altaica Temminck

孟加拉虎 *Panthern tigris* tigris linnaeus

1.2.5　鳍脚目 Pinnipedia

海豹 *Phoca vitulina* Linnaeus

1.2.6　长鼻目 Proboscidea

亚洲象 *Elephas maximus* linnaeus

1.2.7　奇蹄目 Perissodactyla

马科 Equidae

野马 *Equus przewalskii* Poliakov

山斑马 *Equus zebra* Linnaeus

亚洲野驴 *Equus hemionus* Pallas

1.2.8　偶蹄目 Artiodactyla

1.2.8.1　猪科 Suidae

野猪 *Sus scrofa* Linnaeus

1.2.8.2　河马科 Hippopptamidae

河马 *Hippopotamus amphibious* Linnaeus

1.2.8.3　骆驼科 Camelidae

双峰驼 *Camelus bactrianus* Linnaeus

1.2.8.4　鹿科 Cervidae

梅花鹿 *Cervus nippon* Temminck

水鹿 *Cervus unicolor* Sclater

麋鹿 *Elaphurus davidianus* Miline-Edwards

1.2.8.5　长颈鹿科 Giraffidae

长颈鹿 *Giraffa camelopardalis* Linnaeus

1.2.8.6　牛科 Bovidae

羚牛 *Budorcas taxicolor* Hodgson

大额牛 *Bos frontalis* lambert

原羚 *Procapra pictcaudata* Hodgson

盘羊 *Ovis ammon* Linnaeus

山羊 *Capra hircus* Linnaeus

2. 参观禄丰恐龙馆（时间：2007 年 7 月 8 日）

观察到以下化石：

恐龙脚印	Aticle Fssitized Footprint
中国双棘龙	Dilophosaurus sinensis welles
新洼金山龙	Jingshanosaurus Xinwaensis Zhang & Yang
许氏禄丰龙	Lufengosaurus huenei Young

3. 参观帽天山化石馆（时间：2007 年 7 月 13 日）

主要观察到以下动物化石：

帽天无饰蠕虫	*Acosmia maotiania* Chen et Zhou
锯齿刺节虫	*Acanthomeridion* Serratum Chen, Hou et lu
枝状棘丛虫	*Batofasciculus ramificans* Hou et al.
云南腮虾	*Branchiocaris yunnanensis* Hou
云南薄氏螺	*Burithes yunnanensis* Hou et al.
美丽灰姑娘虫	*Cindarella eucalla* Chen, Ramsköld, Edgecome et Zhou
光滑加拿大虫	*Canadaspis laevigata* Hou et Bergström
长形澄江虾	*Chengjiangocaris longiformis* Hou et Bergström
奇妙高足杯虫	*Dinomischus venustus* Hou, Chen et lu
中间型始来得利基虫	*Eoredlichia intermeda* Lu
多节尖峰虫	*Jianfengia multisegmentalis* Hou
朵氏小昆明虫	*Kunmingella dowvillei* Mansug
宽跨马虫	*Kuamaia lata* Hou
丘疹关杨虫	*Kuanyangia pustlosa* Lu
澄江小舌形贝	*Lingulella* Chengjiangensis Jin
奇异等刺虫	*Lsoxys paradoxus* Hou
锥形小细丝海绵	*Leplomitella conica* Chen, Hou et lu
耳形等刺虫	*Lsoxys auritus* Jiang
马龙鳞舌形贝	*Lingulepis malongensis* Rong
圆筒帽天山虫	*Maotianshania Cglindrica* Sun et Hou
中华微网虫	*Microdictyon sinicum* Chen, Hou et lu
圆筒帽天山蠕虫	*Maotianshania cylindrica* Sun et Hou

长尾纳罗虫	*Naraoia longicandata* Zhang et Hou
刺状纳罗	*Naraoia spinosa* Zhang et Hou
澄江帚虫	*Iotuba chengjiangensis* Chen et Zhou
梳虾	*Pectocaris spatiosa* Hou
寒武假尤利虫	*Pseudoiulia Cambriensis* Hou et Bergstöm
锥形小体虾	*Pisinnocaris Subconigera* Hou et Bergström
圆形贫腿虫	*Paucipodia inermis* Chen, Zhou et Ramsköld
轮盘似水母	*Rotadiscus grandis* Sun et Hou
真形星口似水母	*Stellostomites eumorphus* Sun & Hou
膜状谜虫	*Saperion glumaceum* Hou, Ramsköld et Bergström
塔卡瓦海绵	*Takakkawia lineata* Walcott
楔形古虫	*Vetulicola cuneatus* Hou
瓦普塔虾	*Waptia Ovata* Li
镜眼海怪虫	*Xandarella spectaculum* Hou, Ramsköld et Bergström
铅色云南虫	*Yunnanozoon lividum* Hou
云南云南头虫	*Yunnanocephalus yunnanensis* Mansuy
大云南虾	*Yunnanocaris megista* Hou

4. 野外标本采集

地点：观音山、花红洞。

经过努力，我们小组共采集到100多种动物标本，分属于：节肢动物、环节动物、鱼类、两栖类、爬行类等。其中节肢动物占了大部分。节肢动物中又以昆虫纲占大部分。

此次实习，每位同学都满载而归。我们观察和认识了自然界，将课堂所学知识应用于实践，并在实践中巩固；进一步地理解了有机体与环境的统一性，进而认识生态环境与各类动物是相互联系、相互制约、不可分割的统一整体。通过对动物标本的采集和处理以及对自然界进行观察和记录，我们独立工作、观察和总结的能力得到了加强。

更重要的是，我们的集体观念、团结协作精神在不知不觉中增强了，我们了解到祖国有丰富的动物资源，有美丽的大好河山，我们的爱国热情得到了升华。

主要参考文献

安建梅．2006．中国海域鳃虱科（甲壳动物亚门：等足目）的分类及地理分布研究．博士学位论文

安建梅，于海燕，李新正．2008．中国褐虾鳃虱亚科研究（甲壳动物亚门：等足目：寄生亚目）．动物分类学报，33（1）：225～226

陈鹏．1983．土壤动物的采集和调查方法．生态学杂志，2（3），46～51

陈阅增．2006．普通生物学．第2版．北京：高等教育出版社

成庆泰，周才武．1997．山东鱼类志．山东：山东科学技术出版社

大连水产学院．1982．淡水生物学．北京：中国农业出版社

堵南山．1987．甲壳动物学．北京：科学出版社

堵南山．1987．无脊椎动物学．上海：华东师范大学出版社

樊龙锁，郭翠文，刘焕金．1997．山西两栖爬行类．北京：中国林业出版社

费梁，叶昌媛，黄永昭．1990．中国两栖动物检索．重庆：科学技术文献出版社重庆分社，1～364

高玮．1992．鸟类分类学．长春：东北师范大学出版社

韩茂森．1980．淡水浮游生物图谱，北京：中国农业出版社

黄文几，陈延熹，温业新．1995．中国啮齿类．上海：复旦大学出版社出版

梁文举，闻大中．2001．土壤动物及其对环境生态学发展的影响，应用生态学报，12（1），127～140

刘承钊，胡淑琴．1961．中国无尾两栖类．北京：科学出版社

刘凌云，郑光美．1998．普通动物学实验指导．北京：高等教育出版社

刘凌云，郑光美．2003．普通动物学．第三版．北京：高等教育出版社

刘瑞玉．1955．中国北部经济虾类．北京：科学出版社

刘月英，张文珍，王跃先，王恩义．1979．中国经济动物志（淡水软体动物）．北京：科学出版社

马国恩．1982．丹顶鹤繁殖习性初步研究，野生动物，7（1）：10～16

马逸清．1984．我国丹顶鹤的分布，中国动物学会50周年学术讨论会

全国渔业自然资源调查和渔业区划淡水专业组．1980．内陆水域渔业自然资源调查试行规范

任淑仙．1995．无脊椎动物学．第三版．北京：高等教育出版社

赛道建．2006．动物学野外实习教程．北京：科学出版社

山东省水产学校．1979．淡水生物学．北京：中国农业出版社

上海水产学院，山东海洋学院．1961．水生生物学．北京：中国农业出版社

中国科学院动物研究所甲壳动物研究组．1979．中国动物志·节肢动物门·甲壳纲·淡水桡足类．北京：科学出版社

盛和林，王岐山．1983．脊椎动物学野外实习指导．北京：人民教育出版社

寿振黄．1962．中国经济动物志（兽类）．北京：科学出版社

四川省生物研究所．1977．中国两栖动物系统检索．北京：科学出版社

宋大祥，朱明生，陈军．2001．河北动物志·蛛形纲·蜘蛛目．石家庄：河北科技出版社，1～508

宋大祥，朱明生，张锋．2004．中国动物志· 蛛形纲· 蜘蛛目· 平腹蛛科．北京：科学出版社，1～362

宋大祥，朱明生．1997．中国动物志·蛛形纲·蜘蛛目· 蟹蛛科．逍遥蛛科．北京：科学出版社，1～259

田家怡，贾文译，窦洪云等．1999．黄河三角洲生物多样性研究．青岛：青岛出版社

田婉淑，江耀明．1986．中国两栖爬行动物鉴定手册．北京：科学出版社

土壤动物研究方法手册编写组 . 1998 . 土壤动物研究方法手册 . 北京：中国林业出版社
王家楫 . 1961 . 中国淡水轮虫志 . 北京：科学出版社，1～288
刑庆云 . 1988 . 山西省蛇类新记录 . 玉斑锦蛇 . 山西医学院学报，19（3）：178～179
杨林章，徐琪 . 2005 . 土壤生态系统 . 北京：科学出版社
叶昌媛，费梁，胡淑琴 . 1993 . 中国珍稀及经济两栖动物 . 成都：四川科学技术出版社，1～374
殷秀琴，马祝阳 . 2002 . Tullgren 法对土壤动物的分离效率 . 东北师大学报自然科学版，34（2），84～91
尹长民，王家福，朱明生等 . 1997 . 中国动物志 · 蛛形纲 · 蜘蛛目 · 园蛛科 . 北京：科学出版社，1～460
尹文英 . 2001 . 土壤动物学研究的回顾与展望 . 生物学通报，36（8），1～3
尹文英 . 1992 . 中国亚热带土壤动物 . 北京：科学出版社
尹文英 . 1998 . 中国土壤动物检索图鉴 . 北京：科学出版社
尹文英 . 2000 . 中国土壤动物 . 北京：科学出版社
约翰 · 马敬能 . 2000 . 中国鸟类野外手册 . 郑州：河南教育出版社
张汉光，马庆福，周淑美等 . 1989 . 山东海滨无脊椎动物实习指导 . 北京：学术期刊出版社
张俊，周宝华 . 1984 . 山西省动物地理区划 . 生物研究通报，（4）：31～39
张孟闻 . 1965 . 爬行纲动物采集注意事项，生物学通报，（6）；56～58
张玺，齐钟彦 . 1961 . 贝类学纲要 . 北京：科学出版社
赵正阶 . 2001 . 中国鸟类志 . 长春：吉林科学教术出版社
郑光美 . 1963 . 河北省常见鸟巢和鸟卵的鉴别 . 生物学通报，（4）：9～14
郑光美 . 1982 . 鸟类学 . 北京：北京师范大学出版社
郑光美 . 1982 . 鸟之巢 . 上海：上海科学技术出版社
郑作新 . 1976 . 中国鸟类分布名录 . 科学出版社
郑作新 . 1993 . 中国经济动物志——鸟类 . 第二版 . 北京：科学出版社
中国科学院海洋研究所 . 1992 . 中国海洋鱼类原色图集 1 . 上海：上海科学技术出版社
中国内陆水域渔业资源编写组 . 1990 . 中国内陆水域渔业资源 . 北京：中国农业出版社
中国野生动物保护协会，盛和林执行 . 2005 . 中国哺乳动物图鉴 . 郑州：河南科学技术出版社
中国野生动物保护协会 . 1995 . 中国鸟类图鉴 . 郑州：河南科学技术出版社
中国野生动物保护协会 . 2002 . 中国爬行动物图鉴 . 郑州：河南科学技术出版社
周尧 . 1998 . 中国蝴蝶分类与鉴定 . 郑州：河南科学技术出版社
周尧 . 2002 . 周尧昆虫图集 . 郑州：河南科学技术出版社 .
朱明生，石建国 . 1982 . 山西农田蜘蛛 . 山西省农业区划委员会，1～239
朱明生，宋大祥，张俊霞 . 2003 . 中国动物志 · 蛛形纲 · 蜘蛛目 · 肖蛸科 . 北京：科学出版社，1～402
朱明生 . 1998 . 中国动物志 · 蛛形纲 · 蜘蛛目 · 球蛛科 . 北京：科学出版社，1～436
庄树宏，张敏 . 2001 . 生物多样性调查与实习（下）. 山东省地图出版社
An J M, Yu H Y, Li X Z . 2006 . A review of the genus *Apocepon* Nierstrasz & Brender à Brandis (Isopoda: Epicaridea: Bopyridae) parasitic on purse crabs (Decapoda: Brachyura: Leucosiidae) from Chinese waters, with description of a new species . zootaxa 1199: 1～17
Song D X, Zhu M S, Chen J . 1999 . The Spiders of China Shijiazhuang: Hebei Science and Technology Publishing House . 1～640
Zhu M S, Tang G M, Song D X . 2006 . Revision of the spider family Trochanteriidae from China (Araneae: Gnaphosoidea) . Zootaxa, 1140: 31～51
Zhu M S, Zhang F, Song D X, et al . 2006 . A revision of genus *Atypus* in hina (Araneae: Atypidae) . Zootaxa, 1118: 1～42